진공관 앰프 자체 제작의 권유

본서를 손에 들고 보고 있으면서 앰프가 뭐야? 라든지 진공관이 뭐야? 라는 초보적인 설명이 필요없다면, 즉 조금이나마 관구(진공관) 앰프의 매력에 홀려 있다는 것이 아닐까요.

슬슬 키트를 졸업하고 오리지널 취향이 강한 앰프를 만들고 싶어지고 있다는 것은 자연스러운 추세입니다.
그러나 근처에 약간의 장해가 있다고 생각하시는 분들도 많으실 겁니다.
하지만 계기만 잡으면 어떻게든 되는 법입니다.
그러한 분들에게 도움을 줄 수 있으면 좋겠다고 생각해서 본서를 집필하게 되었습니다.

본서의 제작 레벨은 섀시 가공부터 하기 때문에 중급이라고 말할 수 있습니다.
하지만 처음 하는 분이라도 갑자기 중급 수준의 제품을 만들 수 있도록 내용을 구성할 생각입니다.
소재로 싱글 스테레오 앰프를 3대 준비했습니다.

설계 기법은 과거에 베테랑 선생님들이 많이 출판하고 있기 때문에, 그것을 보는 것으로 하고, 본서에서는 실제의 제작법에 대해 자세하게 해설했습니다.

초급자라서 간소한 것을 제작해 사용하다 보면 질리기 때문에 다소 골격이 있는 제작 내용이지만, 실용성 높은 앰프로 만들었습니다.

꼭 진공관 앰프의 자작에 도전해 보세요.

본서는

설명은 이해하기 쉬운 초급,
제작내용은 완전자작으로 중급,
음질은 상급을 목표로 한
해설본 입니다

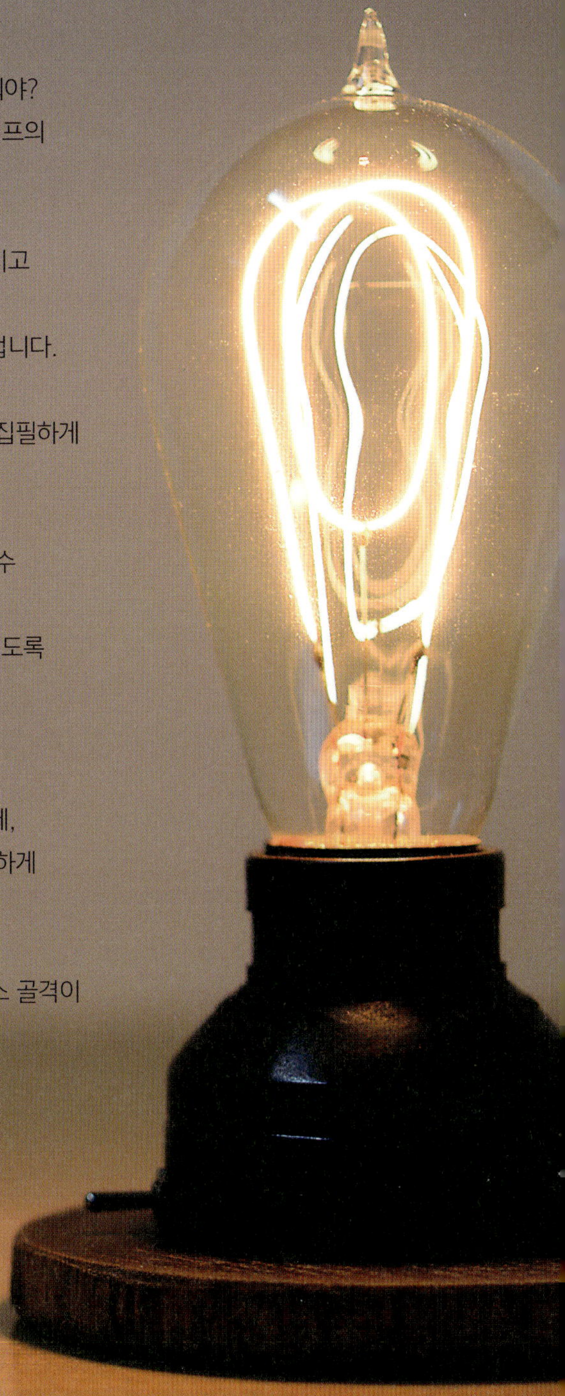

전구 = 궁극의 진공관(1극관)

Contents

많은 빔관 및 5극관을 바꾸어 삽입 가능. 한 대 있으면 편리한

빔관 삽입 교환 스테레오 앰프 —— 4

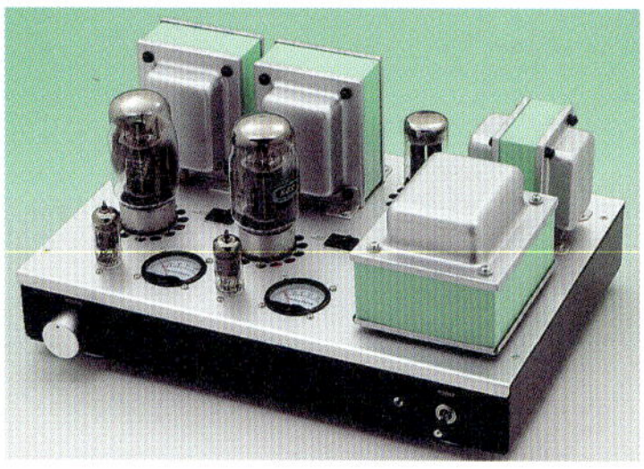

현대의 음악 소스(스마트폰)에도 대응하는

2A3싱글 스테레오 앰프 —— 52

고전관에서도 높은 해상도 대응

27/37/56/76 교체식 스테레오 헤드폰 앰프 —— 108

BEAM and Pentode Single Stereo Amplifier

빔관과 교환 가능 스테레오 앰프

가공난이도 : ★★☆

조립난이도 : ★☆☆

배선난이도 : ★☆☆

- KT66, KT77, KT88, KT90EH, KT99, KT120, KT150, EL34/6CA7, 6550, 6L6GC, 6GB8, 5881, 8417, 350B 등 무조정으로 삽입 가능
- 빔관, 5극관 연결과 3극관 연결을 스위치로 전환
- 좌측 KT88 의 3극관 접속, 우측 6CA7의 5극관접속 등 분리 사용 가능

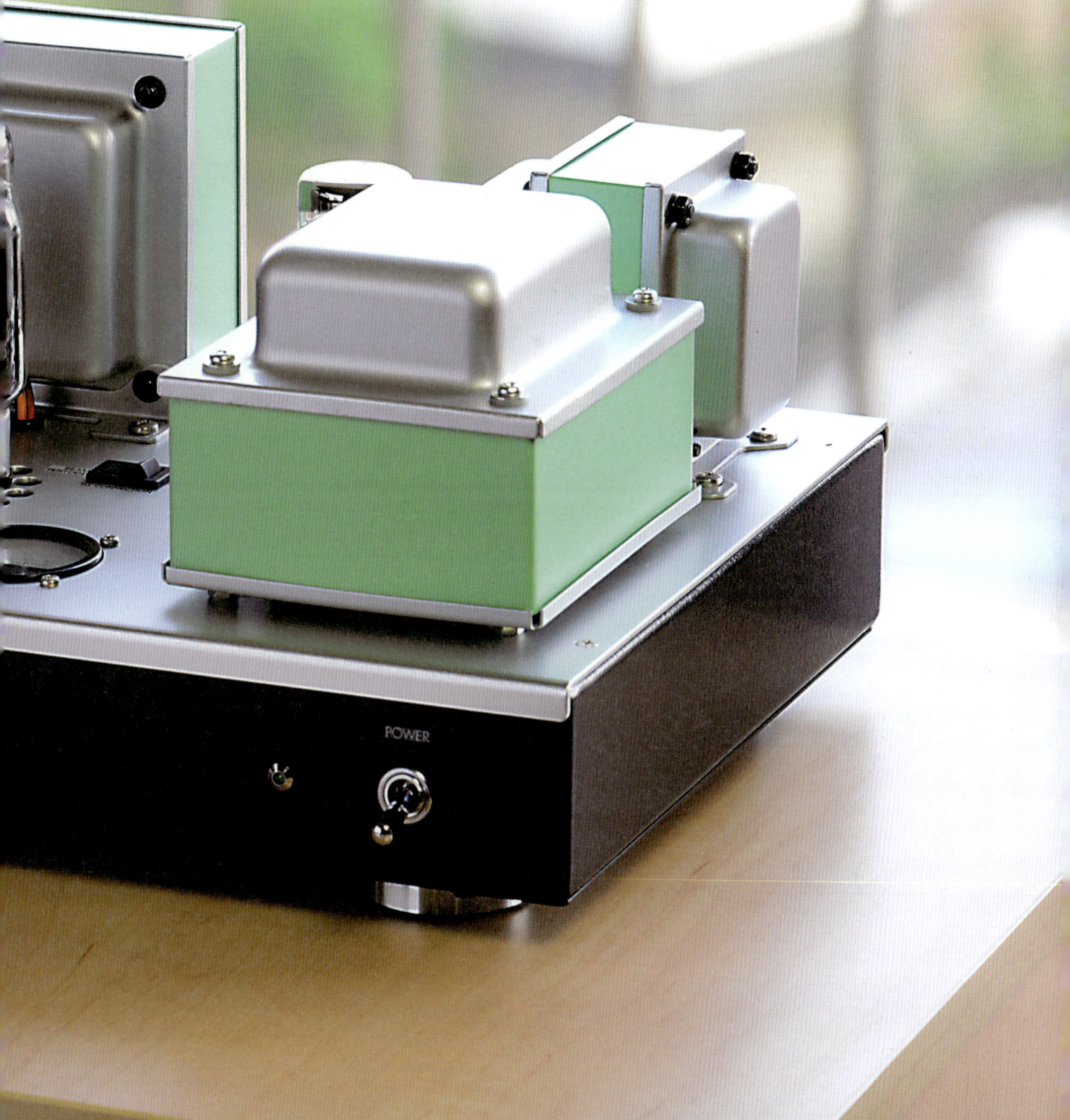

여러 종류 파워관으로 교체할 수 있다

빔관 교환 삽입 스테레오 앰프

진공관 앰프의 세계를 들여다보면 마니아들은 진공관명, 특히 파워 앰프의 경우 파워관의 이름을 따서 앰프의 명칭으로 삼고 있습니다.

「2A3 싱글은 좋네」라든가, 「6CA7의 푸시는 어때?」 등은 이야기의 소재가 됩니다.

이것은 파워관이 앰프의 얼굴이고 가장 소리에 영향을 주는 부품이기 때문에 옛날부터 자연스러운 추세로 그렇게 되었습니다.

본서를 읽고 있는 시점에서 마니아의 늪에 한쪽 발을 들이밀고 있습니다만, 진공관이 바뀌면 어떤 소리가 될까라고 생각하기 시작해 앰프의 대수가 늘어가는··· 이것으로 진공관 앰프의 세계에 흠뻑 빠진 것이 확정, 마니아라고 할 수 있을 것입니다.

그러나 자작을 계속해, 대수가 늘어나면 점점 둘 장소가 곤란해집니다. 하지만 역시 다양한 파워관의 소리를 즐기고 싶다는 생각은 저뿐만 아니라··· 그런 이유로 심플하면서도 사용하기 편리한 교체 앰프를 계획하였습니다.

다양한 관을 사용할 수 있다는 것은 진공관의 동작 확인용으로 베테랑도 1대는 소유하고 싶은 편리한 앰프이므로 초보자일때 만들어 두는 것도 좋습니다.

• • •

진공관은 여러 종류가 있습니다. 용도 분류는 전압 증폭관, 파워관(출력관, 전력증폭관), 정류관 등이 있습니다. 내부 구조로는 2~7극관, 빔 날개가 달린 빔관, 가스가 봉입된 방전관, 등이 있습니다.

덧붙여서 전구가 필라멘트만으로 1극관이라고도 할 수 있는 진공관의 기본 구조입니다.

이 모든 것을 교환할수 있다면 얼마나 즐거울까 싶지만 규격이 너무 달라 불가능하기 때문에 무리 없이 교체가 가능한 빔관과 5극관을 채용하도록 하겠습니다.

무리 없다고 하는 것은 전기적인 특성도 중요하지만 무엇보다 소켓이 같아야 물리적으로 삽입할 수 있습니다. 빔관과 5극관은 규격이 어느 정도 정리된 시기에 많이 생산되었기 때문에 US8P(옥탈) 소켓이 많고 히터 전압 6.3V, 핀 할당도 거의 똑같은 게 많이 있습니다.

3극관은 이렇게 안됩니다. 소켓은 UX4P 규격의 것이 약간 많은 경향이 있습니다만, 필라멘트 전압이나 플레이트 동작 전압, 직열관·방열관 등의 종류도 다양해서 아무런 조치를 않고 삽입하는 것은 어렵습니다.

하지만 세상에는 3극관 팬이 많이 있는 것은 확실합니다.

본기는 회로 구성을 음미하는 것으로 빔관·5극관에서도 좋은 소리가 납니다만, 인기 있는 3극관의 소리도 스위치로 3극관 접속(3극관 결합 = 3결이라고도 함)으로 하여 즐길 수 있도록 했습니다.

다극관은 5결·3결 모두 가능한 것이 순3극관에 비해 유리한 점입니다.

• • •

사람은 나이를 먹다 보면 틀린 기억으로 인한 실수가 많아지게 됩니다.

이것은 베테랑이 될수록 주의가 필요하고, 이를 위해 교체 문제를 고려해 둘 필요가 있습니다.

본기는 좌측에 KT88 빔관 연결, 우측에 CA7 3극관 연결 등 극단적인 사용법도 괜찮도록 하여 잘못 꽂거나 스위치 설정으로 인한 문제가 발생하지 않도록 하였습니다.

또한 여러 파워관을 꽂았을 때 과대한 전류가 흐르지 않는지 전류계로 확인할 수 있도록 하고 있습니다.

자세한 내용은 기술 데이터 페이지에 기재합니다만, 본기는 파워관의 개성이 나오기 쉽고, 사고가 일어나지 않도록 완전 무조정으로 삽입하는 것을 컨셉으로 한 앰프입니다.

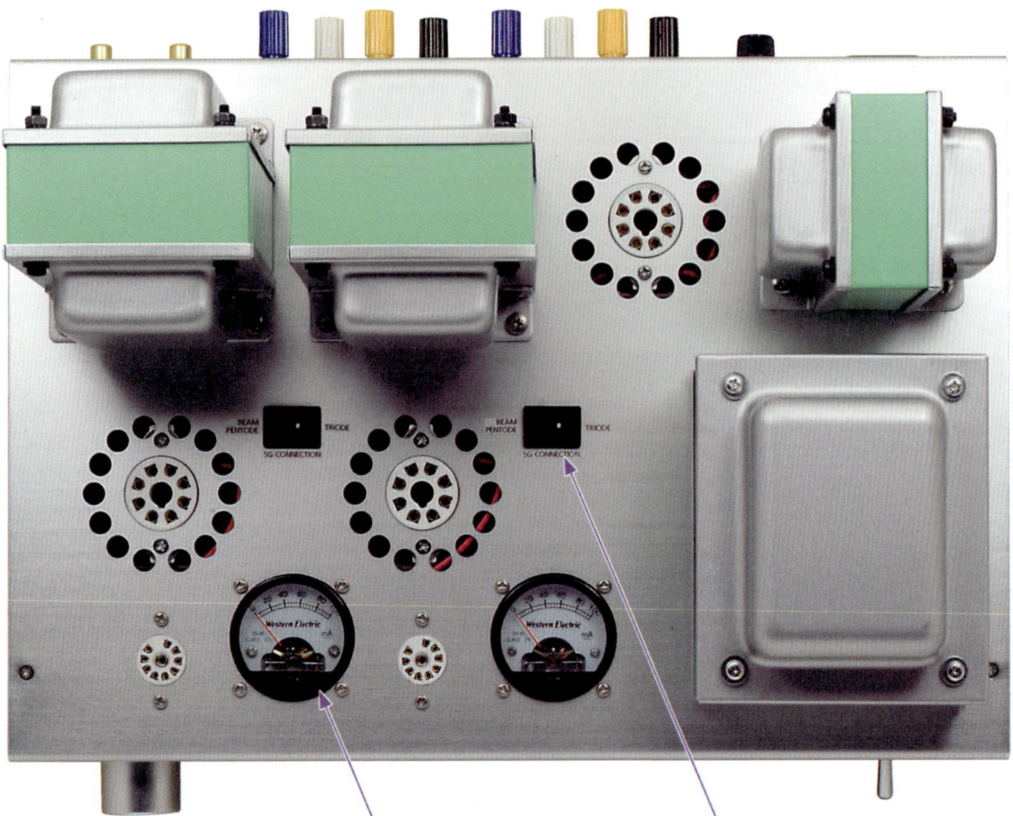

파워관의 전류

5결 /3결 전환 스위치

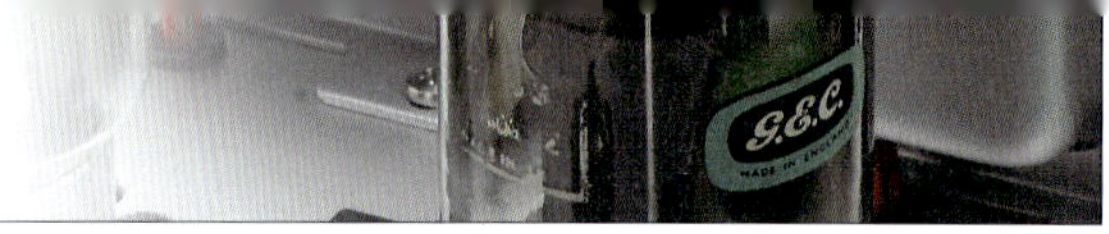

구기호에 의한 회로도

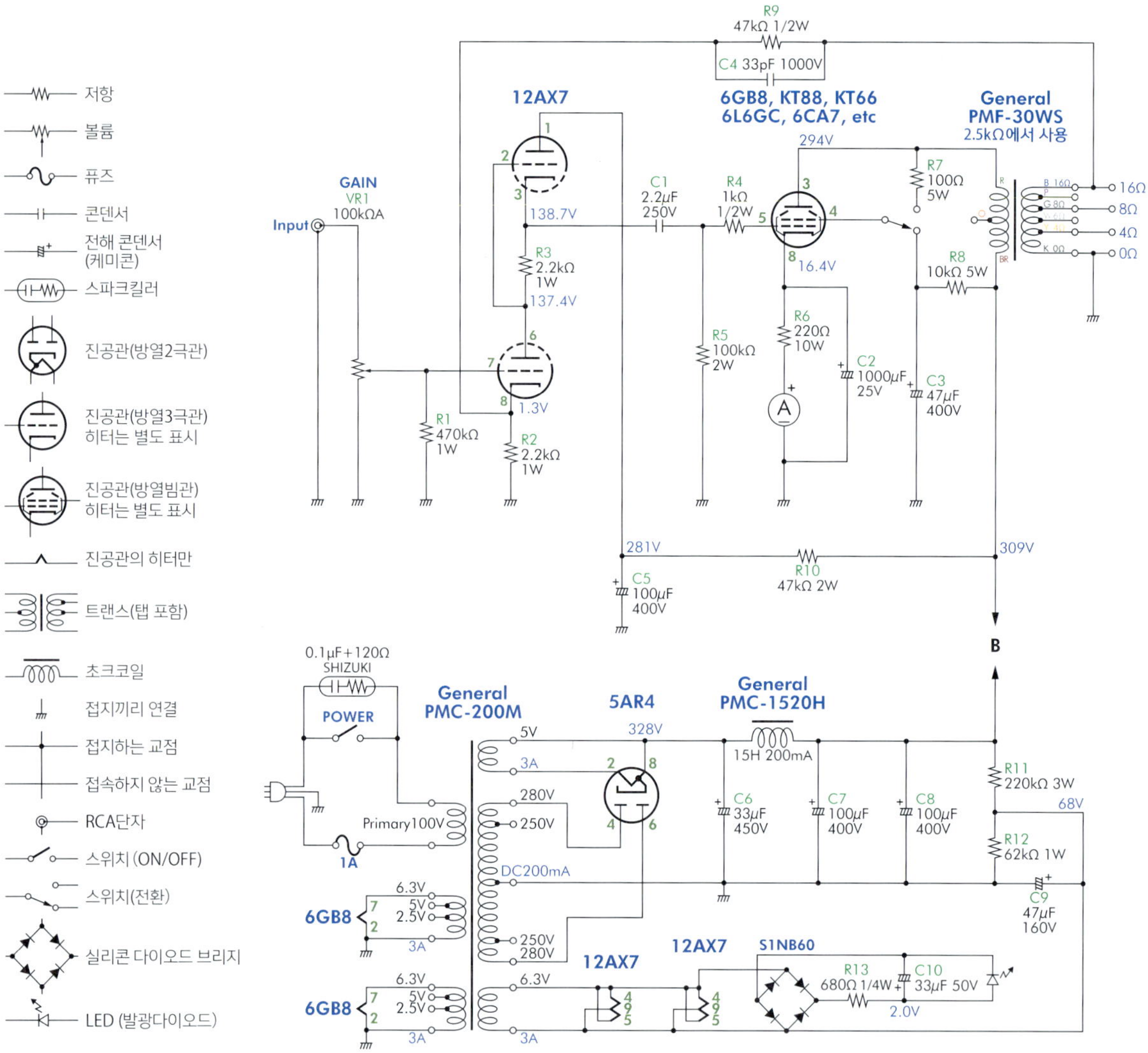

※각 부분 전압은 KT88 사용시 수치입니다. 다른 파워관 사용 시 약간의 전압이 바뀝니다.

회로도에 적혀 있지 않은 암묵적인 규칙

진공관 스테레오 앰프는 보통 신호 회로가 왼쪽과 오른쪽 채널로 두 개 있습니다만, 똑같은 회로이므로 한쪽은 생략하는 일이 자주 있습니다.

상기 회로도의 경우, 「B」라고 써 있는 부분보다 윗부분은 똑같은 것이 2개 있다고 생각해 주세요. 「B」보다 아래의 전원부는 좌우 채널로 공용하고 있습니다. (「B」 부분은 상하 화살표로 연결되어 있습니다) 다음으로 진공관 기호는 본래 히터도 포함하여 진공관의 동그라미 안에 그리는 것이 규정되어 있는데 회로도의 선이 많아져 번잡해지기 때문에 히터부만 진공관 본체에서 분리하여 표시하는 일이 자주 있습니다. 상기 회로도의 최하부에 있는 12AX7의 표시 부분입니다.

상기 회로도는 접지 마크가 가득 있습니다만, 이 마크 부분은 모두 연결되어 있다, 라고 하는 의미로, 섀시에 떨어뜨리는 접지는 아닙니다.

현재는 이런 표시방법이 줄어들었지만 옛 회로도 읽을 수 있도록 설명의 의미로 오래된 표시방법을 사용했습니다.

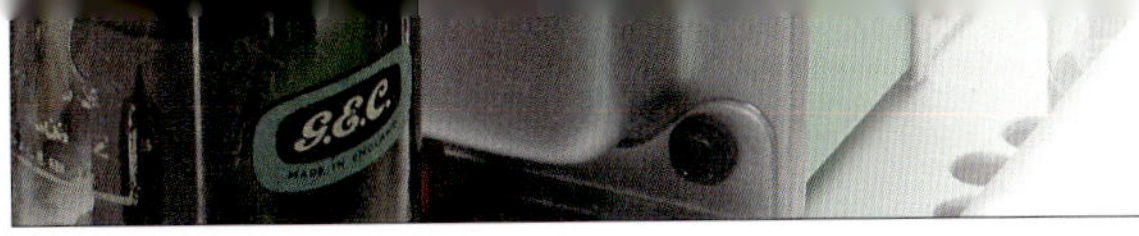

IEC60617/JIS C 0617 신기호에 의한 회로도

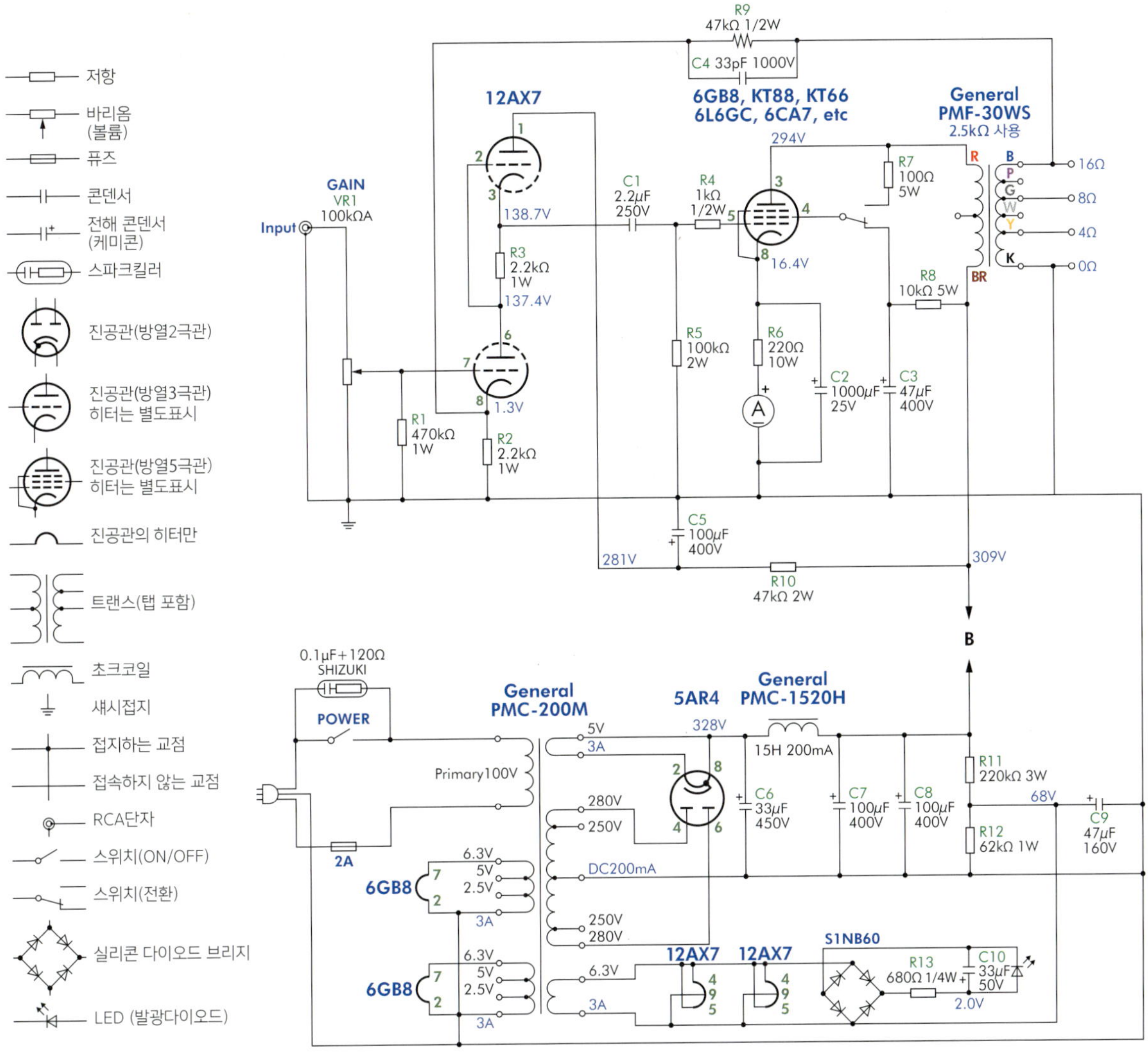

※각 부분 전압은 KT88 사용시 수치입니다. 다른 파워관 사용 시 약간의 전압이 바뀝니다.

구회로 기호와 신회로 기호의 차이

1997년부터 단계적으로 회로 기호가 새로운 기호로 이행되었습니다. 그 새로운 기호로 표시한 것이 상기 회로도이지만 진공관 회로의 세계에서는 거의 채용되지 않았습니다. 이는 진공관이 과거의 디바이스이며 자세히 분류·제정되지 않아 사용하기 어렵다고 하는 사정이 있습니다.

1개의 진공관 안에 2개 이상의 유닛이 들어가 있는 복합관(본기에서는 12AX7)이나 히터 부분을 따로 그리는 독자 룰, 탭이 많은 트랜스 등, 아직 새로운 표시로는 대응할 수 없는 부분이 있습니다. (규칙이 정해져 있지 않기 때문에 상기는 독자적으로 표기를 하고 있습니다.)

새 표시에서는 빔관의 기호가 없기 때문에 5극관으로 표시하고 있습니다.

트랜스의 코어도 독자적으로 넣고 있습니다. 덧붙여 구 표시(왼쪽 페이지)의 접지 마크는 거꾸로 표시가 허가되어 있지 않기 때문에, 신표시의 콘덴서의 방향을 반대로 표시하고 있습니다.

향후, 진공관앰프의 세계에서도 새로운 기호로 표시하게 될지도 모릅니다만, 본서에서는 구 표시로 바꾸어 봐 주세요.

진공관 · 소켓

다양한 빔관, 5극관을 사용할 수 있으므로 오른쪽 파워관을 2개 이상 입수해 주십시오.

제조사는 상관없습니다. 싼 것이라면 쌍으로 3,000엔 정도부터 있지만 빈티지 제품이라면 가격이 천정부지로 알려져 있습니다.

드라이버관은 12AX7 2개, 정류관은 5AR4 1개 입수해 주세요. 이쪽도 연대와 제조사에 따라 가격이 크게 달라집니다.

본기에서 사용할 수 있는 KT 시리즈.왼쪽부터 Tung-Sol KT150, 일렉트로해모닉스 KT90EH, GEC·KT88, GEC, KT66. 이 밖에 KT77, KT99, KT120 사용 가능.

드라이버관에 도시바의 12AX7(12AX7A)을 사용.2개 필요. 유럽명을 ECC83이라고 하며, 전 세계에서 판매된 오디오 전압 증폭 회로에 가장 많이 사용된 명구입니다. 좋아하는 메이커를 사용하십시오.

본기에서 사용할 수 있는 다른 빔관.왼쪽부터 도시바·6GB8, Western Electric·350B, 도시바·6L6GC, 마쓰시타(현 Panasonic)·6CA7(유럽명 EL34의 5극관). 그 밖에 6550, 5881, 8417 등이 사용 가능.

Tips 2개와 쌍의 차이는 ?

진공관은 페어 튜브라고 표시하며 단독으로 2개 사는 것보다 가격이 약간 비쌀 수 있습니다.

이것은 판매점에서 측정하여 특성이 갖추어진 것을 쌍으로 팔고 있기 때문입니다. 제조사가 쌍으로 도매하는 경우 가격은 동일합니다.

푸쉬풀 회로의 경우 상하 특성이 갖추어져 있을 필요가 있기 때문에 일반적으로 페어 튜브를 구입합니다만, 본서의 3대는 모두 싱글 회로이므로 단독 2개라도 괜찮습니다.

같은 제조사에서 같은 시기의 관이라면 신경 쓸 정도로 특성은 다르지 않습니다.

만약 특성이 큰 폭으로 다른 경우는 좌우 채널에서 소리의 크기가 약간 다른 등으로 알 수 있습니다. 빈티지 관의 경우는 쌍인 경우가 드물기 때문에 분할이 필요합니다.

정류관은 내셔널(마쓰시타 전기·현 Panasonic)의 5AR4를 사용. 유럽명 GZ34로서 해외 메이커의 것도 있습니다.

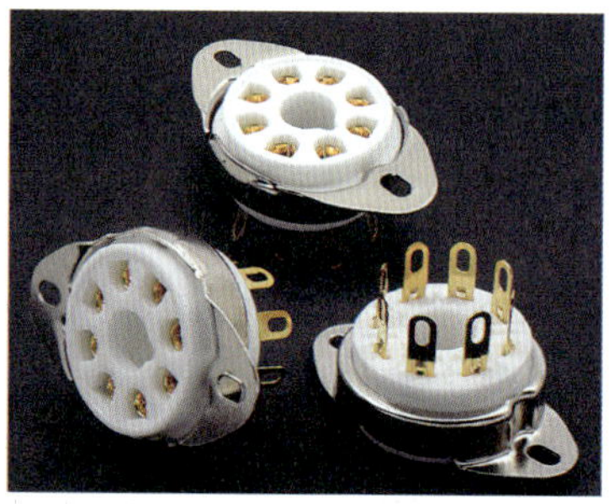

소켓은 파워관 2개와 정류관 1개용으로 US8P×3개, 드라이버관 2개용으로 MT9P(하단부착)×2개가 필요합니다.

MT관은 상부 부착용과 하부 부착용의 2종류가 있습니다만, 본기는 톱 패널에 아래에서 직접 장착하므로 하부 부착용입니다.

트랜스 · 섀시

앰프를 만드는 데 크기와 성능, 비용 등이 결정되는 중요 부품이 트랜스류와 섀시입니다.

일반적으로 진공관과 트랜스가 결정되면 대략적인 사이즈를 알 수 있으므로 섀시를 나중에 선택합니다.

스스로 만드는 것이 키트와 다른 가장 큰 특징은 스스로 섀시를 선택하고 오리지널 레이아웃으로 디자인을 하는 것이기 때문에, 여기는 그레이드를 올리기 위해서라도 힘차게 해 주세요.

관구 앰프는 배선을 짧게 해서 매우 콤팩트하게 만든 것보다 낭비라고 생각되더라도 여유를 가지고 큰 레이아웃으로 만드는 것이 SN비 면에서는 좋은 결과를 얻을 수 있습니다.

그러나 너무 크면 설치 공간에 곤란하거나 사용하기가 나빠지기 때문에 적당히 균형을 생각해서 원하는 섀시를 선택하십시오.

본기에서는 이 섀시가 레이아웃하기 쉽고 배선 작업도 편했기 때문에 베스트 사이즈였습니다.

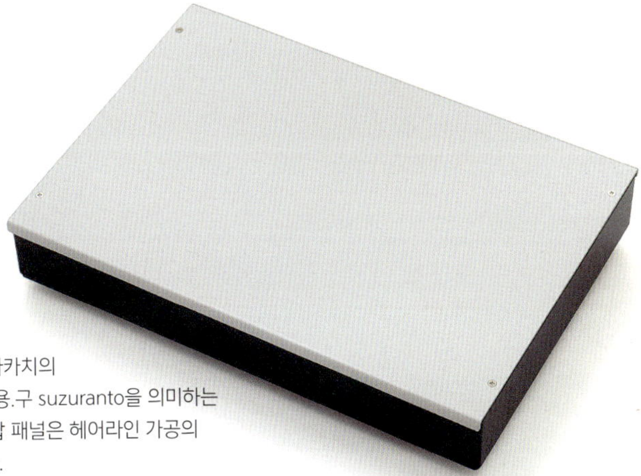

알루미늄 섀시는 타카치의 SRDL-10HS를 사용.구 suzuranto을 의미하는 SRD 시리즈에서 탑 패널은 헤어라인 가공의 멋있는 섀시입니다.
실버(HS)와 샴페인골드(HG)를 선택할 수 있으므로 취향에 맞는 것을 골라주세요.본기는 실버 쪽을 선택했습니다.
크기는 폭 370×깊이 255×높이 58(섀시 부분) mm+수지 다리입니다.

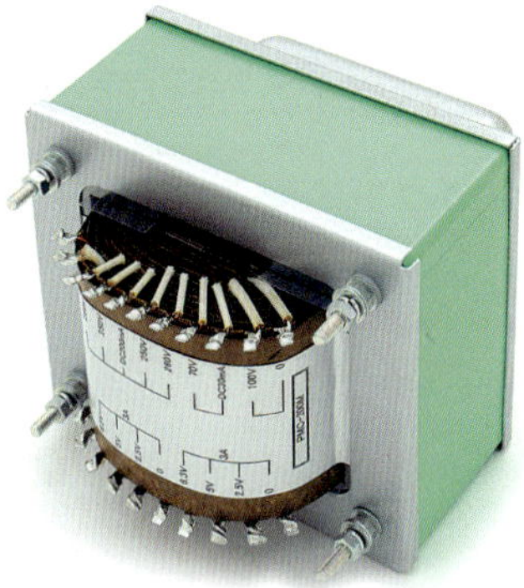

전원트랜스는 제너럴트랜스(구 노구치 트랜스)의 PMC-200M 사용. 이쪽도 색을 바꿔서 썼습니다. 나중에 사용이 가능해졌지만 PMC-283M를 사용하면 전류 용량이 늘어나 KT150도 3결을 사용할 수 있습니다. 단, 초크 코일의 전류용량도 큰 것이 필요합니다.

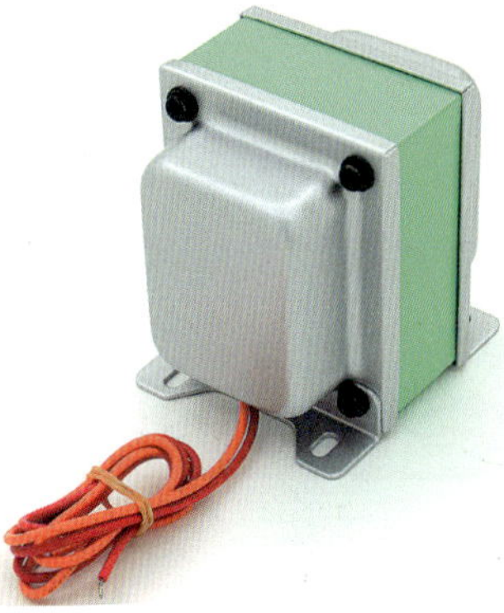

초크 코일은 제너럴트랜스(구 노구치 트랜스)의 PMC-1520H입니다. 색상은 다른 트랜스와 함께 도장하였습니다. 15H·200mA 용량입니다.

출력 트랜스는 제너럴트랜스(구 노구치 트랜스)의 PMF-30WS입니다. (2개) 사진과 같이 도장, 염색을 하여 사용하였습니다.
고출력 취급을 할 수 있는 싱글용 트랜스는 수도 적고 매우 고가이지만 본 제품은 가성비가 뛰어난 일품입니다.

저항

카본저항

- R13 청회갈금 680Ω 1/4W × 1개

산화금속피막저항

- R12 청적주금 62kΩ 1W × 1개
- R11 적적황금 220kΩ 3W × 1개
- R7 갈흑갈금 100Ω 5W × 2개
- R8 갈흑주금 10kΩ 5W × 2개

금속피막저항

- R4 갈흑흑갈갈 1kΩ 1/2W × 2개
- R9 황자흑적갈 47kΩ 1/2W × 2개
- R2, R3 적적흑갈갈 2.2kΩ 1W × 4개
- R1 황자흑주갈 470kΩ 1W × 2개
- R10 황자흑적갈 47kΩ 2W × 2개
- R5 갈흑흑주갈 100kΩ 2W × 2개

시멘트 저항

- R6 W10W 220ΩJ TAKMAN 220Ω 10W × 2개

※저항은 전부 실물크기입니다.

저항의 컬러 코드 보는 법

저항은 직감적으로 알기 쉬운 숫자 표기인 것과 어느 방향이든 알기 쉬운 컬러 코드 표기가 있습니다. 최근의 저항은 베이스 색상이 청색이나 녹색이고 그 위에 컬러 코드를 인쇄하는 경우가 많아, 얇게 인쇄되어 버리면 색이 달라 보일 수 있으므로 사용 전에 테스터로 저항값을 확인하도록 합시다(적색이나 주황색이 갈색으로 보이기도 하고 백색이 회색으로 보이기도 합니다).

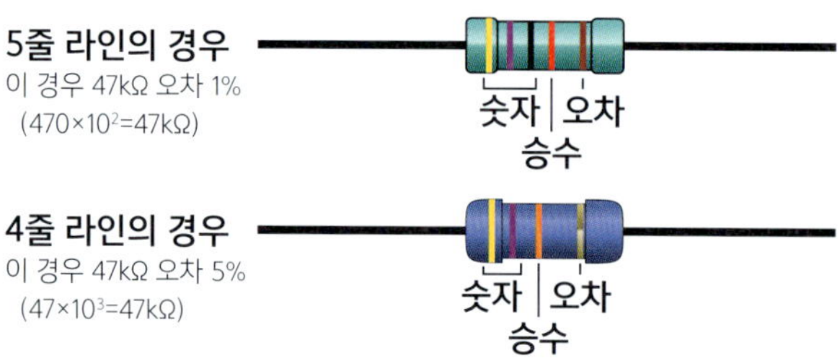

	흑	갈	적	주	황	녹	청	자	회	백	금	은
숫자	0	1	2	3	4	5	6	7	8	9		
승수	x1	$x10^1$	$x10^2$	$x10^3$	$x10^4$	$x10^5$	$x10^6$	$x10^7$	$x10^8$	$x10^9$	x0.1	x0.01
오차	20%	1%	2%				띠 없음 = 20%				5%	10%

같은 것을 구할 수 없는 경우

저항값/가급적 근사치가 바람직합니다. 예를 들어 10kΩ 5W를 구할 수 없다면 20kΩ 3W를 두 개 병렬로 하거나 5.1kΩ 3W를 두 개를 직렬로 연결하십시오. 모두 3W+3W로 6W분입니다.

와트수 /크기에는 상관없지만 크기가 커지므로 설치 공간을 확인해 주십시오.

종류/음질 등 취향의 문제이므로 달라도 전기적으로는 문제가 없습니다. 산화 금속 피막 저항을 금속 피막 저항으로 해도 괜찮습니다. 무엇보다 와트 수에 따라 입수할 수 있는 종류는 한정되므로 신호 회로에는 음질적으로 좋다고 여겨지는 금속 피막 저항과 오디오용 카본 저항을, 와트 수가 큰 것은 시멘트 저항과 산화 금속 피막 저항이 될 것이라고 생각합니다.

특히 시멘트 저항은 고저항 값의 것이 없습니다.

옛날 권선 저항이나 법랑 저항 등은 유도 노이즈를 발생하는 경우가 있으므로 빈티지 제품을 사용할 경우에는 주의하십시오.

COLUMN 옛날 저항

현재는 최소한 금띠(오차 5%)이지만 옛날(오래된) 저항은 정확도가 지금만큼 좋지 않았기 때문에 은띠나 네 번째 띠 없음(즉 세 줄)이 대부분이었습니다.

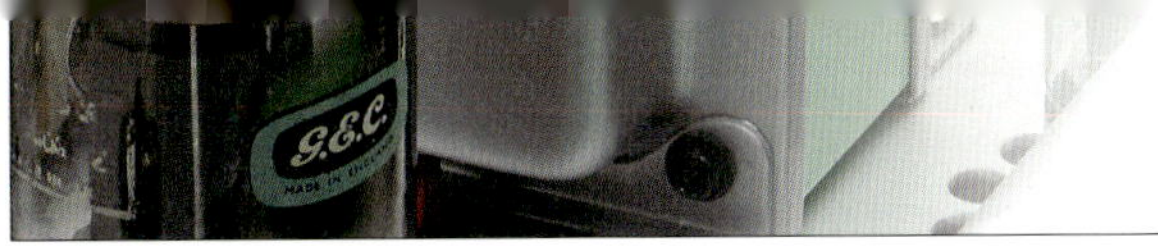

전해콘덴서(케미콘)

☐ C6 33μF 450V ×1체

☐ C5, C7, C8 100μF 400V ×4체

☐ C9 47μF 160V ×1체

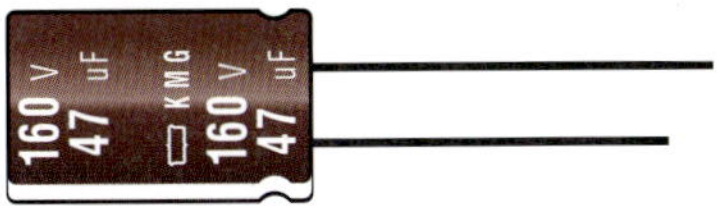

☐ C3 47μF 400V ×2체

☐ C2 1000μF 25V ×2체

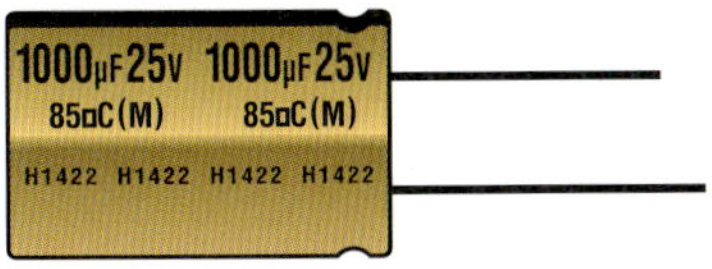

☐ C10 33μF 50V ×1체

※전해 콘덴서는 극성이 있습니다. 반드시 마이너스 쪽에 표시가 있습니다.
또한 입형(세우는 형)은 플러스쪽 리드선이 길어집니다.

필름콘덴서

☐ C1 2.2μF 250V ×2체

☐ C4 33pF 1000V ×2체
(※10V 이상에서 OK)

주: 이 콘덴서는 기판용으로 다리가 짧기 때문에 저항의 양단에 직접 납땜을 합니다.

※콘덴서는 전부 실물크기입니다.

같은 것을 구할 수 없는 경우

용량/사용 장소에 따라서는 커도 되는 경우와 근사치가 아니면 안되는 경우가 있습니다. 단 저항만큼 정밀하게 맞추지 않아도 되기 때문에 근사치이면 됩니다.

병렬 접속은 비교적 괜찮지만 직렬 접속은 용량 오차로 걸리는 전압의 불균형이 점점 커지기 때문에 피하는 것이 좋습니다.

내전압 /큰 것은 상관없지만 크기가 커지므로 공간에 들어갈지 여부를 확인해 주십시오.

종류·제조사·시리즈/음질 등 취향의 문제이므로 달라도 전기적으로는 문제가 없습니다. 폴리프로필렌필름을 폴리에스테르필름으로 해도 괜찮습니다. 단, 다른 종류를 전해 콘덴서로 대용하는 것은 피해주세요. 전해 콘덴서는 누설 전류가 많기 때문에 대용량이 필요한 곳만 사용합니다.

모양·크기/달라도 전기적으로는 문제가 없지만, 제대로 설치할 수 있는지 잘 검토해 주십시오. 특히 입형과 튜블러형은 러그판의 위치 등이 달라집니다.

콘덴서 표시의 보는 방법

콘덴서 표시는 용량만 코드 표시한 것, 내압도 코드 표시인 것, 용량 뒤에 오차 표시 코드가 있는 것 등 다양합니다. 오른쪽 예에서는 시리즈명, 내압, 용량표시 순으로 표시가 있으며 오차표시는 없습니다

이 경우, 내압 250V, 용량 2.2μF
(22×10⁵=2,200,000pF=2.2μF)

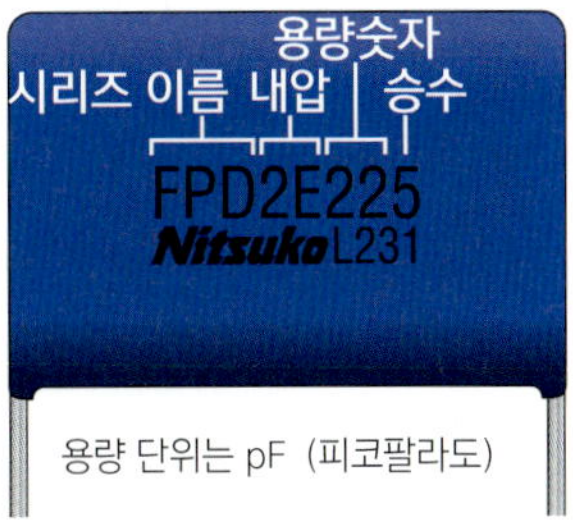

용량 단위는 pF (피코팔라도)

오차 표시▶

B	C	D	F	G	J	K	M
±0.1%	±0.25%	±0.5%	±1%	±2%	±5%	±10%	±20%

내압표시▼

	A	B	C	P	D	E	F	V	G	W	H	J	K
0							3.15V	3.5V	4V	4.5V	5V	6.3V	8V
1	10V	12.5V	16V	18V	20V	25V	31.5V	35V	40V	45V	50V	63V	80V
2	100V	125V	160V	180V	200V	250V	315V	350V	400V	450V	500V	630V	800V
3	1kV	1.25kV	1.6kV		2kV	2.5kV	3.15kV		4kV		5kV	6.3kV	8kV

외장 부품

Beam Single | 2A3 Single | Headphone | Paint | Chassis Processing | Other Work | Industrial Tool | Shop List

⬅ LED 브래킷

설치하기 쉬운 브래킷 포함입니다. 색상에 따라 전류가 다르기 때문에 다른 색상의 경우 밝기가 조금 달라집니다. 초록을 사용했습니다.

스위치류 ⬆

전원 스위치는 토글 스위치(레버스위치), SG커넥션 전환에는 시소 스위치(로커 스위치)를 사용했습니다. AC100V·3A 이상을 내보낼 수 있는 것이라면 취향에 따라 다른 종류로 해도 좋습니다. 본래 SG커넥션 전환에는 300V 내압인 것을 원하만, 상당히 큰 것 밖에 없기 때문에 AC250V인 것을 사용하고, 작동 중에는 전환하지 않는 것을 조건으로 사용하고 있습니다.

2연볼륨 ⬆

Linkman의 610G-QB1형 (ø16mm, 100kΩ/A 커브의 2연, 미디엄 샤프트)의 것을 사용했습니다.

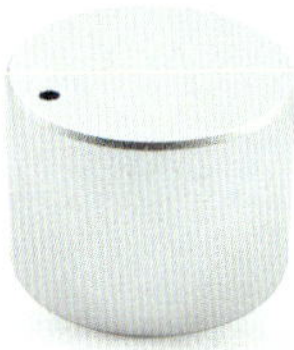

볼륨손잡이 ⬆

ø30 × L22mm, 알루미늄 실버 배지로 마감된 것을 사용했습니다. 앰프 전체의 그레이드에 관계되므로, 손잡이는 아끼지 말고 좋은 것을 사용해 주세요.

⬅ 압착 단자

본기는 유지 보수성을 고려하여 스피커 터미널과 전류계의 배선에 압착단자를 압착하지 않고 납땜으로 사용하였습니다. 직접 납땜할 경우에는 불필요합니다.

Tips 볼륨의 커버

볼륨은 회전각에 비례하여 저항값이 직선적으로 변화하는 것을 B 커브라고 합니다.

그런데 인간의 귀는 직선적으로 되어 있지 않고, B 커브에서는 음량의 증가율이 부자연스럽게 느껴지기 때문에, 작은 음량 에서는 저항의 감소율이 완만하고, 최대 음량 에서는 급격하게 저항치가 줄어들도록 만들어진 A 커브를 사용하도록 합니다.

만약 A커브를 구할 수 없을 때는 B커브에서도 음량 증가율이 조금 갑자기 느낄 뿐 문제없이 사용할 수 있습니다.

그 밖에도 반대의 특성을 가진 C커브나 밸런스용의 MN형(커브) 2연 볼륨 등 여러 종류가 있습니다.

RCA 핀잭 ⬆

적색과 흑색 하나씩 준비하겠습니다. 다점접지가 되지 않도록 절연 타입을 선택합니다.

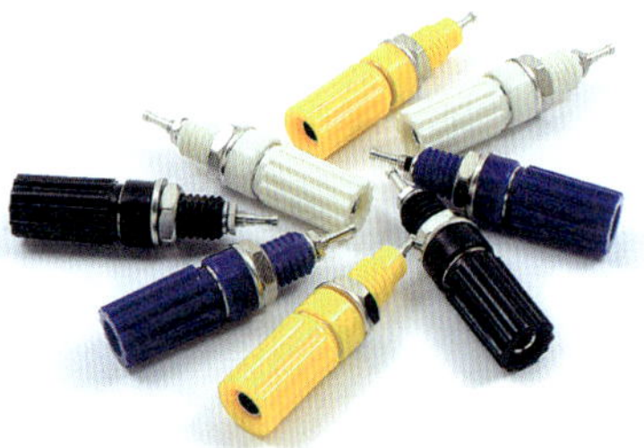

스피커 터미널 ⬆

존슨 터미널이라고 불리는 것입니다. 본기는 4, 8, 16Ω와 복수의 출력을 내기 위해, 각 색 2개씩, 합계 8개를 사용합니다. 회전 방지 장치가 달려 있어 바나나 플러그에도 대응하고 있습니다.

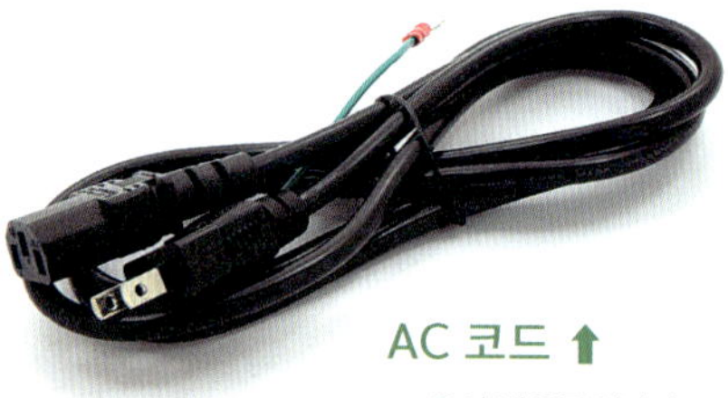

AC 코드 ⬆

PC용의 범용품입니다.

AC인렛 ⬆

LINKMAN의 IEC 규격의 것을 사용했습니다. AC코드직부에서 분리할 수 있는 것이 뭔가 편리합니다.

⬅ 퓨즈홀더

사토 부품 L30mm 퓨즈용을 사용했습니다.

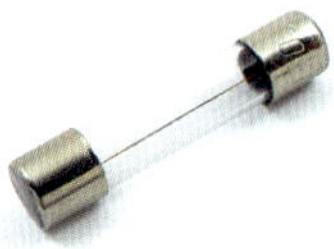

퓨즈 ➡

본기기의 소비 전류는 1.1A 정도이므로 2A의 퓨즈를 사용합니다. 트랜스메이커가 외장 퓨즈의 용량을 지정하고 있는 경우는 지정대로 합니다.

수지 부시(글로멧) ⬆

트랜스의 리드선을 통과시키기 위해서 사용합니다. 본기기의 섀시는 알루미늄 2mm 두께로, 이 두께의 고무 부시는 거의 없으므로 나사 고정 타입의 수지 부시를 사용합니다. 대는 외경 ø13 / 내경 ø7 / 섀시구멍직경 ø10mm, 소는 외경 ø10 / 내경 ø5 / 섀시구멍직경 ø7.5mm를 사용했습니다.

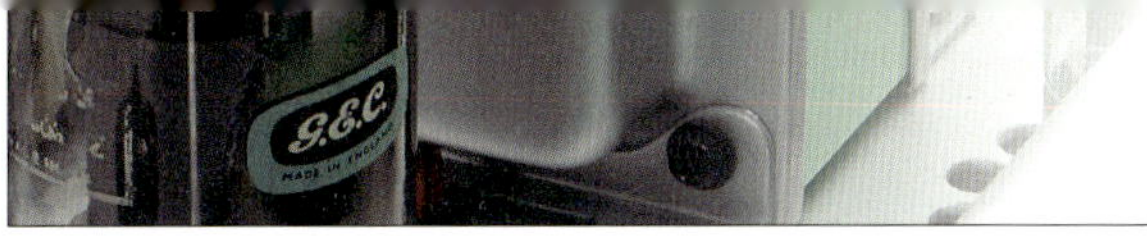

섀시내 부품과 도료

나사류⬇

본기기에서 사용한 나사류 목록은 오른쪽 기술대로이지만 작고 없어지기 쉬우므로 예비도 포함하여 조금 많이 구입하십시오.

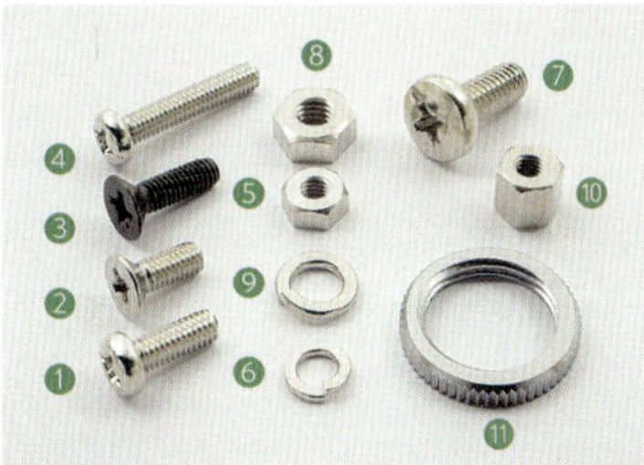

사용 나사류 목록

❶ M3-L8 냄비나사 ×6
❷ M3-L8 십자볼트 ×4
❸ M3-L8 십자볼트 검정 ×2
❹ M3-L15 냄비나사 ×8
❺ M3 너트 ×20
❻ φ3 스프링 와셔 ×20
❼ M4-L10 결합나사 ×12
❽ M4 너트 ×12
❾ φ4 스프링 와셔 ×16
❿ M3-L4 메탈육각스페이서 암수 ×8
⓫ 레버 스위치용 롤렛 너트 ×1

커팅 시트 ⬆

트랜스의 코어 부분은 도장을 하지 않고 모스 그린 커팅 시트를 붙였습니다. 색상은 다양하니 취향에 맞는 색상을 선택해 주세요. 매장에 따라 10cm 단위, 50cm 단위, 1m 단위로 잘라서 판매해 줍니다.

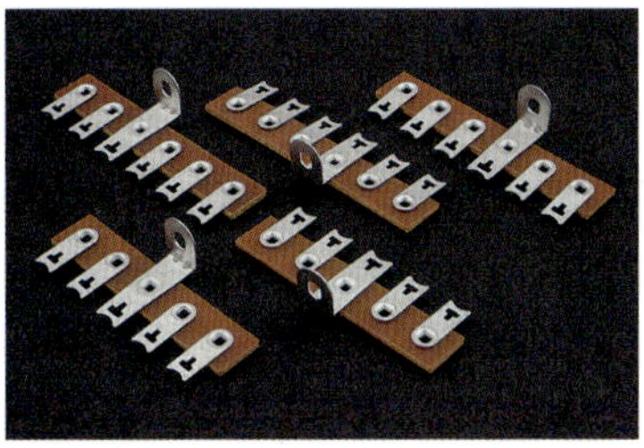

러그판 ⬆

사토 부품의 L-590시리즈입니다.
❶대1L-5P×3
❷대1L-4P×2

⬅ 도료

왼쪽/아사히 펜 크리에이티브 컬러 스프레이 90 실버 300ml 오른쪽/알레소 속건 녹 방지 본기에서 사용한 트랜스류는 검은색이었기 때문에 실버로 교체했습니다. 도료는 품질에 차이가 있어 좋은 것은 잘 늘어지지 않고 바르기 쉽습니다. 아사히 펜의 크리에이티브 색상은 제 취향의 탁한 색이 많아 자주 이용합니다. 그 밖에 자동차용품점에서 구할 수 있는 자동차용 페인트도 품질이 좋아 후보가 됩니다.

도장 전 베이스로 서페이서(녹방지)를 바릅니다. 녹을 방지하여 오래가도록 하는 목적도 있지만, 미세한 흠집을 묻혀 표면이 매끄러워지기 때문에 외형도 좋아집니다.

⬅ 배선재

전류가 많이 흐르는 백색(AC1차측), 청색(히터), 적색(+B), 흑색(접지)은 0.5sq(AWG20)의 비닐선을 사용했지만 0.3sq(AWG22)도 괜찮습니다. 전류가 적은 캐소드(녹색)는 0.3sq(AWG22)를 사용하고 있습니다. 또, 일부는 트랜스의 리드선을 자른 나머지 사용을 하고 있습니다.

⬅ 실드선

실드선은 φ3의1심(단심)실드의 통상품입니다. 틀리지 않도록 L은 백색, R은 회색으로 색을 바꿨습니다. 각 1m 입니다.

⬅ 열수축 튜브

실드선 처리 시 사용합니다. 메이커에 의해 열수축튜브(스미튜브)나 히시튜브 등의 상품명으로 판매하고 있습니다. 실드선이 φ3이므로 내경 φ3.5 (외경 φ4)와 내경직경 φ1.3(외경 φ1.7)을 사용했습니다.

⬅ 도료 제거액과 스프레이풀

트랜스의 도료를 벗기는데 사용합니다. 수성 제품은 약하기 때문에 강력한 유성이 좋을 것입니다.

섀시에 타공 시트를 붙일 때 스프레이 풀을 사용하면 편리합니다. 가장 약한 강도의 것이 좋습니다.

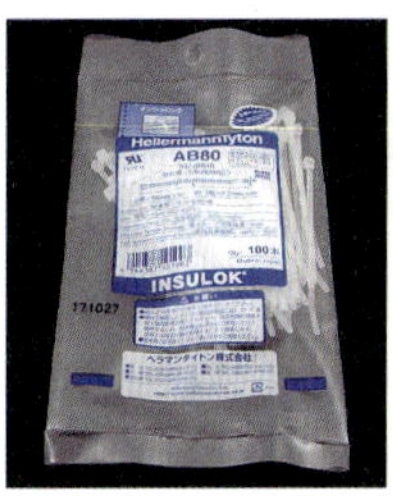

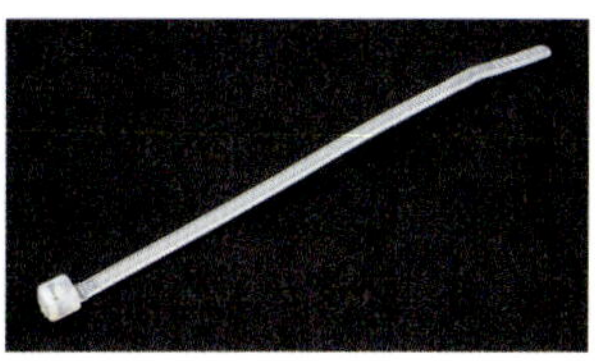

결속 밴드 ⬆

제일 작은 것으로 괜찮습니다. 약 30개 사용하므로 인슐락 AB80·100개들이를 사용했습니다.

부품 리스트

품명	품번·규격	메이커·규격	단가(세금포함)	개수	구입처
진공관	KT-88, 6CA7 등	GEC, 마쯔시다 등	¥1,500~∞	2	소유품
	12AX7 (ECC83)	도시바	¥500~¥5,000	2	소유품
	5AR4	National (마쯔시다)	¥1,000~¥5,000	1	소유품
출력트랜스	PMF-30WS	제너럴트랜스판매(노구치)	¥20,520	2	제너럴트랜스판매(주)
전원트랜스	PMC-200M	제너럴트랜스판매(노구치)	¥13,380	1	제너럴트랜스판매(주)
초크코일	PMC-1520H	제너럴트랜스판매(노구치)	¥6,820	1	제너럴트랜스판매(주)
섀시	SRDSL-10HS	타카치	¥11,110	1	(유) 에스에스무선
진공관소켓	US8P 타이트소켓	고린무역 하부부착	¥450	3	몬타무선전기(주)
	MT9P 타이트소켓	고린무역 하부부착	¥340	2	몬타무선전기(주)
카본저항	680Ω 1/4W	Takman 전자	¥5	1	(주)센고쿠 덴쇼
산화금속피막저항	62kΩ 1W	Takman 전자	¥10	1	(주)센고쿠 덴쇼
	220kΩ 3W	Takman 전자	¥30	1	(주)센고쿠 덴쇼
	100Ω 5W	Takman 전자	¥80	2	(주)센고쿠 덴쇼
	10kΩ 5W	Takman 전자	¥80	2	(주)센고쿠 덴쇼
금속피막저항	1kΩ 1/2W (REY)	Takman 전자	¥50	2	(주)센고쿠 덴쇼
	47kΩ 1/2W (REY)	Takman 전자	¥50	2	(주)센고쿠 덴쇼
	2.2kΩ 1W (오디오용)		¥60	4	세타무선(주)
	470kΩ 1W (오디오용)		¥60	2	세타무선(주)
	47kΩ 2W (오디오용)		¥70	2	세타무선(주)
	100kΩ 2W (오디오용)		¥70	2	세타무선(주)
시멘트저항	220Ω 10W	Takman 전자	¥70	2	(주)센고쿠 덴쇼
필름콘덴서	2.2μF/250V	Nittsu FPD	¥500	2	해신무선(주)
	33pF/1000V	WIMA	¥60	2	(주)센고쿠 덴쇼
전해콘덴서	1000μF 25V	니치콘 FineGold	¥90	2	(주)아키즈키 전자통상
	33μF 50V	KMG (일본케미콘)	¥20	1	(주)센고쿠 덴쇼
	47μF 160V	KMG (일본케미콘)	¥80	1	(주)센고쿠 덴쇼
	47μF 400V	KMG (일본케미콘)	¥250	2	(주)센고쿠 덴쇼
	100μF 400V	KMG (일본케미콘)	¥250	4	(주)센고쿠 덴쇼
	33μF 450V	KMG (일본케미콘)	¥200	1	(주)센고쿠 덴쇼
전류계	100mA 둥근형	고린무역	¥1,300	2	몬타무선 전기(주)
RCA 핀잭	절연타입(적흑 짝으로)	도모카전기 C-60	¥210	2	몬타무선 전기(주)
존슨터미널	황	MSK TM505 키	¥138	2	마르츠 아키하바라 2호점
	청	MSK TM505 청	¥138	2	마르츠 아키하바라 2호점
	백	MSK TM505 백	¥138	2	마르츠 아키하바라 2호점
	흑	MSK TM505 흑	¥121	2	마르츠 아키하바라 2호점
스냅 스위치	1회로2P타입	NKK 스위치(구일개) S-301	¥374	1	몬타무선전기(주)
시소스위치	3P타입	마루신무선전기 MSR5	¥100	2	(주)센고쿠 덴쇼
바리옴(볼륨)	100kΩA커브2연RV16	Linkman 610G-RB1-A104	¥147	1	마르츠 아키하바라 본점
메탈 노브	ø30mmL22mm	Linkman 30X22BPS	¥609	1	마르츠 아키하바라 2호점
스파크킬러	0.1μF+120Ω	지즈키 전기제작소	¥150	1	몬타무선(주)
실리콘 브릿지	600V/1A (DIP)	신전원공업 S1NB60	¥50	1	(주)센고쿠 덴쇼
LED 브래킷	녹색 CTL-601-G	미쯔나리전기제작소	¥220	1	몬다 무선전기(주)
AC 인렛	WTN02F1171	Linkman	¥100	1	마르츠 아키하바라 본점
AC 코드	3P 플러그 포함	PC용	¥100	1	

부품 리스트

품명	품번 · 규격	메이커 · 규격	단가(세금포함)	개수	구입처
퓨즈홀더	F-4000A	사토부품	¥200	1	몬다 무선전기(주)
퓨즈	AC125V-1A 표준사이즈	사토부품 FG-30	¥100	1	몬다 무선전기(주)
배선재	0.2sq (AWG24)	시나가와전선 청 1m	¥50/m	1m	마루쯔아끼하바라본점
	0.3sq (AWG22)	KHT 녹 1m	¥33/m	1m	마루쯔아끼하바라본점
	0.5sq (AWG20)	미야마 전선1007 적백 각1m	¥40/m	2m	큐슈덴끼(주)
	0.5sq (AWG20)	미야마 전선1007 흑 3m	¥40/m	3m	큐슈덴끼(주)
	0.5sq (AWG20)	미야마 전선1007 청 4m	¥40/m	4m	큐슈덴끼(주)
	실드선 회백	각1m 기타실드ø3	¥65/m	2m	큐슈덴끼(주)
로렛 너트	ø12용	일본 개폐기	¥50	1	몬다 무선전기(주)
비스	M3-L8 냄비나사		↓	×6	니시카와 전자부품(주)
	M3-L15 냄비나사		↓	×8	니시카와 전자부품(주)
	M3-L8 접시비스		↓	×4	니시카와 전자부품(주)
	M3-L8 접시비스 흑		↓	×2	니시카와 전자부품(주)
	M4-L10 바인드비스		↓	×12	니시카와 전자부품(주)
너트	M3너트		↓	×20	니시카와 전자부품(주)
	M4너트		↓	×12	니시카와 전자부품(주)
압착단자	M3용 R1.25-3N	니치프	↓	×8	니시카와 전자부품(주)
	M4용 R2-4	니치프	↓	×4	니시카와 전자부품(주)
스프링 와셔	M3용		↓	×20	니시카와 전자부품(주)
	M4용	여기까지의 나사류 모두 약	¥1,000	×16	니시카와 전자부품(주)
메탈 서포터	M3-L4mm 암-암	(금속육각 스페이스)	¥40	×8	(주)센고쿠 덴쇼
수지부쉬	외경 10-구멍지름 7.3-내경 5mm		¥45	1	니시카와 전자부품(주)
	외경 11-구멍지름 8.7-내경 6mm		¥45	2	니시카와 전자부품(주)
	외경 13-구멍지름 9.5-내경 7mm		¥50	2	니시카와 전자부품(주)
러그판	대 1L-4P	사토부품	¥70	2	몬다 무선전기(주)
	대 1L-5P	사토부품	¥80	3	몬다 무선전기(주)
유닌버셜기판	종이 페놀 ICB-288	산하야토	¥100	1	(주) 센고쿠 덴쇼
열수축튜브	ø1.7mm×1m	미쓰비시케미칼	¥120	1	(유) 타이가 무선
	ø4mm×1m	미쓰비시케미칼	¥120	1	(유) 타이가 무선
결속밴드	AB80×100개입	결속밴드	¥194	1봉지	니시카와 전자부품(주)
스프레이도료	90 은색	아사히펜(크리에이티브 카라 이치)	¥596	1	DIY-tool 닷컴
컷팅 시트	45W×30cm 모스크린	나카가와케미칼	¥92	1	도큐 핸즈 시부야점
서페이서	속건 녹방지의 회색 420ml	캄페하피오	¥880	1	토도케 홈센터
진공관을 제외한 합계			¥89,825		

본기는 2018년에 제작하고 있습니다만, 그 때보다 크게 가격이 개정되어 있거나 판매 중지(대체품으로 표시하고 있습니다)된 것도 있으므로, 가격은 2020년 8월 현재의 조사 가격을 표시했습니다.

구입처도 폐업 등으로 입수처가 변경된 경우는 변경 후의 점포를 표시하고 있습니다(예 / 노구치트랜스 → 제너럴트랜스). 판매 중지나 가격 개정 등은 자주 있으므로, 리스트는 참고 가격으로 하고, 실제로는 각 매장에 문의해 주십시오.

진공관은 입수할 수 있는지 여부나, 시기에 따라 상당한 금액의 차이가 나기 때문에, 합계 금액에는 포함하지 않는 목록으로 했습니다. 표시되어 있는 진공관의 단가는, 입수되면 아마 이 정도의 가격이라는 예상에 근거하고 있습니다.

제작편 새시 가공

Beam Single
2A3 Single
Headphone
Paint
Chassis Processing
Other Work
Industrial Tool
Shop List

트랜스 색 바꾸기 ➡ P19
▼
부품실측 · 도면작성 ➡ P22
▼
구멍 뚫기 시트 작성 · 부착 ➡ P24
▼
새시 구멍 만들기 ➡ P25

스피커 단자는 좌우의 4, 8, 16Ω의 각 단자를 나열하면 스페이스가 힘들고, 돌리기 어려워지기 때문에, 단을 달리하여 조금이라도 간격을 넓히고 있습니다.

본기의 제작 순서는 대체로 왼쪽의 설명과 같습니다.

가장 중요한 요령은 무엇보다도 신중하게 하는 것입니다. 앰프를 만드는 것을 직업으로 하는 프로에게는 속도도 중요한 요소입니다만, 우리 자작 마니아는 빨리 만들어도 엉성하면 제대로 평가를 받지 못합니다. 천천히 시간을 들여서 만듭시다.

drill press 등의 공작 기계가 없으면 깨끗하게 할 수 없다고 말하는 분도 있습니다만, 그렇지 않습니다. 공구가 있는 것이 가장 좋습니다만, 전동 공구는 최소한 드릴만, 나머지는 수작업으로도 충분히 아름다운 앰프를 만들 수 있습니다.

작업 순서는 트랜스 4개의 색바꾸기로 시작합니다. 본기기와 같이 도장 작업이 있는 경우는 건조 방치 기간이 며칠 걸리므로 그 사이에 다른 작업을 할 수 있도록 먼저 작업해 둡니다.

물론 날씨와 습도에 따라 전후하는 경우도 있으므로 임기응변으로 작업 순서를 바꾸도록 합시다.

본기기에서는 전용 제작실 등이 없어도 할 수 있도록 일정한 배려를 한 후 해설하고 있습니다.실제로 본기도 방 한 칸에서 모두 제작했습니다.

트랜스 색 바꾸기

「트랜스 염색」 P154~P160도 봐주세요

제작의 첫 번째 작업은 트랜스 색 바꾸기부터 시작합니다.

기본적으로 트랜스는 분해할 수 있는 한 분해하여 도장합니다.

나사, 너트, 와셔는 순서를 틀리기 쉬우므로 원래대로 동일 순서대로 비스에 너트와 와셔를 통과시켜 놓고 조립할 때까지 보관해 둡니다.

전원 트랜스는 4쌍의 비스 너트 중 1쌍의 비스 너트 세트만 접지 대책이 되어 있고 나머지 3쌍은 절연되도록 되어 있는 경우가 있습니다.

두께 조절용 스테이도 매수가 틀리지 않도록 보관해 주십시오.

1 출력 트랜스 2대(PMC-30WS)와 초크 코일(PMC-1520H)의 커버를 모두 분리합니다.

2 품번 스티커는 미리 떼어 둡니다. 품번을 알 수 없게 되지 않도록 도장 후 같은 위치에 붙이는 것이 좋습니다.

3 분리한 커버와 앵글입니다. 도료는 바닥에 묻지 않도록 나무 블록으로 띄울 수 있도록 준비합니다.

4 도료는 제게제를 칠합니다. 솔로는 세세한 부분이 잘 바르지 못하기 때문에 붓이 좋습니다.

5 몇 분 방치하면 도장이 벗겨집니다.

6 뜬 도료를 주걱 등으로 가볍게 제거합니다.

7 남은 도료와 도료제거제는 스크래치를 걸레 등으로 닦아냅니다. 나중에 사포질 등을 할테니 조금은 남아도 괜찮아요.

8 안쪽도 똑같이 합니다. 안쪽은 작업이 필요 없어 보이지만, 가장자리가 보이기 때문에 오로지 에지(edge) 도장 때문입니다.

9 찌꺼기가 잘 빠지지 않는 페인트 부분은 이쑤시개로 제거합니다.

트랜스 색 바꾸기

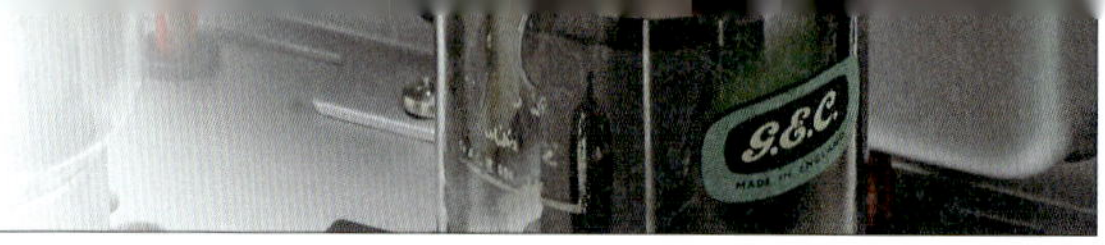

10 페인트 제거 후 400~600번 정도의 내수 페퍼로 물을 뿌려 전체를 문지릅니다.

11 나무 끝 부분 절단 등에 양면 테이프로 트랜스 커버를 떨어지지 않도록 부착합니다.

12 서페이서(surfacer, 속건 녹 방지)를 안쪽에서 바릅니다. 나무막대를 손에 들고 부는 것도 있습니다.

13 안쪽이 마르면 바깥쪽을 발라줍니다. 역시 판지로 만든 받침대로 바닥면 보다 조금 띄우고 있습니다.

14 마르면 600~800번(무광도장 마감인 경우)의 내수 페이퍼로 물갈이하여 표면을 매끄럽게 합니다.

15 조금이라면 밑바탕이 나와도 괜찮습니다. 스페이서는 너무 두꺼우면 표면이 부드러워지므로 한 번만 바르는 것이 좋습니다.

Tips 각도 페인트

트랜스의 발(앵글) 등 전체를 칠해야 할 경우에는 철사 등으로 매달아 바르면 빠르고 깨끗하게 됩니다. 철사는 일부러 준비하지 않아도 클립을 분해 및 접어서 이용할 수 있습니다.

16 컬러 스프레이를 안쪽부터 발라줍니다. 스프레이 페인트와 바르는 면의 분리하는 간격은 그날의 바람에 따라 달라집니다.

17 안쪽을 잘 말리면 바깥쪽을 발라줍니다. 가능하면 다음날이 좋습니다. 겉은 건조 후 두 번째 도포합니다.

18 트랜스의 발도 마찬가지로 도장 제거, 스페이서, 물갈이, 컬러 스프레이와 작업합니다.

출력 트랜스 PMF-30WS 두 개, 초크 코일 PMC-1520H, 전원 트랜스 PMC-200M, 총 네 개를 동일하게 도장하여 주십시오.

도장은 일부 도장박스를 사용하고 있습니다. 도장 박스에 대한 자세한 내용은 도장 페이지(P157)를 참조하십시오.

트랜스 색 바꾸기

코어부분에 자기쉴드판이 붙어있는 경우는 평평하므로 통상적으로는 코일부분을 마스킹하여 스프레이도료로 바릅니다.

하지만 컷팅시트라면 더욱 간편합니다. 커팅시 만약 색상변경을 원하거나 실패하더라도 즉시 다시 붙일 수 있습니다.

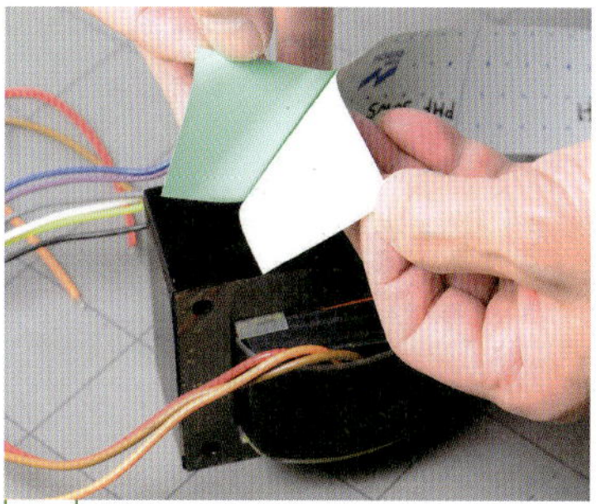

19 커팅 시트를 트랜스의 코어부 전체 둘레 + 10mm 정도의 길이로 잘라내고, 박리지를 떼어냅니다.

20 말림 끝이 자른곳 가까이 오도록 처음 1면을 붙입니다

21 공기를 빼면서 정성스럽게 붙여 갑니다. 어긋나지 않도록 주의하겠습니다.

22 트랜스를 빙글빙글 돌려 다음 면을 붙입니다.

23 마지막 면이 제대로 모서리 앞에서 끝나는 것을 확인합니다. 만약 넘어가 버린 경우는 신중하게 커터로 자릅니다

원래대로 조립하시면 트랜스 염색은 완성됩니다. 단 트랜스 조립은 도장이 잘 마른 후 하고 그 동안은 다른 작업을 진행하도록 합니다.

부품 실측·도면 작성

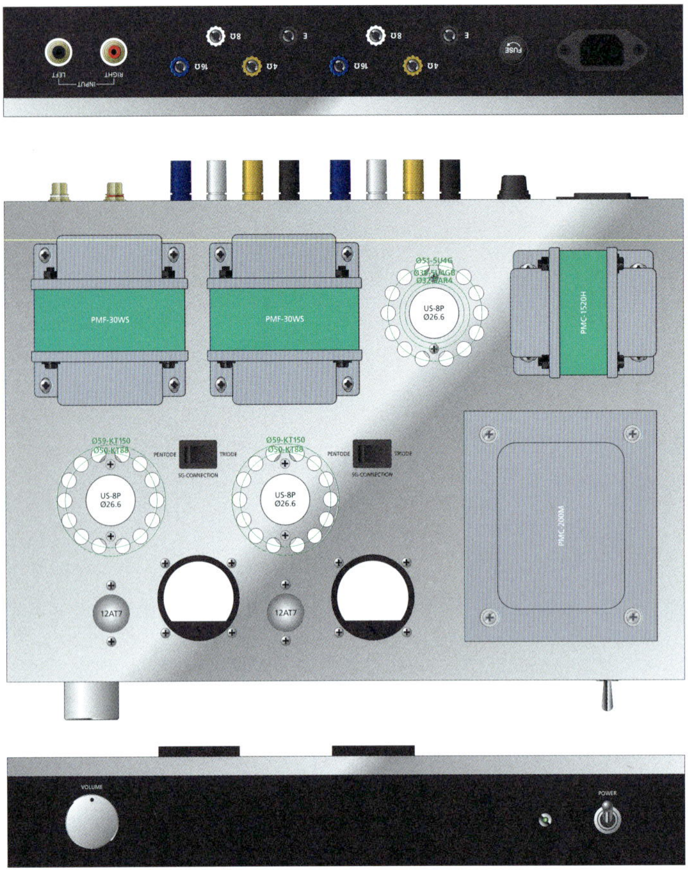

부품 실장 시 완성 예상도　Scale=25%

자, 여기부터는 도면을 그려 실제로 섀시를 가공해 나가겠습니다.

본기는 진공관 앰프에서는 스테디셀러인 섀시, 타카치·SRDSL-10을 채용했습니다. 이 섀시는 측판 프레임과 상판, 바닥판이 분리되므로 작업하기 쉽도록 완전 분해하여 가공 및 조립을 실시합니다.

크기에 무리가 없고 만들기 쉬워 가공 난이도는 별 하나라도 좋으나 튼튼한 2mm 두께의 알루미늄을 채택하여 구멍 만들기는 조금 힘듭니다. 그래서 별 두 개로 했습니다.

※주의 : 「부품은 실측이 기본」입니다. 2~3개월 지나자 같은 부품을 구입할 수 없습니다. 제조사 발표 도면을 신용했더니 마이너 체인지 해서 달랐다는 말은 자주 있습니다. 부품을 구입하시면 반드시 실측하여 도면을 작성하시거나 변경하시기 바랍니다.

COLUMN　US8P 옥탈 소켓의 타공 치수

US8P 소켓(통칭 옥탈 소켓)은 제조사에 따라 ø27, ø28, ø29, ø30, 그리고 과거에는 ø32mm로 다양한 사이즈가 있어 가공 후에는 제조사의 변경이 무리할 정도로 차이가 있습니다.

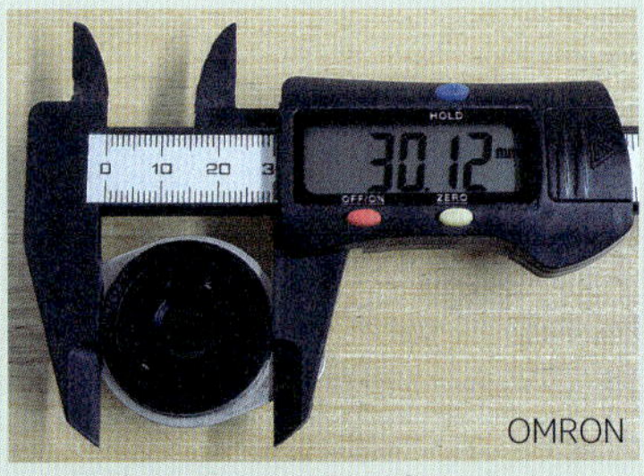

OMRON

LUX

QQQ 몰드

QQQ 스티어타이트

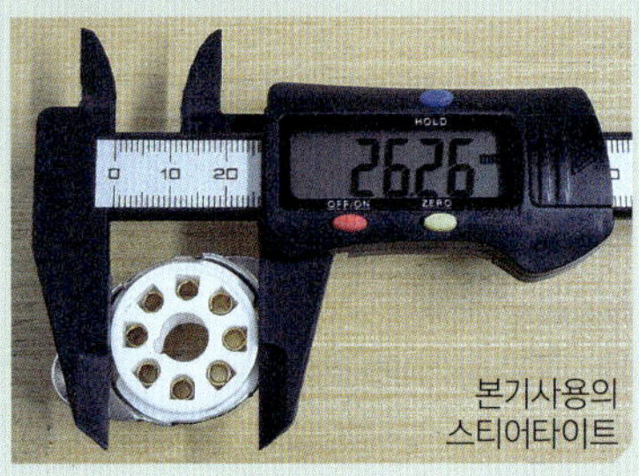

본기사용의
스티어타이트

같은 부품을 사용했을 경우의 타공 치수도는 아래와 같습니다.

직접 도면(타공 시트)을 섀시에 붙여서 구멍을 뚫을 수 있으므로 PC상에서 부품의 위치관계가 확인되면 치수선은 들어가지 않습니다(CAD의 경우 자동으로 들어가지만).

단 드릴날을 선택하기 쉽도록 구멍사이즈만큼은 적어 둡니다.

섀시/타카치 SRDSL-10

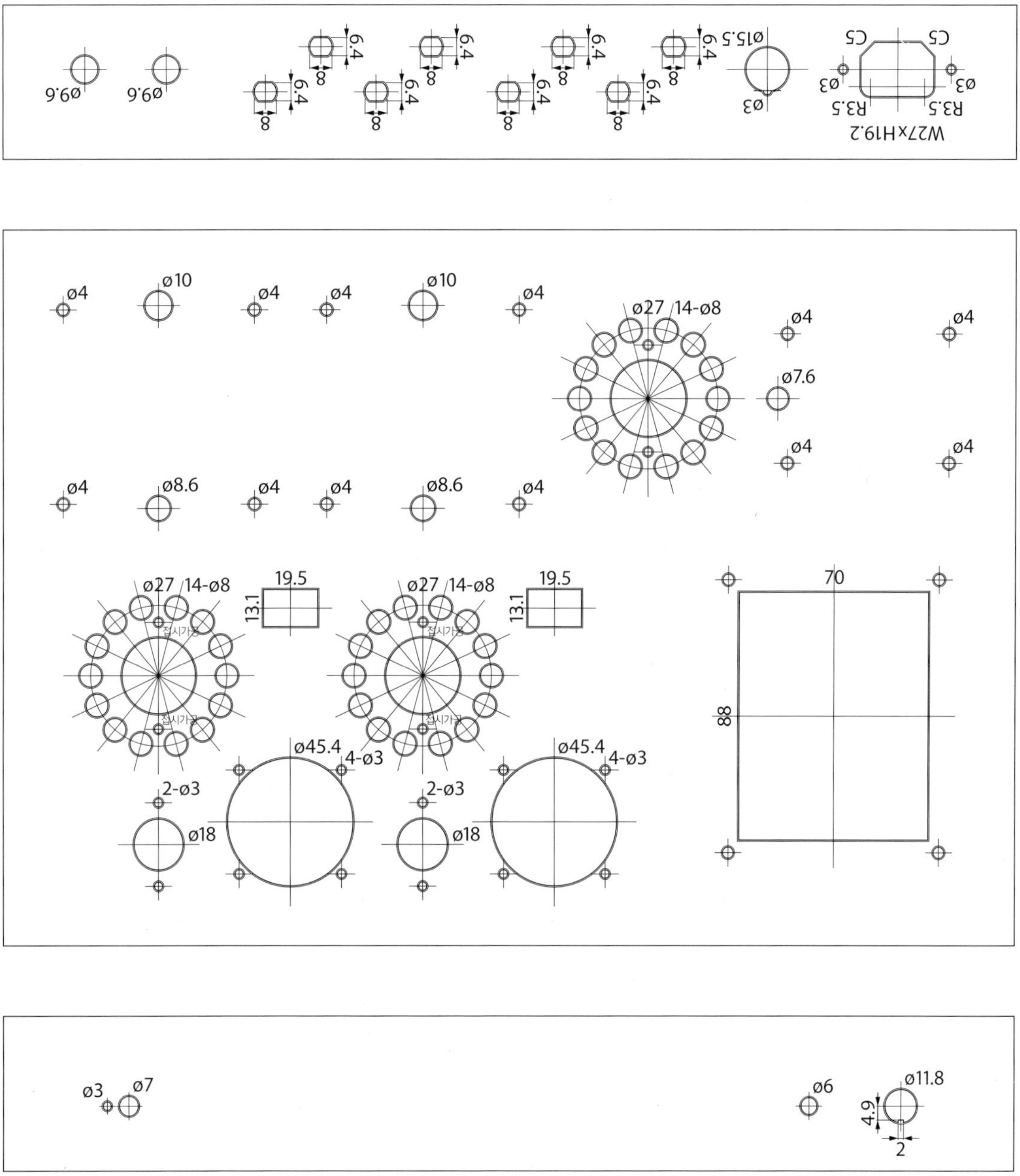

Scale = 40%

본기의PDF도면데이터는 다운로드할 수 있습니다. https://honmatsu-amp.net/irodori/beam.html

구멍 뚫기 시트 작성·부착

예전에는 섀시에 직접 괘선을 그렸으나 현재는 PC용 CAD가 발달되어 있으므로 이용합시다. 어플리케이션은 각자 익숙한 것으로 좋습니다. 저는 실체 배선도 그리기 때문에 Adobe Ilustrator를 사용하고 있습니다. 프린터는 가능하면 A3출력을 할 수 있으면 편합니다.

※주의 : 프린트에서 섀시에 붙이는 작업은 우천이나 장마철 습도가 높은 날은 피해주십시오. 종이는 의외로 습도로 늘어나기 때문에 정확도가 떨어져 버립니다(예를 들어 30cm정도의 종이는 습도로 2mm나 늘어날 수 있으며, 구멍 뚫린 위치가 허용할 수 없을 정도로 어긋납니다).

Tips 도면의 2중선

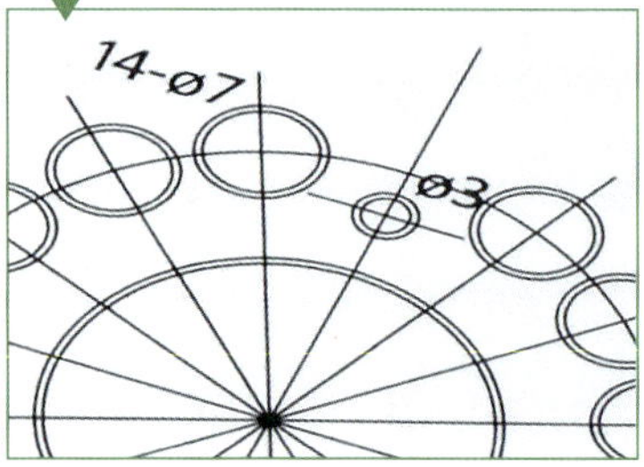

구멍을 뚫으면 선이 사라지고 크기와 위치가 맞는지 알기 어려워집니다. 그래서 구멍 크기의 0.5mm 바깥쪽으로도 선을 작도하였습니다.

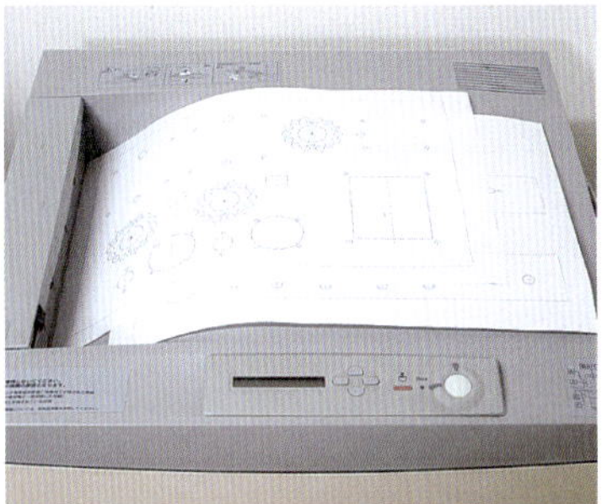

24 CAD등에서 작도한 것을 프린트 합니다. A4 등 작은 경우는 여러 장으로 출력을 하여 연결합니다.

25 섀시에 맞게 자릅니다. 덧붙여 위치 맞춤을 위해 모서리의 둥근면이 있는 면은 윗면보다 크게 잘라냅니다.

26 붙일 때 위치가 맞추기 쉽도록 뾰족한 커드로 사이즈에 맞게 주름을 잡습니다.

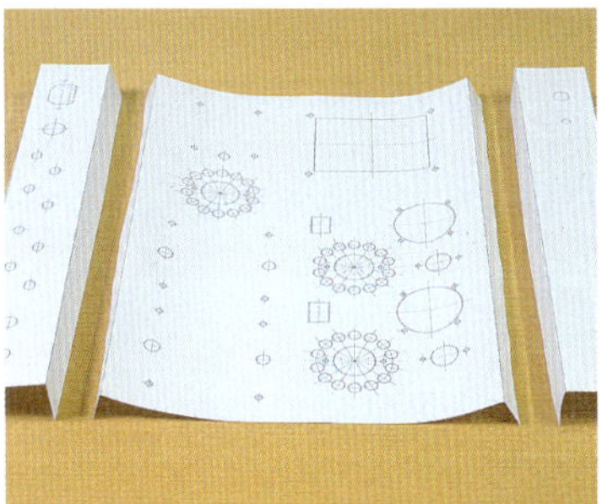

27 섀시는 카드R이 있어 어긋나기 쉬우므로 타공시트의 좌우측은 자르지만 전후측은 접어서 붙입니다.

28 섀시에 보호시트가 부착되어 있는 경우는 도면 부착 전에 떼어냅니다(없는 경우도 있습니다).

29 스프레이 풀을 뿌려줍니다.분사 후 몇 초 바람을 쐬어 조금 말린 후 붙이도록 합니다.

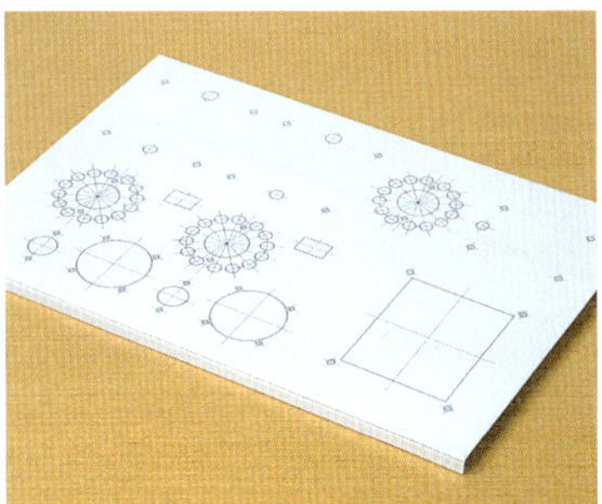

30 어긋나지 않게 붙여줍니다. 이후의 모든 정밀도와 관련되기 때문에 이 작업이 가장 신경을 쓰는 부분입니다.

31 프레임에도 도면 시트를 부착합니다. 귀는 접어서 뒷면에 붙입니다.

32 양쪽 패널을 겹쳐 본 것입니다. 부품끼리 부딪칠 것 같지 않은지 확인합니다.

이 후 작업은 「섀시 가공」 P162~P165도 봐 주세요

정밀도 좋게 마무리하기 위해서는 꾸준한 작업 및 공정이 필요합니다. 구멍은 마구 뚫지 않고 센터 펀치로 센터를 내는 것은 필수입니다.

센터 펀치는 망치 등으로 두드려서는 안됩니다. 손으로 잡고 둥글게 눌러서 오목하게 만듭니다.

다음으로 작은 드릴날로 구멍을 뚫지 않고 움푹 들어간 곳을 한 단계 더 굵은 드릴날로 더 크게 합니다. 3mm 정도의 나사 구멍이면, 이 후 목표 크기의 드릴로 구멍을 만들고, 줄로 거친부분을 손질 하면 끝납니다. 그보다 큰 구멍의 경우는 목표 크기보다 작은 드릴로 구멍을 뚫어 둥근 줄로 센터 어긋남을 수정하여 최종적으로 리머로 목표 구멍 크기로 넓힙니다.

이런 작업은 시간이 걸리지만 정성스럽게 하려면 이것이 일반적인 작업이라고 생각해 주세요.

33 모든 구멍을 센터 펀치로 오목하게 만듭니다. 이것을 하지 않고 갑자기 드릴로 구멍을 뚫으면 어긋나 버립니다.

34 15mm 이상의 큰 구멍은 커터 등으로 먼저 잘라 종이를 떼어냅니다. 사진은 원형 커터를 사용하고 있습니다.

35 전원 트랜스의 모서리 구멍도 자를 대고 자르고 종이를 떼어냅니다. 종이를 벗겨내면 보기 쉽고 정확도도 높아집니다.

COLUMN 십자볼트 가공의 필요성

GT관에 가장 많이 사용되는 US8P 소켓(일명 옥탈 소켓)은 나사 간격이 좁기 때문에 사진과 같이 십자볼트로 장착하면 많은 GT관이 공중에 뜨게 됩니다. 밀착시키기 위해서는 접시 가공을 하고 접시형 나사를 사용해야 합니다.

사진은 본기기를 사용해 접시 가공하지 않고 냄비나사로 소켓을 장착해 본 것입니다. 6CA7/EL34나 본기기에서 채택하지 않은 6F6계나 6V6계는 베이스가 작아 접시 가공으로 하지 않아도 되지만, 중형 이상의 파워관은 접시형을 사용하는 것이 좋습니다.

KT88은 우연히 꼬리부분의 오목한 부분이 있어 깊게 꽂을 수 있습니다.

6CA7/EL34는 베이스가 작아 나사를 피할 수 있기 때문에 냄비형 나사도 괜찮습니다.

KT 150도 리벳의 오목한 부분이 있지만 작기 때문에 조금 떠 버립니다.

6GB8이나 6L6GC는 완전히 아웃입니다. 나사에 맞아 제대로 꽂을 수 없습니다.

섀시 구멍만들기

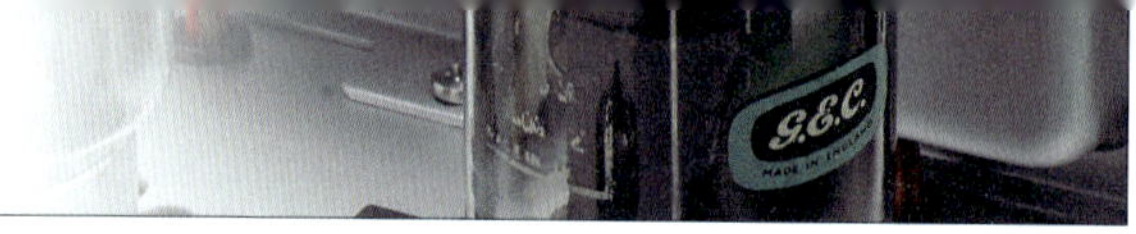

가공은 항상 센터 어긋남을 의식하여 작업합니다. 어긋나는 것은 수정의 반복이 되는 경우도 있으므로, 줄은 여러 종류가 필요합니다.

큰 원형 홀은 전동 드릴에 굵은 드릴 날이나 홀쏘를 장착하여 뚫을 수 있습니다.

전동드릴에 의한 홀 가공은 볼반이나 핸드드릴보다 센터 어긋남을 일으키기 쉬우므로 목표 사이즈보다 작은 날을 사용하여 만들고 최종적으로는 줄이나 리머로 목표 크기로 마무리합니다.

모서리 구멍은 니블링 툴을 사용하면 간편하고 편리하지만 알루미늄판에서 기껏해야 1.5mm 두께 정도까지, 2mm 두께가 되면 손이 아프고 칼날도 스트레스 때문에 빨리 부러지게 됩니다.

그래서 쇠톱도 병용할 수 있도록 추천합니다.

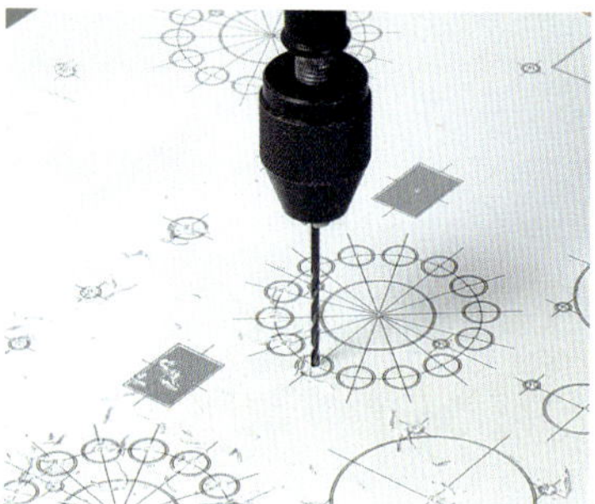

36 센터 펀치한 곳을 2mm 드릴로 가볍게 드러냅니다.다음에 3mm로 더 깊게 합니다.

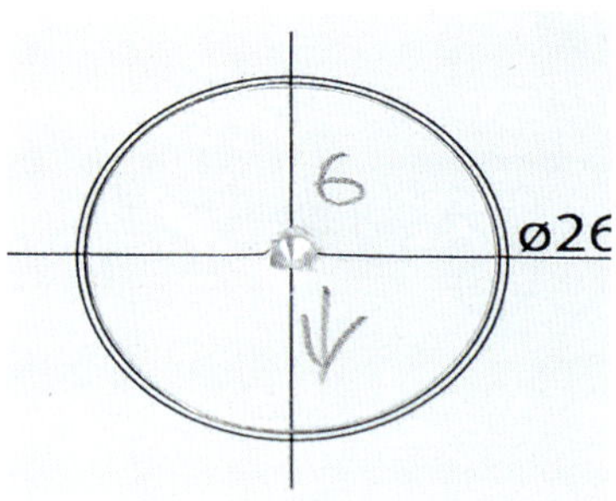

37 이 시점에서 중심에서 어긋나 있는지 알 수 있으므로 수정할 방향으로 화살표를 적어 둡니다.

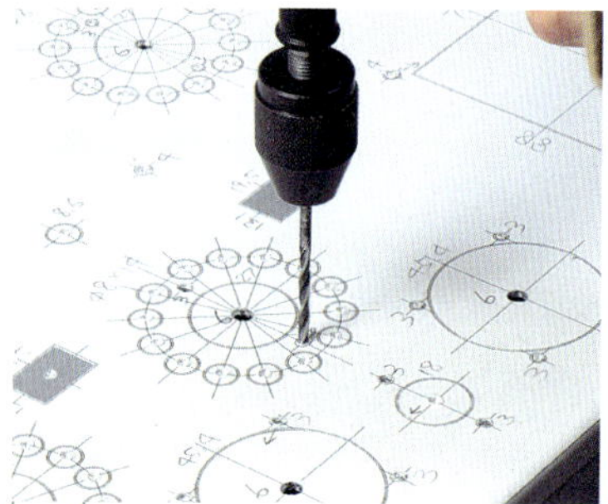

38 3mm~6mm로 뚫는 구멍이나 큰 구멍이라도 어긋날 수 있는 구멍은 3mm 드릴로 구멍을 뚫습니다

39 센터에서 어긋난 구멍은 단번에 원하는 사이즈로 뚫지 말고 줄로 수정하면서 크게 만듭니다.

40 센터 수정이 되면 리머로 목표 사이즈까지 구멍을 크게 만듭니다.

41 홀쏘를 사용하는 곳은 먼저 구멍을 뚫어 센터 어긋남을 확인하고 괜찮을 것 같으면 종이를 떼어냅니다.

42 큰 원형 홀은 목적보다 조금 작은 직경의 홀쏘 + 전동 드릴로 뚫을 수 있습니다.

43 작은 모서리 구멍은 드릴로 12mm 정도까지 구멍을 내고, 나머지는 니블링 툴로 뚫을 수 있습니다.

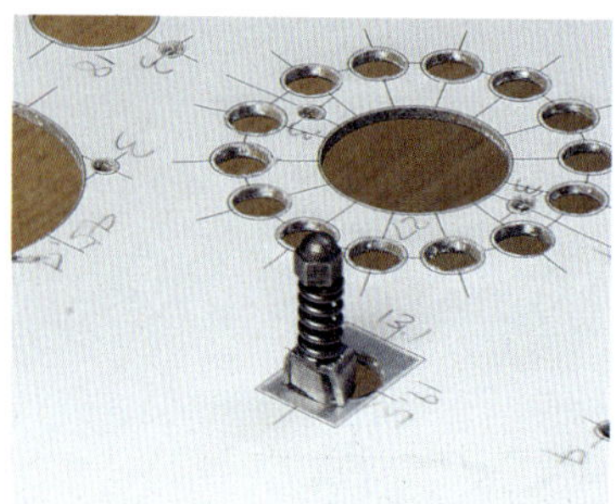

44 니블링 툴은 주변에 상처가 나기 때문에 아슬아슬하게 자르지 않고 줄로 마무리합니다(보기 쉬우므로 뒤에서 작업).

45 큰 모서리 구멍은 니블링 툴만으로는 힘들기 때문에 네 모서리에 날이 지나는 크기의 구멍을 뚫어 쇠톱으로 자릅니다.

46 한 변을 자른 참입니다. 쇠톱은 귀찮더라도 일일이 날을 붙이고 분리하면서 작업하세요.

47 모든 구멍을 줄질하여 목표 사이즈까지 깎고 돌출물과 찌꺼기를 꼼꼼히 처리해야 됩니다.

48 리어 패널(프레임)도 같은 작업을 합니다만, 고정 방법에 주의해서 작업해 주세요.

49 타공이 끝나면 타공 시트를 제거하고 시너나 솔벤트 등으로 스프레이 풀의 잔여물을 닦아냅니다.

COLUMN 디자이너가 사용하는 도구

저는 본 직업이 옛날 수작업 시절부터 디자이너이기 때문에 전문 도구를 앰프 만드는 데도 다수 사용하고 있습니다. 현재는 대부분의 디자인 회사가 PC로 작업하고 있기 때문에 이러한 도구를 가지고 있지 않은 경우도 많습니다다만, 저는 앰프 만들기를 위해서만 지금도 소유하고 있다고 말하곤 했습니다.

이 도구들은 일반 문구점에 비치되어 있지 않지만, 전문 화점에 가면 구할 수 있습니다.

현재는 인터넷 판매도 하고 있기 때문에 예산이 맞으면 구해두면 여러모로 도움이 됩니다.

좌측부터 솔벤트, 디스펜서, 스프레이 풀 55, 스프레이 클리너

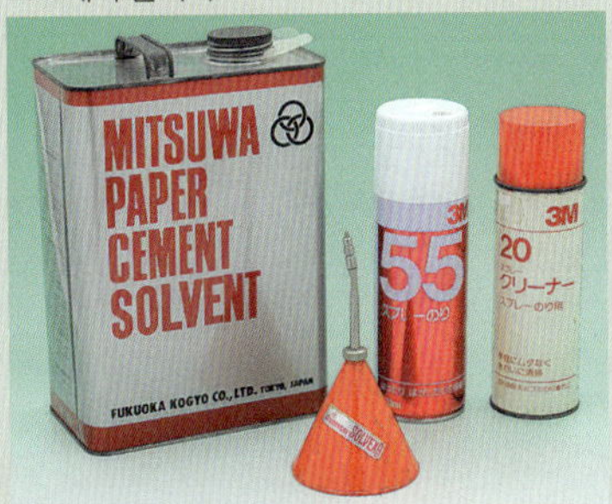

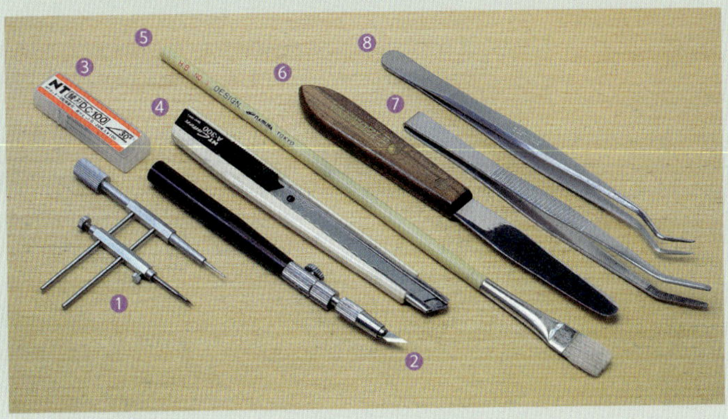

①써클캇타 / 타공시트의 원형 홀을 자를때 사용합니다.
②디자인나이프 / 자재로 곡선이 잘립니다.
③디자인나이프용 교체날 30도 / 45가 있습니다.
④NT커터 A-300 / 날이 흔들리지 않기 때문에 업계에서는 이것으로 구입하고 있습니다.
⑤면상 붓 / 도료 제거나 트랜스의 코어부분 칠에 사용합니다.
⑥팔레트 칼/도료 제거시 사용하고 있습니다.
⑦핀셋 / 좁은곳 배선시 사용합니다.
⑧핀셋 / 스티커 부착 등으로 사용합니다.

제작편

조립 · 배선

여기부터는 키트 제품과 같은 작업이지만, 직접 섀시 가공을 하고 있기 때문에 조립에 대한 이해가 빠를 것으로 생각합니다.

그림의 순서대로 조립해 나가고, 같은 번호인 곳은 어디를 먼저 해도 상관 없습니다.

비스가 느슨해지지 않도록 가능한 스프링 와셔를 넣어 주십시오.

본기에서 사용한 부품은 반드시 베스트는 아니고, 입수 가능 여부의 경위로 조금 짧은 나사를 선택하고 있는 곳도 있으므로, 조금 더 길어도 상관없습니다. 긴 편이 작업이 쉬워집니다.

부품 설치는 어느 정도의 우선 순서가 있습니다. 흔히 가벼운 부품부터라고 알려져 있지만, 네 모서리의 공구가 들어가기 어려운 부분에서 너트를 돌려야 하는 부품도 먼저 장착합니다.

그 외에도 RCA 잭 등 섀시 내부에서 너트를 돌려야 하는 부품은 먼저 장착하고 볼륨이나 스위치류 등 밖에서 너트를 돌릴 수 있는 것은 나중에라도 편하게 설치할 수 있습니다.

나사는 파워관의 US8P 소켓 장착부와 AC 인렛은 십자볼트, M3 (ø3mm의 나사)는 냄비나사를 사용합니다. M4는 트랜스류의 발 구멍이 조금 커서 단단히 조일 수 있도록 머리가 큰 결합나사를 사용합니다.

꼭 번호 그대로가 아니라도 괜찮지만 쉽게 할 수 있도록 순서를 정하고 있습니다.

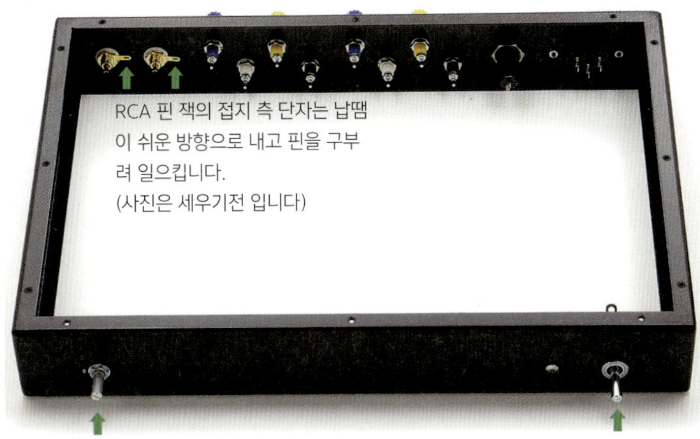

섀시의 돌출부가 방해가 되어 납땜이 어려우므로 볼륨은 가볍게 임시설치 합니다.

전원 스위치는 너무 많이 나오지 않도록 잘 조정해 주세요.

본기의 전원 스위치는 스패너가 들어가므로, 뒤쪽에서 조입니다. 프론트 패널로 돌출 조정이 가능하며 흠집도 방지할 수 있습니다.

트랜스 이외를 모두 장착한 것입니다.

COLUMN 스피커 단자의 색과 좌우 배치

통상 스피커 단자는 플러스측이 적색, 마이너스측을 흑색으로 하는데, 복수의 임피던스 대응 출력을 낼 때는 색을 나누는 것이 사용하기 쉬워집니다.

다만 규격이나 제조사에서도 정해진 색상이 없기 때문에 저는 기억하기 쉽게 저항의 색상코드와 동일하게 하고 있습니다.

0Ω = 흑색, 4Ω = 노랑, 8Ω = 회색(이 없어서 백색), 16Ω = 파랑(1의 다색이 없어서 때문에 6의 파랑)으로 지금까지 통일되어 있습니다다만, 만약 6Ω도 추가할 때는 바꿔야겠네요.

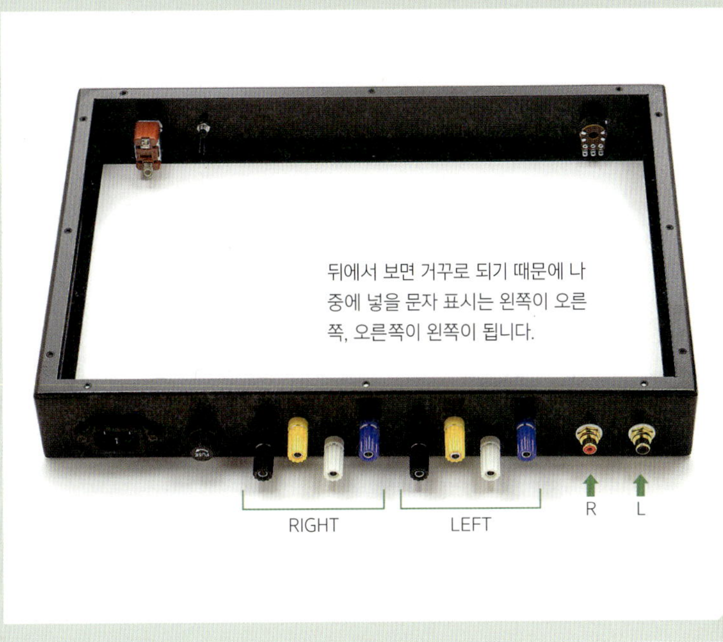

부품 조립

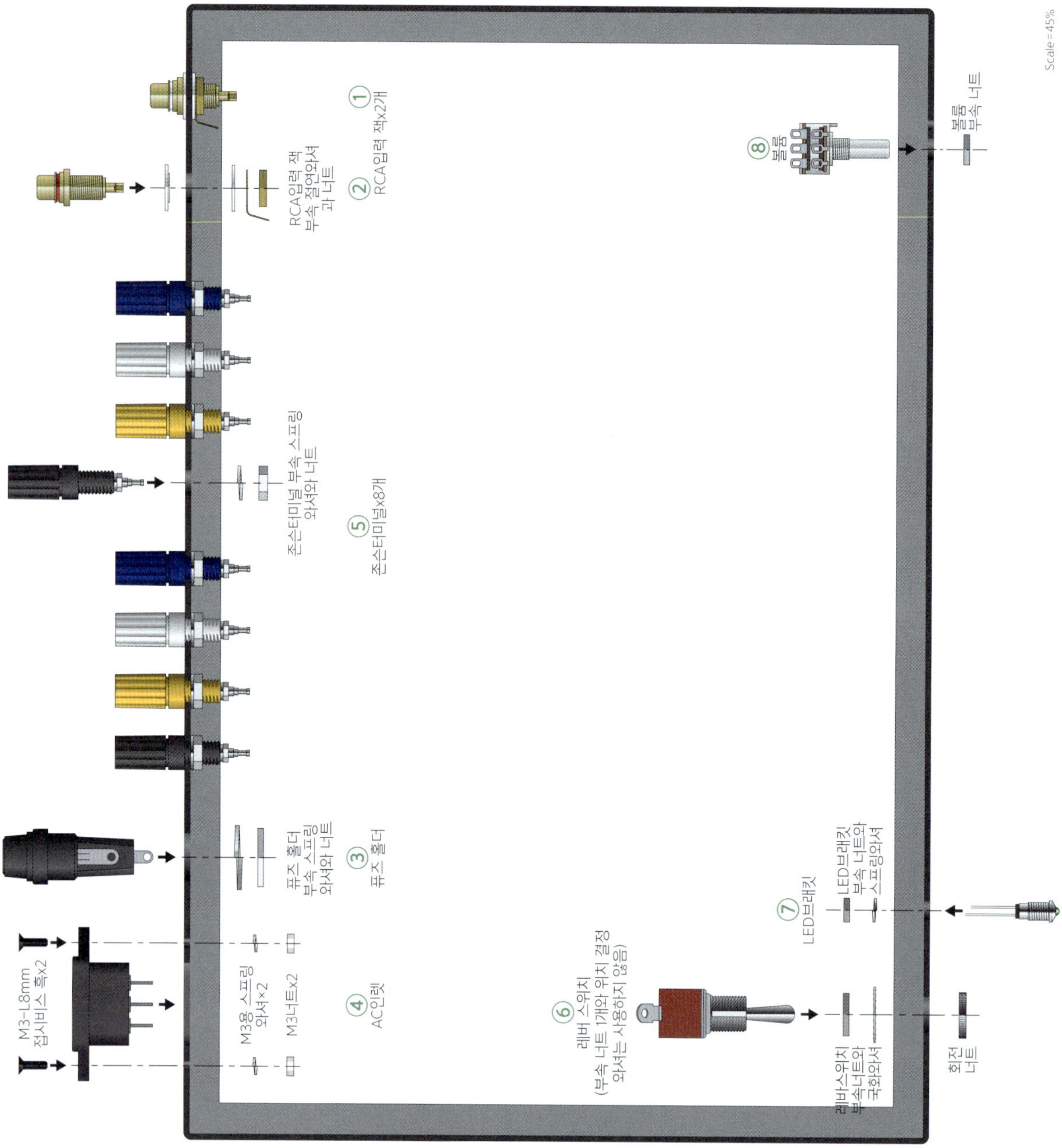

Beam Single
2A3 Single
Headphone
Paint
Chassis Processing
Other Work
Industrial Tool
Shop List

①② RCA 입력 잭을 장착합니다. 구석 ①부터 설치하는 것이 편리합니다.

③ 퓨즈 홀더는 부속 너트가 크고, 게다가 섀시의 귀가 방해되어 안경 렌치나 스패너를 사용할 수 없고, 설치하기 어렵기 때문에 먼저 합니다.

깊은 소켓 렌치나 복스 렌치가 있으면 베스트이지만 플라이어 등이라도 상관 없습니다.

또한 퓨즈 홀더의 너트 직경은 제조사와 제조 시기에 따라 달라 17mm의 것과 18mm의 것이 있습니다.

④ AC 인렛은 외부 부품이므로 나중에도 설치가 편합니다.

⑤ 존슨 터미널 8개는 구석에서 달아주세요. 수지 부품이므로 힘껏 조이면 파손되므로 주의하십시오.

6 전원스위치(레버 스위치)는 본기에 한해 먼저 장착합니다. 안쪽부터 조일 수 있기 때문입니다.

스위치에 부속되어 있는 너트 하나와 위치 결정 와셔는 사용하지 않고, 외관을 중시하여 따로 산 롤렛 너트를 사용합니다. 스위치에 따라서는 처음부터 회전너트인 것도 있습니다.

7 LED 브래킷은 나중에 기판을 납땜하므로 방향(극성)에 주의해 주십시오.

LED는 반드시 리드가 긴 것이 플러스, 짧은 것이 마이너스입니다.

8 볼륨은 외부 조임이므로 편하게 설치할 수 있습니다. 나중에 실드선을 납땜할 때 섀시의 귀가 방해가 되므로 분리하여 배선합니다. 가볍게 임시로 고정해 주세요.

여기부터 그림이 다음 페이지가 됩니다.

9 수지 부시(글로멧) 5곳은 나중에 케이블을 통과시키므로 먼저 장착합니다. 초크 코일 부분만 조금 작은 사이즈입니다.

10 MT9P 소켓 2개를 장착합니다. 냄비나사 + 스프링 와셔 + 너트뿐입니다.

11 US8P 소켓 3개를 장착합니다. 대부분 러그판도 함께 조입니다. 소켓 방향을 주의하세요.

12 전류계 2개를 설치합니다. 이 미터는 너무 튀어나오기 때문에 스페이서를 넣고 조정하고 있습니다. 외형을 신경 쓰는 것도 업그레이드 포인트입니다.

13 드디어 무거운 것을 장착합니다. 우선 전원 트랜스입니다. 스프링 와셔와 너트는 트랜스 부속을 사용합니다.

14 초크 코일은 리드선을 부싱을 통해 장착합니다. 리드선은 방해가 되지 않도록 작게 정리해 두면 뒷작업이 편합니다.

15 출력 트랜스 2개를 설치합니다. 2차측의 리드선이 리어 패널 측에 오도록, 트랜스의 방향에 주의해 주세요.

16 소스 스위치(락커 스위치) 2개를 설치합니다. 끼우기만 하면 되므로 간단하지만, 몇 번이나 다시 시작하면 접속부가 약해지기 때문에 주의해 주십시오.

● ● ●

모든 부품을 장착하면 프레임과 톱 패널을 겹쳐서 장착합니다.

트랜스류 4개가 달려 있어 상당한 중량이므로 떨어뜨리지 않도록 주의해 주십시오.

바닥에 놓는 것이 떨어뜨리지 않아 안전할 수도 있지만 건강적으로는 좋지 않으므로 책상이나 테이블 위에서 올려서 작업을 해 주세요. 요통의 원인이 됩니다.

● ● ●

조립작업이 완료되면 먼저 문자 스티커를 부착하여 트랜스나 섀시에 흠집이 나지 않도록 판지, 골판지 등을 잘라 모양을 만들어 양생하시기 바랍니다.

볼륨 돌리는 부분은 흠집이 나지 않도록 완성된 후 부착합니다.

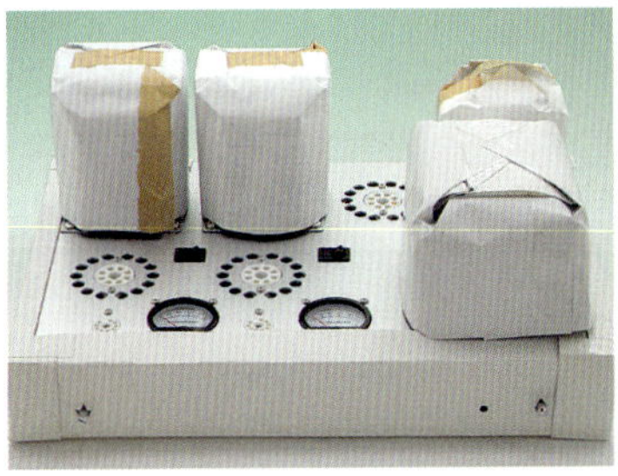

「문자 스티커 작성」은 P168를 봐주세요

부품 조립

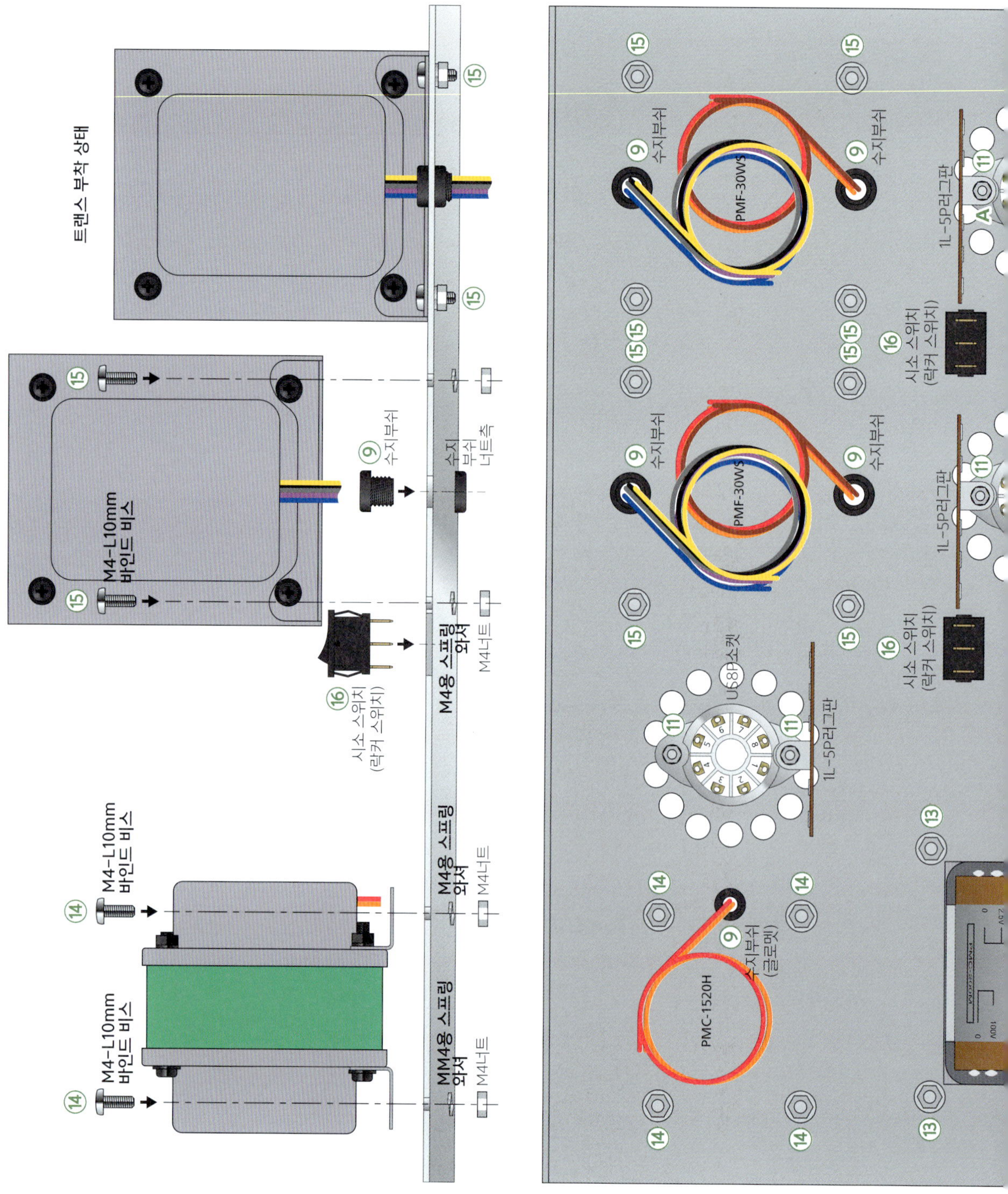
트랜스 부착 상태
⑮
M4-L10mm
바인드 비스
⑨
수지부싱
수지
부싱
너트측
⑯
시소 스위치
(락커 스위치)
M4용 스프링
와셔
M4너트
⑭
M4-L10mm
바인드 비스
MM4용 스프링
와셔
M4너트
PMF-30WS
⑨ 수지부싱
⑮⑮
⑯
시소 스위치
(락커 스위치)
⑪
1L-5P러그판
US8P소켓
PMC-1520H
⑨
수지부싱
(글로멧)
⑭
⑬

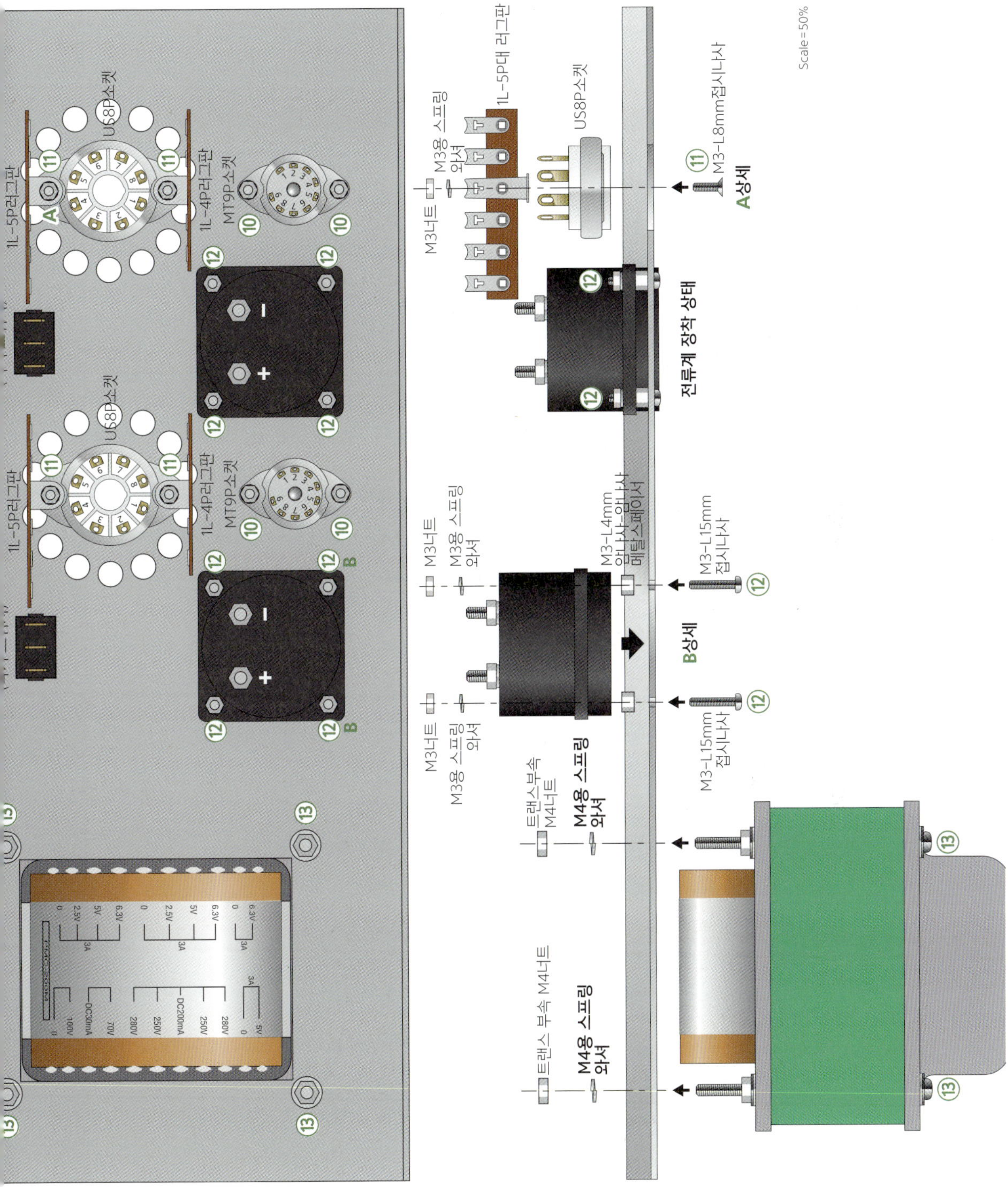
1L-5P러그판
US8P소켓
1L-4P러그판
MT9P소켓
M3용 스프링 와셔
1L-5P대 러그판
M3너트
US8P소켓
M3-L8mm접시나사
A상세
전류계 장착 상태
M3-L4mm 암나사-암나사 메탈스페이서
M3-L15mm 접시나사
B상세
트랜스 부속 M4너트
M4용 스프링 와셔
Scale=50%

트랜스의 리드선 처리

드디어 배선 작업에 들어갑니다.

배선 순서

일반적으로 AC1차측으로 부터 배선하지만 리드선 인출식 트랜스를 사용할 경우 작업에 방해가 되기 때문에 우선 트랜스의 리드선 처리부터 시작합니다.

다음에 AC1차측 히터회로를 배선, 거기까지 되면 일단 확인을 한 후 진공관을 모두 꽂고 점등시험을 합니다. 이렇게 함으로써 여기까지는 괜찮은 것을 알 수 있고, 나중에 만약 문제가 있었을 때 원인이 분리되어 빨리 특정 할 수 있습니다.

배선은 그림의 순서대로 해 갑니다. 같은 번호인 곳은 어디든 먼저 해도 됩니다.

러그 판의 배선

표시가 없는 한 비닐 선은 러그 판 아래의 구멍에 납땜해 갑니다. 붐비는 것을 방지하기 위해서입니다.

선재 벗기는 양, 선재 길이

선을 벗기는 길이는 사람마다 다르며 가장 개성이 있는 부분입니다.

본서에서는 일례로서 표시하므로, 자신이 하기 쉬운 길이로 변경해도 전혀 상관없습니다.

길게 벗겨 배선 부분에 단단히 감는 것이 쉽고 빠르게 할 수 있지만 수리 등으로 떼어낼 때는 귀찮습니다. 저는 귀찮더라도 짧게 벗겨서 유지 보수하기 쉬운 쪽으로 하고 있습니다.

단, 각각의 상황에 따라 전원 트랜스의 단자 등 감지 않으면 하기 어려운 부분은 길게 벗기고 있습니다.

본서에서는 선의 길이는 벗기는 부분도 포함한 길이(즉 니퍼로 처음에 자르는 길이)로 표시하고 있습니다. 조금 여유를 두고 표시를 하고 있기 때문에 다소 어긋나도 괜찮습니다.

선재의 색

선재의 색상은 구 JIS 규격에 준하고 있습니다만, 현재는 정해져 있는 것이 아니기 때문에 스스로 알기 쉬운 색으로 변경해도 좋습니다.

트랜스의 리드선

리드선은 최단 거리로 배선하는 것이 노이즈면에서는 좋지만, 나중에 개조나 트랜스 유용을 하고 싶어졌을 때 곤란할 수도 있기 때문에, 본기기에서는 길게 잘라 정리하는 방법으로 했습니다. 취향이니 짧게 잘라도 상관없습니다.

비닐 선의 처리

❻ 녹 10cm로 표시의 경우, 벗기는 부분을 포함하여 10cm

① 쵸크 코일의 리드선을 처리합니다. 적색 5cm는 쵸크 코일의 리드선을 자른 나머지 배선합니다. 러그판 부분은 아랫구멍에 꽂고, ★부분 이외에는 나중에 다른 선도 넣기 때문에 아직 납땜은 하지 않았습니다.

② 출력 트랜스의 2차측을 처리합니다. 직접 납땜해도 좋습니다만, 본기에서는 압착 단자를 따로 사서 납땜하고(압착은 하지 않고), 그것을 스피커 터미널에 나사로 고정했습니다. 사진에서는 임피던스 실험을 위해 자색과 백색도 짧게 잘라 황색이나 회색과 같은 길이로 하고 있지만 보통은 필요 없으니 오른쪽 페이지 그림과 같이 자르지 말고 모아서 정리하는 처리를 합니다.

③ 1차측은 적색과 갈색만 처리하고 러그판과 US8P소켓에 꽂아 둡니다. 주색은 자르지 않고 말아 둡니다.

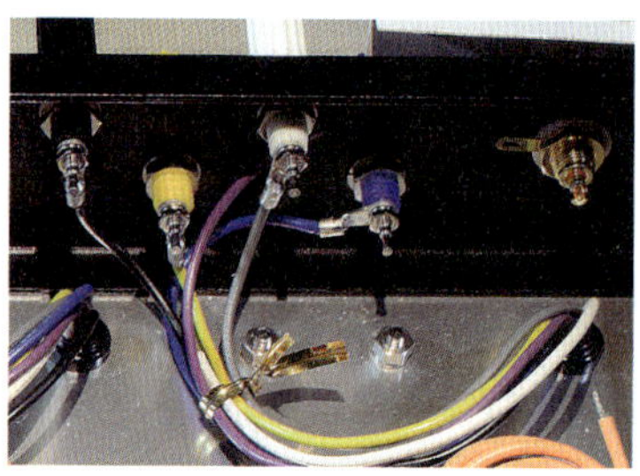

트랜스의 리드선 처리

Scale=54%

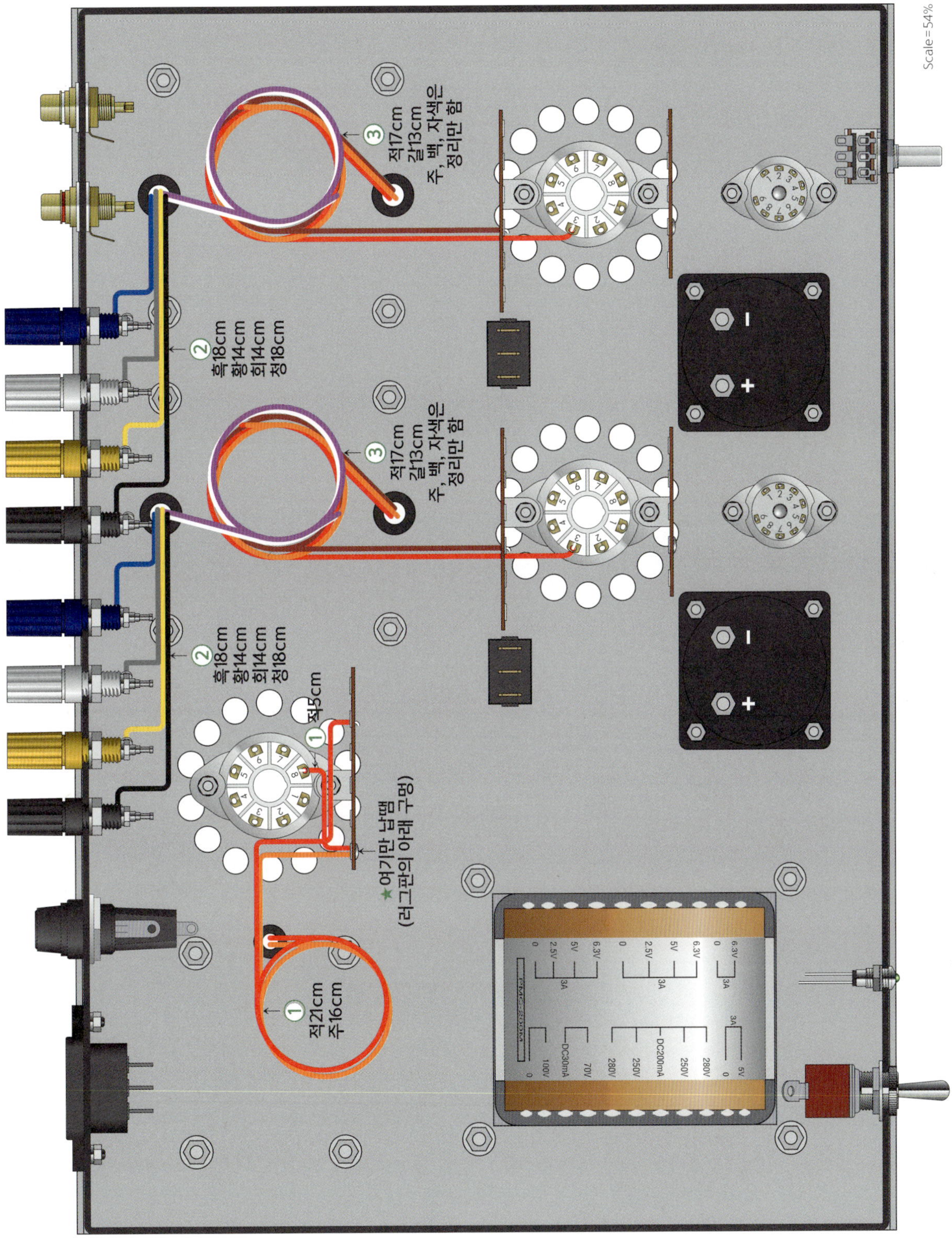

AC1차측 배선

다음으로 AC1차측을 배선합니다. 연하게 표시된 선은 이전 페이지에서 이미 배선이 끝난 부분입니다.

굵기는 0.5sq(AWG20)를 사용했지만 0.3sq(AWG22) 이상이면 됩니다.

④ 전원 스위치의 단자도 스피커 터미널과 마찬가지로 선재를 스파크 킬러와 함께 압착단자에 납땜하고 M3-L8mm의 나사+스프링 와셔와 +너트로 체결합니다.

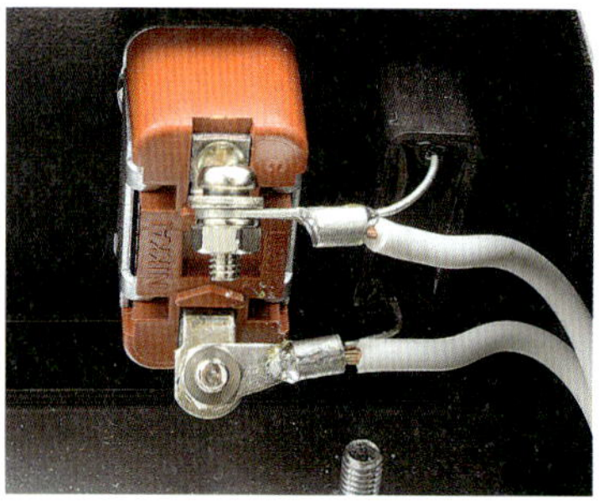

스위치에 따라서는 나사 고정 불가능한 것도 있고 압착 단자를 구할 수 없는 경우도 있으므로 특별히 구애받지 않고 직접 납땜하셔도 됩니다. 다만 전원 스위치나 스피커 터미널과 같은 튀어나온 부품은 부딪혔을 때 파손율이 높기 때문에 쉽게 교체할 수 있도록 해두면 편리합니다.

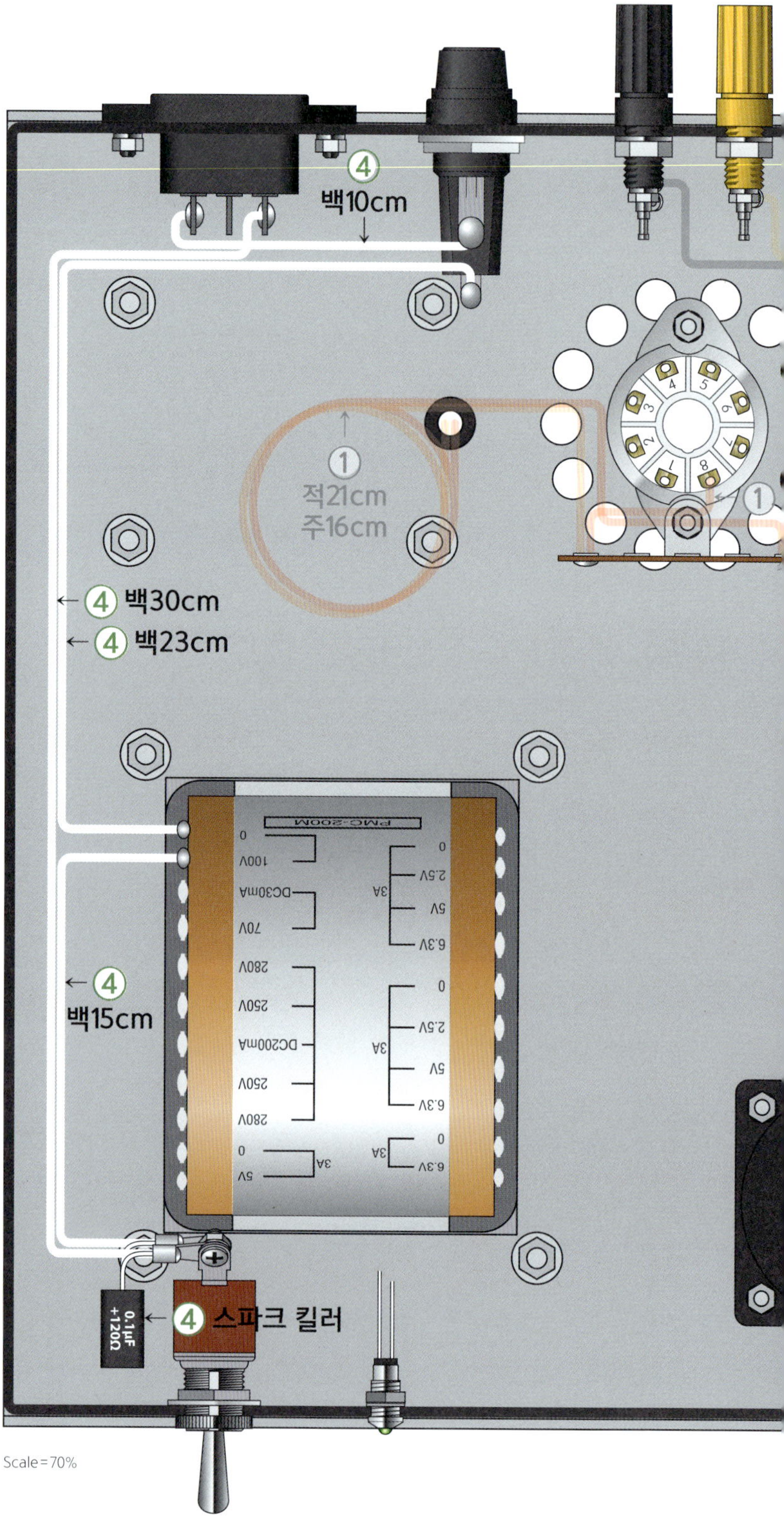

Scale=70%

히터 회로와 동시에 배선하기 때문에 먼저 LED 기판을 만들어 둡니다.

LED 파일럿램프와 같이 과장된 것을 사용하는... 이라고 생각하는 분도 있으시겠지만, 깜박임 방지를 위해 일부러 직류, 평활화하고 있습니다.

이 작은 브리지 다이오드는 50엔 정도, 케미콘과 저항도 10~20엔 정도이므로 기판을 넣어도 큰 비용이 들지 않고, 그래도 평가가 좋아짐으로 꼭 추천합니다.

본래 LED도 다이오드의 동일하게 정류 작용이 있어 한쪽으로만 전류가 흐르지만 역내전압에 의한 케미콘 파손 방지로 브리지 다이오드를 넣고 있습니다.

깜박거림 방지만을 위한 것이므로 케미콘 용량도 1μF/10V 이상이면 충분하고 현재는 오히려 작은 용량이 더 구하기 어렵기 때문에 이렇게 큰 것을 사용하고 있습니다.

브리지 다이오드도 포함하여 만약, 가지고 있는 것에 적당한 것이 있으면 그것으로 괜찮습니다.

저항치는 LED 색상에 따라서는 조금 증감하여 원하는 밝기로 하십시오. (줄임→전류가 증가→밝아짐)

LED는 브라켓이 들어가 있지는 것에 상관없이 리드가 긴 쪽이 애노드(플러스), 짧은 쪽이 캐소드(마이너스)입니다.

적○부분에 LED의 리드선 부분을 꽂습니다.
(나중에 납땜 할 부분)

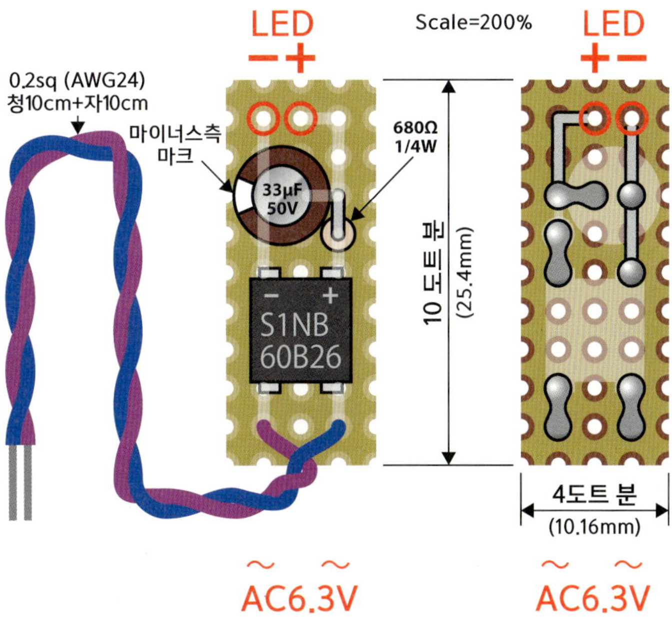

1 커터로 기판의 표면에 칼집을 넣습니다.

2 뒷면도 칼집을 냅니다. 단, 컷팅은 부품 설치 후에 합니다.

3 기판이 작으면 작업하기 어렵기 때문에 납땜 후 기판을 접습니다.

4 완성된 LED 기판. 가볍기 때문에 LED에 꽂아 납땜하면 좋습니다.

주 : 사진은 손잡이 기판의 패턴 관계로 그림과 다른 부분에서 리드선을 내고 있습니다.
실제로는 그림과 같이 납땜해 주세요

히터 배선

히터 회로를 배선합니다.이해하기 쉽게 그림에서는 한쪽을 자색으로 하고 있지만 실제로는 청색 선으로 배선합니다.

히터 배선은 2개의 선을 비틀어 꼬아서 유도 노이즈를 줍지 않도록 합니다. 진공관 시대의 기술이지만, 현재도 트위스트 페어라고 (twisted pair)하며, LAN 케이블 등 여러 곳에서 사용되고 있습니다. 꼬인 경우 대략 15cm 당 1cm 정도 짧아집니다. 이 책에서는 모두 꼬이기 전의 길이로 표시하고 있습니다.

히터는 큰전류를 취급하므로 굵기는 모두 0.5sq(AWG20)를 사용했지만 0.3sq(AWG22) 이상이면 좋습니다.

5 정류관에의 히터 회로를 배선합니다. 34cm + 33cm로 자른 선재를 꼬면 대략 32cm + 31cm가 됩니다.

6 파워관에의 히터 회로를 배선합니다. 이때 접지에 떨어뜨리는 배선(흑색)도 동시에 준비하여 납땜합니다. 흑선의 러그판 쪽은 다른 접지부와 함께 나중에 납땜합니다.

7 이전 페이지에서 준비한 LED 기판을 LED 리드에 꽂아 납땜합니다. LED 리드는 너무 길기 때문에 짧게 자릅니다.

8 드라이버관(MT9P 소켓)에 배선을 합니다. 전원 트랜스의 같은 권선에서 병렬 접속하므로 선재는 일단 앞의 소켓으로 자르고, 게다가 안쪽 소켓까지는 별도로 준비해 함께 납땜합니다.

MT9P 소켓의 4번과 5번 핀은 연결하므로, 배선 하는 김에 선재로 쇼트하거나, 저항 등의 리드선 나머지로 쇼트해 주십시오.

전원 트랜스측은 LED 기판에의 배선도 동시에 납땜합니다.

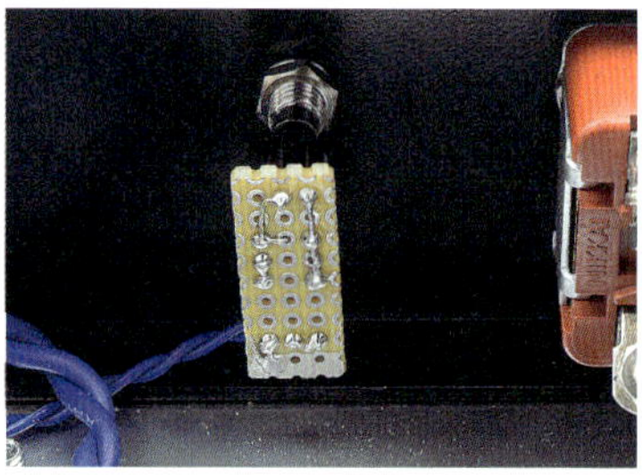

LED에 보드를 꽂아 납땜합니다.삽입 할 위치 (극성)에주의하십시오.

히터 체크

여기까지 배선이 되면 일단 작업을 멈추고 히터 체크를 합니다. 전원을 켜기 전에 먼저 배선에 오류가 없는지 잘 확인합니다.

오류가 없으면 진공관을 모두 꽂고 2A 퓨즈를 넣습니다. 전원을 켜고 모든 진공관의 히터가 켜지는지 확인하십시오. 본기기에서 사용하는 진공관은 모두 히터가 밝은 편이지만, 만약을 위해 방을 어둡게 해서 확인하는 것이 좋습니다.

실드선 처리 방법(다음 페이지에서 배선)

① 외피를 16mm 벗긴다

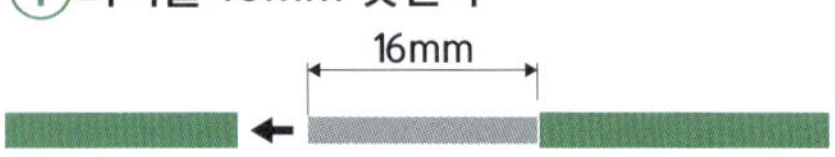

② 실드망선을 풀어 꼬다

③ 심선을 3mm 벗긴다

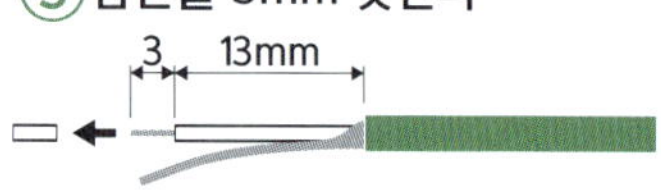

④ 열 수축 튜브 ϕ2mm를 12mm로 잘라 실드망선에 씌워 열수축(P166)시킨다

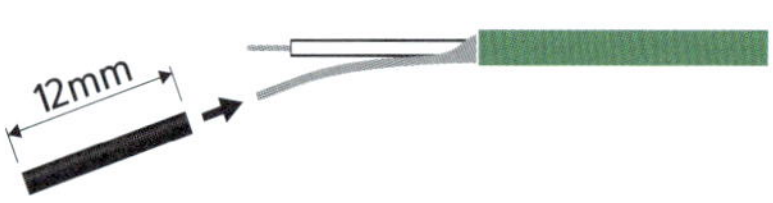

⑤ 열 수축 튜브 ϕ4mm를 6mm로 자르고 심선·실드 망선 모두 씌워 열수축시킨다

히터 배선

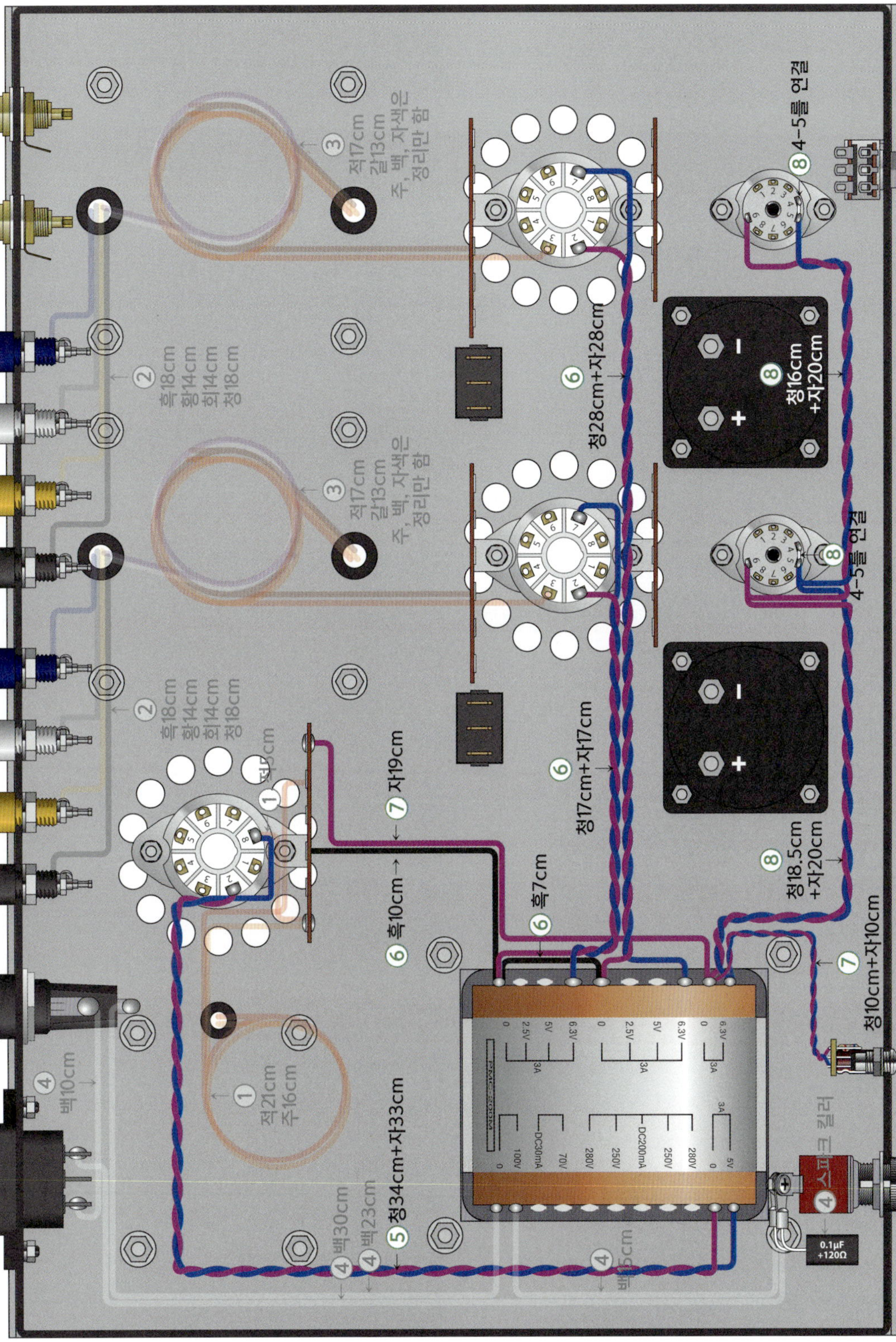

Scale=54%

+B전압 · 접지 · 신호회로 배선

Scale = 54%

Beam Single
2A3 Single
Headphone
Point
Chassis Processing
Other Work
Industrial Tool
Shop List

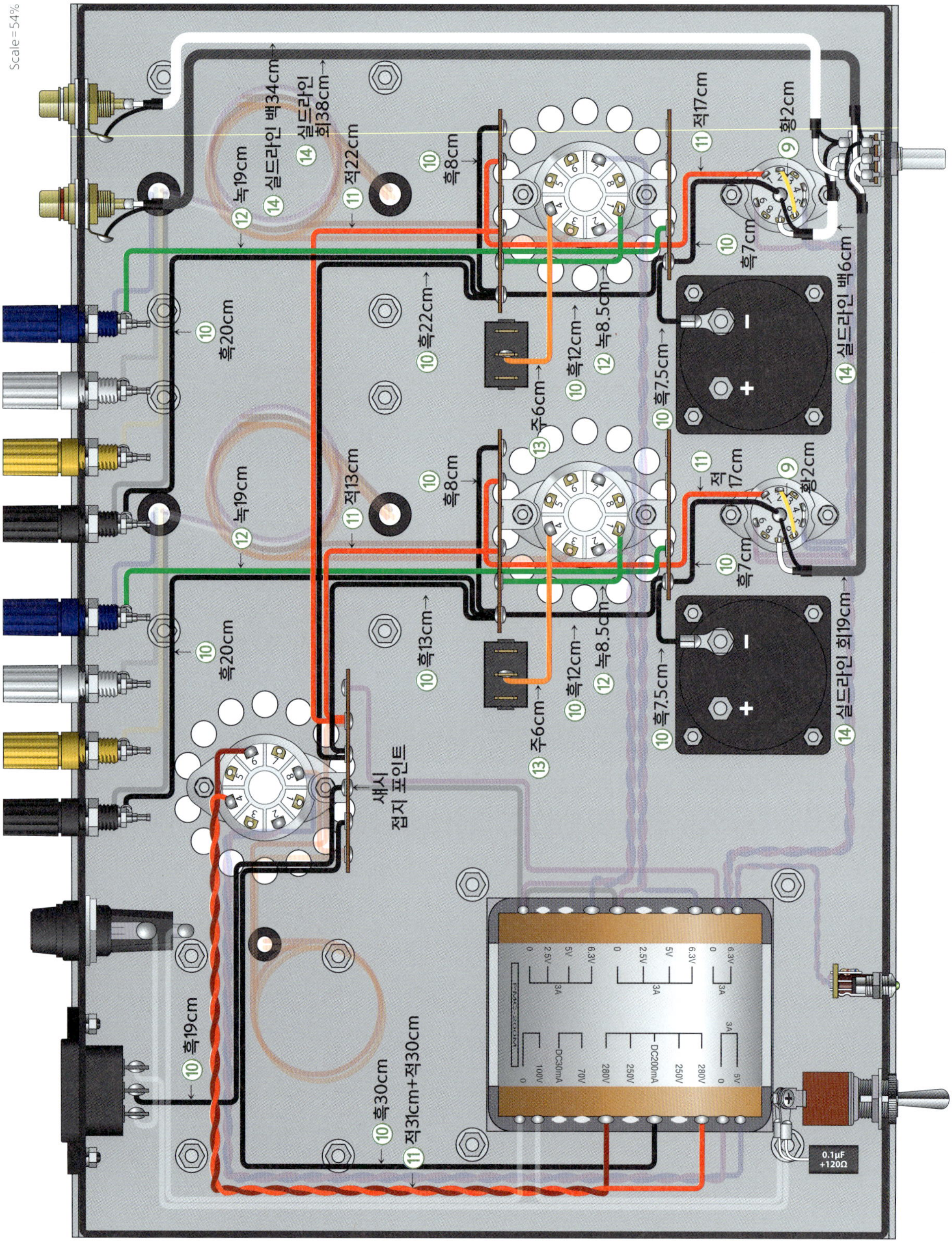

+B전압·접지·신호회로 배선

나머지 모든 배선을 해나가겠습니다. ⑨이외에는 그다지 순서에 구애받지 않아도 괜찮습니다. 적색과 흑색은 0.5sq(AWG20)의 선재를 사용하고 있습니다만, 0.3sq(AWG22) 이상의 굵기이면 좋습니다.

⑨ MT9P의 2번과 6번 핀 사이를 출력 트랜스의 리드선 나머지(노랑)로 배선합니다. 여기 부품이 붙으면 납땜이 어려워지므로 우선해 주십시오. 2번 핀만 납땜해 놓고 6번 핀 쪽은 나중에 저항과 함께 납땜합니다.

⑩ 접지 회로 전반을 검은색으로 배선해 갑니다.

러그 판으로의 배선은 대부분 밑 구멍에 실시하지만, 대형 러그 판에서 2개, 무리해도 기껏해야 3개 밖에 비닐선이 들어가지 않기 때문에 일부는 러그 판의 반대쪽에 납땜합니다.

또, 정류관 소켓의 러그판에서 이웃끼리 양쪽 접지 부분은 비닐선을 사용하지 않고, 나중에 케미콘의 리드선을 절곡하여 접지 배선합니다.

일부러 이렇게 한 이유는 두 가지가 있는데 하나는 러그반의 밑구멍이 복잡하기 때문에 또 다른 하나는 만약 전압조정이 필요할 경우 이곳을 잘라 저항을 부착할 수 있도록 했기 때문입니다.

스피커의 흑 터미널 부분은 출력 트랜스와는 별도의 압착 단자에 납땜하여 나사 고정합니다.

즉, 검은색 터미널에는 두 개의 압착 단자가 나사 고정되게 됩니다.

⑪ +B전압 회로 전반을 적색으로 배선합니다. 전원 트랜스로부터 정류관에 배선 부분만 교류임으로, 만약을 위해 꼬아서 트위스트 쌍 (twisted pair)으로 만들었습니다. 측정해 본 결과 노이즈 전압은 거의 변하지 않았기 때문에 꼬지 않아도 괜찮습니다. 이해하기 쉽게 하기 위해 한쪽을 진한 적색으로 표시하고 있지만 실제로는 적색으로 배선합니다.

⑫ 캐소드 부분을 녹색으로 배선합니다. 전류가 적으므로 0.3sq(AWG22)로 괜찮습니다.

이쪽도 NFB용으로 청색 스피커 터미널에 배선합니다만, 압착 단자를 따로 사용해 나사 고정시킵니다.

여기를 나사 고정하면 편리하고 NFB를 분리하여 동작을 확인하거나 측정할 수 있습니다. 파워관의 US8P 소켓의 1번 핀은 나중에 8번 핀, 저항과 함께 납땜합니다.

⑬ 스크린 그리드의 배선을 초크 코일의 리드선을 자른 나머지(주황색)로 합니다. 시소 스위치는 수지제로 열에 매우 약하기 때문에 납땜은 빨리 하도록 주의하십시오.

만약 자신이 없는 것 같다면 자동차 용품점에서 팔고 있는 자동차용 평형 단자를 입수해서 사용해도 됩니다.

⑭ 실드선을 배선합니다. 실드선을 처리하는 방법은 P38을 참조해 주십시오.

본기는 실드 부분도 마이너스측의 선(어스선)으로서 이용하고 있으므로, 실드선의 양단도 같은 처리 방법을 합니다.

여기도 RCA 입력 플러그에 백색 수지 절연 와셔를 사용하고 있으므로 너무 오랫동안 납땜을 하지 않도록 주의하십시오.

볼륨은 섀시의 접은 부분이 방해되어 납땜하기 어렵다고 생각합니다. 임시 고정으로 두고 있을 것이므로 일단 분리하여 납땜해 주십시오.

여기까지 끝나면 잘 체크해 주세요. 나중에, CR류를 장착하면 보기가 어려워집니다.

괜찮다면 결속 밴드로 정리합니다.

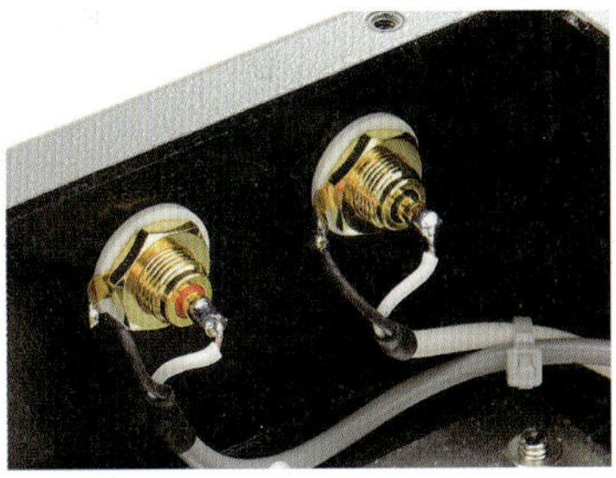

백색수지 와셔가 열에 약하므로 납땜은 재빠르게 해 주세요.

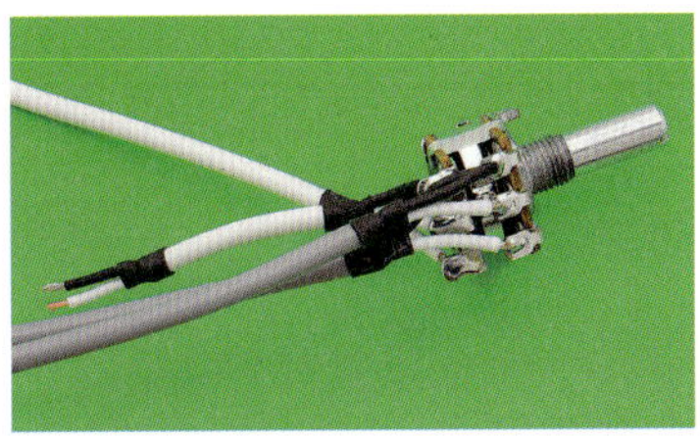

섀시의 접은 부위가 방해가 되므로 임시 고정 볼륨은 일단 분리해서 납땜하겠습니다.

CR조립

드디어 CR(콘덴서, 저항)류를 장착해 갑니다.

오른쪽 그림과 같이 장착하지만 그림이 겹쳐 있는 부분은 CR류의 리드선을 접어서 입체적으로 부착합니다. 부품은 어디에서 시작해도 상관 없지만 아래에 있는 부품부터 장착하면 좋을 것입니다. 포인트는 아래 번호 부분이에요.

입체적으로 배선합니다. 리드선을 단단히 접어서 쇼트하지 않도록 합니다.

15 33μF-450V 케미콘의 리드선을 접어서 러그판 오른쪽 옆까지 연결합니다.

16 100μF-400V의 케미콘 하나의 리드선을 접어서 러그판의 왼쪽 옆까지 연결합니다. 또한 이곳은 100μF-400V를 2개 동일한 단자에서 2층 규모로 병렬 연결합니다.

이는 현재 규격으로 고압 대용량의 케미콘을 구할 수 없기 때문입니다. 만약 400V 이상에서 220μF 이상의 것을 얻을 수 있다면 하나로 끝납니다.

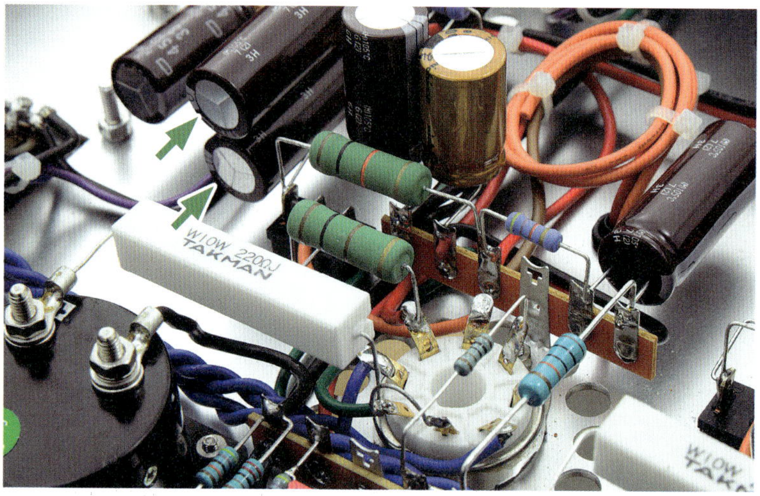

전원부의 100μF-400V는 2층으로 되어 있습니다. 같은 단자에 병렬 접속입니다.

17 시멘트 저항의 리드선을 길이를 이용하여 US8P 소켓의 1번과 8번 핀을 연결합니다. 진공관을 꽂았을 때 핀에 불필요한 힘이 가해지지 않도록 살짝 접어서 쿠션성을 갖게 합니다.

18 100kΩ-2W 저항의 리드선을 구부려서 옆의 단자까지 연결합니다.

마지막으로 볼륨 노브를 설치하여 제작 작업은 완료입니다.

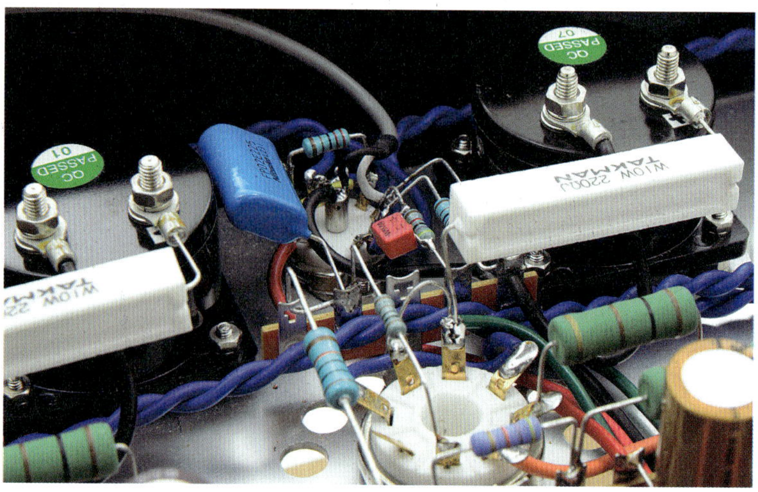

작은 적색 필름 콘덴서는 리드선이 짧아, 저항의 근원 양쪽에 직접 납땜했습니다.

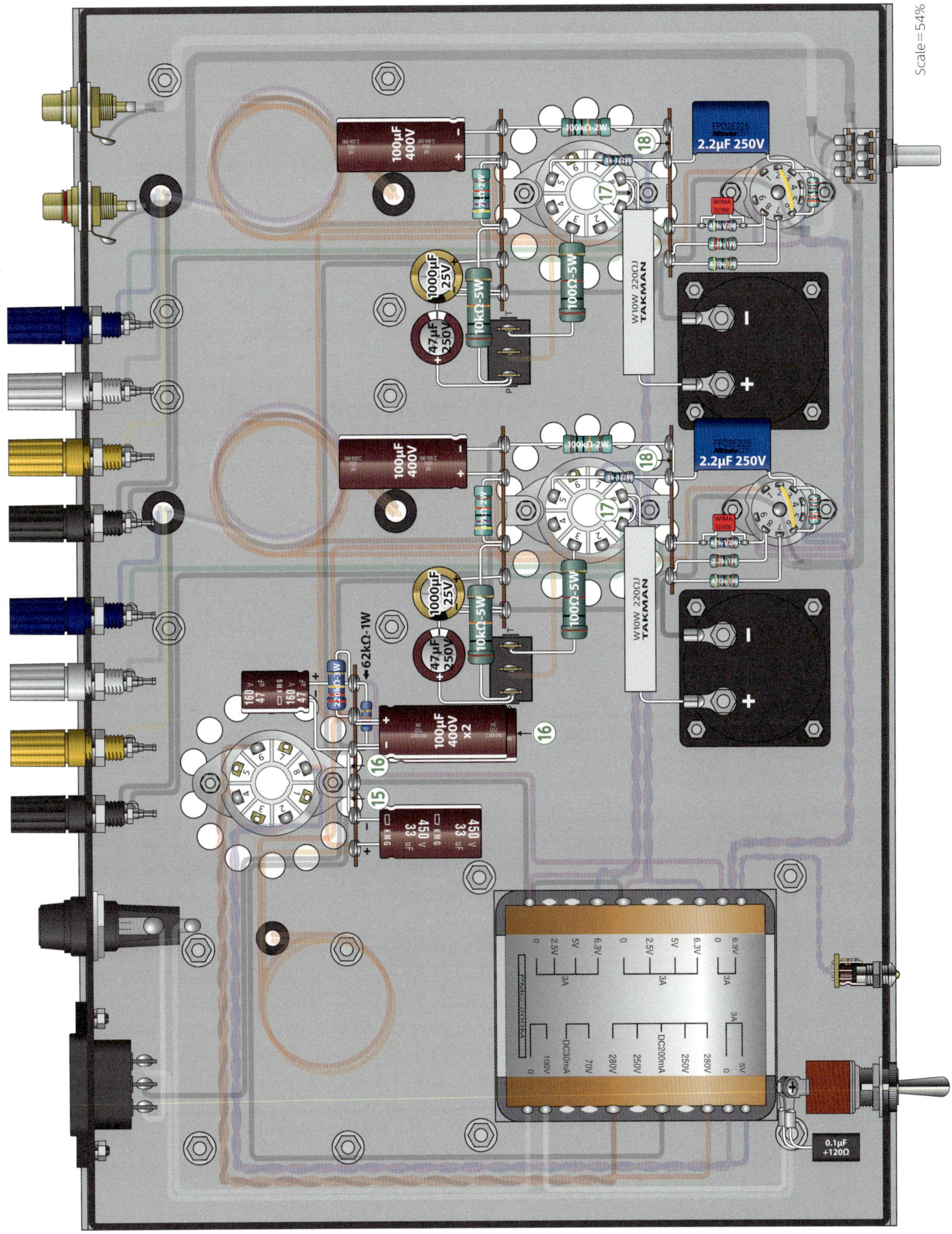
100μF 400V
2.2μF 250V
100kΩ-2W
1000μF 25V
47μF 250V
10kΩ-5W
100Ω-5W
W10W 220ΩJ TAKMAN
62kΩ-1W
100μF 400V x2
450V 33μF
160V 47μF
0.1μF +120Ω
15
16
17
18

Scale=54%

배선 재검토·전압체크

※각부전압은 KT88사용 빔관접속시의 수치입니다.
다른 파워관 사용시는 전압이 약각 변합니다.

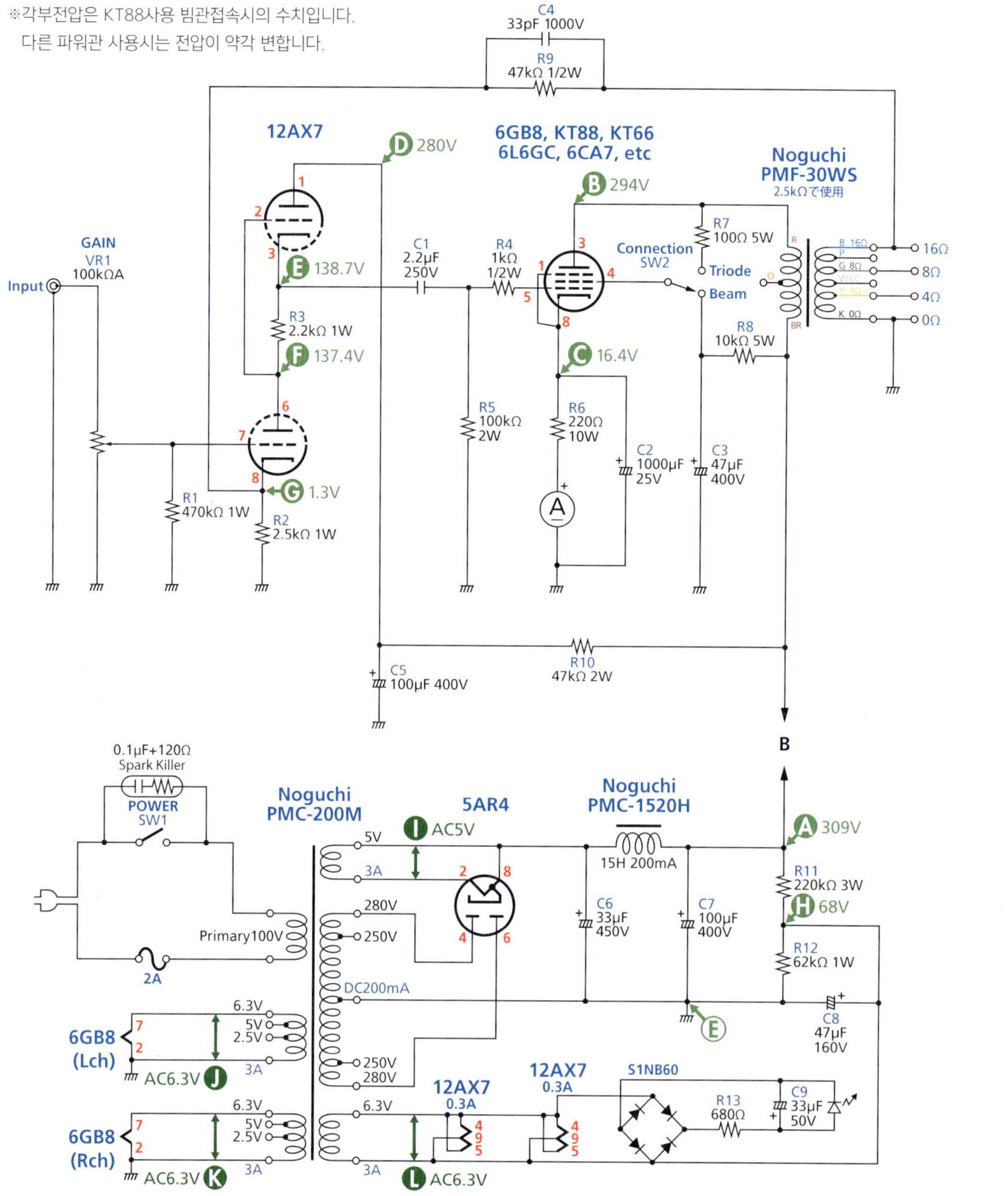

본기는 셀프 바이어스의 싱글 앰프이므로 조정 부분은 없습니다만, 테스터를 사용해 정상 동작하고 있는지 확인만은 합시다.

모든 진공관을 꽂고 스위치는 빔관 연결측으로 하고 섀시를 뒤집어 전압을 확인합니다.

고압 부분의 측정을 하기 때문에 장갑을 끼면 더 좋습니다니다.

또, 첫 전원 투입시에는 방을 밝고 조용하게 해주세요.

준비되면 퓨즈를 넣고 전원을 켭니다.

이 순간이 가장 설레는 때입니다.

15초 정도면 소정의 전압이 되기 때문에 이상한 소리나 냄새가 나지 않는지, 연기가 올라오지 않는지 눈과 귀와 코를 사용하여 주의 깊게 확인합니다.

만약 퓨즈가 끊어지거나 연기가 발생하는 등 문제가 있는 경우에는

배선 재검토·전압체크

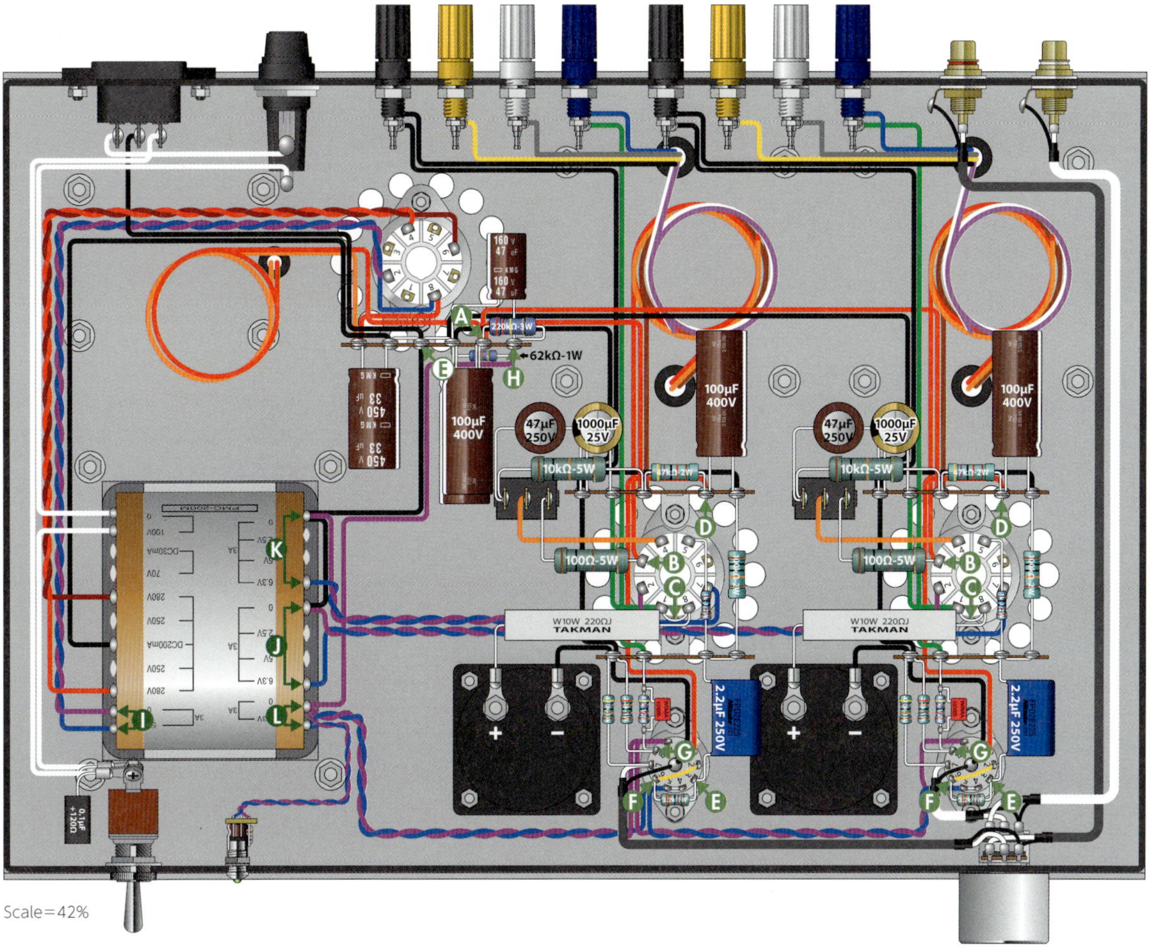

Scale=42%

즉시 전원을 끄고 **몇 분 두고 전해 콘덴서가 방전하고 나서** 오류가 없는지 체크합니다.

AC1차측과 히터 배선은 이전에 체크해 문제가 없는 것을 알고 있으므로 우선 고압 부분부터 체크해 가겠습니다.

Ⓐ 등의 녹색부위의 체크는 모두 테스터를 DC레인지로 하고, 테스터봉의 마이너스를 E부분에 대고 플러스측 각부를 체크합니다.

선이 연결되어 있으면 다른 곳에서 테스트해도 좋지만, 일단 테스터봉이 미끄러지지 않는 등 안전성이 높을 것 같은 포인트를 지시하고 있습니다.

특히 트랜스나 진공관 소켓의 단자는 미끄러우므로 잘못 합선되지 않도록 주의하십시오.

Ⓑ~Ⓖ는 좌우 채널 별로 있으므로 둘 다 측정하십시오.

측정결과는 회로도 표기의 ±10% 이내에 들어 있으면 좋습니다.

진공관 앰프는 진공관의 에미션(전자 방출량→소모도)으로 전압도 달라지므로 신경질으로 정확하게 맞지 않아도 좋습니다.

만약 크게 다른 것 같다면 어딘가에 오류가 있습니다.트러블 슈팅(P170)을 참조하십시오.

필라멘트 히터의 전압 측정은 테스터에 AC레인지가 있어, 진정한 실효치에 대응해야 하므로, 가지고 계신 분은 ⒾⒿⓀⓁ 화살표 양단에 테스터봉을 대고 측정해 주십시오.

전압 체크가 모두 끝나면 일단 전원을 끄고 바닥판을 부착하여 사용 상태로 만듭니다.

이것으로 모든 작업 종료입니다.오랫동안 수고하셨습니다.

측정 결과

본기는 대부분의 파워관을 무리 없이 동작시키고 있기 때문에, 특성적으로는「적당히」되고 있습니다.

그 중에서도 왜율은 전용 설계된 앰프보다 다소 불리한 수치이지만 파워관의 개성이 나와 재미있고 과부족한것 없는 파워와 입력 감도로 사용하기 쉬운 앰프가 되었습니다.

주파수 특성이나 댐핑 팩터는 파워관에 따라 다르지만 싱글 앰프치고는 뛰어난 결과를 가지고 있습니다.

KT150의 3결 특성만큼은 본기의 허용전류를 초과하므로 상용은 불가능하며 모두 참고치입니다.

또한 소유구만의 측정이므로 사용 가능한 모든 파워관의 결과가 아님을 밝혀둡니다.

입출력 특성

그림 1은 대표적인 특성으로 KT88의 입출력을 표시하고 있습니다. 클리핑 포인트는 0.9V 입력시에 빔관 접속시에 약 10W, 3극관 접속시에 약 4.2W가 되었습니다.

그림 2는 다양한 파워관을 교체하여 계측한 것입니다. 빔관 접속 시에는 거의 같은 입출력이지만, 3극관 접속에서는 조금 폭이 커질 수 있습니다. 본기의 동작 전압에서는 6GB8이나 6CA7이 효율 좋은 것 같습니다. 하이 파워관 = 하이 파워는 되지 않고, 같은 동작 전압이라면 이렇게 되는 것이 보통입니다.

주파수 특성

이쪽도 6GB8이나 6CA7, KT88 등의 빈티지관이 광대역으로 좋은

그림 1 입출력 특성(KT88)

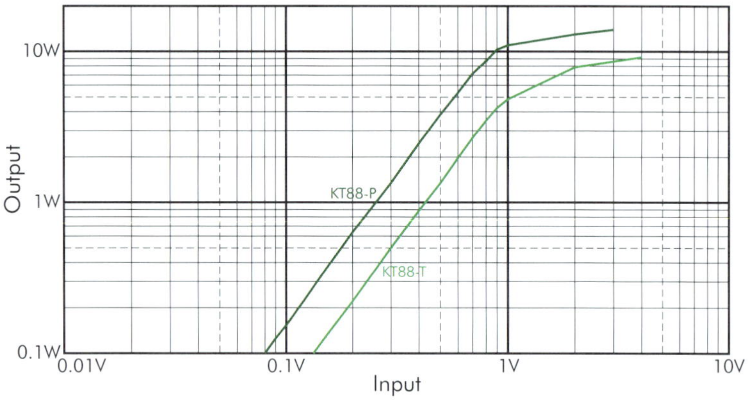

그림 2 입출력 특성

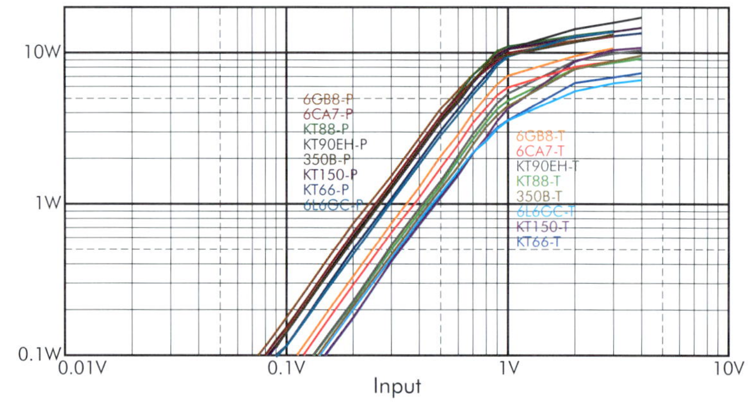

그림 3 빔관 접속 주파수 특성

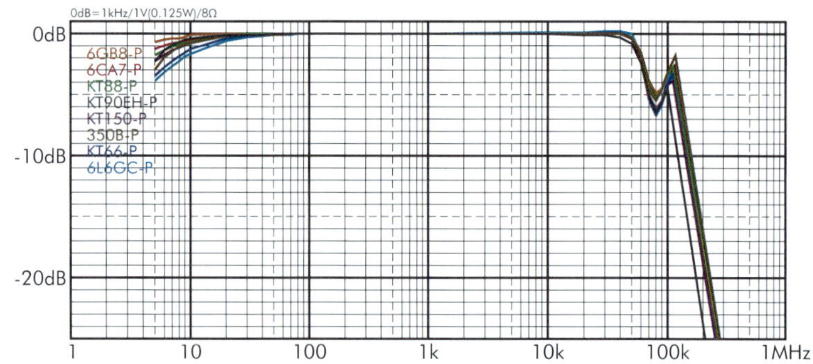

그림 4 3관극 접속 주파수 특성

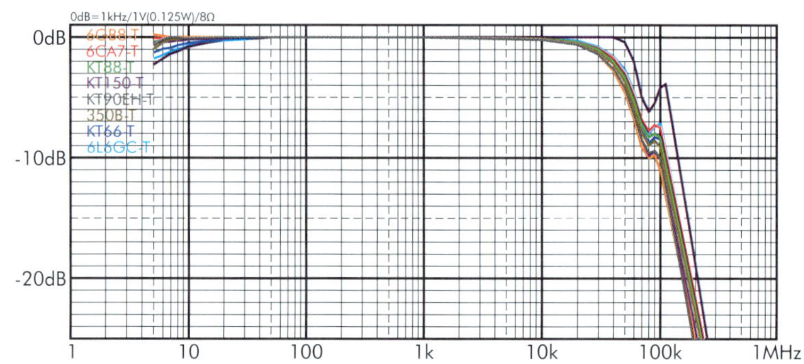

그림 5　KT88 왜율 특성

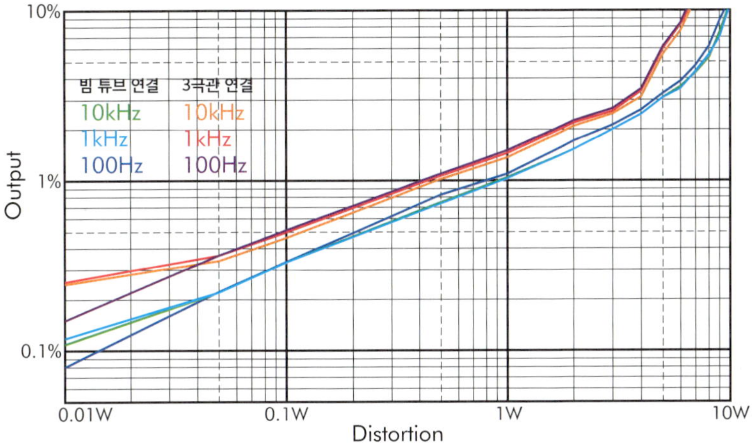

그림 6　빔관 접속 왜율 특성

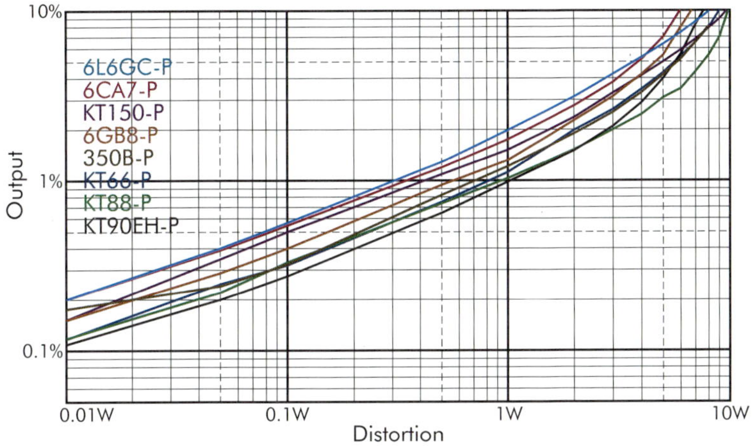

그림 7　3극관 접속 왜율 특성

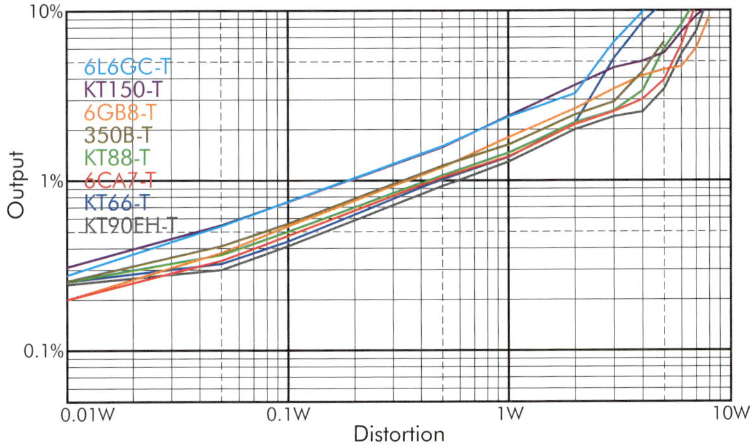

결과가 좋게 나왔습니다. 118kHz 부근에 피크가 있습니다만, 개성을 죽이지 않도록 위상 보정은 최소한으로 하고 있습니다. 보정을 하지 않으면 3극관 접속시에 +2dB만큼 피크가 강조되어 버렸습니다.

KT150의 3결(참고치) 특성만큼 고역이 탁월합니다.

왜율 특성

모든 것을 표시하면 방대한 그래프가 되므로 대표적으로 KT88의 주파수별 특성을 그림 5에, 각 파워관의 1kHz시 빔관 접속시를 그림 6, 3극관 접속시를 그림 7에 표시하였습니다.

왜율은 흩어지고 각 파워관의 개성이 나와 가장 재미있을지도 모릅니다. 양연결 접속 시에도 6L6GC는 왜곡이 많았고 KT90EH가 가장 왜곡이 적어 두 배 차이가 났습니다.

특필할 만한 것이 6CA7입니다. 5극관 접속에서는 왜곡이 많은데 3결로 하면 확 낮아집니다.

KT150은 여유가 있어 3결(참고치)시 클립하지 않고 그래프 오른쪽이 타관보다 잠자고 있습니다. 6GB8도 같은 경향이 있었습니다. 그 반대로 6L6GC와 KT66 등 플레이트 손실이 작은 진공관들은 빨리 증가되어 왜곡이 늘고 있습니다. (3결이 왜곡이 많은 것은 다음 페이지 설명)

그 외

댐핑 팩터는 빔관시 1.8~2.8, 3결시 3~5, 잔류 잡음은 빔관시 0.1~0.4mV, 3결시 0.4~1mV였습니다.

회로의 설명

우선 회로를 결정하기 전에 싱글로 할지 푸시풀 구성으로 할지 검토했습니다.

진공관 시대 후기의 빔관은 대부분 푸시풀에서 사용하는 것을 전제로 설계되었기 때문에 푸시풀 시에 저왜곡, 광대역, 고출력 등의 최적 조건이 됩니다.

그러나 본기기에서는 부품 상자에 있는 1개 밖에 없는 파워관을 사용할 수 있는 등 진공관을 낭비하지 않고, 어떠한 경우에도 사용할 수 있도록, 불리함을 알고 굳이 싱글 구성으로 했습니다.

바이어스 방식도 고정 바이어스로서 바이어스 전압을 조정할 수 있도록 하는 것이 효율적이어서 여러 파워관의 최적 조건에 맞출 수 있지만, 본기기에서 심플, 무조정, 오류 방지로 편하게 사용할 수 있는 것을 최우선으로 생각했기 때문에 자기 바이어스로 했습니다.

사용할 수 있는 파워관의 선긋기입니다만, 본기에서는 플레이트 손실 20~25W, 스크린 그리드 손실 1~3W로 사용하는 것을 전제로 했기 때문에, 파워관의 규격이 더 이상이고, 게다가 핀어사인이 같으면 교체를 할 수 있습니다.

최저 라인은 6L6GC, 6CA7/EL34, KT66, KT77, 350B등이며, KT120이나 KT150에서는 조금 아까운 사용법이 될 수 있습니다.

사용할 수 없는 것은 6F6나 6V6계 등의 플레이트 손실이 15W를 밑도는 것, 최대 플레이트 전압과 스크린 그리드 전압이 300V보다 작은 것, 7027, 7591 등 소켓의 핀 연결이 다른 것입니다.

단 핀 접속이 다른 것은 소켓 어댑터를 만드는 등 사용할 수 있습니다.

또한 KT150만은 3결시 플레이트+스크린 그리드 전류가 100mA를 초과하므로 진공관에는 여유가 있으나 전원 트랜스의 B전류 정격용량을 초과하므로 3결 사용이 불가합니다.

전류계를 내장하였으므로 만일 불량구 등을 꽂아도 풀스케일인 100mA를 넘는다면 사용불가라고 판단할 수 있습니다.

이곳은 크기와 비용 중시로 이렇게 됐지만 전원 트랜스를 PMC-283M으로 변경하면 이런 제한을 없앨 수 있습니다.

(후에 당시의 메이커 발표가 잘못된 것이 판명되었기 때문에 본기기에서는 PMC-200M을 사용)

여러가지 파워관을 교체하는 것만으로도 파워관의 개성을 즐길 수 있습니다만, 본기기에서는 한층 더 빔관 접속(5극관 접속)과 3극관 접속을 스위치로 바꾸어 한층 더 개성을 즐길 수 있도록 했습니다.

이렇게 호화로운 구성으로 하면 사실 설계가 매우 어려웠지만 결과만 이해하시면 되므로 특징만 적어 두겠습니다.

빔관 접속(5극관 접속·5극관 결합이라고도 한다=이하 5결이라고 적습니다)과 3극관 접속(3극관 결합이라고도 한다=이하 3결이라고 적습니다)에서는 동작이 크게 바뀌기 때문에 한쪽에 동작에 특성을 맞추면 다른 한쪽의 특성이 대폭 악화됩니다.

정류관의 규격(콘덴서 인풋만 해당)

구명	5AR4		5G-K22		
접속도	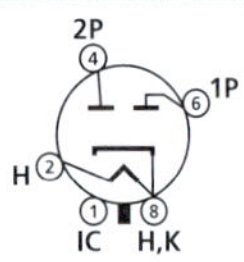		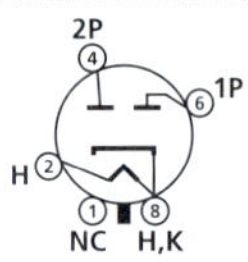		
히터 전압/전류	5V/1.9A		5V/3A		
최대 정격	설계최대		설계중심		
첨두 내역 전압	1700V		1550V		
첨두 플레이트 전류	825mA		1000mA		
입력 콘덴서	60μF		40μF		
대표동작 예 (각 플레이트마다)	콘덴서 입력		콘덴서 입력		
교류 플레이트 공급 전압	450V	550V	300V	450V	550V
입력 콘덴서	60μF	60μF	40μF	40μF	40μF
실행 플레이트 임피던스	160Ω	200Ω	31Ω	67Ω	97Ω
직류 출력 전류	225mA	160mA	300mA	275mA	162mA
직류 출력 전압	475V	620V	295V	470V	650V

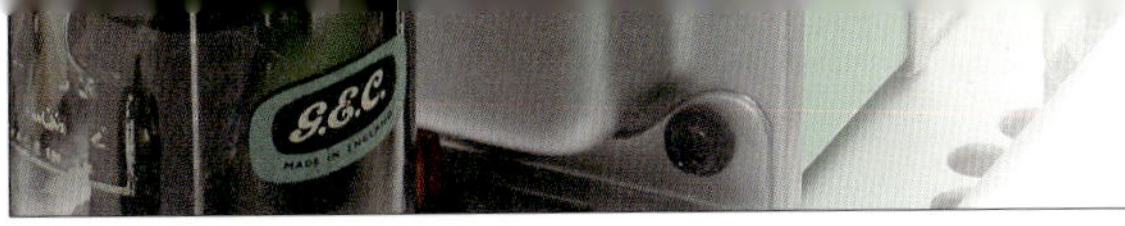

처음에는 어느 정도의 파워를 원해서 5결을 메인으로 정수를 정하고 설계했기 때문에 3결시의 특성이 크게 악화되었습니다.

이는 바이어스 등 다른 조건을 바꾸지 않고 5결/3결을 전환했기 때문에 3결 시 게인 저하로 NFB량이 줄어들기 때문이며 특히 왜율 악화가 현저했습니다.

그래서 3결 시 뒤틀림 해소량이 늘어나도록 일부러 드라이버단의 바이어스를 변경해 왜율을 일부러 악화시키거나 NFB양이나 방식을 바꾸는 등 컷앤트라이(cut and try)를 하면서 시청과 측정을 반복했지만 너무 과하면 파워관의 개성을 죽여버리기 때문에 3결에 연연하는 것을 중단했습니다.

일반에서는 3결은 저왜곡으로 소리가 좋다고 합니다만, 본기기에서는 파워, 왜율에 한해서 말하면 5결 쪽이 약간 좋아지고 있습니다. 단순히 5결/3결 전환한 경우는 본기와 같이 되는 것이 본래의 모습이라고 알아 주셨으면 합니다.

이것은 드라이버단에 SRPP (shunt regulated push-pull)를 채용했기 때문에, 라고 하는 것도 5결/3결의 역전 현상에 관계하고 있지만, SRPP는 저임피던스 출력으로 주파수 특성이나 댐핑 팩터 향상등의 많은 이점이 있기 때문에 채용했습니다.

전원회로는 단순한 정류관 정류, 콘덴서 인풋, π형 필터로 구성됩니다.

정류관은 5AR4 외에 5G-K22를 사용할 수 있습니다. 5U4계, 5R4계도 같은 핀어사인이나 직열관 타입은 출력 전압이 저하하므로 출력도 저하됩니다. 그 이전에 규격이 콘덴서 인풋의 허용량을 오버하므로 수명의 관점에서 본기기에서는 사용 불가로 하고 있습니다.

파일럿 램프의 LED는 일부러 깜빡임 방지를 위해서만 브리지 정류에서 직류 점화하고 있습니다.

이렇게 해도 비용은 겨우 100엔 정도이기 때문에 낭비되지는 않습니다.

전체적으로 스펙에 욕심내지 않고, 부담없이 교체할 수 있는 앰프로 하여, 매우 만들기 쉽고, 사용하기 쉽고, 소리도 즐길 수 있는 파워 앰프가 되었습니다.

전압 증폭관의 규격

구명	12AX7/ECC83	
접속도	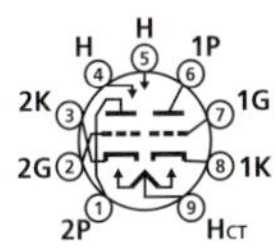	
히터 전압/전류	6.3V/0.3A 12.6V/0.15A	
최대 정격	설계중심	
플레이트 전압	300V	
그리드 전압	-50V	
플레이트 손실	1W	
캐소드 전류	8mA	
그리드 저항	2MΩ	
히터 · 캐소드 간 내압	180V	
대표동작 예 A1급 싱글		
플레이트 전압	100V	250V
플레이트 전류	0.5mA	1.2mA
제1그리드 전압	-1.0V	-2.0V
캐소드 저항	2kΩ	1.67kΩ
종합 콘덕턴스	1.25mS	1.6mS
플레이트 내부 저항	80kΩ	62.5kΩ
증폭율	100	100

본기의 정격(KT88사용 시)

정격 출력	10W+10W (빔관 접속) 4W+4W (3극관 접속)
최대 출력	14W+14W (빔관 접속) 9W+9W (3극관 접속)
출력임피던스	4Ω、8Ω、16Ω
입력감도	0.9V (정격 출력 시)
입력 임피던스	82kΩ
게인	21dB
주파수특성(at-1dB)	8Hz~55kHz (빔관 접속) 5Hz~30kHz (3극관 접속)
왜율(at-1kHz)	1.05% at1W, 0.12% at10mW (빔관 접속)
	1.52% at1W, 0.26% at10mW (3극관 접속)
덤핑 팩터	3.0 (빔관 접속), 4.3 (3극관 접속) (가청대 평균)
채널 세퍼레이션	L→R : 66.6dB, R→L : 70.5dB (빔관 접속 at1kHz)
	L→R : 65.5dB, R→L : 67.3dB (3극관 접속 at1kHz)
잔류잡음	0.13mV (빔관 접속), 0.83mV (3극관 접속)
소비 전력	112W
최대외형치법	W370×D296×H173mm
중량	14.1kg

사용 가능한 구의 표준

파워관 규격

구명	KT-66	KT-77	KT-88	KT-90EH	KT-99	KT-120	KT-150
접속도	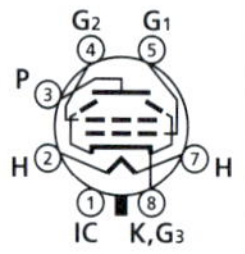	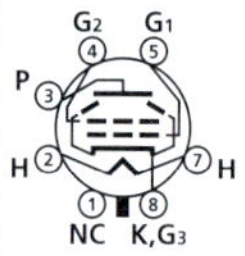	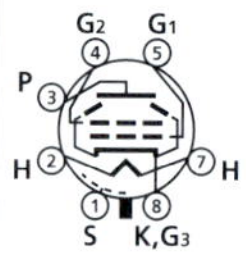	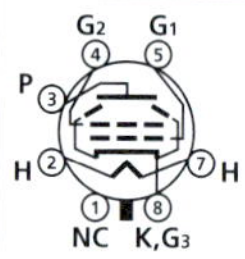	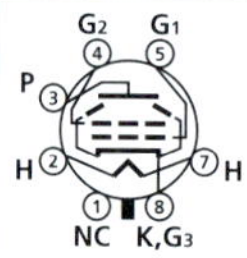	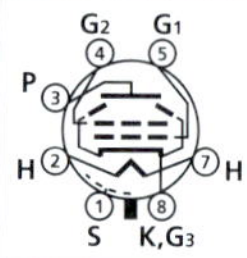	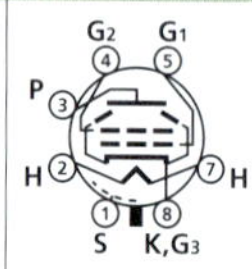
히터 전류	1.3A	1.4A	1.6A	1.6A	1.6A	1.7~1.95A	1.75~2A
최대 정격	설계중심	설계중심	설계중심	절대최대		설계최대	
플레이트 전압	500V	800V	800V	750V	750V	850V	850V
플레이트 손실	25W	25W	35W	50W	50W	60W	70W
제2그리드 전압	500V	600V	600V	650V	650V	650V	650V
제2그리드 손실	3.5W	3W	6W	8W	8W	8W	9W
캐소드 전류	---	180mA	230mA	230mA	230mA	250mA	275mA
그리드 저항 (고정 바이어스)	100kΩ	250kΩ	220kΩ	---	50kΩ	51kΩ	51kΩ
그리드 저항 (자기 바이어스)	500kΩ	500kΩ	470kΩ	---	250kΩ	240kΩ	240kΩ
히터·캐소드간 내압	150V	150V	150V	300V	300V	200V	300V
대표 동작 예 A1급 싱글							
플레이트 전압	250V	250V	250V	400V	400V	400V	400V
플레이트 전류	---	110mA	140mA	90mA	90mA	135~165mA	---
제2그리드 전압	250V	250V	250V	300V	300V	225V	225V
제2그리드 전류	---	10mA	3mA	4.7mA	4.7mA	14mA	---
제1그리드 전압	-15V	---	-15V	-42V	-27V	-14V	-14V
캐소드 저항	106Ω	---	---	---	---	---	---
종합 콘덕턴스	7.0mS	10.5mS	11.5mS	8.8mS	8.8mS	12.5mS	12.6mS
플레이트 내부 저항	22.5kΩ	23kΩ	12kΩ	25kΩ	22kΩ	---	---
부하저항	---	---	---	---	3kΩ	3kΩ	3kΩ
출력	---	---	---	---	22W	20W	20W
왜율	---	---	---	---	---	14%	14%

- 히터 전압은 모두 6.3V입니다.
- 대표 동작 예는 빔관(5극관) 접속시 수치입니다.
- 제조사에 따라 발표 규격이 다른 경우는 작은 쪽의 전압·전류 값을 게재하고 있습니다.예를 들어 6CA7의 최대 제2그리드 전압은 테레훈켄 발표값은 425V입니다만, 마츠시타전기 발표치는 500V입니다.또한 6550의 최대 규격은 Tung-Sol의 발표치는 RCA의 약 1.1배 수치입니다.
- 플레이트 전류와 제2 그리드 전류가 범위로 표시되어 있는 경우는, 제로 신호시~최대 신호 입력시의 전류입니다.
- KT-88, KT-120, ★ KT-150, 6550의 1번 핀의 S는 베이스 쉘에 연결되어 있습니다. (★ 규격표와 다릅니다)
- KT-90EH 6번핀은 규격표에서는 NC이나 실물은 핀이 없으므로 NP입니다.

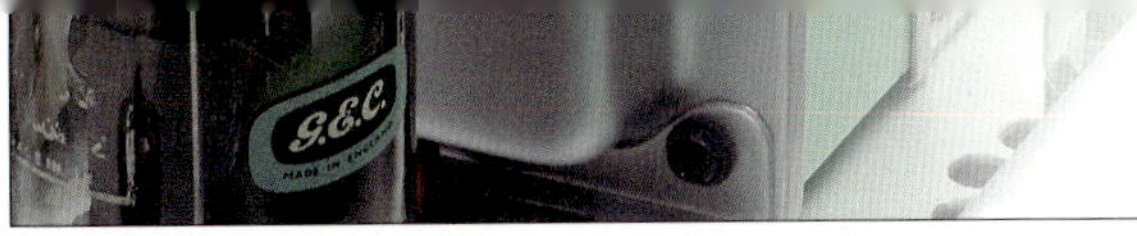

사용 가능한 구의 표준

6L6GC	350B	EL34/6CA7	5881	6550	8417	6GB8	구명
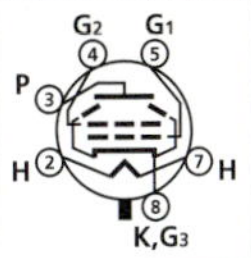	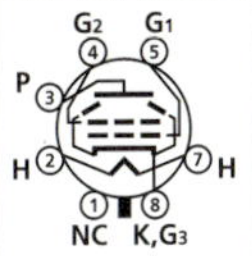	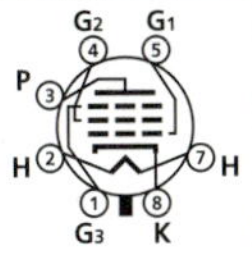	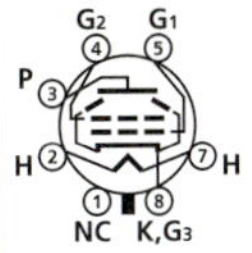	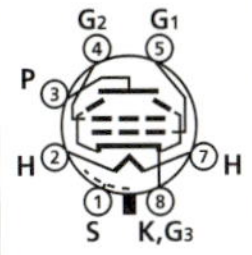	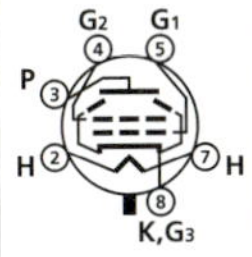	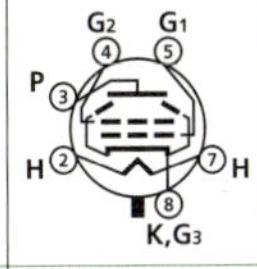	접속도
0.9A	1.6A	1.5A	0.9A	1.6A	1.6A	1.5A	히터 전류
설계최대	설계중심	설계중심	설계중심	설계중심	설계최대	설계중심	최대 정격
500V	360V	800V	400V	600V	660V	500V	플레이트 전압
30W	27W	25W	23W	35W	35W	35W	플레이트 손실
450V	270V	425V (TFK)	400V	400V	500V	400V	제2그리드 전압
5W	4W	8W	3W	6W	5W	10W	제2그리드 손실
---	---	---	---	175mA	200mA	200mA	캐소드 전류
---	100kΩ	---	100kΩ	50kΩ	100kΩ	500kΩ	그리드 저항 (고정 바이어스)
---	500kΩ	---	500kΩ	250kΩ	250kΩ	700kΩ	그리드 저항 (자기 바이어스)
200V	---	100V	200V	100V	---	100V	히터· 캐소드간 내압
							대표 동작 예 A1급 싱글
250V	250V	250V	350V	400V	300V	250V	플레이트 전압
72~79mA	93~97mA	100mA	53~65mA	87~105mA	100mA	151mA	플레이트 전류
250V	250V	250V	250V	225V	300V	250V	제2그리드 전압
5~7.3mA	6~15mA	15mA	2.5~8.5mA	4~18mA	5.5mA	28mA	제2그리드 전류
-14V	-14V	-12.2V	-18V	-16.5V	-12V	-8V	제1그리드 전압
410Ω	---	---	---	---	---	57Ω	캐소드 저항
6mS	8.3mS	---	5.2mS	9mS	23mS	20mS	종합 콘덕턴스
22.5kΩ	37.5kΩ	15kΩ	48kΩ	27kΩ	16kΩ	15kΩ	플레이트 내부 저항
2.5kΩ	2kΩ	2kΩ	4.2kΩ	3kΩ	---	1.6kΩ	부하저항
6.5W	10.5W	11W	11.3W	20W	---	15W	출력
10%	11%	10%	13%	13.5%	---	9.5%	왜율

2A3 Single Stereo Amplifier

- 올 3극관 싱글, 무귀환
- 일반 로게인 리어 입력과 스마트폰 대응 하이게인 프론트 입력의 2계통
- 모든 단 낮은 임피던스 출력 구성으로 높은 해상도 대응
- 300B로 개조 가능

가공난이도 : ★★★

조립난이도 : ★★☆

배선난이도 : ★★★

본기의 개요

진공관 앰프, 그 중에서도 직열 3극관 앰프는 옛날부터 소리가 좋다고 알려져 왔으며, 지금도 꾸준한 인기를 얻고 있습니다.

KT-88이나 6CA7(EL34)등의 다극관에도 유명한 파워관은 많이 있습니다만, 3극관 접속(3극관 결합→통칭 3결)으로 사용하는 경우도 많이 있습니다.

이것은 순수 3극관이라고 할 수 있는 진공관은 종류가 적고, 그리고 비싸기 때문에 고안해서 사용하고 있다고 할 수 있습니다.

본기는 순수 3극관 중에서도 희귀한 빈티지관부터 파워업한 현대관까지 종류가 풍부한 2A3를 사용한 스테레오 파워 앰프입니다.

기본이라 할 수 있는 무귀환(No-NFB)에서도 소리가 좋은 앰프가 될 수 있는 것이 2A3의 특징입니다.

현재는 RCA에서 2A3가 데뷔한 1933년부터 스피커 등 주변환경, 회로기술, 부품 등도 크게 진화했기 때문에 기본 구성은 같아도 현대의 에센스를 도입하고 있습니다.

• • •

레이아웃은 전통적인 진공관이 보이는 트랜스를 뒤로 배치하는 타입입니다. 고전관의 경우 너무 기이한 디자인으로 만드는 것보다 조금이라도 복고풍 분위기를 남기는 것이 질리지 않습니다.

가급적 채도가 높은 순색은 피하고 주역의 진공관이 빛날 수 있도록 했습니다.

빔관 교체 앰프에서는 파일럿 램프에 LED를 사용하고 있었습니다만, 본기기에서는 조금 복고풍의 느낌을 주고 싶어서, 네온 램프를 사용하고 있습니다.

LED로 하고 싶을 때는 네온을 철거하고 빔관 교체 앰프와 마찬가지로 전원 트랜스의 히터 권선에 보호저항과 LED를 연결하세요.

자세한 것은 나중에 설명하고, 우선 만들어 보는 것은 어떨까요.

주 : 전원트랜스는 하루히무선 특수 주문품이 달려 있습니다(나중에 설명).

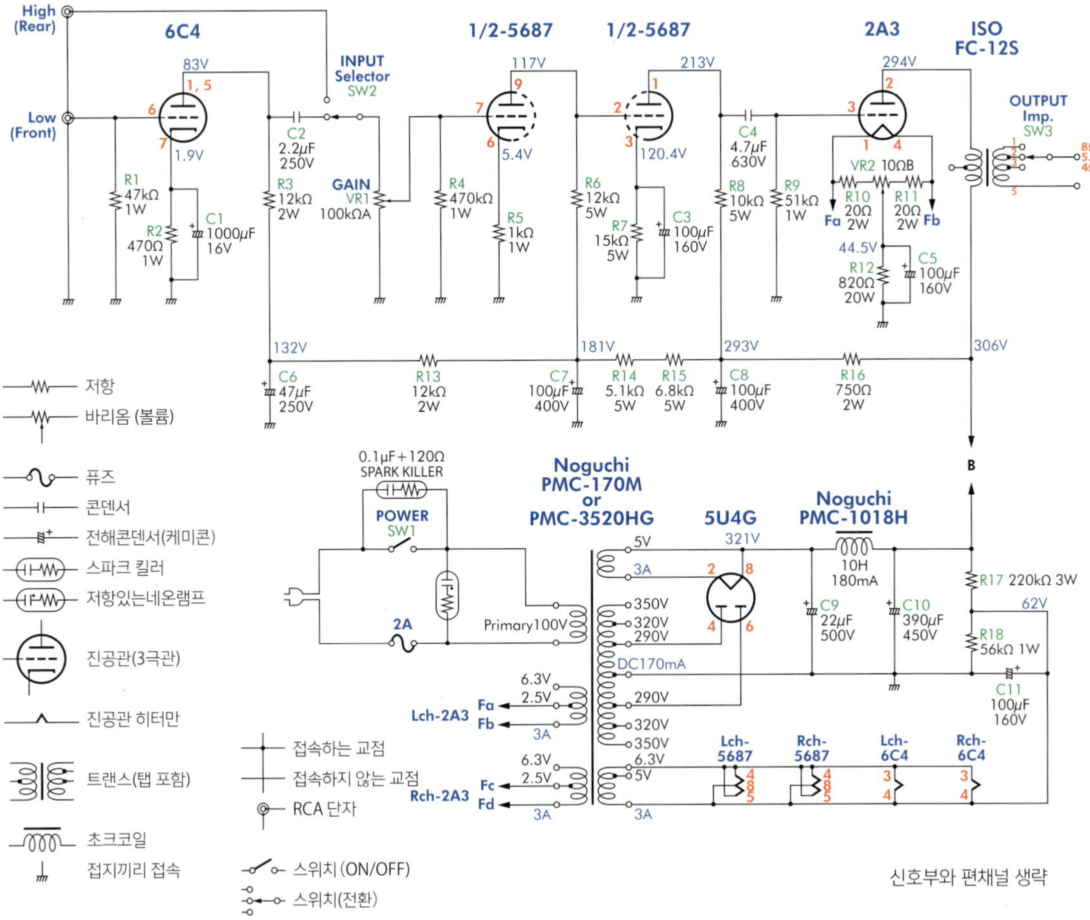

신호부와 편채널 생략

회로도 보는 방법과 포인트

방열관(6C4와 5687)의 히터부는 다른 전극으로부터 분리하여 별도로 표시하며, 접지 기호 표시도 빔관 교체 앰프와 동일합니다.

직열관 (2A3와 5U4G)은 히터가 아닌 필라멘트라고 하며 직접 신호도 통과하므로 회로도에서는 동그라미에서 밖으로 내보내지 않고 제대로 안에 표시합니다.

네온램프와 스파크 킬러의 기호는 매우 비슷하지만 네온램프는 콘덴서와 같은 기호에 작고 둥근 점이 붙어 있습니다.

5687은 1개의 유리 밸브 안에 2개의 똑같은 규격의 유닛이 들어간 복합관이므로 1/2-5687로 동그라미의 절반을 점선표시했습니다.

이러한 복합관은 핀번호가 작은 쪽이 유닛2, 핀번호가 큰 쪽이 유닛1로 규정하고 있는 경우가 많으며 진공관에 따라서는 유닛1을 전위가 작은 쪽에 사용하도록 규정하고 있는 경우가 있습니다.

정류관은 고압출력을 2번핀과 8번핀 어느쪽에서 꺼내도 정상적으로 동작하지만 방열정류관의 경우는 캐소드가 8번핀에 접속되어 있기 때문에 2번핀에서 꺼내면 고압이 중첩되어 히터가 잘 꺼지는 경우가 있습니다.

본기는 복합관의 유닛 규정, 정류관의 고압 출력 모두 규정대로가 아니어도 괜찮습니다만, 기존의 좋은 습관은 유지하는 것이 좋습니다.

진공관 · 소켓

부품 전체 중에서 진공관, 그 중에서도 파워관(출력관)이 가장 앰프를 만드는 동기가 되는 것입니다. 2A3가 마음에 들었기 때문에, 가지고 있기 때문에, 등에 관계없이 마음에 드는 메이커의 것을 사용하십시오.

진공관만큼 똑같은 메이커의 것을 구하기 어려운 것은 없습니다. 가격도 많은 차이는 없습니다.

2A3는 전세계에서 만들어진 명구이기 때문에 제조사를 특별히 선택하지 않는다면 입수가 용이합니다. 공산권의 것이라면 현행품으로 입수하기 쉽고, 몇 천엔에 구입할 수 있습니다.

오리지널 빈티지 제품, 그 중에서도 RCA 1장 플레이트의 것은 현존수가 압도적으로 적고 상태가 좋은 것은 몇 만엔으로 상당히 고가입니다.

만약 엄선한 업체가 있는 경우는 열심히 찾아 주시기 바랍니다. 환상의 명구를 찾는 것도 즐거움 중 하나입니다. 두개 필요합니다.

본기기에서는 소지품 중에서 1970년대에 나돌던 마르코니제 2매 플레이트의 제품을 사용했습니다.

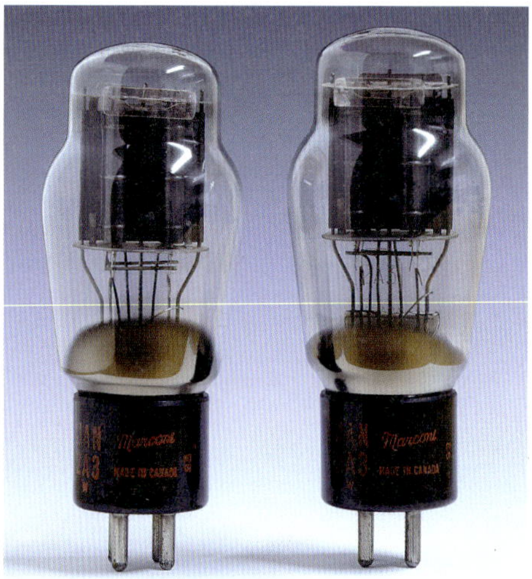

주역의 **2A3**. 마르코니제 1970년대의 군용관. 당시의 진공관은 사진과 같이 높이가 제각각인 등 성능에 관계없이 만드는 것을 고집하고 있지 않으므로 특히 빈티지관은 너그럽게 봐 주십시오.

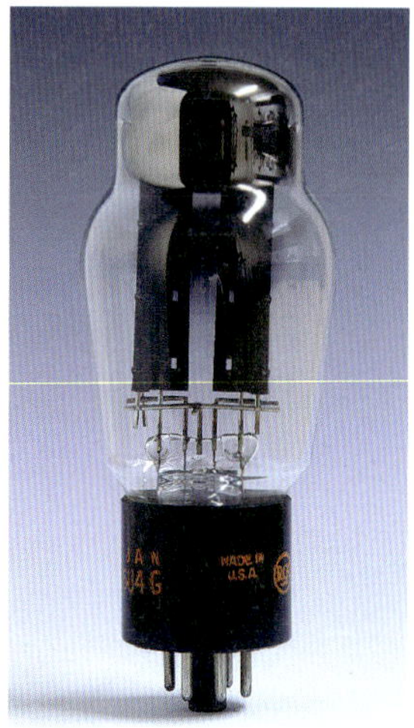

정류관은 **5U4G**를 사용.이쪽도 JAN이 머리에 달린 RCA 군용관. 그 밖에 GT관의 5U4GB도 사용할 수 있습니다.

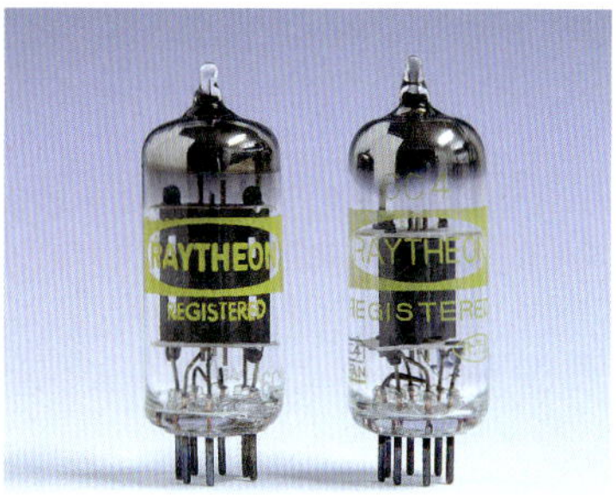

6C4는 레이시온제를 사용. 2개 필요.
유명한 **12AU7**(유럽명 **ECC82**)은 **6C4**가 2개 들어간 것이므로, 지식이 있으신 분이라면 2개의 **6C4**를 **12AU7**을 1로 대체할 수도 있습니다. 이 경우, 물론 소켓이나 레이아웃은 변경이 필요합니다.

5687은 GE제 군용관(JAN=Joint Army and Navy)을 사용. 2개 필요.
5687은 일부 개량되어 **WA**나 **WB**라고 붙은 것이 있습니다만, 본기기에서는 모두 사용 가능합니다.

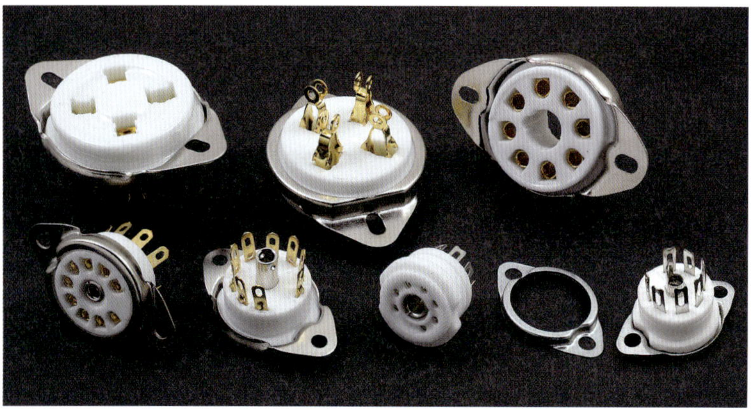

소켓은 UX4P(하단부착)×2개, US8P(하단부착)×1개, MT9P(윗부착)×2개, MT7P(상하양용)×2개 모두 타이트제를 사용했습니다.
본기는 서브섀시로 내려서 하고 있으며, MT관은 키가 작기 때문에 덧댐 소켓으로 해서 너무 가라앉지 않도록 하고 있습니다만, 취향의 문제이므로 밑단 부착도 괜찮습니다. 소켓은 제조사에 따라 미묘하게 사이즈가 다르므로 구매 후 실측은 불가결합니다.

섀시는 오쿠자와의
보닛이 장착된 BS-350을 사용.
보닛은 철제로 튼튼하게 만들어져 있어
섀시 부분은 알루미늄 순수한것으로 본기기와 같이 도장하는 경우에는 안성맞춤입니다.
섀시의 도장을 생략하고 싶은 경우는 타사제의 도장을 마친 것이나 헤어 라인 가공하는 것이 좋습니다. 보닛의 유무도 취향입니다.
BS-350은 폭 350×깊이 230×높이 60(섀시 부분)+130(보닛)mm입니다

출력 트랜스는 ISO사의 FC-12S입니다. (2개) 쇼와 시대에 전성을 누렸던 탱고(히라타전기)의 기술을 고스란히 이어받은 음질과 스펙 모두 뛰어난 트랜스입니다. 본기는 무귀환이므로 1차 임피던스가 2.5kΩ이라면 다른 트랜스도 사용할 수 있지만, 이 정도의 등급은 사용하고 싶습니다.

전원 트랜스는 제너럴트랜스(구 노구치 트랜스)의 PMC-170M을 선택했습니다. 나중에 300B로 개조할 것 같으면 전류가 약간 빠듯하니 가격이 비싸지겠지만 PMC-3520HG를 선택해 주세요. 설치 사이즈는 동일합니다.

초크 코일은 제너럴트랜스(구 노구치 트랜스)의 PMC-1018H로, 10H, 180mA 용량입니다. 150mA 이상 흘려 보낼수 있는 것이라면 타사 제품도 사용할 수 있지만 사이즈는 확인할 필요가 있습니다.

서브섀시용으로 1.5mm 두께의 알루미늄판을 강도 향상을 위해 접어서 사용하였으나 접는 작업이 힘들기 때문에 2mm 두께의 알루미늄판을 그대로 사용하는 것이 좋습니다. 서브 패널에도 1.5mm 두께의 알루미늄판을 절곡하여 사용하였습니다. 알루미늄 판은 사진과 같이 한쪽 면에만 백색이나 청색 등의 보호 시트가 부착되어 있을 수 있습니다.

진공관 파워 앰프의 경우 얼굴이 되는 것은 파워관이지만 섀시는 바디이기 때문에 기계적으로나 전기적으로 건강한 앰프를 만들기 위해서는 중요한 부품입니다.

본기의 섀시는 2mm 두께의 알루미늄을 사용한 소재로 철제 보닛이 있는 것을 선택했습니다.

트랜스류 네 가지 중량을 견딜 수 있는 강도를 생각하면 2mm 두께로 하고 싶지만 수작업을 통한 가공을 생각하면 2mm 두께까지가 한도이므로 2mm 두께가 필수 조건입니다.

가공해 보면 알겠지만 알루미늄의 2mm 두께는 상당히 힘듭니다. 편한 것은 1.5mm 정도까지이며, 그러한 섀시를 사용하는 경우는 내부에 보강재를 넣으면 본기기 정도의 중량으로도 괜찮습니다.

본기기에서는 서브 섀시도 사용하기 때문에 그것도 보강의 일부가 되어 있습니다.

보닛은 반드시 필요한 것은 아니지만, 본기는 귀중한 2A3를 사용하기 때문에 평상시 사용에서의 보호도 생각해 보닛 포함을 선택했습니다.

트랜스류는 진공관 다음으로 음질을 결정하는 중요한 부품이므로 이쪽도 충분히 음미하여 비용이 허락하는 한 좋은 것을 사용해 주십시오.

산화금속 피막 저항

- R18 — 녹청주금 — 56kΩ 1W × 1개
- R16 — 자녹차금 — 750Ω 2W × 2개
- R3, R13 — 갈적주금 — 12kΩ 2W × 4개
- R17 — 적적황금 — 220kΩ 3W × 1개
- R14 — 녹차적금 — 5.1kΩ 5W × 2개
- R15 — 청회적금 — 6.8kΩ 5W × 2개
- R8 — 갈흑주금 — 10kΩ 5W × 2개
- R6 — 갈적주금 — 12kΩ 5W × 2개
- R7 — 갈녹주금 — 15kΩ 5W × 2개

세멘트저항

- R12 — W20W 820ΩJ TAKMAN — 820Ω 20W × 2개

금속 피막 저항

- R2 — 황자흑흑차 — 470Ω 1W × 2개
- R5 — 차흑흑차차 — 1kΩ 1W × 2개
- R1 — 황자흑적차 — 47kΩ 1W × 2개
- R9 — 녹차흑적차 — 51kΩ 1W × 2개
- R4 — 황자흑주황차 — 470kΩ 1W × 2개
- R10, R11 — 20Ω·J — 20Ω 2W × 4개
  색상 코드의 경우 적흑흑금차 또는 적흑흑금

다회전 바리옴

TOCOS (도쿄 코스모스 전기) J9W
20회전형 서멧 트리머
포텐쇼미터 × 2개

같은 것을 구할 수 없는 경우

저항값/가급적 근사치가 바람직 합니다.

예를 들어 10kΩ 5W를 구할 수 없는 경우, 20kΩ 3W를 두 개 병렬로 하거나 5.1kΩ 3W를 두 개를 직렬로 연결하세요.어느쪽이건 3W+3W로 6W분입니다.

8.2kΩ와 1.8kΩ를 조합할 경우 8.2kΩ이 더 큰 전압이 걸리기 때문에 5W가 필요, 1.8kΩ는 1W 정도로 좋아집니다. 이것들은 비율로 정합니다.

와트 수/큰 만큼은 상관없지만 사이즈가 커지므로 공간에 들어갈 수 있는지 확인해 주세요.

종류/음질 등 취향의 문제이므로 달라도 전기적으로는 문제가 없습니다. 산화 금속 피막 저항을 금속 피막 저항으로 해도 괜찮습니다.

제조사 시리즈/음질 등 취향의 문제이므로 달라도 전혀 상관없습니다.

※저항은 모두 실물 크기입니다.

저항의 색상 코드 보는 방법

저항은 직감적으로 알기 쉬운 숫자 표기의 것과 어느 방향으로도 알기 쉬운 컬러 코드 표기가 있습니다.

최근의 저항은 베이스색이 청이나 녹색이고, 그 위에 컬러 코드를 인쇄하고 있는 것이 많아, 얇게 인쇄되어 있으면 색상이 다르게 보일수 있으니 사용 전 테스터기로 저항값을 확인하도록 합시다.
(적색이나 주황색이 갈색으로 보이기도 하고, 백색이 회색으로 보이기도 한다)

5줄 라인일 경우
이 경우47kΩ 오차1%
(470×10²=47kΩ)

4줄 라인일 경우
이 경우 47kΩ오차5%
(47×10³=47kΩ)

	흑	갈	적	주	황	녹	청	자	회	백	금	은
숫자	0	1	2	3	4	5	6	7	8	9		
승수	x1	$x10^1$	$x10^2$	$x10^3$	$x10^4$	$x10^5$	$x10^6$	$x10^7$	$x10^8$	$x10^9$	x0.1	x0.01
오차	20%	1%	2%				띠 없음=20%				5%	10%

전해콘덴서 (케미콘)

☑ C9 22μF 500V ×1개 (※33μF 이하)

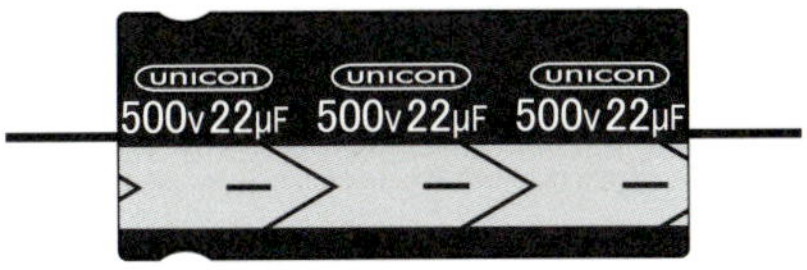

☑ C7, C8 100μF 400V ×4개

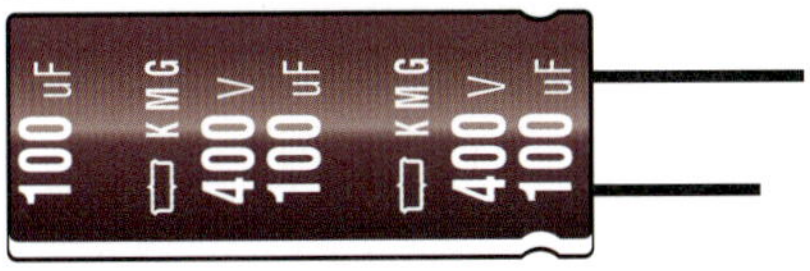

☑ C6 47μF 250V ×2개

☑ C3, C5, C11 100μF 160V ×5개

☑ C1 1000μF 16V ×2개

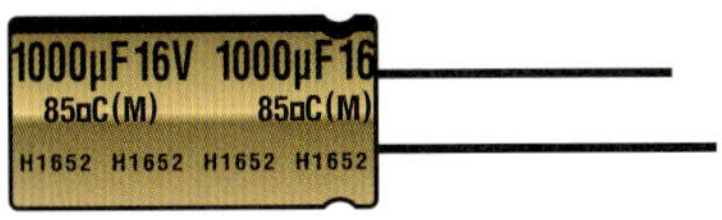

☑ C10 390μF 450V ×1개
(※200μF 이상에서 OK)

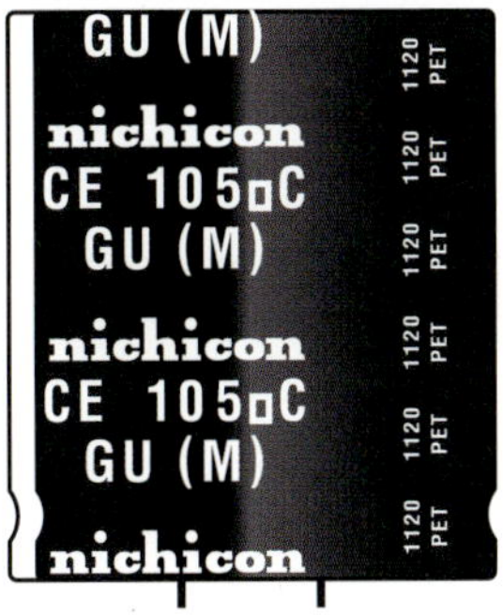

전해 콘덴서는 극성이 있습니다. 반드시 마이너스 쪽에 표시가 있습니다. 또 세로형은 프러스 쪽 리드선이 길게 되어 있습니다.

※ 콘덴서는 모두 실물 크기입니다.

콘덴서 표시의 보는 방법

본기기에서 사용하는 콘덴서는 직접 표시하는 것 뿐입니다만, 코드 표시 콘덴서를 사용하는 경우는 콘덴서 표시의 보는법(P13, P115)를 봐주세요.

필름 콘덴서

☑ C4 4.7μF 630V ×2개 (※250V 이상에서 OK)

☑ C2 2.2μF 250V ×2개

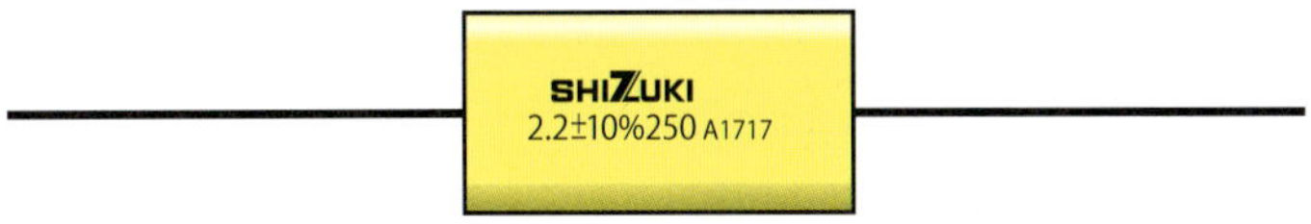

같은 것을 구할 수 없는 경우

용량/사용 장소에 따라 커도 되는 경우와 근사치가 아니면 안되는 경우가 있습니다. 단 용량은 저항만큼 민감하지 않기 때문에 같은 것이 없는 경우 근사치로도 괜찮습니다.

병렬접속은 비교적 괜찮지만 직렬접속은 용량 오차로 걸리는 전압의 불균형이 점점 커지기 때문에 피하는 것이 좋습니다.

내전압/큰 것은 상관없지만 크기가 커지므로 공간에 들어갈지 확인해 주십시오.

종류 · 제조사 · 시리즈/음질 등 취향의 문제이므로 달라도 전기적으로는 문제 없습니다. 폴리프로필렌 필름을 폴리에스테르 필름으로 해도 괜찮습니다. 단, 다른 종류를 전해 콘덴서 대체로 사용하는 것은 피해주십시오.전해 콘덴서는 누설 전류가 많기 때문에 대용량이 필요한 곳만 사용합니다.

또한 탄탈콘덴서는 전해콘덴서보다 고성능이나, 내역전압에 극단적으로 약하고, 고장나면 쇼트하므로 사용을 피해주십시오.

오디오용으로 판매하고 있는 것은 앰프 제작에 적합하다고 생각합니다만, 일반 제품보다 조금 좋은 것이 몇 배의 가격이라고 할 수도 있으므로 직접 가성비를 판단하여 선택해 주십시오.

형태·크기/달라도 전기적으로는 문제가 없지만, 제대로 설치할 수 있는지 잘 검토해 주세요.

한쪽에서 리드선이 2개 나와 있는 것은 입형, 양쪽에서 나와 있는 것은 튜블러형이라고 합니다. 어느 쪽을 사용하느냐에 따라 러그판의 위치나 배선의 길이가 달라집니다.

⬅ 저항이 있는 네온 브래킷

110V용 등으로 구입하면 저항이 있을 수 있습니다. 저항 없는 경우는 직렬로 100kΩ 1/4W 정도의 저항을 연결하십시오.

2연 볼륨 ➡

Linkmain의 610G-QB1형(φ16mm, 100kΩ/A 커브의 2연, 짧은 축)의 것을 사용했습니다.

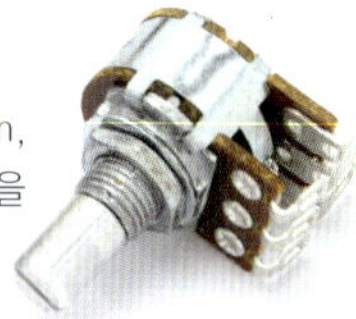

스위치 류 ⬆

전원 스위치와 입력 전환에는 토글 스위치(레버 스위치), 임피던스 전환에는 로터리 스위치를 사용했지만 취향에 따라 시소 스위치(락커 스위치)나 푸시 스위치 등으로 해도 좋습니다. 그 때 지켜야 할 것은 전원 스위치는 AC100V·3A 이상을 흘러 보낼 수 있는 것, 신호계 스위치는 무엇이든 괜찮지만 가능하면 노이즈가 나오기 어려운 작은 신호용을 사용해 주세요.

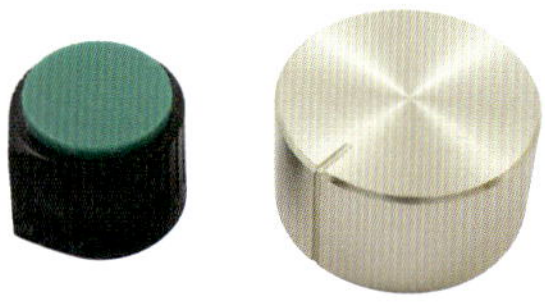

⬆ 볼륨과 스위치 손잡이

φ30×L15mm, 알루미늄 골드 헤어라인 마감 제품을 사용하였습니다. 리어 임피던스 전환용은 수지제 φ20×L16mm입니다. 앰프 전체의 등급에 관계되므로 손잡이에는 인색하지 말고 좋은 것을 사용하십시오.

또한 조정용 SW나 VR의 다이얼을 생략하지 않는 것도 등급에 중요합니다.

Tips 스위치의 쇼팅 타입과 논쇼팅 타입

신호를 A에서 B로 전환할 때, A의 신호가 끊어지기 전에 B도 연결(즉 전환 시에 한 순간만 양쪽으로 연결되는) 타입을 쇼팅 타입, A 신호를 완전히 끊은 후에 B로 연결하는 타입을 논쇼팅 타입이라고 합니다.

본래 A를 끊은 순간에 B로 연결되는 것이 이상적이지만, 그러한 스위치를 만드는 것은 어렵기 때문에 특히 로터리 스위치에서는 이러한 2종류를 규정해 만들고 있습니다. 로커 스위치나 토글 스위치는 대부분 논쇼팅 타입입니다.

특히 대전압·대전류 회로에서는 쇼트시키면 위험하기 때문인데, 신호 회로에서는 찌릿찌릿 노이즈가 나올 수 있기 때문에 쇼팅 타입을 사용할 수도 있습니다.

본기기와 같은 진공관 회로에서는 망가지는 일은 없기 때문에 어느 쪽이라도 상관 없습니다.

⬆ AC 코드

PC용의 일반적인 용품입니다.

AC 인렛 ⬆

LINKMAN의 IEC 규격의 것을 사용했습니다. AC코드 직접 붙이는 것보다 분리할 수 있는 것이 여러모로 편리합니다.

⬆ RCA 핀잭

입력 2계통이므로 적색과 흑색 2개씩 준비합니다. 다점 접지 않도록 절연 타입을 선택합니다.

⬆ 스피커 터미널과 압착 단자

Keystone의 7016(적색)과 7017(흑색)을 사용했습니다. 회전 방지 장치가 달려 있어 굵은 스피커 케이블이 더해져 바나나 플러그도 대응해 저렴한 것은 적지만, 본 제품은 모두를 충족하고 있습니다.

직접 납땜해도 되지만 유지 보수에서 뭔가 분리되는 것이 편리하기 때문에 본기기에서는 압착 단자를 따로 준비해 케이블을 나사 고정하도록 했습니다.

퓨즈 ➡

본기의 소비 전류는 0.7A 정도이므로 1A의 퓨즈로도 괜찮습니다만, 전원 ON시의 러쉬커런트로, 머지않아 끊어질 가능성이 있으므로, 2A의 것이 좋습니다. 트랜스 메이커가 외장 퓨즈의 용량을 지정하고 있는 경우가 있습니다만, 이 경우는 지정대로 하겠습니다.

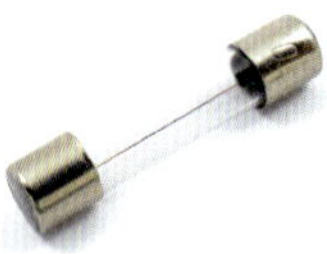

⬅ 퓨즈 홀더

사토 부품 L30mm 퓨즈용을 사용했습니다.

Beam Single
2A3 Single
Headphone
Paint
Chassis Processing
Other Work
Industrial Tool
Shop List

섀시 내부 부품

나사류

본기기에서 사용한 나사류 목록은 우측에 기술한 바와 같습니다만, 작고 없어지기 쉬우므로 예비도 포함하여 조금 넉넉하게 구입해 주십시오.

사용 나사류 목록

품명	개수	사용장소
M3-L8 결합나사 ③	×12	
M3-L8 십자나사 ②	×4	MT7P용
M3-L8 십자나사	×2	US8P용
M3-L8 십자나사 흑색 ①	×2	AC입력 용
M3-L15 결합나사	×4	바이어스 기판용
M3 너트 ⑦	×24	
ϕ3 스프링 와셔 ⑤	×24	
M4-L8 결합나사 ④	×4	FC-12S의 외측
M4-L15 결합나사	×6	FC-12S의 서브섀시측과 초크
M4 너트 ⑧	×2	초크 용
ϕ4 스프링 와셔 ⑥	×12	
ϕ3-L5 육각 메탈 스페이서 암-수 ⑨	×2	메인과 서브 섀시 고정
ϕ3-L5 ABS 스페이서 암나사 ⑩	×2	바이어스 기판용
ϕ4-L4.7 폴리아세틸 속이빈 스페이서	×4	출력 트랜스의 서브 섀시 측
ϕ4-L5 메탈 속이비어있는 스페이서 ⑫	×2	전원 트랜스와 초크
ϕ6.5 와셔 ⑬	×3	토글 스위치 높이 조절용
국화 와셔 7mm용 ⑭	×1	토글 스위치 용

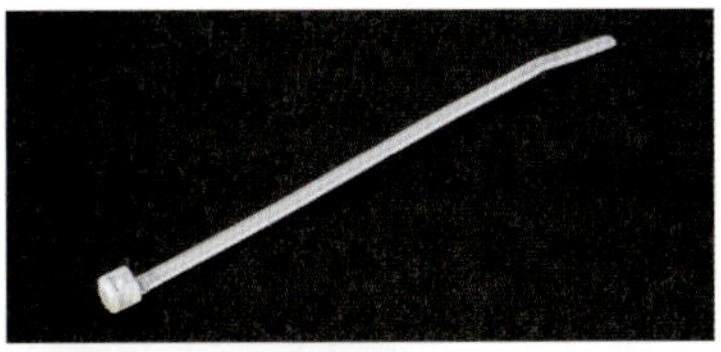

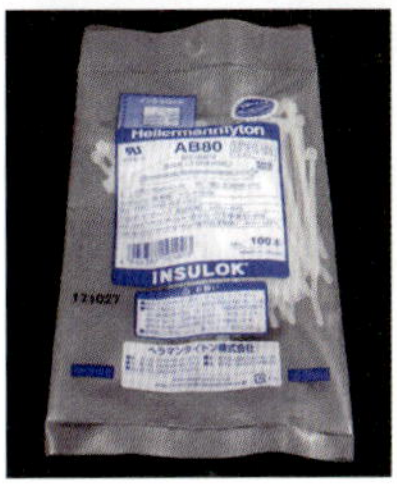

⬆ 결속 밴드

제일 작은 걸로 괜찮습니다. 약 30개 사용하기 때문에 인슐록 AB80·100개들이를 사용했습니다.

배선재 ➡

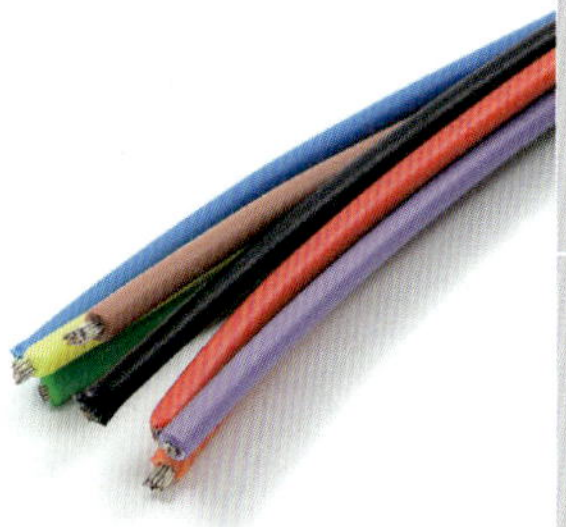

대부분은 후루카와 전공 BX-S/0.5sq (AWG20)를 사용했습니다. 내열성이 우수하여 납땜은 용이하나 폴리에틸렌 피복으로 벗겨지기 어렵고 와이어 스트리퍼가 필수적인 전선입니다.
만약 니퍼 등으로 피복을 벗길 때는 일반 비닐선이 더 좋을 것입니다. 또, 일부 트랜스의 리드선을 자른 나머지를 사용하고 있습니다.

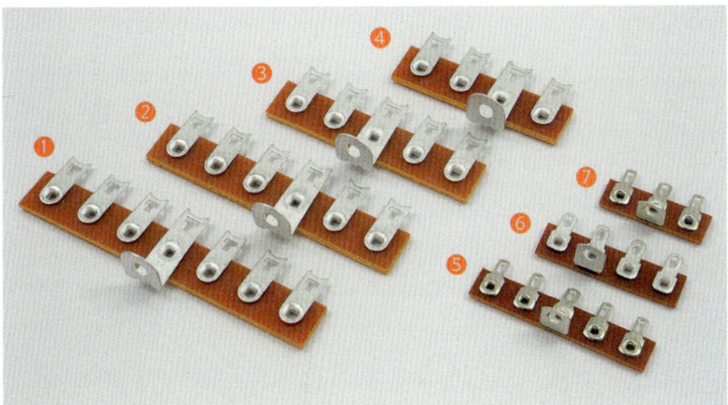

⬆ 러그판

①대1L-6P ×5
②대1L-5P ×2
③대1L-4P ×2
④대1L-3P ×1
⑤소1L-4P ×4
⑥소1L-3P ×1
⑦소1L-2P ×1

1장만 반대 방향의 소의1L-3P를 사고 싶습니다만, 팔지 않기 때문에 나중에 소1L-4P를 1장, 펜치로 잘라서 사용합니다.

실드선 ➡

CANARE의 OFC 실드선 1505 /GS-4(ϕ4)를 사용했습니다.
굵기 때문에 다루기가 어렵지만, 이중 실드로 성능적으로는 비용 퍼포먼스가 좋은 선재입니다.

열수축 튜브 ➡

제조사에 따라 스미튜브나 히시튜브 등의 상품명으로 판매하고 있습니다. 본기에서는 ϕ4의 실드선에 씌우기 때문에 내경4.5(외경5.0)와 내경2.0(외경2.4)의 것을 사용했습니다.

⬆ 고무 부쉬

내경 ϕ4/홀직경 ϕ8/판두께 t1.5용. t2mm 두께의 알루미늄판에 사용하지만, 판두께 t2용은 팔지 않기 때문에 약간 무리해서 끼웁니다. 내경 ϕ4로 팔고있지만 실측은 내경 ϕ5였습니다. 초크 코일용.

소모품

⬅ 도료

아사히 펜의 크리에이티브 칼라 스프레이를 2색을 사용했습니다. 섀시와 트랜스는 그린 계열로, 서브 섀시와 보닛 장착 앵글은 앰버 계열로 구분하고 있습니다.

32 미스티그린300ml

19 라이트 앰버 300ml

⬅ 도료 제거액

트랜스 도료를 벗길 때 사용합니다. 샌드 페이퍼로 깎아내는 것은 꽤 힘이 들기 때문에 도료 제거액을 사용하는 것이 좋습니다.

사진은 홀츠 제품이지만 여러 제조사에서 나오고 있습니다. 스프레이 타입이 바르는 것은 빠르지만, 마스킹이 필요한 것과 작업할 수 있는 장소가 한정되기 때문에, 솔질 바르는 타입을 붓으로 바르는 것이 간편합니다.

수성 제품은 약하기 때문에 강력한 유성인 것이 좋습니다.또한 칠한막이 수십 년이 지났거나 해서 오래되면 좀처럼 벗겨지지 않을 수도 있습니다.

⬅ 미처크론 멀티와 빨리 건조되는 녹 방지(서페이서)

도장 전에 밑바탕으로 미처크론 멀티 또는 서페이서(녹 방지) 중 하나를 바릅니다. 한쪽만 해도 됩니다.

섀시는 대체로 알루미늄제를 사용하지만, 그대로는 도료의 밀착도가 나쁘기 때문에 밑바탕 처리로 바릅니다.

덧붙여 알루미늄의 바탕에 서페이서도 밀착성이 좋고 표면을 매끈하게 하기 때문에, 저는 알루미늄 섀시에도 서페이서를 사용하고 있습니다. 트랜스는 녹방지제를 하여 오래 갑니다.

⬅ 스프레이 풀

섀시에 구멍을 내기 위한 시트를 붙일 때 용지 전면에 풀칠해야 하므로 스프레이 풀을 사용합니다.

가장 약한 강도의 것이 좋습니다. 3M제품의 경우 55 → 77 → 99 로 강해져 갑니다.

너무 강하면 구멍 뚫기가 끝나고 시트를 떼어낼 때 힘들지만 강한 스프레이 풀을 사용하는 경우는 얇게 뿌리는 것처럼 하면 사용할 수 없는 일은 없습니다.

섀시는 구멍 뚫린 시트를 떼어낸 후 스프레이 풀로 끈적거리기 때문에 스프레이 풀 클리너는 있는 것이 편리하지만, 도장하는 경우는 어차피 물을 뿌리면서 내수 페이퍼로 물을 갈기 때문에 없어도 괜찮습니다.

커팅시트 ⬆

전원 트랜스의 코어 부분만을 위해 페인트를 구입하는 것도 낭비가 됨으로 간편하게 착색할 수 있는 골드 커팅 시트를 붙였습니다. 매장에 따라 10cm단위, 50cm단위, 1m단위로 잘라서 판매해 줍니다.

샌드페이퍼(내수 페이퍼) ⬆

도장할 경우는 초벌 처리에 반드시 세밀한 사포질이 필요합니다. 눈이 가는 샌드페이프의 경우 바로 막히기 때문에 물 연마가 필수이기 때문에 필연적으로 내수용 페이퍼로 하는 것입니다.

필요한 번수는 무광 도장의 경우 320번~800번 정도이며, 무광 도장 마감의 경우 1200번 정도까지도 사용합니다.

비싼 것도 아니기 때문에 여러 크기의 것을 모두 구입해 주십시오.

사진 오른쪽과 같이 그물 타입의 것도 있어, 막힘이 잘 생기지 않아 사용하기 편리합니다.

부품리스트

품명	품번 · 규격	메이커 · 규격	단가(세금포함)	개수	구입처
진공관	2A3	Marconi	¥2,000~¥50,000	2	소유품
	5687WB	GE	¥500~¥5,000	2	소유품
	6C4	Raytheon	¥500~¥2,000	2	소유품
	5U4G	RCA	¥1,000~¥20,000	1	소유품
출력트랜스	FC-12S	ISO	¥17,640	2	엔틱스오디오 (주)
전원트랜스	PMC-170M*1	제너럴트랜스(노구치)	¥11,920	1	제너럴트랜스 판매 (주)
초크 코일	PMC-1018H	제너럴트랜스(노구치)	¥6,520	1	제너럴트랜스 판매 (주)
섀시	BS-350	오쿠자와 오리지널	¥11,000	1	(주) 오쿠자와
알루미늄판	t2mm두께	400×150mm A415-2	¥650	1	(주) 오쿠자와
	t1mm두께	200×100mm A21-1	¥115	1	(주) 오쿠자와
진공관소켓	UX4P 아래 부착용	고린 무역	¥525	2	몬다 무선 전기 (주)
	US8P 아래 부착용	고린 무역	¥450	1	몬다 무선 전기 (주)
	MT9P 위 부착용	고린 무역	¥340	2	몬다 무선 전기 (주)
	MT7P 위 부착용	고린 무역	¥240	2	몬다 무선 전기 (주)
산화금속피막저항	56kΩ 1W	타크만전자	¥10	1	(주) 센고쿠 덴쇼
	750Ω 2W	타크만전자	¥20	2	(주) 센고쿠 덴쇼
	12kΩ 2W	타크만전자	¥20	4	(주) 센고쿠 덴쇼
	220kΩ 3W	타크만전자	¥30	1	(주) 센고쿠 덴쇼
	5.1kΩ 5W	타크만전자	¥80	2	(주) 센고쿠 덴쇼
	6.8kΩ 5W	타크만전자	¥80	2	(주) 센고쿠 덴쇼
	10kΩ 5W	타크만전자	¥80	2	(주) 센고쿠 덴쇼
	12kΩ 5W	타크만전자	¥80	2	(주) 센고쿠 덴쇼
	15kΩ 5W	타크만전자	¥80	2	(주) 센고쿠 덴쇼
금속피막저항	470Ω 1W (오디오용)		¥60	2	몬다 무선 (주)
	1kΩ 1W (오디오용)		¥60	2	몬다 무선 (주)
	47kΩ 1W (오디오용)		¥60	2	몬다 무선 (주)
	51kΩ 1W (오디오용)		¥60	2	몬다 무선 (주)
	470kΩ 1W (오디오용)		¥60	2	몬다 무선 (주)
	20Ω 2W*2	KOA	¥31	4	마르츠 아키하바라 본점
시멘트저항	820Ω 20W	타크만전자	¥90	2	(주) 센고쿠 덴쇼
필름 콘덴서	4.7μF/DC630V	AUDYN-CAP MKP-QS	¥892	2	(주) 와카마츠 도리쇼
	2.2μF/DC250V	유비쯔키 전기제작소 TME	¥250	2	(주) 센고쿠 덴쇼
전해 콘덴서	1000μF 16V	니치콘 FineGold	¥50	2	(주) 아키즈키 전자통상
	100μF 160V	Rubycon*3	¥150	5	(주) 센고쿠 덴쇼
	47μF 250V	KMG (니혼케미콘)	¥130	2	(주) 센고쿠 덴쇼
	100μF 400V	KMG (니혼케미콘)	¥250	4	(주) 센고쿠 덴쇼
	390μF 450V	니치콘 LGU	¥210	1	(주) 와카마츠 도리쇼
	22μF 500V	unicon	¥346	1	(주) 와카마츠 도리쇼
SP터미널	적	JL-0257-R	¥169	2	마르츠 아키하바라 본점
	흑	JL-0257-B	¥150	2	마르츠 아키하바라 본점
RCA핀잭	절연타입(적흑 페어)	토모카덴키 C-60	¥210	2	몬다 무선 전기 (주)
레버 스위치	1회로2P S-1B	NKK (일본 개폐기)	¥240	1	몬다 무선 전기 (주)
로터리 스위치	1단4회로3접점	알프스덴키 SRRM 227c	¥230	1	몬다 무선 전기 (주)
토글 스위치	2회로ON-ON 8C2011	코팔전자(구 후지석)	¥432	1	몬다 무선 전기 (주)

부품리스트

품명	품번 · 규격	메이커 · 규격	단가(세금포함)	개수	구입처
볼륨	100kΩA커브2연	Linkman 610G-QB1	¥144	1	마루쯔아끼하바라본점
전압계	10Ω 20회전 서멧 트리머	TOCOS J9W 0.5W	¥229	2	마루쯔아끼하바라본점
메탈 손잡이	φ30mmL15mm골드	Linkman 30X15JXS-7	¥580	1	마루쯔아끼하바라본점
수지 손잡이	φ20mmL16mm녹		¥150	1	(유) 아보전기
스파크킬러	0.1μF+120Ω	유비즈키전기제작소	¥150	1	세타무선 (주)
네온 브래킷	주황색 장착 구멍 φ7mm	세데코 BN-0752	¥220	1	몬타무센턴키 (주)
AC 인렛	WTN02F1171	Linkman	¥90	1	마루쯔아키하바라본점
AC 코드	3P플러그부착	PC용	¥100	1	
퓨즈 홀더	F-4000A	사토부품	¥200	1	몬타무센턴키 (주)
퓨즈	AC125V-2A 표준 사이즈	사토부품 FG-30	¥100	1	몬타무센턴키 (주)
배선재[*4]	0.3sq갈 1m	후루카와 전공 BX-S	¥66/m	1m	(주) 고야나기이데전기상회
	0.5sq청자황녹회 각1m	후루카와 전공 BX-S	¥88/m	5m	(주) 고야나기이데전기상회
	0.5sq적 2m	후루카와 전공 BX-S	¥88/m	2m	(주) 고야나기이데전기상회
	0.5sq흑 3m	후루카와 전공 BX-S	¥88/m	3m	(주) 고야나기이데전기상회
	0.75sq백 1m	후루카와 전공 BX-S	¥110/m	1m	(주) 고야나기이데전기상회
	실드선 φ4 OFC	GS-4 CANARE 1505	¥122/m	2m	마루쯔아끼하바라본점
롤렛 너트	φ12용	일본 개페기	¥50	1	몬타무센턴키 (주)
나사	M3-L8냄비나사		↓	×4	니시카와전자부품 (주)
	M3-L8십자볼트		↓	×2	니시카와전자부품 (주)
	M3-L8십자볼트 흑		↓	×2	니시카와전자부품 (주)
	M3-L8결합나사		↓	×12	니시카와전자부품 (주)
	M3-L15결합나사		↓	×4	니시카와전자부품 (주)
	M4-L8결합나사		↓	×4	니시카와전자부품 (주)
	M4-L15결합나사		↓	×6	니시카와전자부품 (주)
스페이서	φ3-L5육각 메탈	암-수	↓	×2	니시카와전자부품 (주)
	φ3-L5ABS	암-수	↓	×2	니시카와전자부품 (주)
	φ4-L5쥬라콘[*5]	속이비어있는 (나사가 잘리지 않음)	↓	×4	니시카와전자부품 (주)
	φ4-L5메탈[*5]	속이비어있는 (나사가 잘리지 않음)	↓	×2	니시카와전자부품 (주)
너트	M3너트		↓	×24	니시카와전자부품 (주)
	M4너트		↓	×2	니시카와전자부품 (주)
스프링 와셔	M3용		↓	×24	니시카와전자부품 (주)
	M4용		↓	×12	니시카와전자부품 (주)
국화 와셔	7mm용		↓	×1	니시카와전자부품 (주)
평와셔	φ6.5용-t0.5		↓	×3	니시카와전자부품 (주)
압착 단자	동선용피복없는M5용	나사 · 너트 · 와셔류	전부 약 ¥2,000	4	니시카와전자부품 (주)
고무부시	외경11-구멍지름8-내경5mm	판두께 t1.5mm용	¥11	2	니시카와전자부품 (주)
유니버셜 기판	72X47mm t1.5mm	유리에폭시제 중국제	¥110	1	(주) 센고쿠 덴쇼
러그판	대1L-6P	사토 부품	¥80	5	몬타무센턴키 (주)
	대1L-5P	사토 부품	¥80	2	몬타무센턴키 (주)
	대1L-4P	사토 부품	¥70	2	몬타무센턴키 (주)
	대1L-3P	사토 부품	¥60	1	몬타무센턴키 (주)
	소1L-4P[*6]	사토 부품	¥60	4	몬타무센턴키 (주)
	소1L-3P	사토 부품	¥50	1	몬타무센턴키 (주)
	소1L-2P	사토 부품	¥40	1	몬타무센턴키 (주)

품명	품번 · 규격	메이커 · 규격	단가(세금포함)	개수	구입처
열수축 튜브	φ2.5mm×1m	미쯔비시케미칼	¥120	1	(유) 타이가 1 무선
	φ4.5mm×1m	미쯔비시케미칼	¥120	1	(유) 타이가 1 무선
결속밴드	AB80×100개입	인슐록	¥130	1봉	(주) 센고쿠 덴쇼
스프레이도료	19라이트 앰버300ml	아사히펜(크리에이티브 칼라)	¥596	1	DIY-tool 도트콤
스프레이도료	32미스티 그린300ml	아사히펜(크리에이티브 칼라)	¥596	1	DIY-tool 도트콤
서페이서	속건녹방지 스프레이420ml	캄페하피오	¥880	1	시마 타다 홈 센터
커팅 시트	골드45W×20cm	나카가와 케미컬	¥200	1	도큐 핸즈 시부야점
진공관을 제외한 합계			¥86,325		

본기기는 2018년에 제작하였으나, 그 때보다 크게 가격이 개정되어 있거나 판매중지(대체품으로 표시하고 있습니다)된 것도 있으므로 가격은 2020년 8월 현재 조사가격을 표시하였습니다.

판매 중지나 가격 개정 등은 자주 있으므로 리스트는 참고 가격으로 하고 실제로는 각 점포에 문의해 주십시오.

진공관은 입수 가능 여부와 시기에 따라서도 상당한 금액의 차이가 발생하므로 합계 금액에는 포함하지 않는 목록으로 하고 있습니다. 표시하고 있는 진공관의 단가는 구할 수 있다면 아마 이 정도 가격일 것이라는 예상에 근거하고 있습니다.

이하 부품에 대한 보충입니다.

※1 : 300B로 개조할 예정인 경우 PMC-170M에서는 B전류가 여유가 없으므로 가격이 올라가지만 PMC-3520HG로 변경해주시기 바랍니다.

※2 : 당시 입수 상황에서 20Ω의 저항만 다른 종류·제조사의 것을 사용하고 있습니다만, 다른 저항과 같은 거라도 상관없습니다.

※3 : 본서에서 게재하고 있는 사진에서는 입수 상황에 따라 Rubycon 3개(검은 타입)와 KMG(일본 케미콘·갈색 타입) 2개를 사용하고 있습니다만, 나눌 이유는 없으므로, 같은 메이커의 것을 5개 사용해 주십시오. 사이즈 및 가격과도 약간 다르지만 동급 제품입니다.

※4 : 배선재는 0.5sq(AWG환산으로 #20)를 메인으로 사용하고 있습니다만, 배선하기 어렵다고 느껴지면, 0.3sq(AWG 환산으로 #22) 이상이면 문제없습니다.

※5 : 스페이서는 L5mm의 것을 쇠줄로 0.3mm 깎아서 4.7mm로 하기 때문에 깎기 쉬운 쥬라콘(폴리아세탈) 타입과 그대로 사용하는 메탈 타입으로 나누고 있습니다만, 입수할 수 없는 경우는 같은 종류라도 상관없습니다.

※6 : 판매하고 있는 1L3P와 반대 방향의 1L3P를 원하기 때문에, 1개만 1L4P를 펜치나 니퍼 등으로 잘라 사용합니다.

제작편
섀시 가공

본기의 색 교체는 전원 트랜스뿐입니다만, 2 A3가 보닛에 머리를 부딪치는 문제 해결과 외형의 아름다움을 추구하기 위해 서브섀시를 채용하고 있습니다.

따라서 섀시 가공은 정밀도를 요구하고 시간도 걸리기 때문에 3기종 중에서는 가공 난이도가 가장 높습니다.

또한, **도장**과 **섀시 가공**은 3기종 공통으로 해설하고 있는 페이지를 참조하기 때문에, 제대로 본기기만의 가공 절차가 되어 있지 않습니다.

참조 페이지가 전후합니다만 응용력을 몸에 익히기 위해서라고 생각하고 서두르지 말고 차분히 임해 주세요.

페이지가 차이나는 경우는 해당 페이지 가장 아래와 같이 가이드를 표시하고 있습니다.

제가 앰프 제작을 배운 쇼와시대의 잡지는 그림이나 사진이 적고, 있는 것도 거친 등 인쇄 기술로 지금보다 낮아 이해하기 어려웠던 것으로 기억하고 있습니다.

설명도 간소했기 때문에 습득에 시간이 많이 걸렸지만 응용력은 붙었기 때문에 없는 것 보다는 좋다고 느끼고 있습니다.

작업 절차는 도장이 있기 때문에 날씨와 습도에 따라 앞뒤가 바뀌는 경우도 있습니다.

우선은 **전원 트랜스의 색 바꾸기**부터 시작합니다. 154페이지에서 봐주세요.

다음 작업은 「트랜스의 컬러링」 P154~P160을 봐 주세요

「트랜스의 칠하기」 끝났다면 이 페이지로 돌아와 주세요

자, 여기부터는 도면을 그려 실제로 섀시를 가공해 나가겠습니다. 본기는 오쿠자와의 보닛이 있는 오리지널 섀시를 이용해, 내부에 알루미늄판을 사용한 서브 섀시를 자체 제작해 넣었습니다.

주의점으로는 보닛을 씌웠을 때 트랜스류가 닿지 않아 여유를 가지고 보닛을 분리할 수 있도록 할 필요가 있습니다.

또, 내부에서 부품끼리 부딪치지 않도록 주의를 기울여 주세요.

특히 전원 트랜스와 퓨즈 홀더와 AC 입력, 초단관과 볼륨 및 스위치류는 주의해야 합니다.

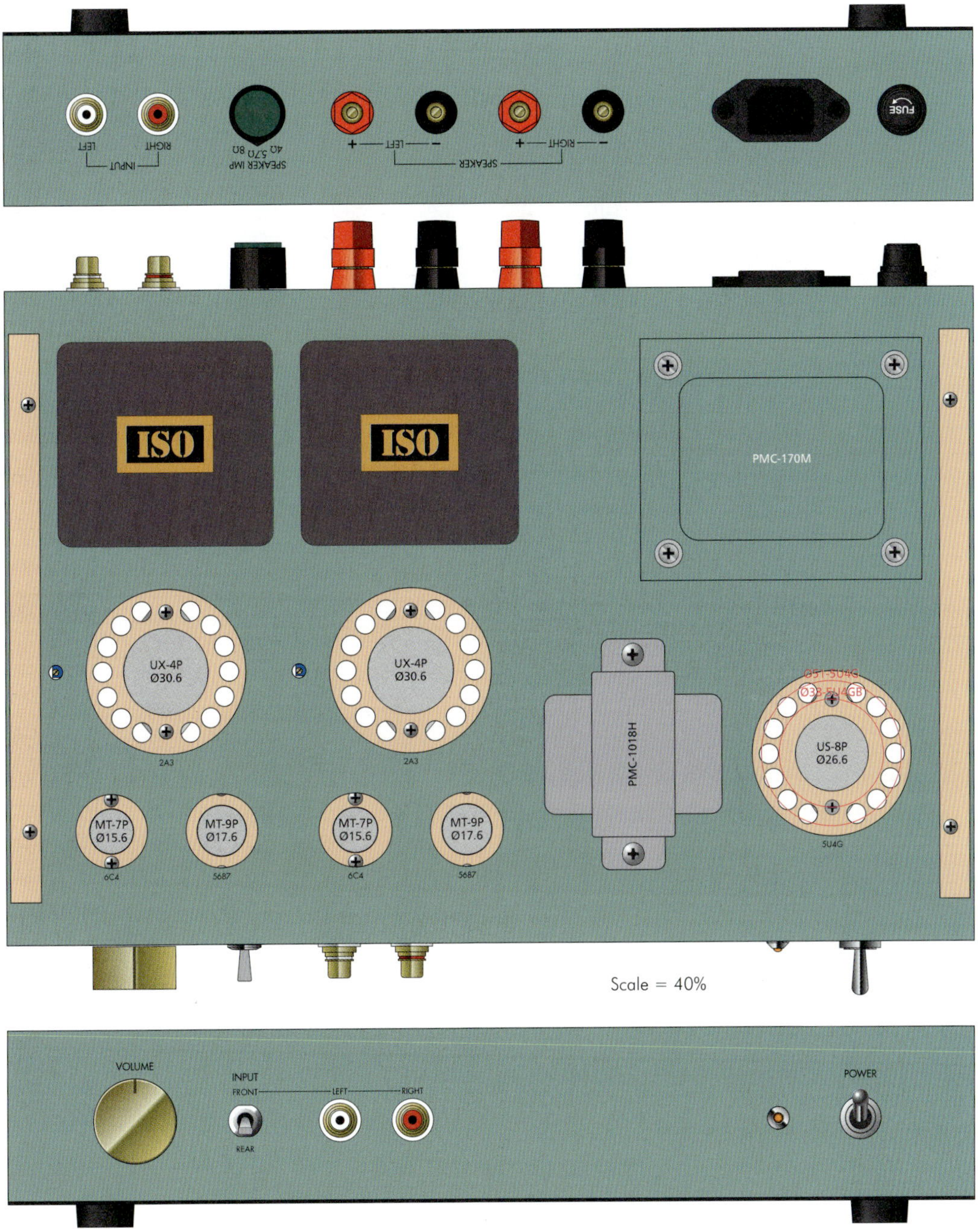

부품 실장시의 완성 예상도

부품실측·도면 작성

같은 부품을 사용했을 경우의 구멍 뚫림 치수도는 아래와 같습니다.

직접 도면(구멍 뚫림 치수도)를 섀시에 붙여 구멍을 내기 때문에 PC상에서 부품의 위치관계가 확인되면 치수선은 들어가지 않습니다. (CAD의 경우 자동으로 들어가지만)

단 드릴날을 선택하기 쉽도록 구멍 사이즈만큼은 적어 둡니다.

• • •

※주의 : 「부품은 실측이 기본」입니다. 2~3개월이 지나면 같은 부품을 구할 수 없거나, 제조사 발표의 도면을 신용했더니 마이너 체인지 해서 달랐다, 라고 말하는 경우가 자주 있습니다. 부품을 구입하시면 반드시 실측하여 도면을 작성하시거나 변경하시기 바랍니다.

메인 섀시/오쿠자와BS-350

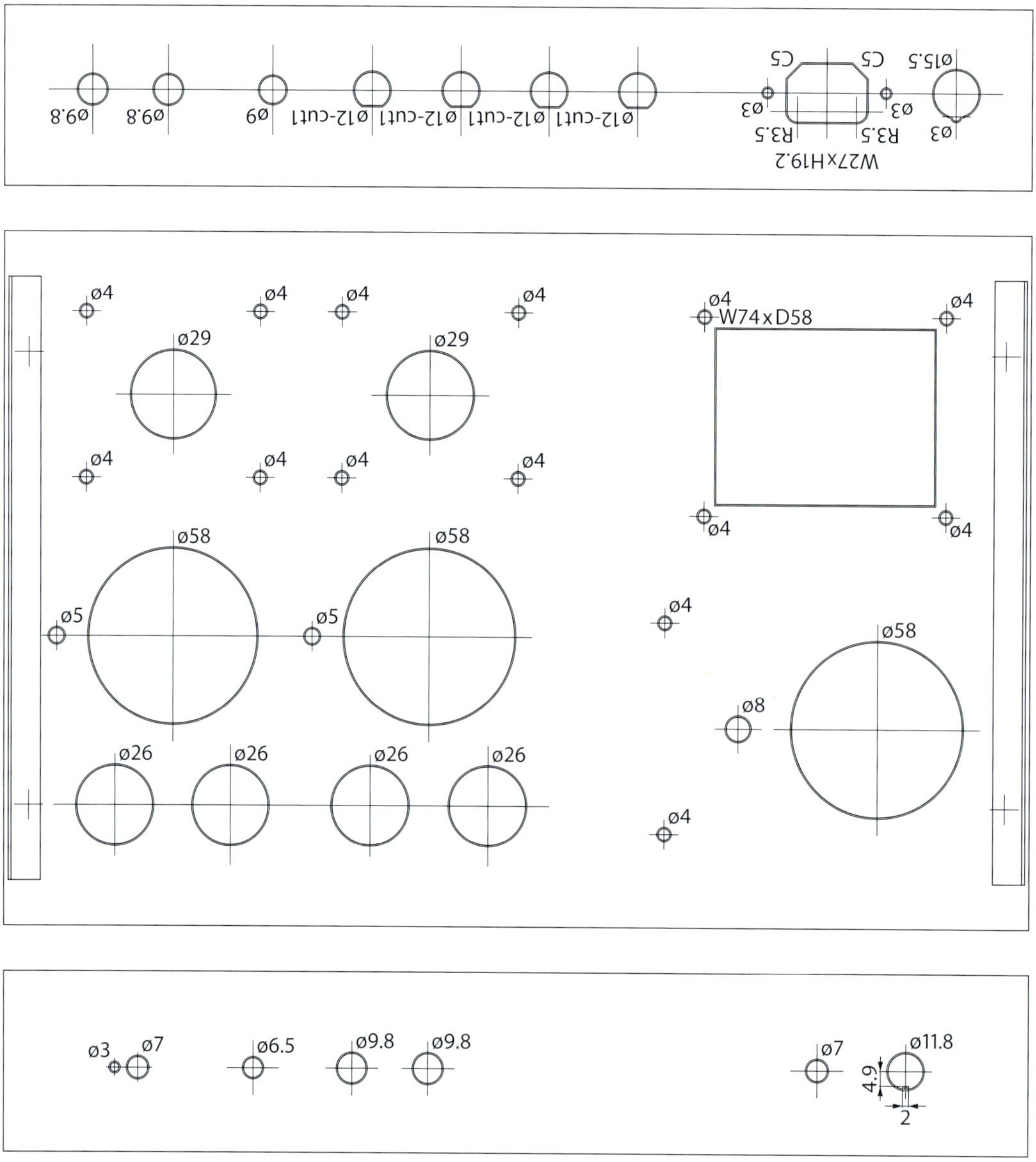

Scale = 40%

본기의 도면데이터는 다운로드할 수 있습니다. https://honmatsu-amp.net/irodori/2a3.html

서브 섀시를 자작한 이유는 두 가지가 있습니다. 하나는 보닛을 씌웠을 때 2A3나 5U4G 등 ST관의 머리가 부딪히기 때문에 단을 내려야 할 필요가 있기 때문입니다.

다른 하나는 겉모습에 신경 쓰지 않고 내부에서 자유롭게 구멍을 뚫을 수 있는 장점이 있기 때문입니다.

만드는데 걸리는 시간이나 난이도는 올라가지만 아름다운 앰프를 만들 수 있으니 꼭 도전해 주세요.

ST관을 빼고 꽂을 때, 가능하다면 베이스를 잡고 싶으므로 떨어뜨림은 5mm가 최소한입니다만, 만약 키가 큰 300B로 개조할 생각이라면 보닛을 씌웠을 때 머리를 부딪치기 때문에 15mm로 떨어뜨려야 합니다.

서브섀시/알루미늄판에서 잘라내기

●는 방열용 구멍. 나중에 핀셋을 사용해 스페이서를 넣기 때문에 생략하면 안됩니다.

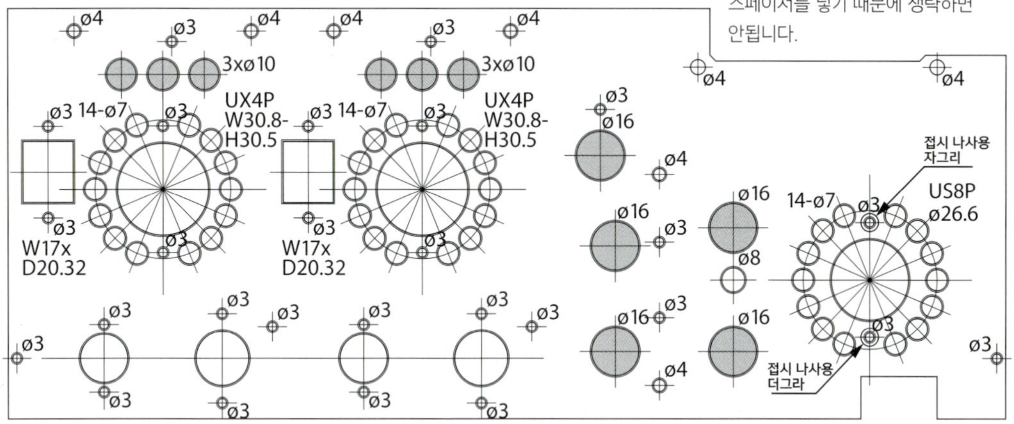

Scale = 40%

※서브 섀시에 대해서 :

강도 향상을 위해 본기기에서는 1.5mm 두께의 알루미늄판의 엣지를 절곡하여 제작하였으나 절곡작업이 힘들기 때문에 2mm 두께의 알루미늄판을 사용하여 절곡없이 제작하는 것을 권장합니다. (이후 페이지의 사진은 모두 1.5mm의 절곡 서브섀시를 사용하고 있습니다.)
또한 300B로 개조시 전원트랜스의 단자가 접촉할 가능성이 있어 도면을 일부 수정하여 게재하였습니다. (사진에서는 수정전이므로 전원트랜스 부분의 오목함이 없습니다.)

※주의 : 서브 섀시의 가로 폭은 더 이상 길어지면 메인 섀시 안에 넣을 수 없게 되므로 주의해 주십시오.

서브패널(내부 설치)

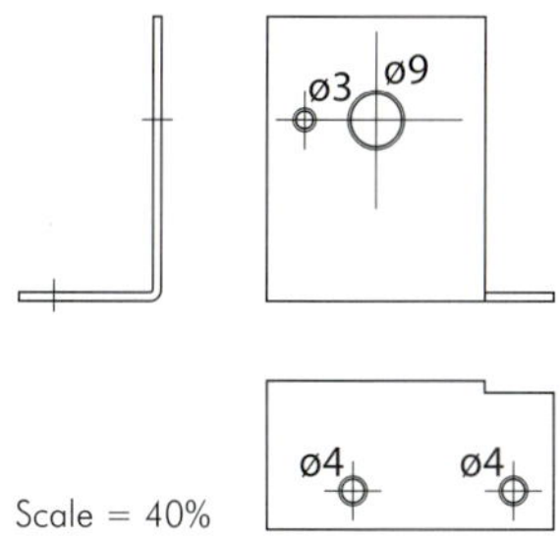

Scale = 40%

서브 섀시의 포인트

본기에서는 가급적 나사류가 보이지 않도록, 보닛용의 L형 앵글이나 트랜스류의 부품을 이용해 메인 섀시와 고정하고 있습니다.

또한 완성 후에는 보이지 않지만 방열을 고려하여 열을 내는 저항 위쪽에 구멍을 많이 뚫었습니다.

전원 스위치 부분은 그대로는 닿기 때문에 절결(노치)을 넣었습니다.

300B로 개조할 때를 고려하여 파워관 안쪽에는 브리지 다이오드 장착용 나사 구멍도 먼저 뚫어 놓았습니다.

「타공 시트의 작성 · 부착」은 P163도 봐주세요

먼저 기판의 작성

섀시 홀의 사이즈나 위치 체크로 필요하므로 먼저 험 발란스 조정용 기판을 제작합니다.

험 발란스 조정이란 직열관의 필라멘트 중점에서 정확하게 신호를 꺼내면 노이즈(붕하는 험음)가 최소가 되기 때문에 유사 중심점 생성을 위한 조정을 말합니다.

진공관 전성시대와 달리 험 발란스용 볼륨을 입수하기 어려운 사정도 있어 직접 제작합니다.

사용하는 것은 유니버설 기판입니다.

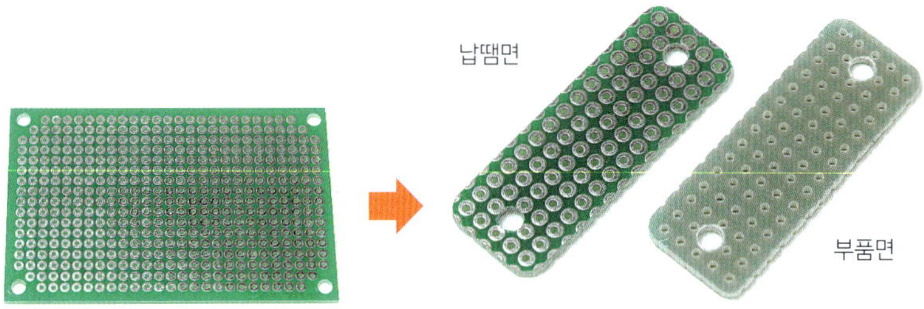

이렇게 두개를 잘라냅니다.

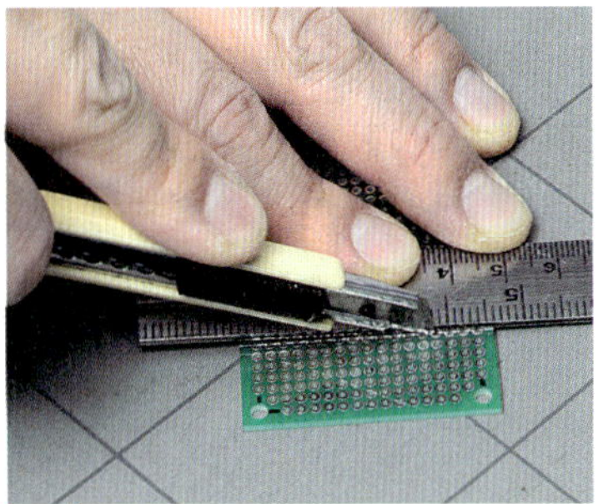
1 커터로 칼집을 넣습니다.

2 기판을 책상의 모서리나 바이스 등을 이용하여 절단 부분을 접으면 쉽게 잘립니다. 자를 대고 균등한 힘으로 누릅니다.

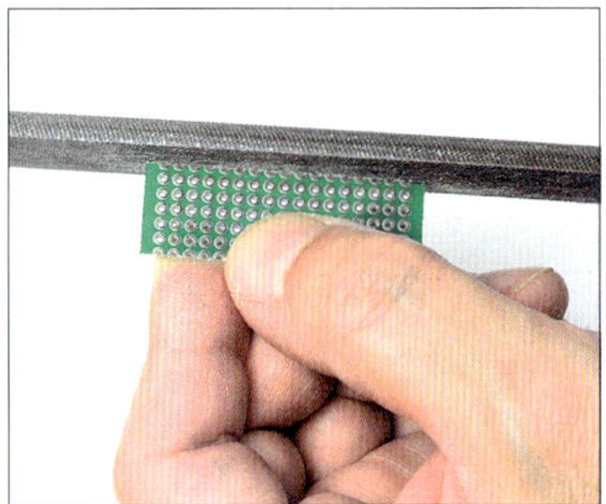
3 줄로 가장자리를 깨끗하게 깎아줍니다. 모서리를 만져도 다치지 않을 정도로 둥글게 합니다.

4 φ3mm의 나사 구멍을 핸드 드릴로 뚫습니다. 바이스가 있으면 누르는 게 편합니다

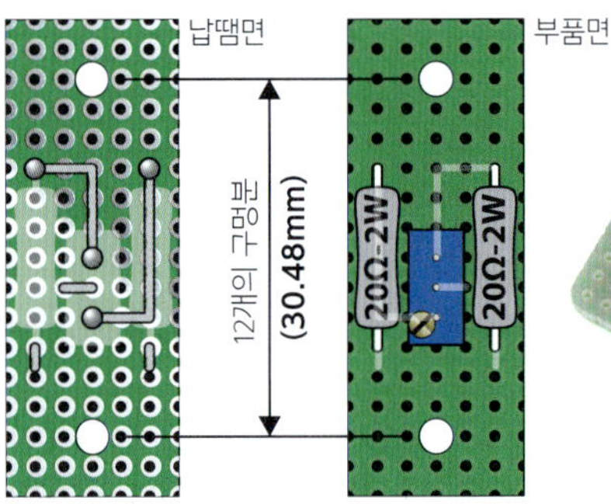

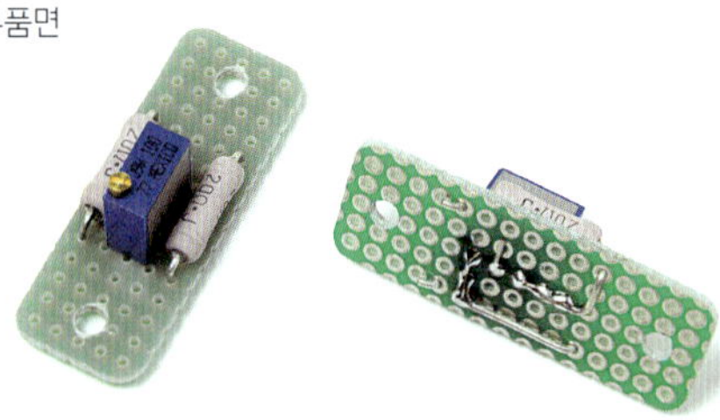
5 저항과 트리머를 삽입하고 리드선을 접어 굽힙니다. 빠지지 않도록 일부 납땜합니다.

본기기의 험 발란스 조정 회로는 20회전의 포텐셔미터를 2개의 20Ω의 저항으로 끼운다고 하는 공들인 초고분해능입니다.

이정도까지 고분해능이면 최저 레벨의 계곡을 잡기 어려울지도 모르지만, 다회전 트리머(포텐쇼미터)는 소형인데도 불구하고 와트 수가 크고 여유가 생기기 때문에 사용하고 있습니다.

만약 사용하기 어렵거나 입수하기 어려운 경우는 통상 회전 트리머를 사용해 주세요. 20Ω × 2개로 끼우고 있기 때문에 용량적으로는 괜찮습니다.

단 설치 치수만은 꼼꼼히 확인해 주십시오.

이 후의 작업은 「섀시 가공」 P164~P165를 봐 주세요

서브패널 작성

메인 섀시, 서브 섀시와 동시에 서브 패널도 제작합니다.

이때 너무 긴 로터리 스위치의 샤프트도 함께 절단해 두도록 합시다.

서브패널은 t1.5mm 알루미늄판을 잘라 접어서 만들었지만 굽힘 작업을 줄이고 싶어 사이즈적으로 대용할 수 있다면 L형 알루미늄 앵글을 사는 것이 좋습니다.

• • •

※주의 : 알루미늄판의 굽힘작업이 있는 경우, 반드시 먼저 구부린 후 타공시트를 부착하여, 타공가공을 합니다.

이는 구부리는 작업이 가장 오차가 나기 쉽기 때문입니다.

또한 접힘은 정확하게 직각이 아니면 로터리 스위치의 샤프트 튀어나오는 부분에 각도가 생기기 때문에 측정기구로 직각을 확인하면서 작업합니다.

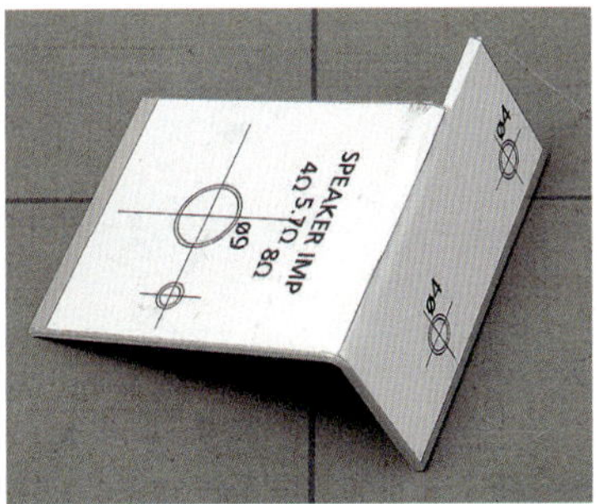

1 알루미늄판을 잘라내고 바이스 등에 고정하여 90도 절곡하여 구멍 가공 시트를 붙입니다.

2 우선 나사 구멍만 먼저 뚫어요. 센터 펀치를 한 후 2mm 드릴로 조금식 깎습니다.

3 센터 어긋남 확인 후 괜찮다면 4mm 드릴로 구멍 뚫습니다.

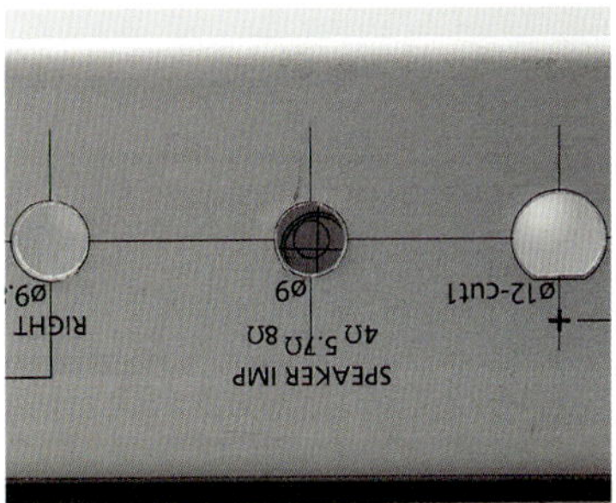

4 서브패널과 섀시를 합쳐 구멍으로 들여다보고 어긋남을 확인 수정한 후 로터리 스위치 구멍을 뚫습니다.

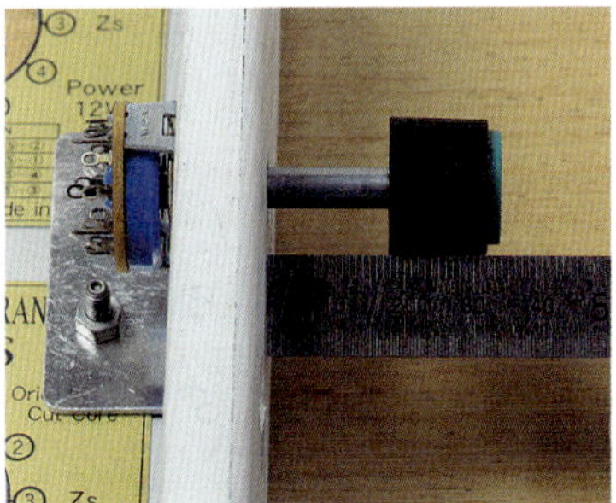

5 이번에는 스위치도 임시 장착하여 샤프트가 몇 mm 너무 긴지 확인하고 매직으로 마킹합니다.

6 덜컹거리지 않도록 샤프트측을 바이스로 고정하여 쇠톱으로 자릅니다. 스위치쪽을 고정해서는 안됩니다.

7 자른 면은 울퉁불퉁하므로 줄로 마감합니다. 이때 샤프트를 펜치나 플라이어로 잡습니다.

※주의 : 섀시 가공이 끝나면, 번거롭더라도 도장 전에 반드시 모든 부품의 조립 테스트를 해 주십시오. 대략 하루 정도 걸릴 거라고 생각하세요.

초벌칠	➔P161
▼	
메인 컬러 도장	➔P161

이 후의 작업은 「섀시 도장」 P161를 봐 주세요

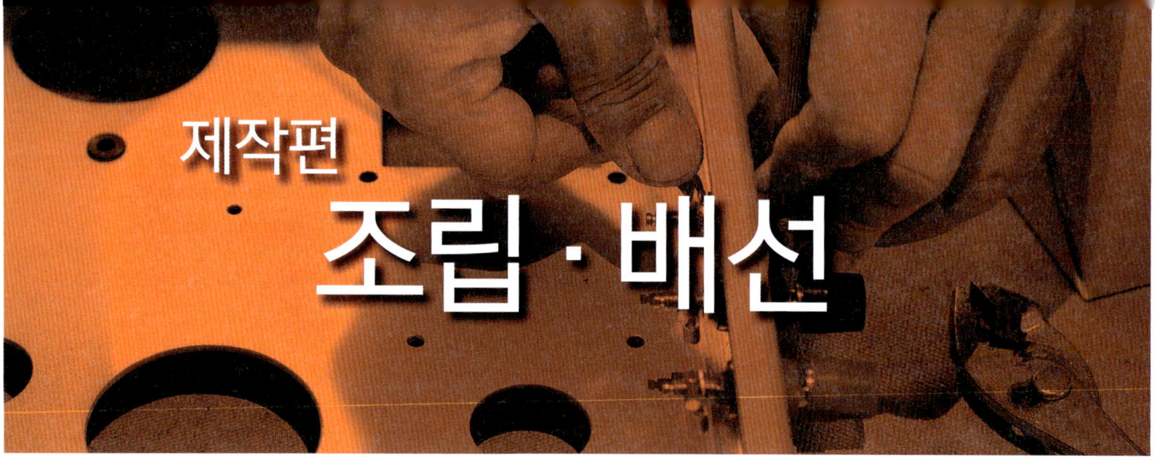

제작편
조립 · 배선

드디어 조립, 배선 작업에 들어갑니다.

먼저 서브 섀시를 조립해 나가고 나중에 메인 섀시에 넣습니다. 그림의 순서대로 조립해 나가고, 같은 번호인 곳은 어디를 먼저 해도 상관 없습니다.

나사가 느슨해지지 않도록 가능한 스프링 와셔를 넣어 주십시오.

또한 너트 회전이 있으면 가급적 너트 쪽을 돌리면 도장이 벗겨지지 않습니다.

겉쪽

안쪽

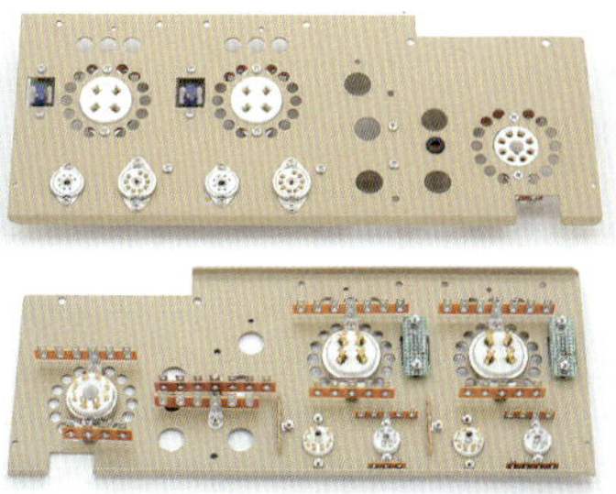

부품을 장착한 서브 섀시입니다.

주) 실험 중이기 때문에 불필요한 러그 판도 붙어 있습니다.

부품 조립

본기의 제작에서 포인트가 되는 점을 먼저 설명해 두겠습니다.

통상은 가벼운 부품으로부터 장착해 갑니다만, 본기에서는 서브 섀시를 트랜스의 나사를 통해서 공동으로 체결하기 때문에, 어느 정도의 가벼운 부품을 장착하면 모든 것을 장착하기 전에 트랜스를 장착합니다.

또 RCA 잭 등 섀시 내부에서 너트를 돌려야 하는 부품은 먼저 장착하고 볼륨이나 스위치류 등 외부에서 돌릴 수 있는 것은 나중에라도 편하게 장착할 수 있습니다.

나사는 설치 대상의 구멍이 커도 단단히 조일 수 있도록 대부분 바인드 나사를 사용하지만, 입수하기 쉬운 다른 나사도 상관 없습니다. 단 정류관의 장착부는 십자볼트, MT7P 소켓부는 냄비나사를 사용합니다. 이는 진공관을 꽂았을 때 나사못에 닿아 제대로 끼워 넣지 못하는 것을 방지하기 위해서입니다.

아래는 작업 중 포인트가 되는 부분입니다.

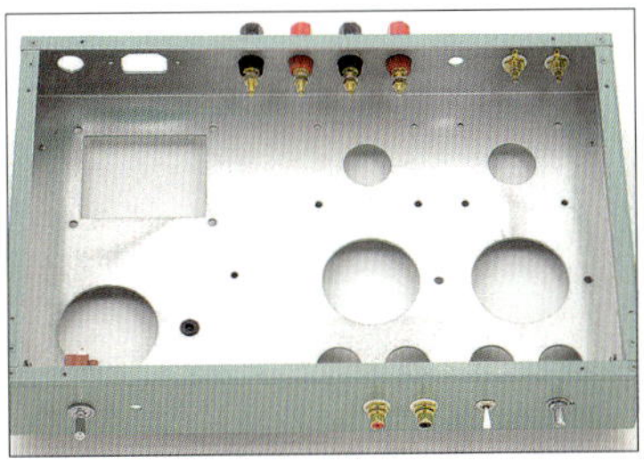

⑥~⑨ 먼저 가벼운 부품을, 중간 조임 부품은 공구가 들어가는 동안에 구석 쪽부터 장착해 갑니다.

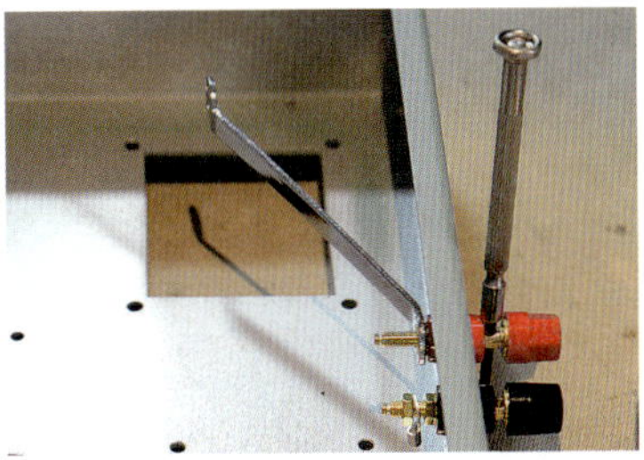

⑧ 스피커 단자는 장착하기 어려우므로 구멍 부분에 드라이버를 꽂아 누르고 안쪽 너트를 돌립니다.

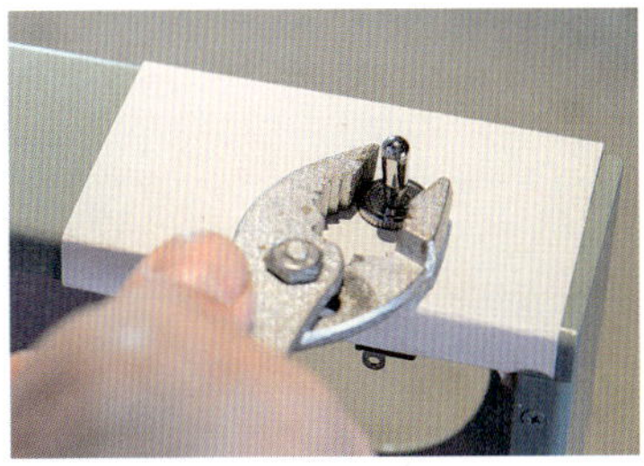

⑧ 전원 스위치의 롤렛 너트를 돌릴 때는 흠집을 내기 쉬우므로 구멍을 뚫은 형지로 보호합니다.

⑭ 출력 트랜스와 함께 조이는 쥬라콘 스페이서는 명판의 두께만큼 높아지므로 0.3mm 정도 줄로 깎습니다.

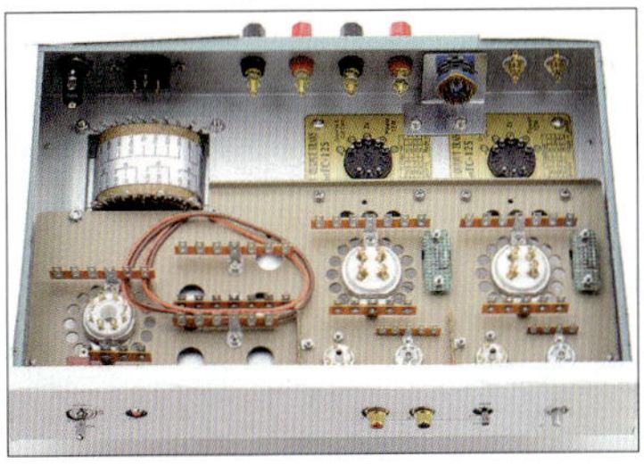

트랜스 등 중량물까지 포함해서 모두 장착한 곳입니다

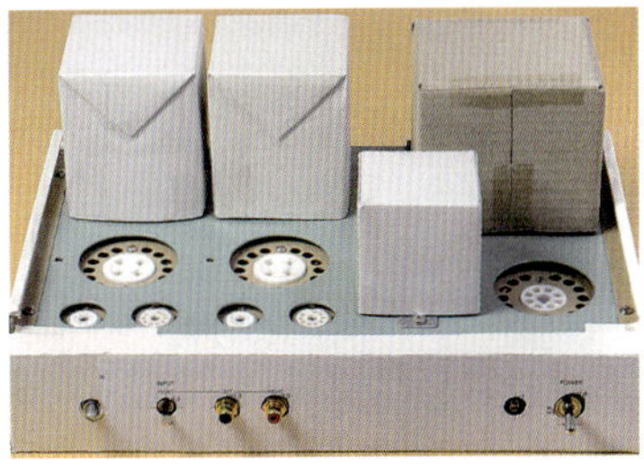

조립 후 섀시나 트랜스를 딱딱한 종이 등으로 흠집 방지 커버를 합시다.

홀수 러그판은 어느 한쪽이 길게 되어 있습니다만, 가끔 반대편이 긴 타입을 원할 때가 있습니다.

그러나 왼쪽과 오른쪽 두 종류가 있는 것은 아니고, 아니고 한쪽 밖에 없습니다.

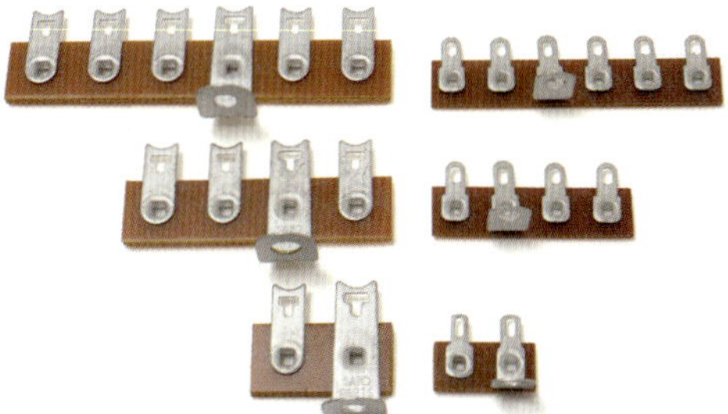

현재 판매하고 있는 큰 타입은 모두 왼쪽 러그가 하나 많아져 있지만 작은 타입은 오른쪽이 많아져서 왠지 1L1P만 반대 반대 방향입니다.

따라서 없는 방향의 것은 펜치나 니퍼 등으로 잘라서 만들도록 합니다. 자른 후에는 줄로 다듬어 만져도 다치지 않도록 어느 정도로 깎아주세요.

서브 섀시 조립

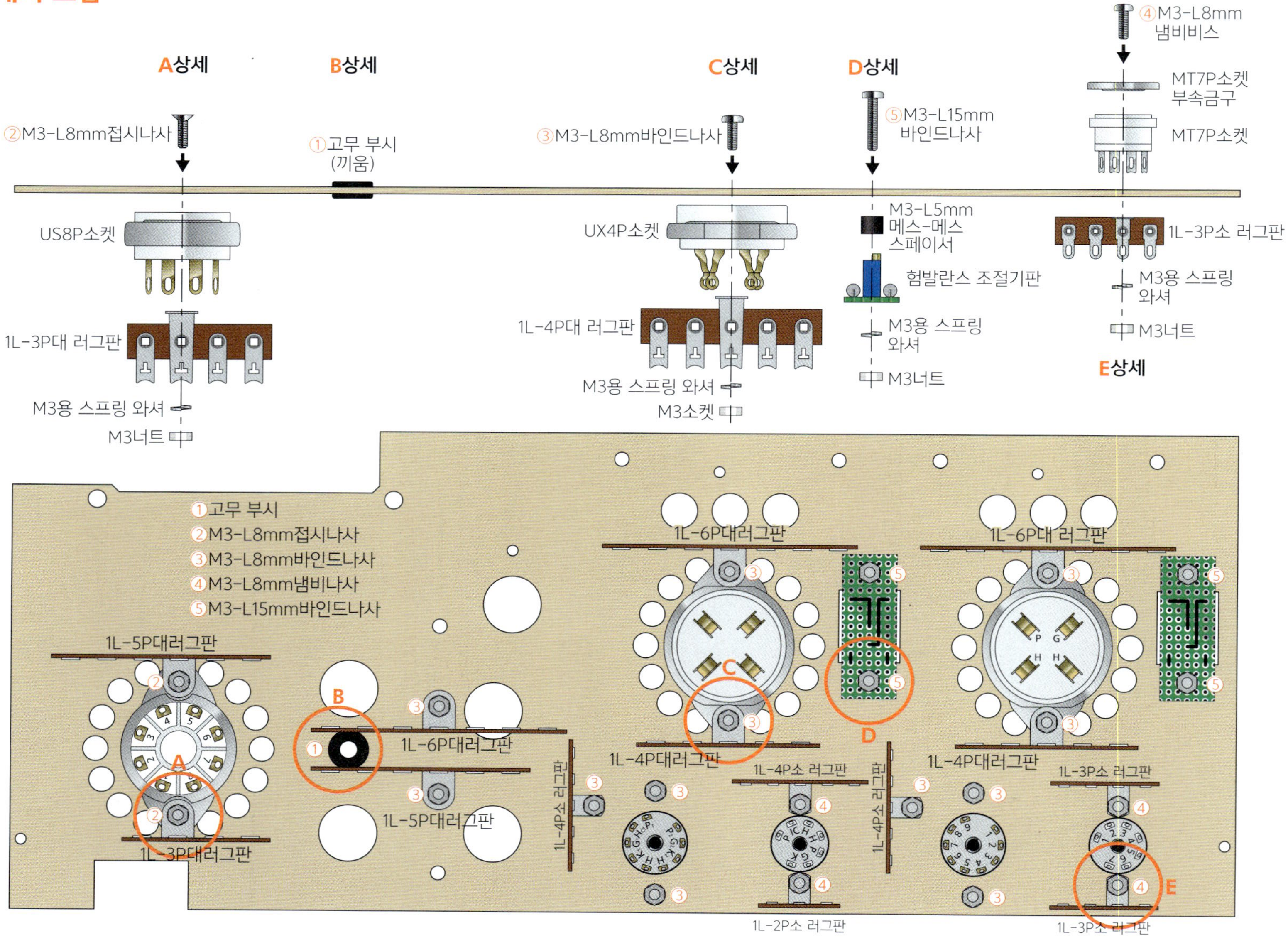

Scale = 56%

조립 순서의 포인트

서브섀시는 10개소의 나사와 5mm의 스페이서로 메인섀시와 고정됩니다. 스페이서의 위치를 맞춰야 들어갈 수 있으니 신중하게 맞춰주세요. 특히 초크 코일 부분은 방열공에서 핀셋 등을 넣어 스페이서의 위치를 맞춰 주십시오.

트랜스류와 스페이서를 넣는 부분은 나사와 너트, 스프링 와셔를 모든 곳을 통과시킬 때까지는 느슨하게 조이고, 모두 들어간 후 단단히 조입니다.

퓨즈홀더는 먼저 부착하면 전원 트랜스의 너트를 돌릴 수 없게 되므로 나중에 장착합니다.

또한 그 퓨즈 홀더를 장착할 수 없게 되어 버리기 때문에 AC 인렛은 마지막에 장착합니다.

섀시의 굽어진 점이 있어 너트를 돌릴 수 없게 되므로 로터리 스위치는 먼저 서브 패널에 부착해 둡니다. 때문에 출력 트랜스의 나사가 하나만 돌리기 어렵지만 플러스 드라이버를 비스듬히 꽂으면서 조심스럽게 돌리세요. 덧붙여 출력 트랜스에 부속의 나사는 짧기 때문에 사용하지 않습니다.

---

① 먼저 고무부시를 끼웁니다. 고무 부시는 1.5mm 두께용까지 밖에 없으므로, 2mm 두께의 알루미늄판 상대라면 조금 무리해서 넣게 됩니다.

② 정류관(5U4G)의 US8P 소켓을 장착합니다. 이곳은 나사가 높게 솟아 있으면 정류관을 제대로 꽂을 수 없기 때문에 십자볼트를 사용합니다. 동시에 러그판도 함께 조입니다.

③ 러그판이나 파워관(2A3)용 UX4P 소켓, 드라이버관(5687)용 MT9P 소켓을 M3-L8mm의 결합나사로 장착합니다. UX4P 소켓은 러그판도 함께 조입니다. 냄비나사도 괜찮습니다.

④ 6C4용 MT7P 소켓을 러그판과 함께 조입니다. 이곳은 결합나사를 사용하면 진공관에 닿아 제대로 꽂을 수 없기 때문에 반드시 납짝한 나사를 사용합니다.

⑤ 험 발란스 조정 기판을 부착합니다. 먼저 M3-L15mm와 L5mm 스페이서를 장착한 후 기판을 꽂고 스프링 와셔를 통해 너트를 조입니다. 기판은 금속만큼 강하지 않으므로 너무 세게 조이지 않도록 하십시오.

여기부터는 그림이 다음 페이지가 됩니다.

⑥⑦ RCA 입력 잭을 부착합니다. 접지핀의 방향이 납땜이 어려워지지 않도록 주의해 주십시오.

⑧ 스피커 단자와 스위치 2개를 설치합니다. 스위치는 안쪽 너트를 조정하여 튀어나오는 상태를 정확히 개선해 주십시오.

⑨ 볼륨을 부속 너트와 부속 와셔로 장착합니다.

⑩⑪ 보닛용 설치용 L형 앵글을 섀시 외측에 장착합니다. 네 곳 중 뒤측 두 곳은 보통 부속 나사만으로 장착하지만 프론트 측 두 곳은 서브 섀시를 고정하기 위해 나사로 부착한 후 암수 육각 스페이서를 세웁니다.

⑫ 전원 트랜스를 설치합니다. 여기 두 곳만 먼저 부속 너트로 조입니다. 트랜스를 거꾸로 하기 때문에 흠집이 나지 않도록 주의해 주십시오.

⑬ 출력 트랜스 2개를 설치합니다. 그 때 로터리 스위치를 장착한 L형 서브 패널을 함께 체결해 주십시오.

⑭ 드디어 먼저 조립한 서브 섀시를 장착합니다. 전원트랜스측은 L5mm 메탈 스페이서를 넣고 출력트랜스측은 L4.7mm로 깎은 POM (폴리아세탈) 스페이서를 통해 그림과 같이 나사로 고정합니다. 모두 가볍게 임시 고정해 주세요.

부품 조립

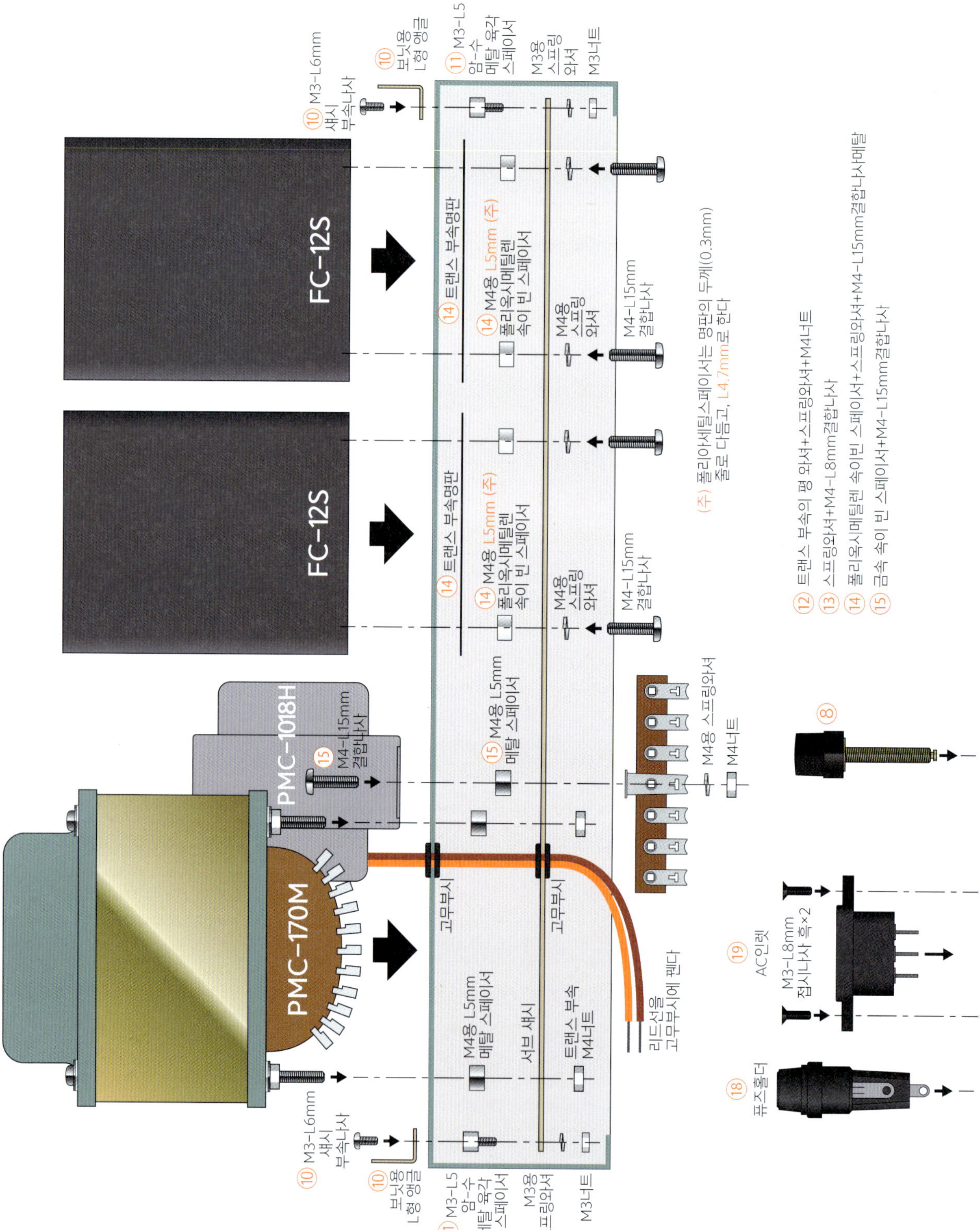

Scale = 50%

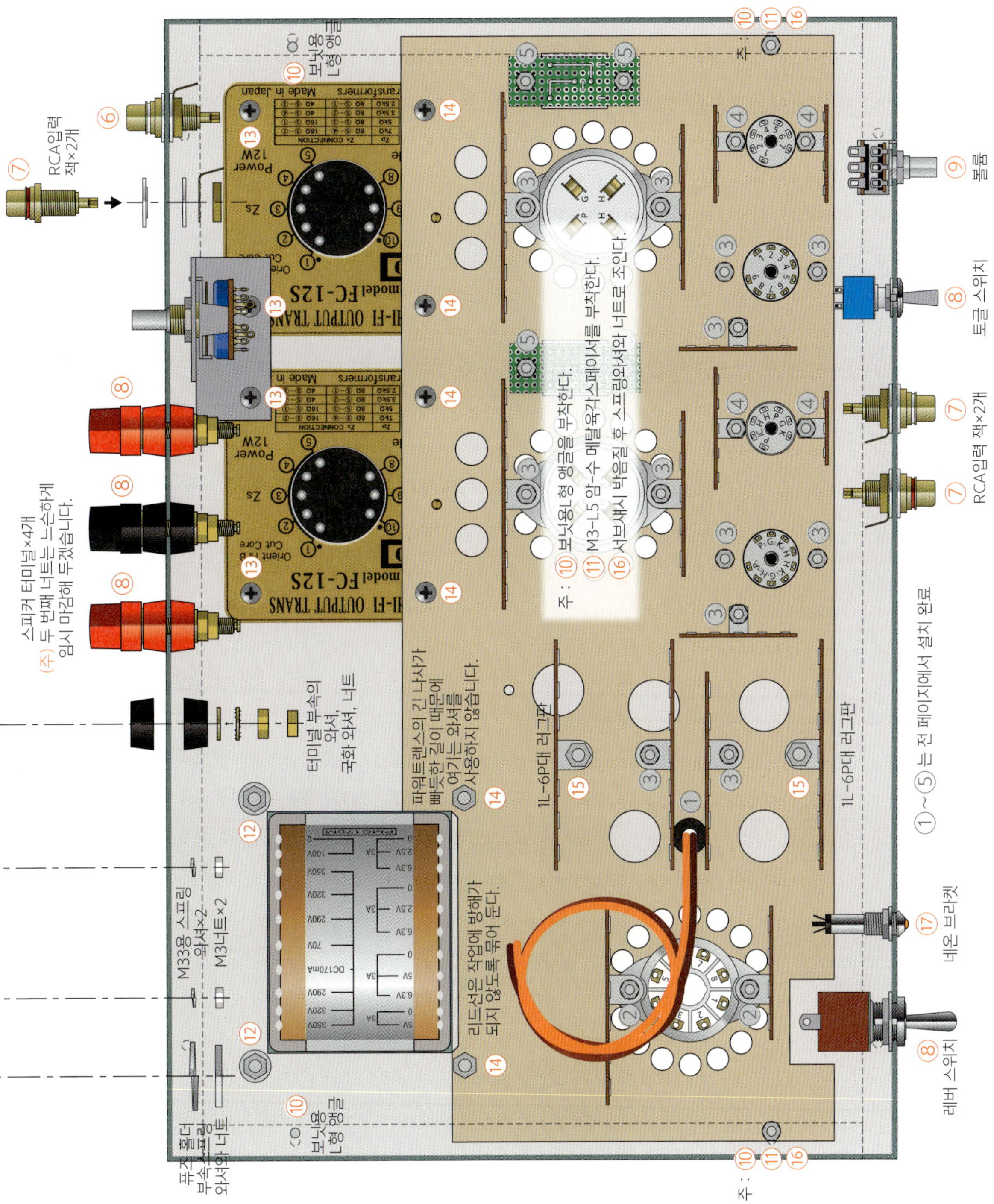
⑦ RCA입력 잭×2개
⑥
⑩ 보닛용 L형 앵글
⑧ 스피커 터미널×4개
(주) 두 번째 너트는 느슨하게 임시 마감해 두겠습니다.
터미널 부속의 와셔, 국화 와셔, 너트
M3용 스프링 와셔×2
M3너트×2
퓨즈 홀더 부속 스프링 와셔와 너트
⑩ 보닛용 L형 앵글
⑫
⑬
⑭
파워트랜스의 긴 나사가 빠듯한 길이 때문에 여기는 와셔를 사용하지 않습니다.
리드선은 작업에 방해가 되지 않도록 묶어 둔다.
⑮ 1L-6P대 러그판
1L-6P대 러그판
주 : ⑩ 보닛용L형 앵글을 부착한다.
⑪ M3-L5 암-수 메탈육각스페이서를 부착한다.
⑯ 서브섀시 박음질 후 스프링와셔와 너트로 조인다.
주 : ⑩ ⑪ ⑯
⑨ 볼륨
⑧ 토글 스위치
⑦ RCA입력 잭×2개
①~⑤는 전 페이지에서 설치 완료
⑰ 네온 브라켓
⑧ 레버 스위치
HI-FI OUTPUT TRANS
model FC-12S
Power 12W

부품의 조립과·AC1차측 배선

15 초크 코일을 장착합니다. 본 기기의 조립 작업 중 가장 어려운 곳입니다.

먼저 리드선을 통과하겠습니다. 다음으로 L5mm의 메탈 스페이서를 핀셋 등으로 방열 구멍으로 넣고 구멍 위치에 있으면 결합나사로 초크 코일을 부착합니다.

나사 2곳을 손가락으로 누르면서 러그판을 꽂고 스프링 와셔를 넣고 너트로 같이 조입니다.

여기까지 잘 들어가면 트랜스류의 너트를 모두 강하게 체결해 갑니다.

16 앞에 L 형 앵글을 장착한 부분도 스프링 와셔와 너트를 조여갑니다.

17 네온 브라켓을 부속 너트로 장착합니다.

18 퓨즈 홀더를 부속 너트로 장착합니다. 너트 사이즈가 크기 때문에 조금 돌리기 힘들 수도 있습니다.

19 마지막으로 AC 인렛을 장착하여 조립 완료했습니다.

배선 전에 트랜스나 섀시에 흠집이 나지 않도록 판지나 골판지 등으로 보호 하십시오.

배선 전에 「비닐 선을 벗기는 법」은 P166를 봐 주세요

드디어 배선 작업에 들어갑니다. 그림의 순서대로 배선해 나가지만, 같은 번호인 곳은 어디를 먼저 해도 상관 없습니다. 표시가 없는 한 비닐 선은 러그판 아래의 구멍에 납땜해 갑니다.

선의 길이는 벗기는 부분도 포함한 길이로 표시하였습니다. 조금 여유를 가진 표시를 하고 있기 때문에 다소 어긋나도 괜찮습니다.

선재의 색상은 구 JIS 규격에 준거하고 있습니다만, 현재는 정해져 있는 것이 아니기 때문에 스스로 알기 쉬운 색으로 변경해도 좋습니다.

배선은 AC1차측에서 시작하여 다음으로 히터회로를 배선을 합니다.

거기까지 되면 일단 확인을 한 후 진공관을 모두 꽂고 점등 시험을 합니다. 이렇게 함으로써 여기까지는 괜찮다고 말하게 되고, 나중에 만약 문제가 있었을 때 원인이 분리되어 오류 부분을 빨리 특정할 수 있기 때문입니다. 점등시험 시 퓨즈를 넣는 것을 잊지 않도록 하십시오.

1 초크 코일의 리드선이 방해가 되므로 먼저 처리해 둡니다. 2개 모두 12cm로 잘라서 러그판 아래의 구멍에 꽂아 둡니다. 납땜은 아직 하지 않습니다.

2 AC1차측 배선을 합니다. 백색은 AWG18, 갈색 30cm는 AWG22의 선재를, 갈색 짧은것은 초크코일의 리드선 나머지를 사용했습니다. 일부 이해하기 쉽게 회색으로 표시하고 있는 선이 있습니다만, 백색이면 좋습니다.

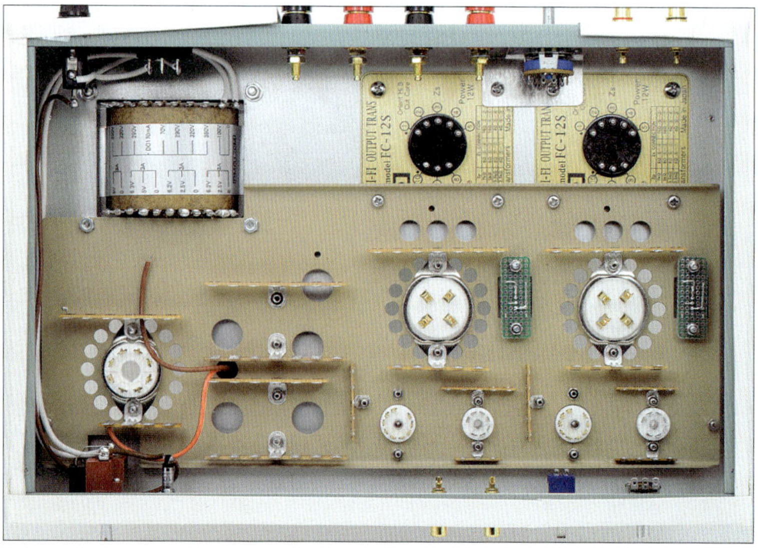

부품조립이 끝나고 흠집방지를 위해 판지로 바깥틀을 커버한 것입니다.
갈색 선은 초크 코일의 배선이 러그 판에 꽂히기 전입니다.

AC1차측 배선

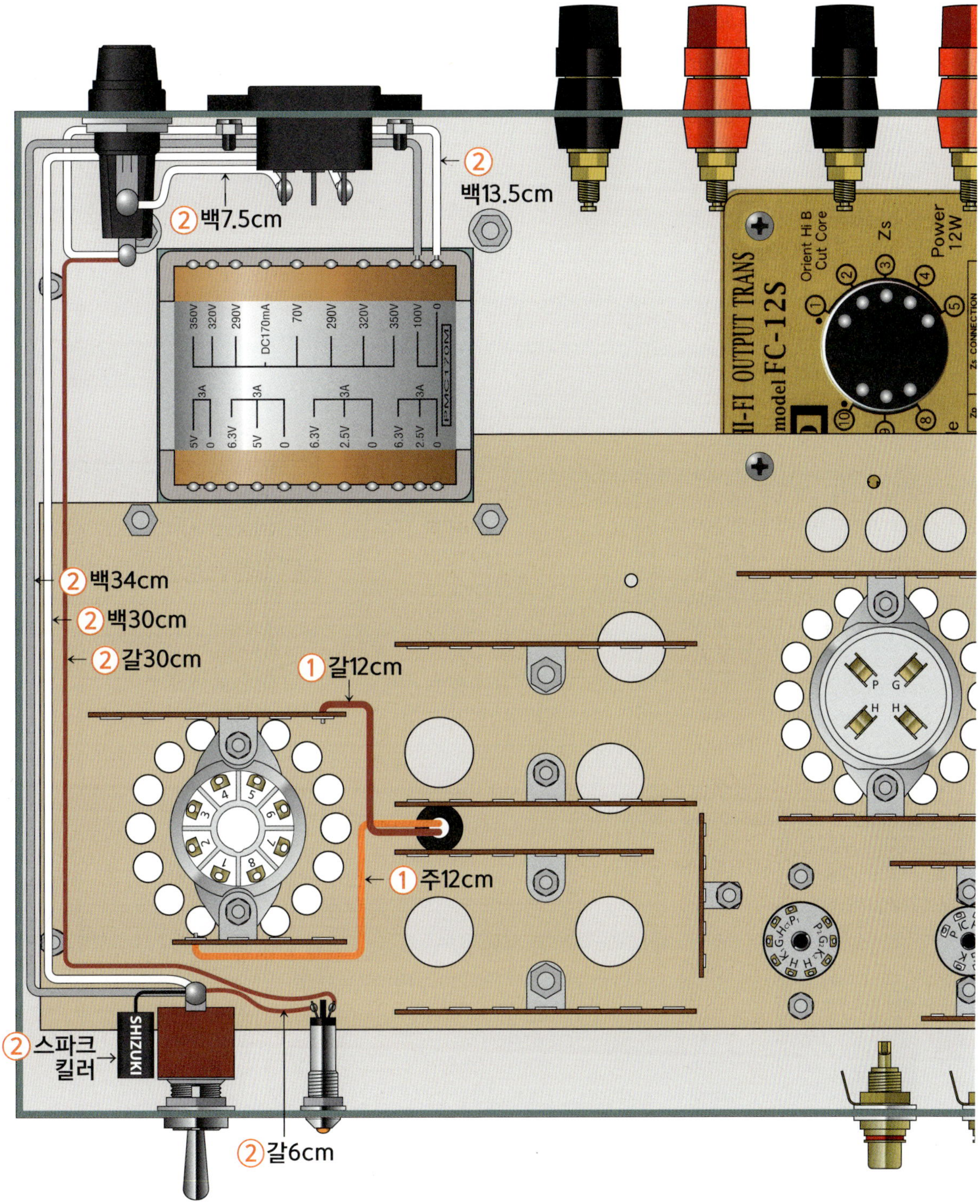

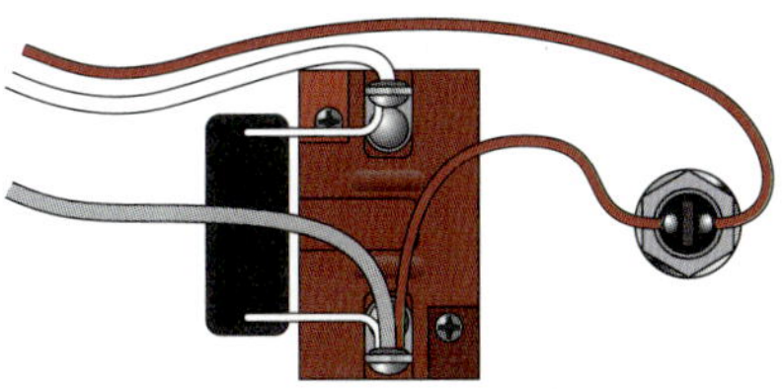

Scale = 65%

필라민트 히터배선

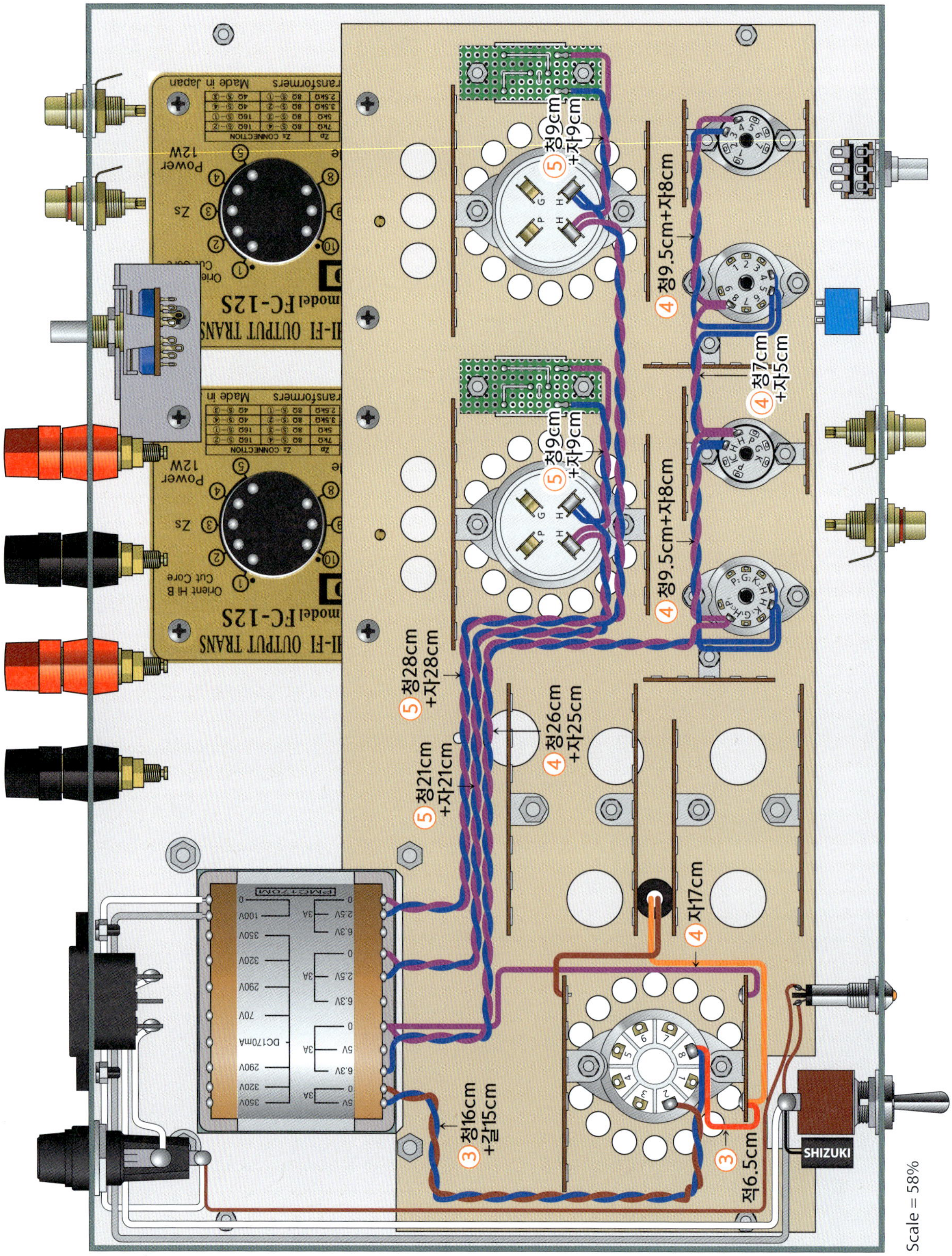
⑤ 청9cm +자9cm
④ 청9.5cm+자8cm
④ 청7cm +자5cm
⑤ 청9cm +자9cm
④ 청9.5cm+자8cm
⑤ 청28cm +자28cm
④ 청26cm +자25cm
⑤ 청21cm +자21cm
④ 자17cm
③ 청16cm +갈15cm
③ 적6.5cm
SHIZUKI
Scale = 58%

히터 회로 전반을 배선해 갑니다. 유도 험에 의한 잡음을 저감시키기 위해 모두 꼬임(2개의 선을 꼬아서) 하도록 먼저 처리해 둡니다.

선의 길이 표시는 **꼬이기 전의 길이**입니다. 꼬이면 대개 1~2cm 짧아집니다.

굵은 선재를 사용하고 있습니다만, 모두 AWG22 이상의 굵기라면 문제 없습니다. (숫자가 작은 편이 굵음)

3 정류관의 필라멘트 회로를 배선합니다. AWG18 굵기로 청색과 갈색을 사용했어요. 이때 US8P 소켓의 8번 핀으로부터의 출력을 적색으로, 초크 코일의 리드선도 동시에 배선합니다.

4 MT관(6C4와 5687)의 히터 회로를 배선합니다. 여기는 굵으면 배선하기 어렵기 때문에 AWG20으로 하고 있습니다. 교류이므로 극성은 없지만 청색과 자색을 사용하여 위상은 맞추도록 하고 있습니다.

5 2A3의 필라멘트 회로와 바이어스 기판에 배선합니다. AWG18을 사용했습니다.

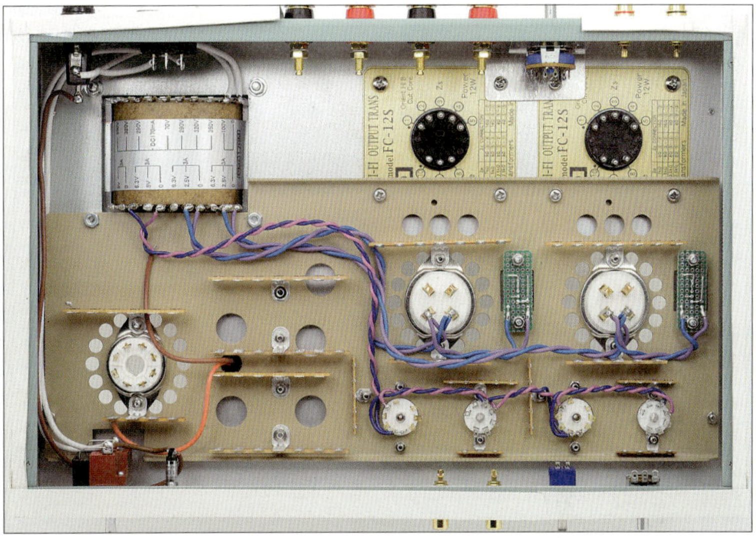

히터 배선까지 끝남. 초크 코일의 갈색 선만 아직 납땜하지 않았다.

여기까지 배선이 되면 일단 작업을 멈추고 오류가 없는지 잘 확인합니다.

괜찮으시다면 진공관을 모두 꽂고 퓨즈를 넣습니다. 2A3는 삽입 방향에 주의하세요. 1번 핀과 4번 핀만 약간 굵게 되어 있어요.

준비가 되면 전원을 켜고, 방을 어둡게 해서 제대로 켜지는지 확인하십시오.

또한 B 전류가 아직 흐르지 않았기 때문에 이 상태에서 전압을 측정하면 조금 높은 측정치가 되지만 진공관을 망가뜨릴 정도는 아니기 때문에 괜찮습니다.

모든 진공관이 정상적으로 점등되면 지금까지의 배선이 잘못되지 않았는지 확인할 수 있습니다.
섀시와 트랜스는 흠집 방지를 위해 종이로 보호하고 있습니다.

+B전압배선

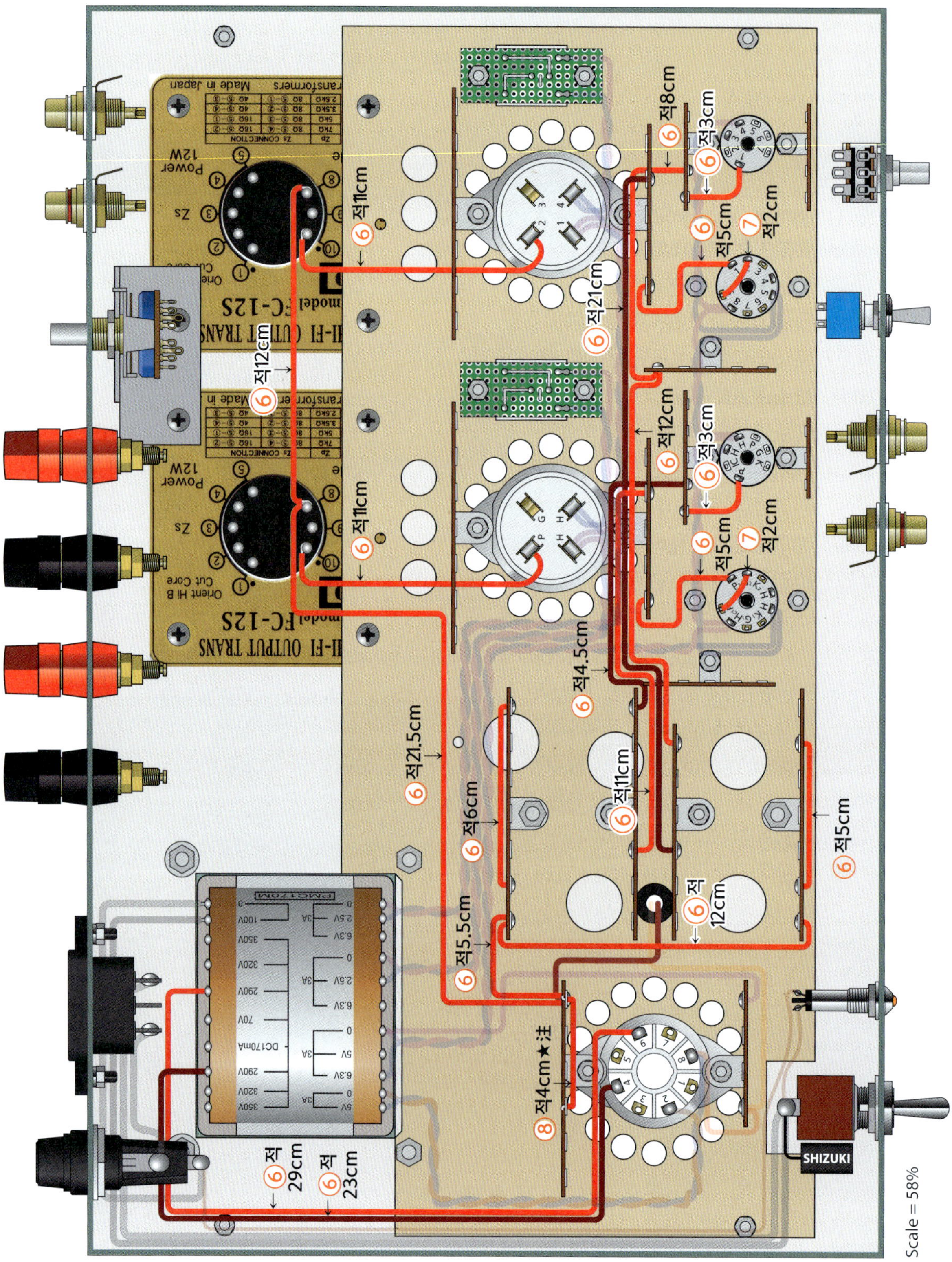

Scale = 58%

+B전압(고압) 회로 전반을 배선해 갑니다. 전류는 적기 때문에 모두 AWG20 굵기로 했습니다. 이쪽도 모두 AWG22 이상의 굵기라면 문제 없습니다.

⑥ 모두 적색 선재를 사용하지만 그림은 알기 쉽게 하기 위해 일부 진한 적색으로 표시하고 있습니다. 또, 앞 페이지에서 배선이 끝난 곳은 연하게 표시하고 있습니다.

⑦ MT9의 2번과 9번 핀 사이를 배선하는데 2번 핀만 납땜해 놓고 9번 핀 쪽은 나중에 저항과 함께 납땜합니다.

⑧ 이곳은 러그판의 밑의 구멍이 가득 차서 더 이상 비닐선이 들어가지 않기 때문에 양쪽 모두 러그판의 위의 구멍에 임시로 붙입니다. (★주) 납땜은 나중에 저항과 전해콘덴서와 함께 합니다.

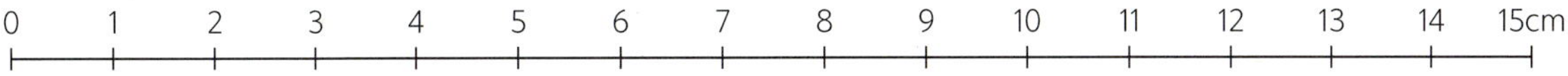

CANARE 1505 실드선 처리 방법 (P86, P87 에서 사용)

본기기에서 사용하는 실드선, CANARE 1505는 2중 실드 구조로 굵은 선이므로 성능은 좋으나 일반 가는 실드선보다 다루기 어렵다고 생각합니다.

얇은 실드선(Shielded wire)과 동일하게 벗기면 배선이 어려우므로 조금 길게 피복을 벗겨 사용합니다.

실드 망선을 풀면 검은 피복이 나오는데 이것이 두 번째 실드이자 도체이기 때문에 단자류에 납땜 시 내부의 심선과 달라붙지 않도록 해야 합니다.

따라서 더욱 투명한 피복 부분이 3mm 남도록 합니다.

번거롭지만 이 구조 때문에 바깥쪽 피복을 길게 벗어도 실드 성능이 유지되는 장점이 있습니다.

또한 굵기 때문에 열 수축 튜브도 빠지기 쉽기 때문에 이쪽도 조금 길게 준비해서 씌웁니다.

납땜시 심선이나 실드선이 길어 하기 어려운 경우에는 임기응변으로 한쪽을 짧게 잘라도 괜찮습니다.

① 외피를 20mm 벗긴다

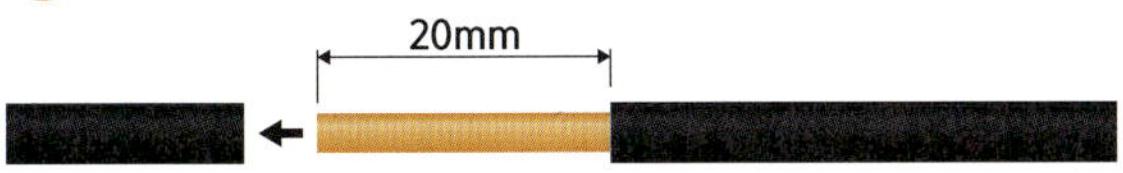

② 실드망 선을 풀어 꼬다

③ 심선의 검은 부분을 6mm 벗긴다

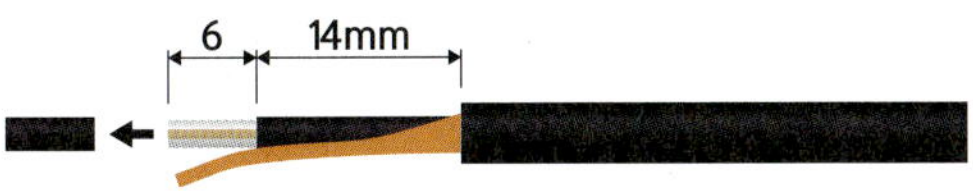

④ 심선의 흰 부분을 3mm 벗긴다

⑤ 열수축 튜브 ϕ2.4mm를 16mm로 잘라 실드망선에 씌워 열 수축시킨다

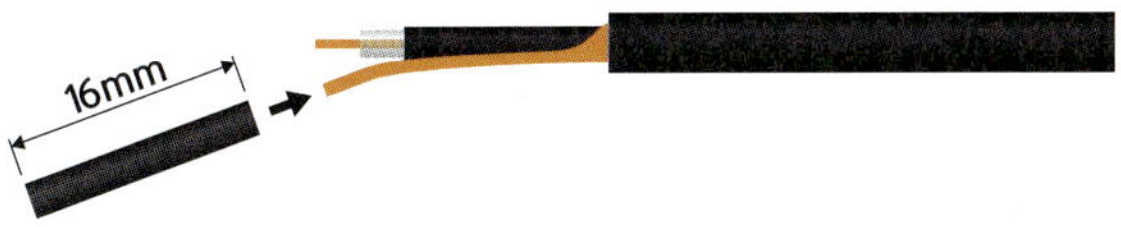

⑥ 열수축튜브 ϕ5mm를 10mm로 잘라 심선·실드 망선 모두 씌워 열수축시키다

접지 배선

접지 회로 전반을 배선해 갑니다. 모두 비닐선으로 배선하고 있습니다만, MT관 4개 사이는 주석 도금선으로 모선을 치는 것이 쉽기 때문에 익숙하신 분은 그쪽으로 변경하셔도 됩니다.

AWG20 선재를 사용하고 있습니다만, 이론상 AWG22 이상의 굵기라면 문제 없습니다.

러그판에 배선은 대부분 밑구멍에 실시하지만, 큰러그판에서 3개, 작은러그 번에서 1개, 무리해도 기껏해야 2개 밖에 비닐선이 들어가지 않기 때문에 일부는 러그판 반대편에 납땜합니다.

또한 러그판에서 이웃끼리 양쪽 접지일 경우에는 비닐선을 사용하지 않고 나중에 저항이나 콘덴서의 리드선을 절곡하여 접지 배선을 하는 부분이 있습니다.

⑨ 수가 많습니다만, 차분히 배선해 갑니다. MT9P 소켓의 센터핀은 나중에 실드선의 실드 쪽도 배선하기 때문에 나중에 납땜을 해도 되지만 움직이면 작업하기가 어려우므로 일단 납땜으로 고정시켜 놓겠습니다.

⑩ 이 선은 러그판 쪽만 납땜하고 RCA 입력 잭 쪽은 나중에 실드선과 함께 납땜합니다.

⑪ 접지 포인트로의 배선입니다. 계란 형러그 또는 압착 단자를 사용하여 납땜합니다.

서브 섀시의 도장을 조금 벗겨 놓고 국화와셔를 끼워 너트로 고정하여 확실하게 섀시에 접지되도록 합니다.

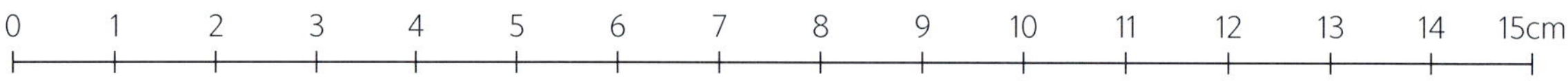

본기에서 필요한 CANARE 1505실드선 5개 준비 (P86, P87에서 사용)

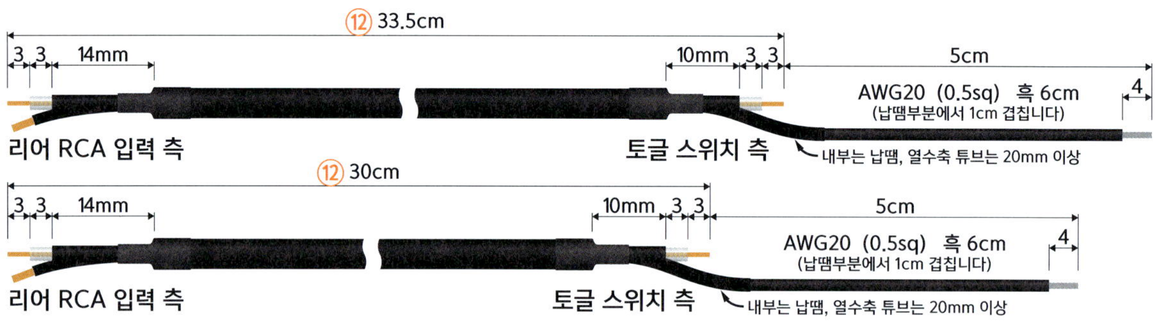

위의 2개는 접지부까지의 길이가 부족하기 때문에 검정 선재를 6cm (실질 5cm) 납땜하여 만듭니다.

이 1개는 한쪽 접지로 함으로 MT7P 소켓측의 실드 망선은 잘라냅니다. 그래서 벗기는 길이도 조금 짧게 합니다

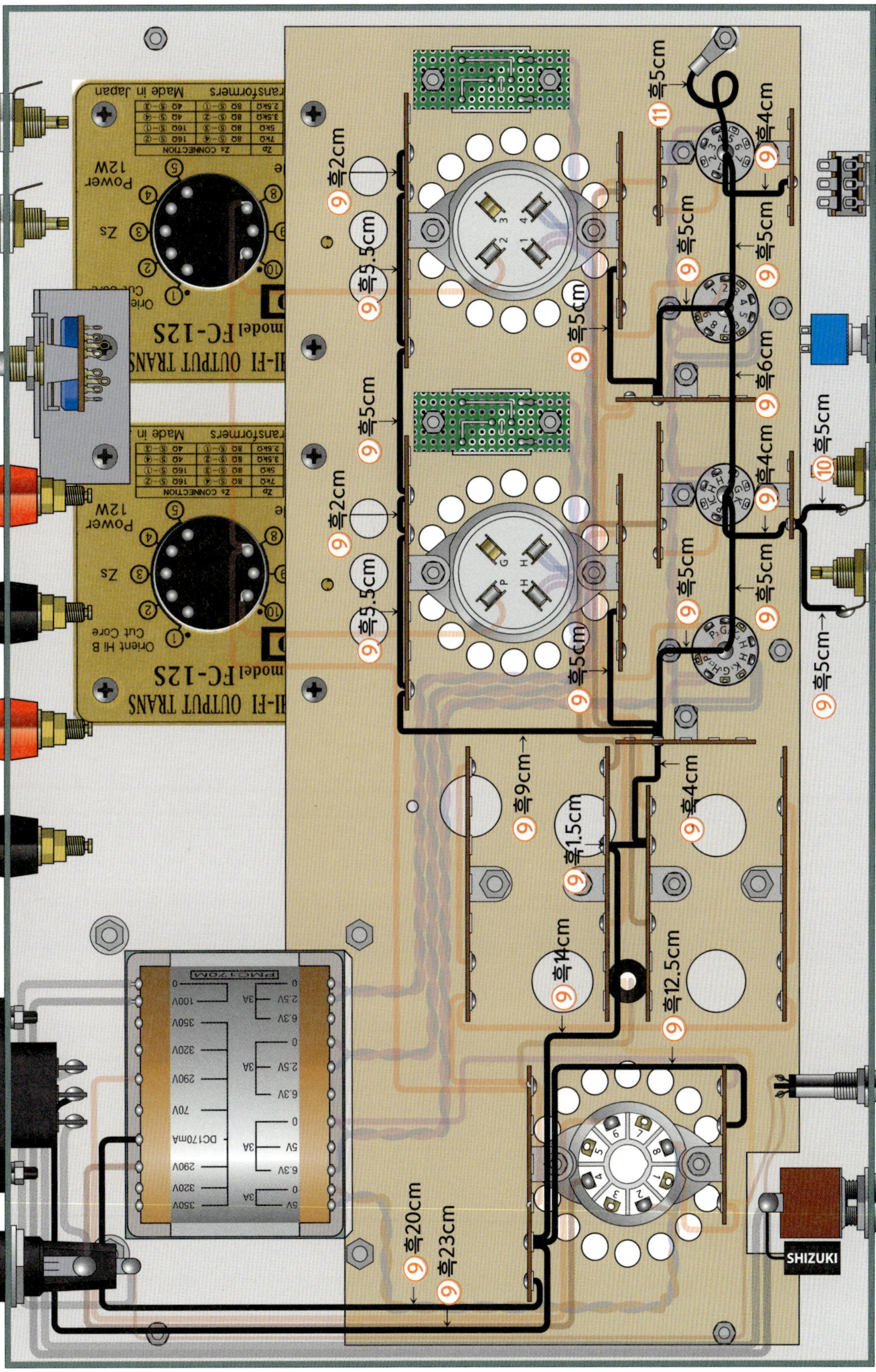

Scale = 58%

신호 회로 배선

나머지 배선(신호 회로)을 합니다. 순서를 틀려도 괜찮지만, 순서대로 하는 것이 쉽기 때문에 이런 순서로 되어 있습니다.

단선 AWG20 선재를 사용하고 있습니다만, AWG22 이상의 굵기라면 문제 없습니다.

이번에 사용하는 실드선은 굵어 방해가 되어 다른 작업이 어려워지므로 ⑫ 이외에는 되도록 나중에 배선하겠습니다.

⑫ 우선 실드선의 양단 처리(P83, P84)를 하고 리어 패널의 입력 잭과 프론트 패널의 입력 전환 스위치 사이를 배선합니다. 토글 스위치는 아래쪽부터 순서대로 납땜을 하지 않으면 하기 어렵기 때문에 이 배선을 우선합니다.

덧붙여 그림은 토글 스위치의 뒷면이 보이도록, 분리한 상태로 표시하고 있습니다만, 실제로는 부착한 상태로 배선합니다.

⑬ 노란색과 녹색 배선을 모두 하겠습니다. MT9P의 7번 핀만은 나중에 실드 선도 납땜할 테니 임시 고정시켜 두겠습니다.

⑭ L-ch 입력 잭에서 MT7P의 6번 핀으로 배선을 합니다. 여기는 L-ch만 조금 길어지니까 실드선을 사용합니다. MT7P측은 나중에 저항과 함께 납땜할 것이기 때문에 임시 고정시켜 두겠습니다.

⑮⑯ 볼륨에서 MT9P의 7번 핀으로 실드선의 배선을 합니다. 접지측은 MT9P의 센터핀에 추가로 납땜합니다. 볼륨 부분이 ⑮을 먼저 하는 것이 쉽겠죠.

⑰ 출력 트랜스와 로터리 스위치(임피던스 전환 스위치) 사이를 배선합니다.

⑱ 흑색은 아웃풋 트랜스의 5번 핀에, 적색은 로터리 스위치에 배선합니다. 스피커 단자측은 압착 단자 금구에 납땜하고 그것을 스피커 단자에 부속 너트로 체결합니다.

압착단자를 먼저 결속시킨 후 납땜하면 스피커단자가 녹을 가능성이 있으므로 피해주십시오.

여기까지 끝나면 잘 체크해 주세요.

그 후, CR류를 장착하면 보기 어려워집니다.

괜찮다면 결속 밴드로 정리해 가겠습니다.

험 발란스 조정 기판의 다회전 트리머 중점에 녹색 선재를 납땜합니다. 기판의 위치에 주의해 주세요.

오른쪽 페이지의 그림에서는 RCA 입력 잭의 접지측의 검은 선이 보기 쉽도록 우측으로 되어 있습니다만, 실제로는 위로 하고 있습니다. 어느 쪽이든 하기 쉬운 편이라도 상관없습니다. 또한 실드선의 심선이 길어서 납땜하기 어려웠기 때문에 조금 짧게 자르고 있습니다.

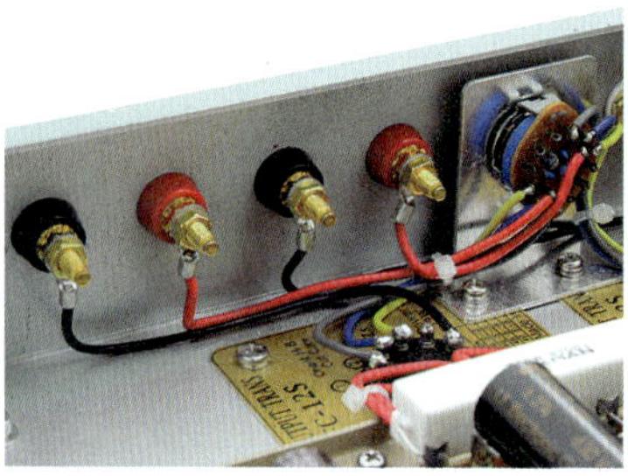

스피커 단자는 먼저 압착 단자에 선재를 납땜한 후 너트를 조이고 있습니다. 압착 단자를 구할 수 없으면 직접 납땜해도 되지만 나사부에 납땜이 흐르지 않도록 주의하십시오. 나중에 무슨 일이 생겼을 때 너트를 돌려서 풀 수 없게 됩니다.

신호 회로 배선

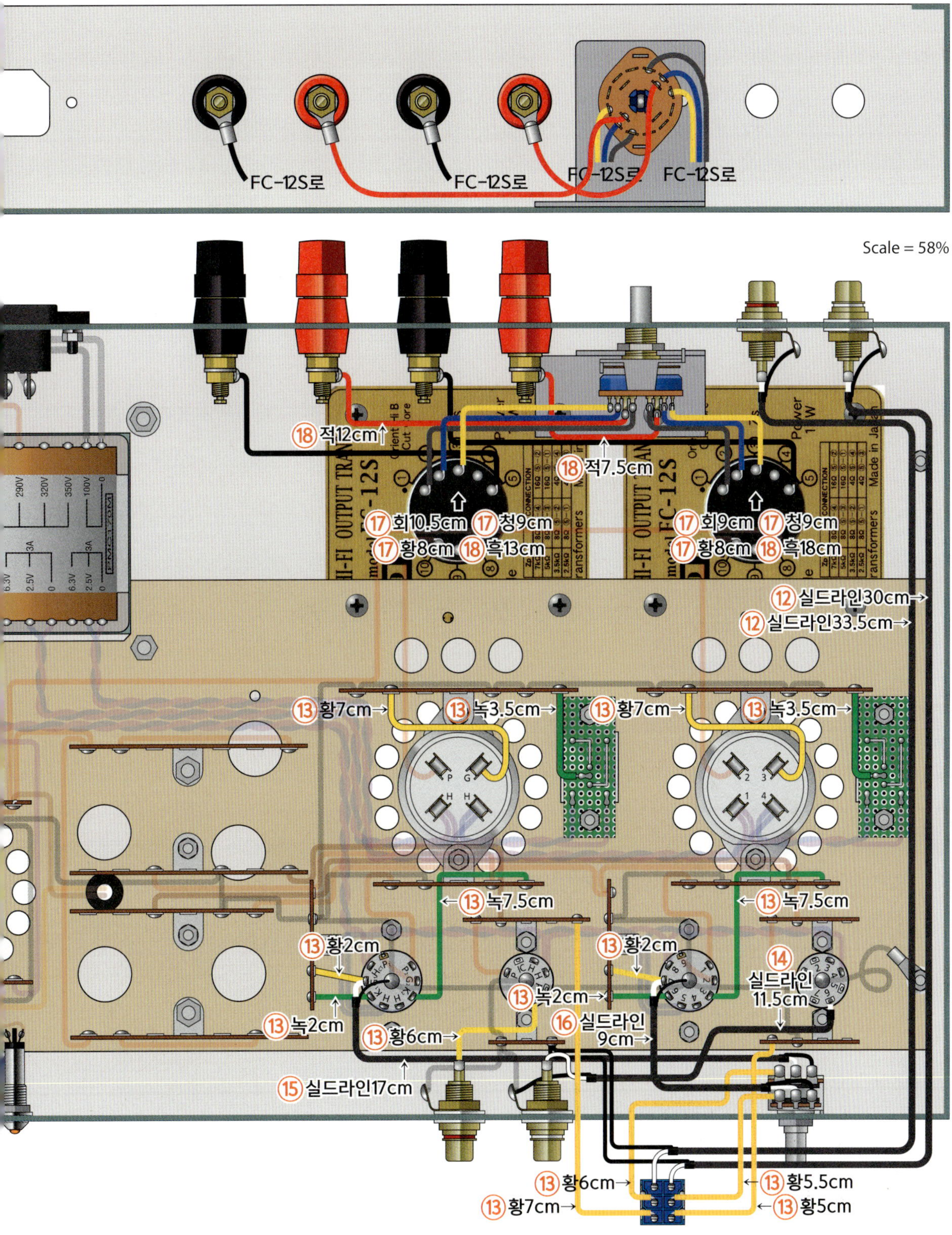
FC-12S로
FC-12S로
FC-12S로
FC-12S로
Scale = 58%
⑱ 적12cm
⑱ 적7.5cm
⑰ 회10.5cm ⑰ 청9cm
⑰ 황8cm ⑱ 흑13cm
⑰ 회9cm ⑰ 청9cm
⑰ 황8cm ⑱ 흑18cm
⑫ 실드라인30cm
⑫ 실드라인33.5cm
⑬ 황7cm
⑬ 녹3.5cm
⑬ 황7cm
⑬ 녹3.5cm
⑬ 녹7.5cm
⑬ 녹7.5cm
⑬ 황2cm
⑬ 황2cm
⑭ 실드라인 11.5cm
⑬ 녹2cm
⑬ 녹2cm
⑬ 황6cm
⑯ 실드라인 9cm
⑮ 실드라인17cm
⑬ 황6cm
⑬ 황7cm
⑬ 황5.5cm
⑬ 황5cm

CR 설치

드디어 CR(콘덴서, 저항)류를 장착해 갑니다.

오른쪽 그림과 같이 장착하지만 그림이 겹쳐 있는 부분은 CR류의 리드선을 접거나 굽혀서 입체적으로 부착합니다. 그 때 아래가 되는 것은 반드시 저항으로, 콘덴서는 반드시 위가 되도록 합니다.

이는 뒤집어서 앰프 사용시 열을 내는 저항이 위로 되어 콘덴서가 열에 데워지지 않도록 하기 위함입니다.

CR류는 번호를 붙이지 않았기 때문에 오른쪽 그림의 부품은 어디에서 시작해도 상관 없습니다. 먼저 설치하면 하기 어려워지는 부분은 나중에 붙이기로 하고, 다음 항목에 표시하고 있습니다.

리드선끼리 붙어서 쇼트하지 않도록 주의하세요.

만약 걱정이 된다면 절연 튜브나 열 수축 튜브를 씌워 배선하는 것이 좋습니다.

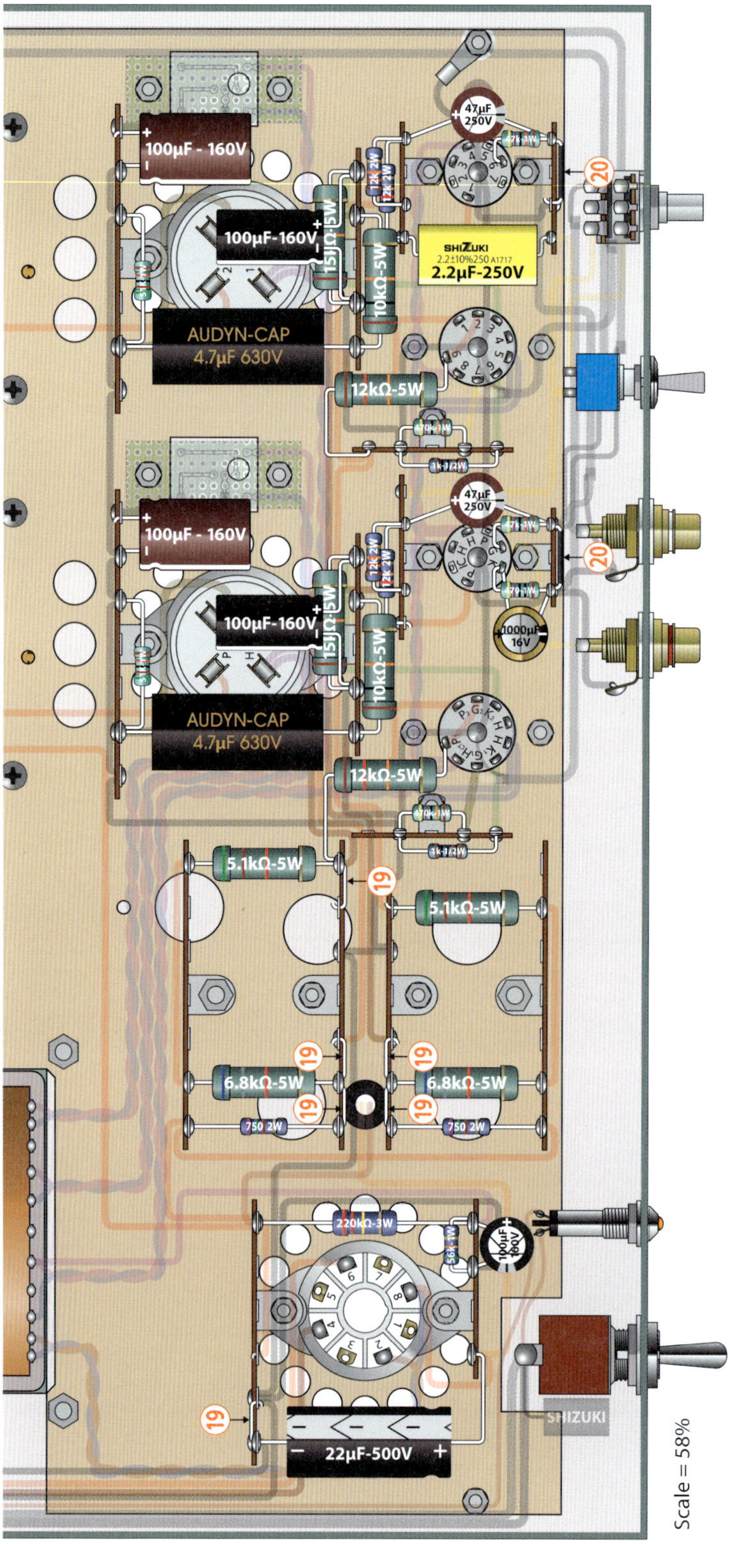

Scale = 58%

19 저항이나 전해 콘덴서의 리드선을 자르고 굽혀 옆의 러그단자까지 배선합니다. 그 때, 나중에 전해 콘덴서를 같은 러그에 설치하는 곳은 리드선을 자르고 접는 것만 하고, 나중에 동시에 납땜합니다.

20 여기는 저항의 리드선을 굽혀서 점프하지만 러그판의 센터 핀에 쇼트되지 않도록 절연 튜브 또는 열 수축 튜브를 씌웁니다.

CR 설치

이 페이지는 나중에 장착할 부품입니다. 먼저 장착해버리면 납땜이 어려우므로 나중에 합니다.

마지막으로 볼륨 노브와 SP임피던스 전환스위치의 손잡이 장착하여 제작작업을 완료합니다.

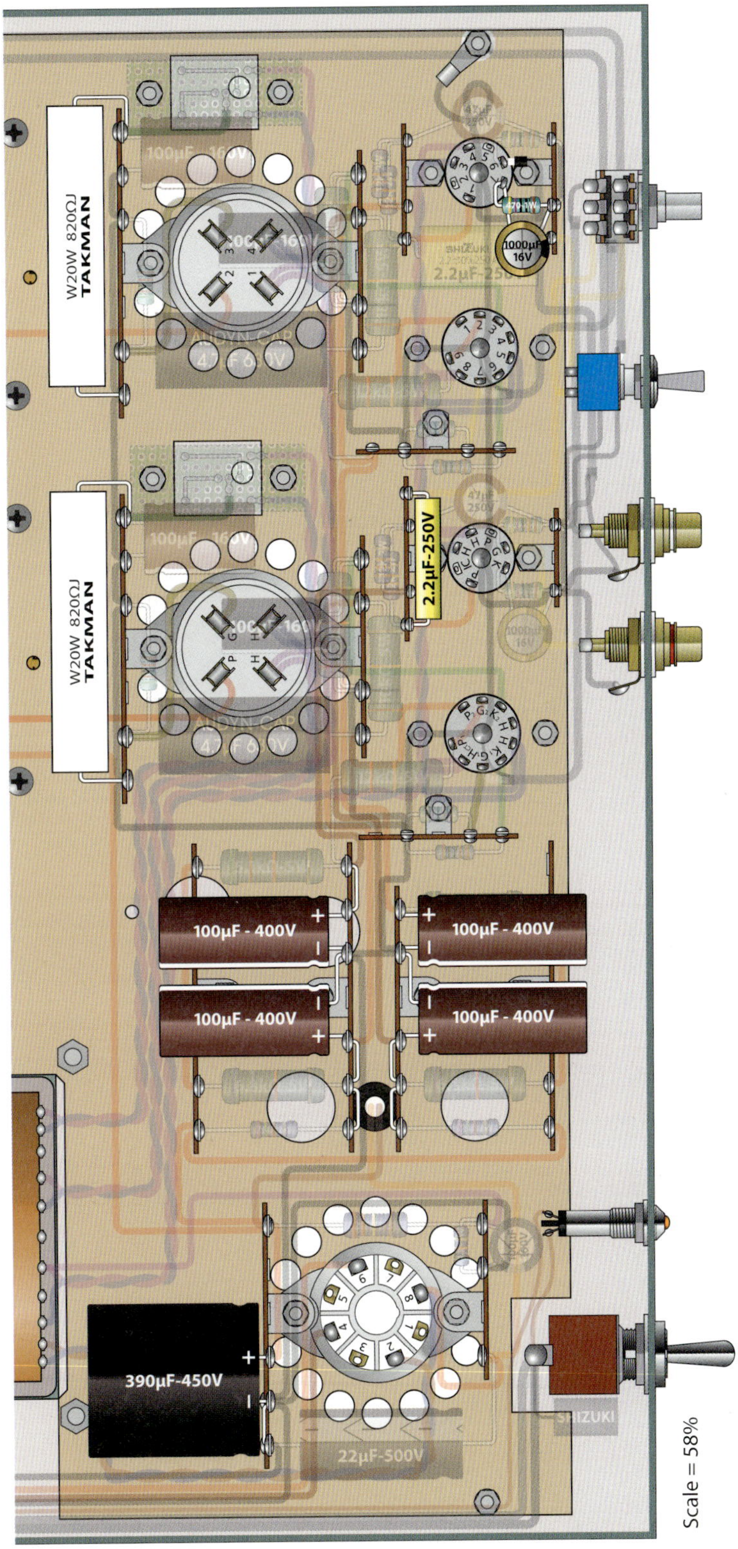

입체적으로 배선합니다. 리드선을 단단히 접어서 쇼트하지 않도록 합니다.

부품을 상하로 배치하는 경우 콘덴서를 위, 저항을 아래로 합니다. (사용시는 거꾸로 됩니다)

검토·조정

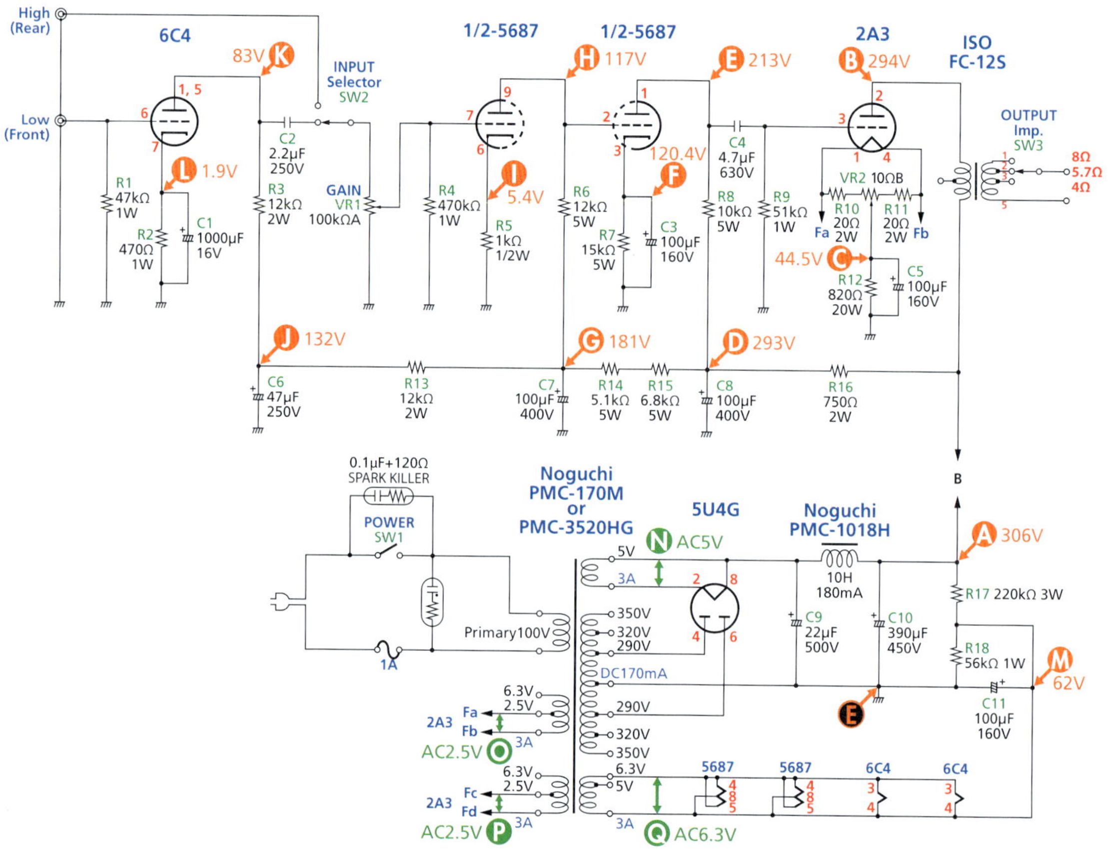

본기는 셀프 바이어스의 싱글 앰프이므로 조정 부분은 거의 없습니다. 굳이 말하자면 험 발란스 조정입니다.

험 발란스 트리머는 섀시를 뒤집지 않고도 돌릴 수 있도록 했기 때문에 대체로 중심에 세팅해 놓고 모든 진공관을 꽂습니다.

그 상태에서 뒤집어서 전압을 확인하기 때문에 보닛을 장착하면 좋을 것입니다.

고압 부분의 측정을 하기 때문에 장갑을 끼면 더욱 좋습니다.

또한, 첫 전원 투입 시에는 만일 연기가 났을 때 보일 수 있도록 방을 밝고 조용히 해 주십시오.

준비가 되면 전원을 켭니다.

이 순간이 가장 설레는 때입니다.

15초 정도면 소정의 전압이 되므로 이상한 소리나 냄새가 나지 않는지, 연기가 올라오지 않는지 등을 귀와 코와 눈으로 주의 깊게 체크합니다.

만약 퓨즈가 끊어지거나 연기가 오르는 등 문제가 있는 경우에는 즉시 전원을 끄고, **몇 분 두고 전해 콘덴서가 방전되고 나서** 오류가 없는지 체크를 합니다.

AC1차측과 히터배선은 이전에 체크하여 문제가 없음을 알고 있으므로 우선 고압부분부터 체크해 가겠습니다.

Ⓐ 등의 주황색 부분의 체크는 모두 테스터를 DC레인지로 하고, 테스터봉의 마이너스를 Ⓔ부분에 대고 플러스측 각부를 체크합니다.

선이 연결되어 있으면 다른 곳에서 테스트해도 좋겠지만 일단 테스터봉이 미끄러지지 않는 등 안전성이 높을 것 같은 포인트를 지시하고 있습니다. 특히 출력 트랜스의 단자는 미끄러지기 쉬우므로 잘못 쇼트

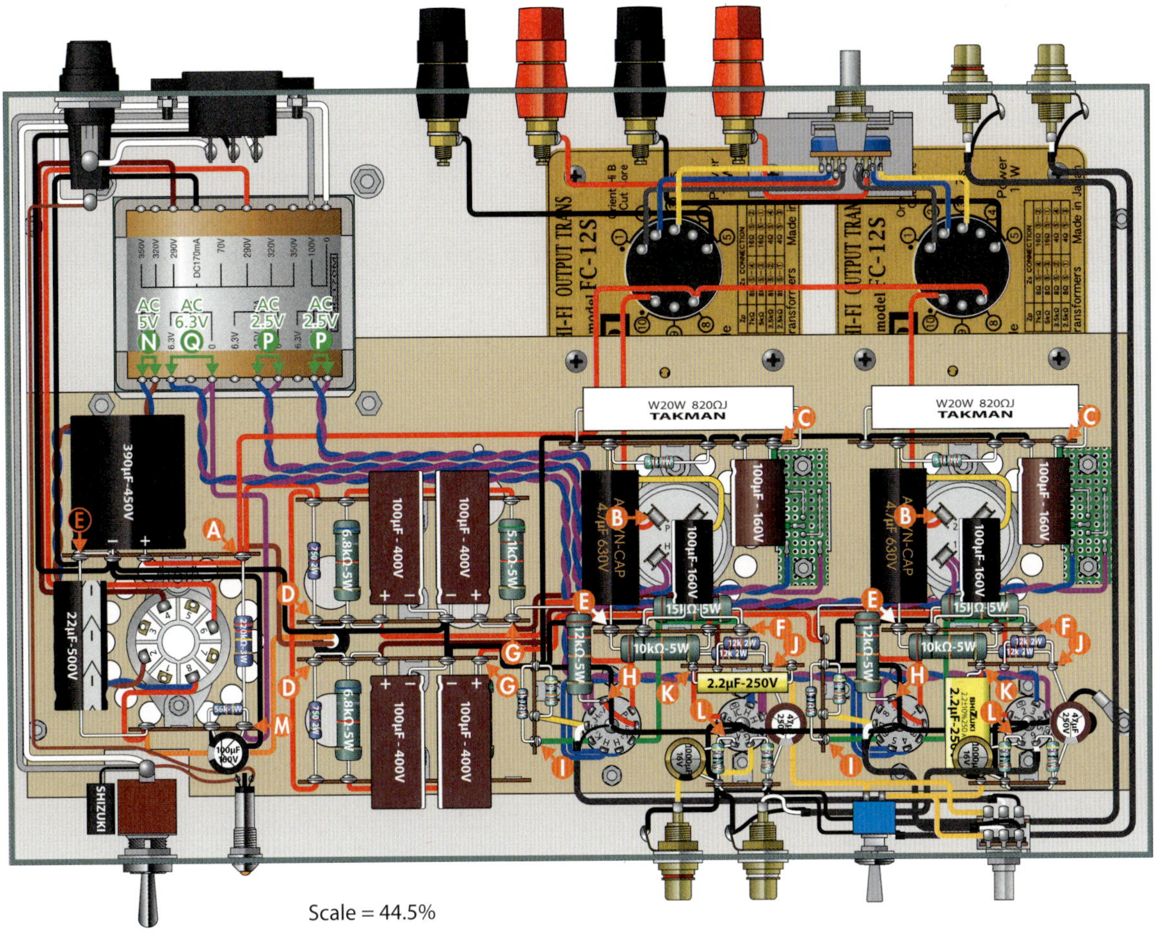

Scale = 44.5%

하지 않도록 피하고 있습니다.

측정결과는 회로도 표기의 ±5% 이내에 들어가 있으면 좋습니다.

본기는 교체식이 아니기 때문에 비교적 가까운 전압이 될 것이라고 생각합니다.

단 진공관 앰프는 진공관의 에미션(소모도)으로 전압도 달라지므로 신경질적으로 딱 맞지 않아도 괜찮습니다.

만약 전압이 크게 다른 것 같다면 어딘가에 오류가 있습니다.

트러블 슈팅(P170)을 참조하십시오.

필라멘트 히터의 전압 측정은 테스터에 AC레인지가 있어, 진정한 실효치에 대응해야 하므로, 가지고 계신 분은 NOPQ의 화살표 양단에 테스터봉을 대고 측정해 주세요.

전압 체크가 모두 끝나면 일단 전원을 끄고, 바닥판을 부착하여 사용 상태로 되돌리고, 보닛을 분리하여 사용 상태로 만듭니다.

마지막으로 험 발란스를 조정합니다. 더미로드와 밀리볼트계가 있는 경우 스피커 단자에 연결하고 볼륨은 최소로 해 둡니다. 없는 경우는 스피커를 연결하고 귀로 들으면서 조정합니다. 전원을 켜고 나서 몇 분 데워진 후 험이 최소가 되도록 트리머를 돌려 조정해 주세요.

이것으로 모든 작업 종료입니다. 오랫동안 수고하셨습니다.

코어 드라이버로 험 발란스 조정 중. 일반 일자 드라이버로 괜찮습니다.

Beam Single
2A3 Single
Headphone
Paint
Chassis Processing
Other Work
Industrial Tool
Shop List

측정결과

일단 본기의 특성을 측정해 보았습니다. 음악을 듣고 결정해야 하지만 특성을 보면 당초 목적은 달성했다고 생각합니다.

또한 모두 좌측 채널, 8Ω 부하, 필터류는 모두 OFF, 보정 없음의 조건으로 측정하고 있습니다.

입출력 특성

통상 사용의 뒤측 입력시는 클립이 시작되는 점을 정격 출력이라고 하면 0.5V 입력시에 3.65W였습니다. 2A3의 표준 출력입니다.

입력 감도는 리어 입력으로도 충분하지만 스마트폰 등은 프론트 입력에 연결하면 0.05V에서 동일한 출력을 얻을 수 있고, 6C4에 의한 프리앰프 게인이 설계대로 20dB되고있습니다.

클리핑 포인트를 지나도 서서히 왜곡이 증가하지만 출력도 점점 늘어납니다.

주파수 특성

리어 입력 시 10Hz~40kHz가 -1dB 이내에 들어가 있으며 고전관 싱글치고는 광대역입니다. 이것은 우수한 출력 트랜스와 낮은 임피던스 드라이브 덕분입니다. 프론트 입력 시에도 약간 저하되는 것만으로, 고해상도 대응이라고 말할 수 있을 것 같습니다.

왜율 특성

무귀환치고는 나쁘지 않은 특성입니다. 3극관 싱글다운 소프트 디스토션 커브에서 2A3의 묘미를 맛볼 수 있을 것 같은 결과가 나왔습니다.

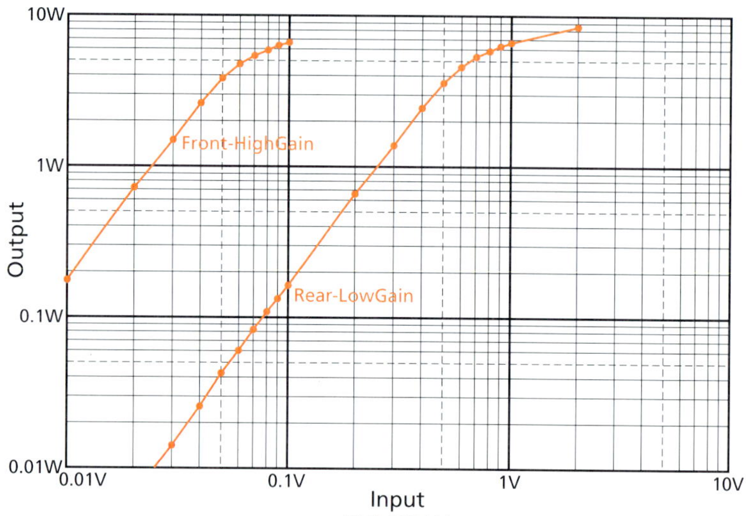

입출력특성

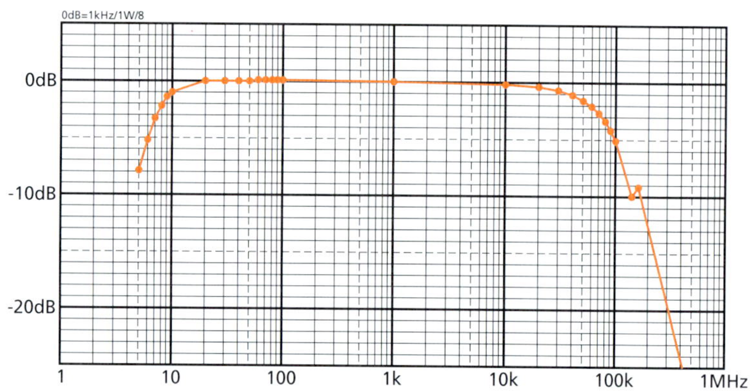

주파수특성

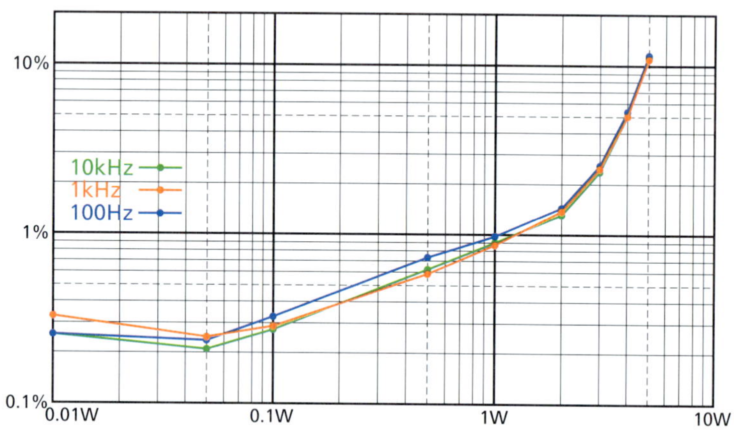

왜율특성

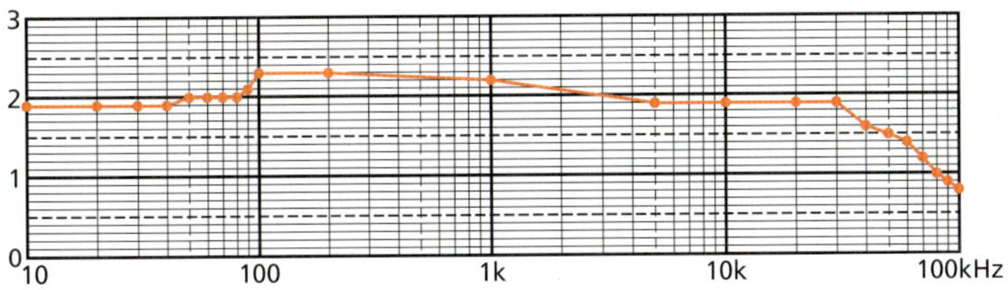

댐핑 팩터의 특성

본기의 정격

정격 출력	3.6W+3.6W
최대 출력	5W+5W
출력 임피던스	4Ω, 5.7Ω, 8Ω (리어 스위치 전환식)
입력감도	Low (Rear) : 0.5V, High (Front) : 0.05V
입력 임피던스	Low (Rear) : 82kΩ, High (Front) : 47kΩ
게인	Low (Rear) : 21.3dB, High (Front) : 41.3dB
주파수특성	10Hz~40kHz at-1dB, 7.5Hz~74kHz at-3dB
왜 율	0.87% at1W·1kHz, 0.25% at50mW·1kHz
댐핑 팩터	2.2 (가청 대역 평균)
채널 세퍼레이션 (분리)	Low (Rear)at1kHz : L→R : 67.1dB, R→L : 60.8dB
	High (Front)at1kHz : L→R : 61.9dB, R→L : 60.9dB
잔류 잡음	0.6mV
소비전력	118W
최대 외형 치수	W357×D274×H199mm (돌기물 포함 · 보닛 포함)
중량	11.8kg (보닛 포함)

본기는 프론트·리어 패널 모두, 조작 스위치나 단자류가 많은 앰프이므로 잘못 조작하지 않도록 문자를 넣는 것이 좋습니다.

댐핑 팩터 특성

가청 대역의 평균은 2.2로 통상적인 무귀환 2A3 싱글보다 조금 높아졌습니다. 이쪽도 5687에 의한 낮은 임피던스 드라이브의 효과가 조금 나타나고 있습니다.

그 외

입력 쇼트 시 잔류 잡음은 왼쪽 채널에서 0.6mV, 오른쪽 채널은 0.46mV로 볼륨위치에 관계없이 이 수치였으므로 이쪽도 무귀환·교류 점화 치고는 양호한 수치였습니다. 험 발란스를 고분해능 조정기능으로 만든 효과가 있습니다. RA타입의 권선 저항형 험 발란스(전력형 볼륨)만으로는 조정점이 지나치게 크리티컬해 여기까지 낮출 수 없습니다.

측정 결과

본기는 수 dB의 NFB를 걸었을 경우와 같은 정도의 성능을 발휘할 수 있었습니다.

특필해야 할 것은 주파수 특성입니다. 10Hz~40kHz가 거의 -1dB 이내에 들어가 있으며 -3dB 범위에서 보면 7.5Hz~75kHz로 무귀환 싱글 앰프치고는 상당히 광대역입니다. 물론 피크나 딥도 없고 안정도도 뛰어납니다. 출력 트랜스가 매우 우수한 결과입니다.

입출력 특성은 거의 설계치대로이므로 매우 사용하기 쉬운 게인 배분이 되었습니다.

「문자 스티커 작성」은 P168을 참조해 주세요.

회로의 설명

본기의 설계 컨셉의 세세한 부분에 대해 해설합니다. 어려운 점을 설명해드리니 관심 있는 분들만 읽어주시면 됩니다.

드라이브 회로

2A3와 300B 등의 고전관은 입력 감도가 낮아 높은 드라이브 전압이 필요한 것은 잘 알려져 있습니다.

진공관 파워 앰프의 기본은 그림 1과 같은 2단 증폭입니다. 고전관을 드라이브할 경우 고μ3극관의 12AX7 등으로 게인이 충분하게 하려면 드라이브 전압 확보를 위해 Rp와 Rg를 크게 해야 합니다.

그러나 Rp나 Rg를 크게 하면 주파수 특성(특히 고역)이 저하됩니다. 또 고전관은 제조 로트에 따라서는 Rg가 크면 폭주하는 것도 있어 그림 1과 같은 3극관 1단에 의한 드라이브는 그다지 채택되지 않습니다. 하물며 NFB(부귀환)를 걸기에는 게인에 여유가 없습니다.

하지만 입력 감도가 좋은 6GA4, 6RA8 등 현대관의 드라이브에는 이 회로에서도 웬만한 성능을 확보할 수 있습니다.

다음으로 그림 2와 같이 5극관으로 드라이브를 하는 것을 생각할 수 있습니다. 5극관은 더 높은 μ로 게인에 여유가 있기 때문에, Rp와 Rg를 줄일 수 있습니다.게다가 남은 게인을 이용하여 NFB도 걸 수 있습니다.

300B를 사용한 앰프로 유명한 WE91 앰프도 5극관 310A(B)로 드라이브 되고 있습니다. 단, 이쪽 그들은 당시 높이 μ의 3극관이 없었다는 다른 이유인 것 같습니다.

5극관에 의한 드라이브는 파워관과의 사이에서 왜곡을 줄일 수 없기 때문에 저왜곡으로 하고 싶다고 생각하면 NFB를 어떻게든 하고 싶어집니다.

현대에는 무귀환 혹은 저귀환이 좋다고 여겨지므로, 3극관 드라이브로 되돌리고 싶어집니다.

그래서 그림 3과 같이 3극관 2단에 의한 드라이브로 저왜곡과 게인 부족도 보충하고자 하는 생각이 나옵니다.

또한 파워관을 낮은 임피던스 드라이브하여 힘찬 소리를 얻으려고 캐소드 팔로워(cathode follower) 단도 넣은 회로(그림 4)가 70~80년대에는 유행했습니다.

단, 이 회로는 송신관 등의 그리드를 플러스 영역까지 휘두를 수 있는 파워관에서 진가를 발휘하지만, 2A3나 300B 등의 저주파관에서는 드라이브 과다로 됨으로, 일반적으로는 다른 어프로치로 로우 임피던스화를 하는 경우가 많습니다.

본기에서는 로우 임피던스로 광대역을 실현하기 위해, 3극관 2단 구성에 의한 드라이브로 했습니다. 여기에 초저내부저항인 5687을 사용함으로써, 한층 더 낮은 임피던스화가 가능합니다. 이것으로 현대 소스, 고해상도 음원에도 대응하고 있습니다.

당초 NFB를 걸 생각으로 5687의 2단은 시정수를 줄일 목적으로 직결로 했습니다만, 구성을 생각하던 중에 NFB를 걸지 않아도 될까? 라고 생각하게 되었습니다.

이 경우 신경이 쓰이는 것은 댐핑 팩터이지만, 만약 부족하다고 느낄 경우에는 출력 트랜스의 임피던스를 변경하여 대응하기로 했습니다.

그런 것도 있어 콘덴서는 모두 스타거비 (stagger ratio)를 크게 잡는

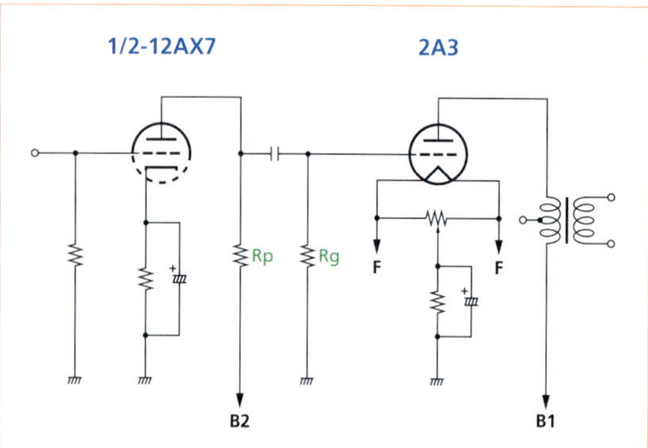

그림 1　2단 증폭(드라이브부 3극단1단)

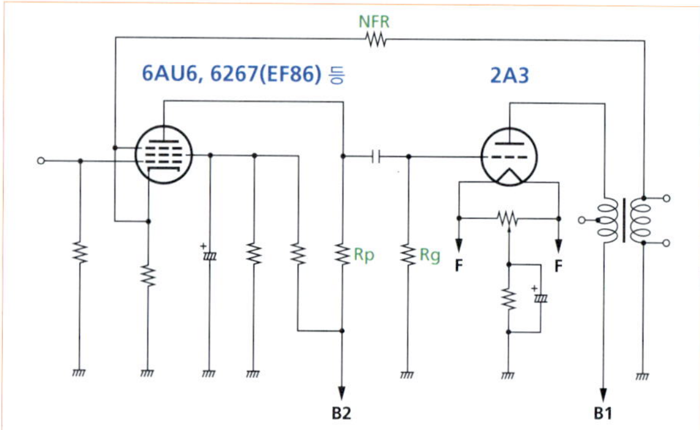

그림 2　2단 증폭(드라이브부 5극관1단)

용량으로 하고 있습니다.

게인 조정과 왜곡을 줄일 목적으로 초단 5687의 캐소드 바이패스 콘덴서는 없이 하고 있습니다.

파워관의 동작

주역인 2A3는 싱글로 사용합니다. PP(푸쉬풀)가 효율이 좋고 출력도 크게 되어 숫자상에서는 모든 것에 있어서 고성능입니다.

하지만 싱글 앰프의 장점은 위상 반전이 필요 없이 매우 심플하게 할 수 있기 때문에 소리의 신선도가 높다고 말하는 장점이 있습니다.

싱글 출력단은 트랜지스터나 FET 앰프에서는 방열의 문제도 있고 효율이 너무 나빠 거의 채택되지 않습니다. 원래 열을 내어 전자를 날리는 진공관 앰프에서만 가능하므로 꼭 A1급 싱글의 소리를 즐기고 싶어집니다.

2A3는 현대로서는 출력이 작기 때문에 대부분의 경우 RCA에서 발표하는 표준 사양의 플레이트 손실, 최대 정격인 15W로 설계하는 경우가 많습니다만, 본기기에서는 조금 여유를 두고 13.5W이 설계치입니다. 그래도 정격 출력 3.5W는 여유롭게 나오기 때문에 충분하다고 생각합니다.

본기에서는 자기 바이어스(셀프 바이어스 · 그림 5)를 이용하고 있습니다. 고정 바이어스(픽스드 바이어스 · 그림 6)가 전압의 이용효율이 좋고 출력 저하가 적어 성능적으로는 앞서지만 싱글 앰프에서는 회로가 간단해지고 부품의 수도 적게 필요하고 출력도 큰 차이가 아니라고 생각되는 경우가 많고, 파워관의 폭주 사고도 막을 수 있는 장점도 있기 때문에 자기 바이어스가 많이 채용됩니다.

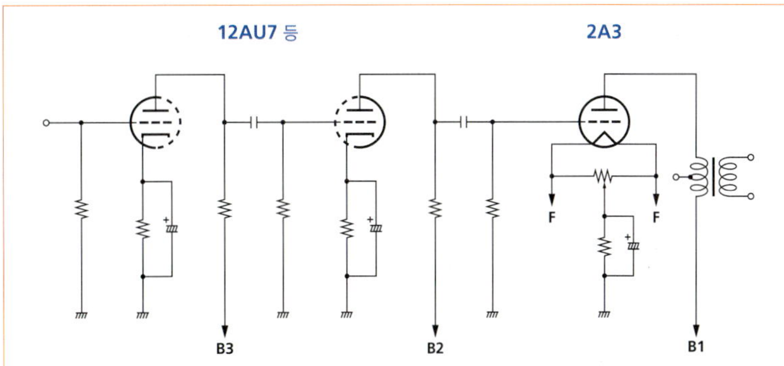

그림 3 3단 증폭(드라이브부 3극관 2단)

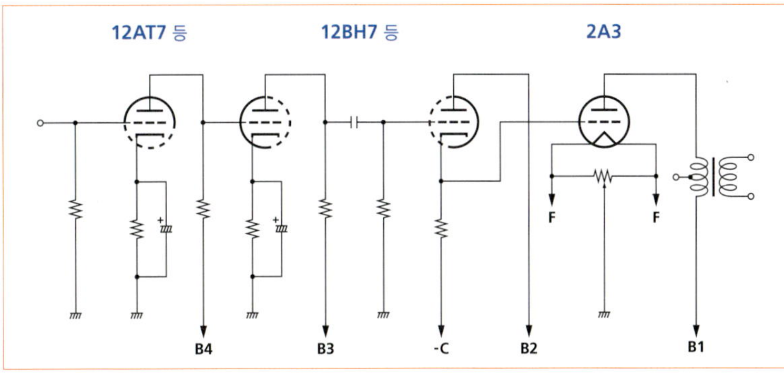

그림 4 단 증폭+캐소드 팔로워(드라이브부 3극단2단)

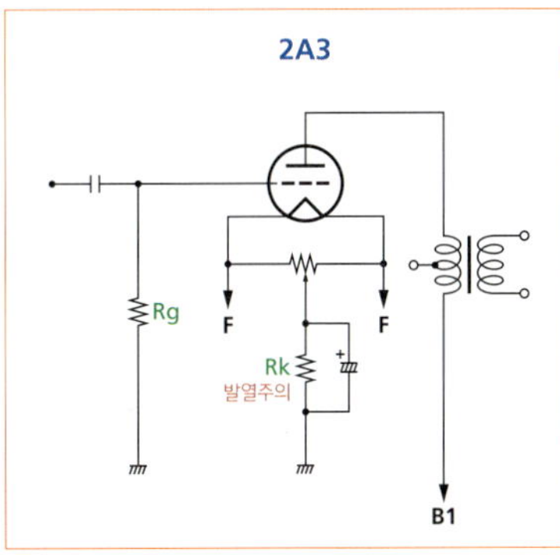

그림 5 자기 바이어스(셀프 바이어스)

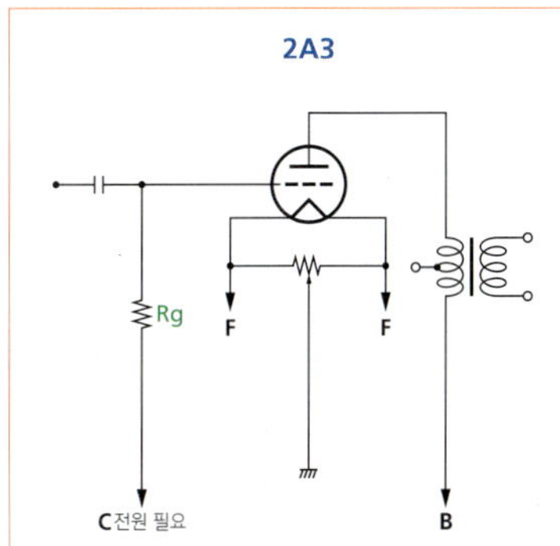

그림 6 고정바이어스(픽스드 바이어스)

단점 중 하나가 되지만, Rk는 상당히 발열하여 전력을 낭비하고 있기 때문에, 방열에 조심하지 않으면 안 됩니다.

필라멘트는 교류 점화입니다.

직열관은 전원 험노이즈를 잡기 쉽고 최근에는 직류 점화되는 경우가 많지만 2A3는 2.5V라는 저전압이 다행히 교류에서도 비교적 낮은 험 레벨을 실현할 수 있습니다. 또 필라멘트의 양쪽 끝의 전위차를 신경 써서 교류 점화로 한다는 마니아도 많다고 들었습니다.

프리앰프

현대의 음원에는 휴대형 음악 플레이어나 스마트폰이 있습니다만, 기종에 따라서는 볼륨을 최대로 하면 왜곡이 눈에 띄는 일이 있습니다.

그래서 본기기에서는 하이게인 입력을 실현시키기, 위해 6C4에 의한 +20dB의 프리앰프를 내장하였습니다.

프론트 패널의 단자는 스마트폰용 하이게인 입력, 리어 패널의 단자는 CD 데크나 튜너 등용의 로게인 입력 단자로 하여 스위치로 전환되도록 하였습니다.

전원부

B 전원은 간단한 정류관 정류, 콘덴서 인풋에 의한 π형 필터입니다.(그림 7)

그 밖에 쵸크 인풋 방식이 있어, 레귤레이션(전압 변동률)이 좋아지기 때문에 소리가 좋다고 합니다.

그러나 쵸크 인풋은 리플이 크고(전원 험 노이즈가 대폭 커진다), 쵸크 코일(그림 8의 CH)에 전용을 사용하지 않으면 큰 신음을 내거나, 전압 이용 효율은 낮기 때문에 출력 전압이 낮아지는 등의 단점이 커지기 때문에 별로 사용되지 않습니다. 사용하는 것은 전압 변동률이 큰 B급 동작의 앰프에 한정됩니다.

이러한 단점은 견고한 판 두께의 섀시를 사용하여 전용 초크를 강하게 조인다, C2의 용량을 키운다, 트랜스의 출력 전압을 올리는 것 등으로 극복할 수 있기 때문에 물량을 투입한 고급 앰프 등에서는 A급 동작에서도 사용되고 있는 것도 있지만, 현재의 기술이라면 정전압 회로를 넣는 것이 훨씬 빠르다고 생각하는 마니아도 많습니다.

그 밖에 정류관을 사용하지 않고 그림 9와 같이 실리콘 다이오드로 정류하면 매우 효율도 좋고, C1도 크게 할 수 있어(한도는 있습니다만) 저 노이즈로 고성능 전원으로 할 수 있습니다.

그럼 정류관을 사용하는 의미는? 라고 묻는 것은 왜 진공관 앰프를 사용하는 것입니까? 라고 묻는 것과 같습니다.

정류관은 예로부터 효율만으로 말할 수 없는 '맛'이 있고 소리도 좋다고 합니다. 아마 동작이 둔감하기 때문에 노이즈도 잘 통과하지 않는다고 말한 이유에 의한 것이 아닐까 생각합니다. 전원 켤 때 가장 천천이 전압이 올라가기 때문에 다른 진공관, 특히 고전관에 좋다는 장점도 있으므로 2A3에는 안성맞춤입니다.

출력 전압이 크게 바뀌기 때문에 단순히 정류·평활 방식을 변경할 수 없습니다. 처음부터 결정해서 설계해야 합니다.

본기의 정류관은 5U4 G 외에 GT관의 5U4GB도 사용할 수 있습니다.

5R4GY, 274B 등은 같은 핀 어사인 관계로 임시변통으로 사용할 수는 있지만, 콘덴서 인풋 용량을 초과하거나 정격 출력 전류를 약간 초과하므로 상용은 피하십시오.

5AR4와 5GK22 등 방열형 근대관은 출력 전압이 높아지므로 역시 피해 주십시오.

π형 필터 부분의 콘덴서 인풋측(그림 7의 C1) 용량은 이론상 클수록 레귤레이션이 좋아지고 험 레벨도 작아집니다.

그러나 전원 ON 시 러시커런트로 정류관에 부담이 가기 때문에 실제로는 자유롭게 크게 할 수 없고, 정류관에 무엇을 사용하느냐에 따라 결정됩니다.

본기의 경우 22μF가 빠듯하고 이보다 작으면 험이 커지고 크면 정류관에 부담이 됩니다.

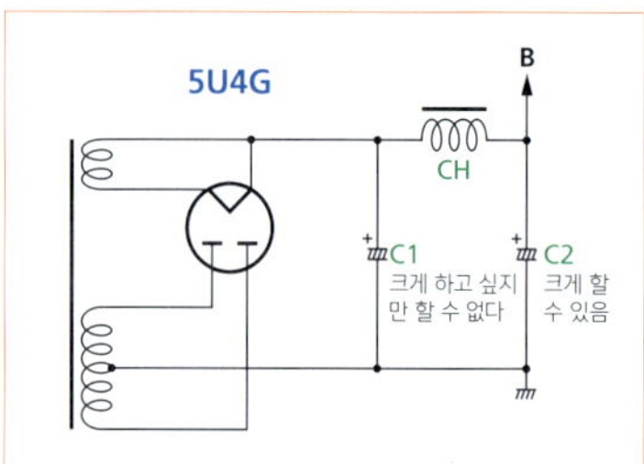

그림 7 콘덴서 인풋

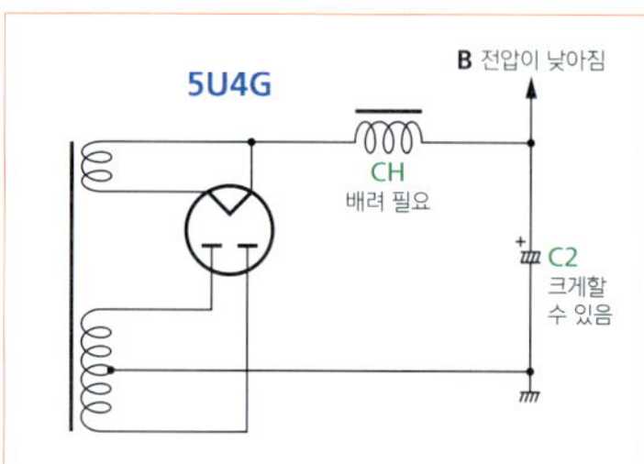

그림 8 쵸크 인풋

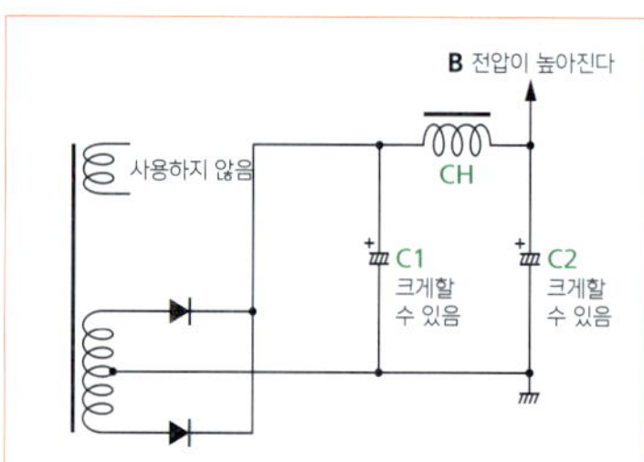

그림 9 실리콘 다이오드 정류

당초 여러 제조사의 규격표를 살펴봐도 이곳의 허용량이 제각각이어서 안전권을 보고 22μF로 만든 바 있습니다. 그러나 Brimar제의 5U4G에서는 32μF, SYLVANIA에서는 40μFmax라고 쓰여져 있었기 때문에 33μF로 해도 좋을지도 모릅니다.

도시바에서는 10μF라고 되어 있습니다만, 실효 플레이트 전원 임피던스를 올리면 늘려도 좋다고 쓰여 있습니다.

그러한 기록을 이유로 전원트랜스의 B권선과 직렬에 저항을 넣는 것도 생각했지만 사용전압·전류로부터 안전하다고 생각했지만 레귤레이션 중요하게 생각해서 넣지 않기로 했습니다.

다음 콘덴서는 200μF 이상이면 잔류 잡음을 1mV 이하로 할 수 있으므로 입수하기 쉬운 것으로 좋습니다. 본기에서는 390μF/450V의 것을 사용했습니다. 주의해야 할 것은 용량과 내압에 따라 크기가 상당히 달라지므로 공간에 들어갈지 여부를 주의하십시오.

본기의 경우, 전원을 켰을때 이 부분은 일시적으로 330V까지 올라가, 곧바로 회로도 표기의 전압까지 내려갑니다. 만약 나중에 300B로의 개조를 생각하지 않는다면 내압 350V 이상이면 괜찮습니다. 350V 콘덴서라면 820μF인 것도 있었습니다.

잘못 꽂음 방지

본기는 관의 잘못 꽂는 것을 방지하기 위해 프리앰프부는 MT7P의 6C4, 드라이버단은 MT9P의 5687, 파워관은 UX4P의 2A3, 정류관에는 US8P의 5U4G를 채택했습니다.

핀 수가 모두 다르기 때문에 이것으로 잘못 꽂는 일은 없습니다.

프리앰프부는 채널 세퍼레이션과 외형을 고려하여 6C4를 2개로 하였으나 12AU7을 1개에서 좌우로 배분해도 같은 회로로 가능합니다. 단 MT9P이므로 5687과 잘못 꽂은 위험이 있습니다.

개조를 위한 배려

본기기에서는 300B로의 개조를 고려한 설계로 하고 있습니다. 따라서 드라이버단의 출력, 저항의 와트수, 콘덴서의 내압 등은 2A3의 경우에는 여유가 있습니다.

또한 2A3의 필라멘트는 전압은 낮아 험이 나오기 어려우므로 교류점화, 300B의 경우 정류·평활회로를 추가하여 직류점화가 되도록 하였습니다.

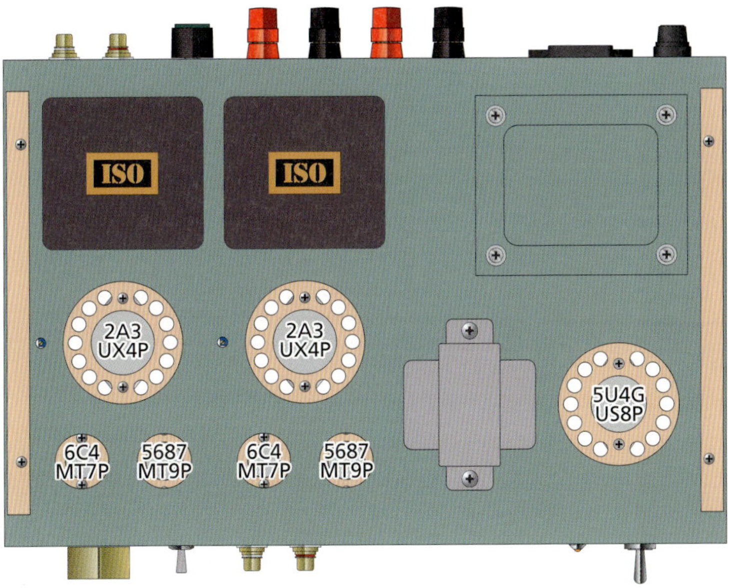

모두 다른 종류의 소켓이 되는 진공관 선택

바닥판을 부착한 상태

사용 가능 구의 규격

전력 증폭관의 규격

구명	2A3	300B
접속도	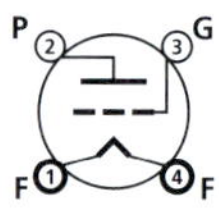	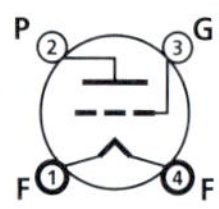
히터전압/전류	2.5V/2.5A	5V/1.2A
최대정격	설계중심	설계중심
플레이트 전압	300V	400V
플레이트 손실	15W	36W/40W
플레이트 전류	---	100mA
그리드 저항 (고정 바이어스)	50kΩ	50kΩ
그리드 저항 (자기 바이어스)	500kΩ	250kΩ
대표동작예 A1급 싱글		
플레이트 전압	250V	350V
플레이트 전류	60mA	60~77mA
제1그리드 전압	-45V	-74V
캐소드 저항	(750Ω)	(1233Ω)
종합 콘덕턴스	0.525mS	0.5mS
플레이트 내부저항	800Ω	790Ω
증폭률	4.2	3.9
부하저항	2.5kΩ	4kΩ
출력	3.5W	7W
외율	5%	5%

전압 증폭관의 규격

구명	6C4	5687	
접속도	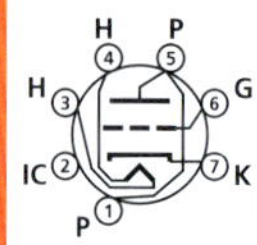	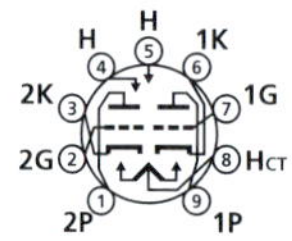	
히터전압/전류	6.3V/0.15A	6.3V/0.9A 12.6V/0.45A	
최대정격	설계중심	설계중심	
히터 전압 오차	---	5%	
플레이트 전압	300V	300V	
내역 플레이트 전압	---	1000V	
플레이트 손실	3.5W	4.2W	
전 플레이트 손실	---	7.5W	
캐소드 전류	---	65mA	
히터 · 캐소드간 내압	90V	90V	
그리드전압	1MΩ	1MΩ	
밸브 온도	---	220℃	
대표동작 예 A1급 싱글			
플레이트 전압	100V	120V	250V
플레이트 전류	11.8mA	36mA	12mA
그리드 전압	0V	-2V	-12.5V
종합 콘덕턴스	3.1mS	11.5mS	5,4mS
플레이트 내부저항	6250Ω	1560Ω	3000Ω
증폭률	19.5	18	16

- 파워관은 기반이 되는 개발원의 데이터를 기재하고 있습니다. 2A3는 RCA, 300B는 Western Electric의 것입니다.
- 300B의 플레이트손실은 전기형/후기형입니다.
- 제조사에 따라 발표 규격이 다른 경우는 작은 쪽의 전압·전류 값을 게재하고 있습니다.예를 들어 5687의 최대 플레이트 전압은 도시바 발표치는 설계 중심 최대값으로 300V이지만, TungSol의 발표치는 절대최대 정격에서 330V 입니다.
- 플레이트 전류와 제2 그리드 전류가 범위로 표시되어 있는 경우는, 제로 신호시~최대 신호 입력시의 전류입니다.

사용 가능 구의 규격

정류관의 규격 (콘덴서 인풋만)

구명	5U4G		5U4GB	
접속도	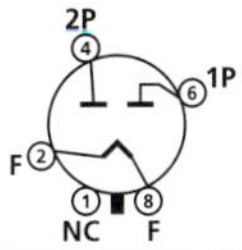		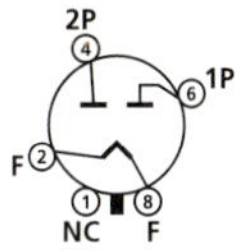	
히터 전압/전류	5V/3A		5V/3A	
최대정격	설계중심		설계중심	
첨두 내역 전압	1550V		1550V	
첨두플레이트 전류	각675mA		각1000mA	
입력 콘덴서	10~40μF		40μF	
대표동작 예 (각 플레이트 별)	콘덴서 입력		콘덴서 입력	
교류 플레이트 공급전압	300V	450V	300V	450V
입력 콘덴서	40μF	32μF	40μF	40μF
실행 플레이트 임피던스	각35Ω	각75Ω	각21Ω	각67Ω
직류 출력 전류(전 부하)	245mA	225mA	300mA	275mA
직류 출력 전압	290V	430V	290V	460V

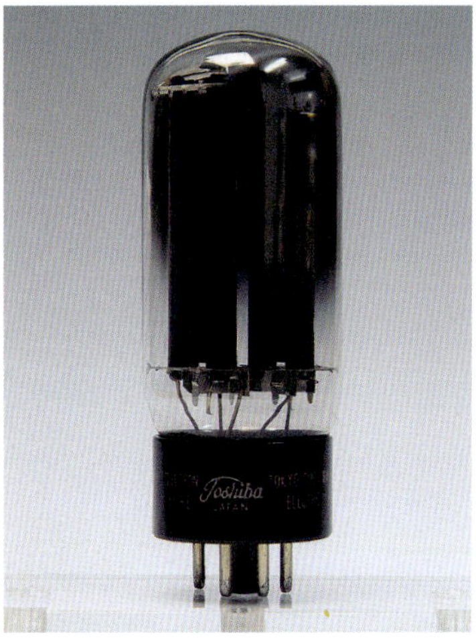

GT관의 5U4GB. ST관보다도 소형이므로 주역의 파워관을 돋보이게 하고 싶은 경우는 이쪽을 선택하는 것도 좋을지도 모른다.

COLUMN UX4P 소켓의 방향에 따른 잘못 꽂기

2A3나 300B 등의 UX4P 규격의 소켓은 꽂는 방향이 정해져 있어, 잘못하면 진공관이나 앰프를 부수게 됩니다.

일단 실수하지 않도록 필라멘트가 연결되는 1번과 4번 핀은 굵게 되어 있습니다만, 언뜻 보기에 이해하기 어렵고 무리하게 꽂으려고 하면 잘못된 방향으로도 꽂히게 됩니다.

소켓쪽도 옛날에는 필라멘트의 굵은 쪽에는 돌기마크가 붙어있었지만 최근 들어서는 소켓에는 마크가 붙어 있지 않아 진공관 삽입 시 주의가 필요합니다.

UY5P의 경우 핀의 각도 때문에 물리적으로 다르게 삽입할 수 없어 사고가 나지 않습니다. 하지만 UZ6P도 UX4P와 같이 잘못 꽂을 가능성이 있습니다.

이쪽도 히터 1번과 6번 핀은 굵게 되어 있고 화살표도 있습니다. 옛날 소켓에도 마크가 있습니다.

UX4P나 UZ6P 소켓의 진공관을 꽂을 때는 방향에 주의하세요.

2A3의 베이스 바닥면. 앞의 2개가 필라멘트로 굵게 되어 있는데, 실수로 다른 방향으로 꽂아버림.

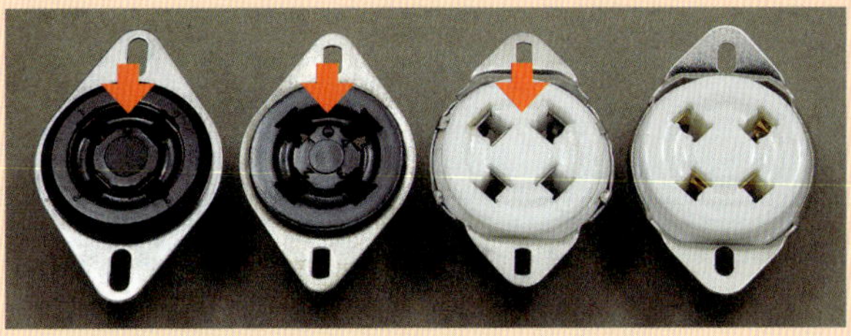

쇼와 시대에 생산된 소켓에는 필라멘트 쪽(굵은 핀이 꽂히는 쪽)에 마크가 있다. 요즘 물건에는 없는 경우가 많다. 사진 왼쪽부터 앰페놀제(USA), QQQ제(산큐로 읽는다·일본), 쇼와시대의 노브랜드 제품(일본), 헤이세이~2019시대의 노 브랜드 제품(중국).

UZ-42의 베이스 바닥면. UZ6P의 경우도 앞 2개가 히터로 굵어져 있지만 각도가 같아 잘못 꽂는 경우가 있음.

300B로 개조

밑으로 깊게 내렸기 때문에
MT관이 2A3 때보다 깊게 숨어있음

2A3는 발매 당시인 1933년경에는 3.5W"도 "낼 수 있는 하이파워관이었습니다만, 현재는 10배인 35W로도 고출력이라고 할 수 없는 시대가 되어버렸습니다.

단지 하이파워를 요구하는 시대라는 이유가 아니라, 스피커의 고음질화에 따라 희생된 것이 능률 저하와 저임피던스화 입니다.

이 두 가지는 앰프에게는 가혹한 조건이 되기 때문에 조금이라도 출력을 원하게 됩니다.

통상 사용으로는 2A3의 3.5W정도 있으면 충분하지만, 본기기에서는 조금이라도 파워를 원하는 분들을 위해 300B도 사용할 수 있도록 고려하고 있습니다.

300B는 2A3의 2배의 출력을 얻을 수 있는 유명한 파워관이지만 바이어스가 깊어 입력감도도 더욱 낮고 드라이브 파워가 요구됩니다.

본기에서는 그것도 내다보고 드라이브단에는 여유를 갖게 해 전원부도 대응할 수 있도록 설계했습니다.

단, 여기서부터의 개조 작업은 약간의 지식과 익숙해져야 합니다.

자세한 내용은 설명하지 않고 개조에 필요한 정보를 요점만 설명하오니 내용을 이해한 후 작업을 하도록 하세요.

이하 개요입니다.

전원 트랜스 및 탭 변경

우선, 전원트랜스는 2A3의 경우 PMC-170M으로 괜찮지만 300B의 경우 B 전류 용량이 빠듯하니 PMC-3520HG로 변경하는 것을 권장합니다. 비용이 상승하고 약간 무게가 증가하지만 처음부터 PMC-3520HG를 선택해 두는 경우도 있습니다.

서브 섀시 밑으로 장착

다음으로 300B는 키가 크고 보닛에 윗부분이 부딪치기 때문에 2A3보다 10mm 더하여 서브섀시를 15mm 떨어뜨려야 합니다. 이것은 15mm 스페이서로 변경하는 것으로 대응합니다.

사실 이 작업이 가장 수고와 시간이 많이 걸립니다.

그럼 왜 처음부터 15mm로 만들지 않았는지 질문할 것 같은데 저는 진공관의 베이스를 잡고 뽑거나 장착하고 싶고, 그래서 떨어뜨림은 되도록 얕게 하고 싶다고 생각하고 있기 때문입니다.

흔히 오래된 관으로 접점이 느슨하게 된 것이 있는데 접착이 약해진 곳에 밸브 부분을 잡고 소켓에서 빼면 베이스에서 벗겨져 움직이게 되기 때문입니다.

하지만 이건 무리도 아니고 당시 기술로 수십 년 동안 지속된 접착제를 칭찬해야 될것으로 생각하며 앞으로는 사용하는 쪽에서 주의해야 될 것으로 생각한 것입니다.

밑으로 내리는 폭을 늘인 것으로, 섀시 내부가 좁아져, 그대로는 케미콘 등 일부의 부품이 바닥판에 닿아 버리기 때문에, 누이거나 방향을 바꾸거나 하고 있습니다.

가장 키가 큰 일렉트로 하모닉스의 300B(오른쪽)를 꽂고 보닛을 씌워 보니 틈새는 불과 3mm에 불과했습니다. 현재 가지고 있는 타사제 300B 중에서 이보다 키가 큰 것은 없었기 때문에 괜찮다고 생각합니다만, 만약 더 키가 큰 300B의 경우는 각자 떨어뜨림 치수를 바꾸어 주십시오.

COLUMN 5687의 편차

본기에서 채용한 드라이버관 5687은 몇 개 교체해 보니 매우 편차가 큰 관임을 알 수 있었습니다. (라고 옛날에도 경험한 것을 떠올려 잊고 있었기 때문에 머릿속은 옛날의 기억이 되살아났습니다).

본래 증폭률(μ)이 큰 관은 편차가 큰 경우가 많이 있지만 5687은 낮은 μ구입니다.

그러나 고μ구 수준으로 gm값이 크고 원래 오디오용이 아니기 때문에 용도적으로 문제가 없었을지도 모릅니다. (6080등도 같은 타입)

본기에서도 GE, 텅솔, RCA, 도시바등의 여러 메이커에서 10개 정도 교체하여 특성을 본 결과, 잔류 잡음은 0.4mV 정도의 것부터 3mV를 넘는 것까지 있어 왜율도 1W·1kHz 시에 좋은 것은 0.5% 정도였지만 나쁜 것은 2%가 넘었습니다.

게다가 노이즈 레벨이 낮다고 해서 왜률이 좋은 것도 아니고, 또한 소출력시에 왜률이 좋아도 최대출력 부근에서는 다른 개체보다 뒤떨어지고, 게다가 그것들이 정반대의 관도 있다 라고 하는 식으로, 어느 메이커의 어떤 개체가 좋다고는 단언할 수 없습니다.

거기서 본기의 측정 결과는 1번은 아니지만 「어느 정도의 양호한 관을」 삽입해 계측하고 있습니다.

만약 노이즈가 발생하는 등의 문제가 있을 경우 5687을 여러 개를 구입하여 선별이 필요할지도 모릅니다. 너무 비싼 관이 아니라서 다행입니다.

왼쪽부터 도시바·5687WA 통측용, GE·JAN-5687WB, RCA·5687. 이번에 왜율이 가장 우수했던 것은 왼쪽의 도시바 5687WA. 노이즈는 비슷함.

필라멘트의 직류 점화

그 다음은 필라멘트 점화 방법입니다. 2A3는 2.5V와 저전압 때문에 교류 점화에서도 험 소리가 눈에 띄지 않는 특징이 있지만 300B는 5V이기 때문에 만족스러운 험 레벨을 만들기 위해서는 직류 점화를 해야 합니다.

본기기에서는 직류 점화용 브리지 다이오드와 전해 콘덴서류의 장착 장소를 미리 고려하고 있습니다.

사용한 브리지 다이오드는 쇼트키 배리어 다이오드(SBD) 타입으로 저손실에 스위칭 속도가 빠른 장점이 있지만 고압에는 적합하지 않고 열에 약한 단점이 있습니다.
본기기에서는 일단 서브 섀시에 나사로 고정하여, 열을 방출하도록 하고 있습니다. 전류에 여유가 있기 때문에 살짝 따뜻해지는 정도로 문제가 없습니다. 혹시 몰라서 실리콘 그리스도 얇게 발랐어요.

전해 콘덴서는 2종류를 사용하고 있습니다만, 입수 상황에 따라 그렇게 했을 뿐이며, 같은 것으로 전혀 상관없습니다.

저항은 20W의 시멘트 타입으로 상당히 발열되므로 다른 부품과 접촉하지 않도록 주의하시기 바랍니다.

드라이브 회로 정수 변경

드라이브 회로는 당초 2A3와 같은 상태로 둘까 생각했지만 2A3의 저전압 사양으로는 300B의 능력을 충분히 끌어낼 수 없기 때문에 회로는 같아도 정수를 변경했습니다.

이로 인해 드라이브 파워가 필요한 300B가 2A3보다 고감도 입력이 되어 버렸습니다.

조금 입력 감도가 너무 높은 경향이 있습니다만, 그대로를 즐기려고 그대로 두고 있습니다.

만약 좀 더 입력 감도를 낮추고 싶을 경우는 300B의 그리드에서 초단의 캐소드로 150kΩ의 저항으로 NFB(약 6.5dB)를 걸면 입력 감도가 약 절반이 됩니다. 또한 왜률, 노이즈 전압 등도 저하되므로 스펙상으로는 고성능이 됩니다.

이러한 개조는 어디가 다른지 제작자료만 다음 페이지 이후에 표시합니다.

300B로 개조

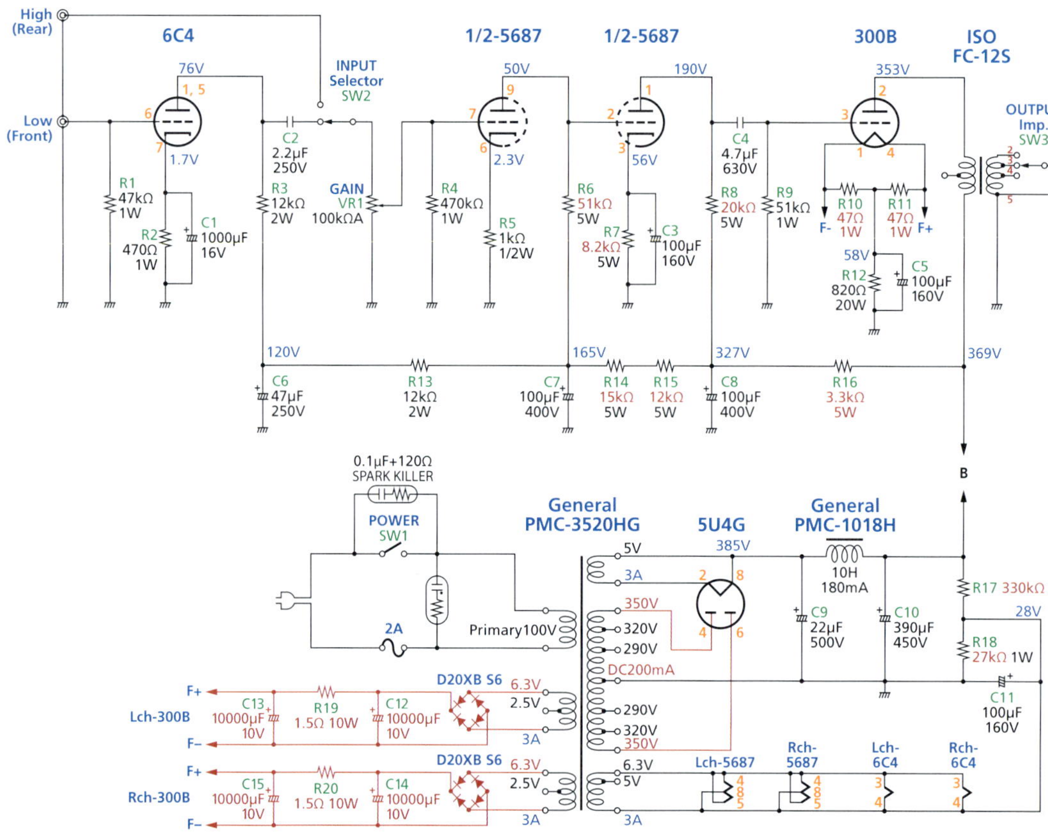

회로도 상에서의 설명입니다.

2A3에서 변경되는 부분은 적색으로 표시하고 있습니다.

배선 후의 전압 확인도 이 회로도를 참조해 주세요. 5%정도의 차이면 문제없습니다.

B전압은 전원 트랜스의 290V 단자에서 350V 단자로 변경합니다.

5687 주변의 드라이브 회로는 정수를 변경하여 300B로의 드라이브 파워 한계를 올립니다.

출력 트랜스는 3.5kΩ로 사용합니다. FC-12S는 2차측 배선을 변경하여 1차측 임피던스를 변경하는 타입입니다.

덧붙여 세세한 것입니다만, 출력 트랜스의 3번 핀에서 나오는 출력은 5.7Ω에서 5.6Ω가 되므로, 리어 패널의 표시 씰을 바꾸겠습니다.

어느 쪽이든 6Ω 스피커를 연결하는 것을 상정하고 있습니다.

필라멘트는 직류 점화로 변경하기 위해 2.5V 단자에서 6.3V 단자로 변경하고 정류 및 평활 회로를 2조 신규로 추가합니다.

또한 직류 점화로 하면 험 발란스를 돌려도 거의 변화하지 않기 때문에 고정 저항으로 대체하고 있습니다만, 이곳은 변경하지 않아도 됩니다.

일반적으로 볼륨은 줄이는 편이 조금이라도 음질이 좋아지기 때문이고 열량에 대한 내성을 높이고 싶어서 변경합니다.

5687의 캐소드 전압이 크게 바뀌기 때문에 R17과 R18도 변경하고 히터 바이어스 전압도 변경했습니다.

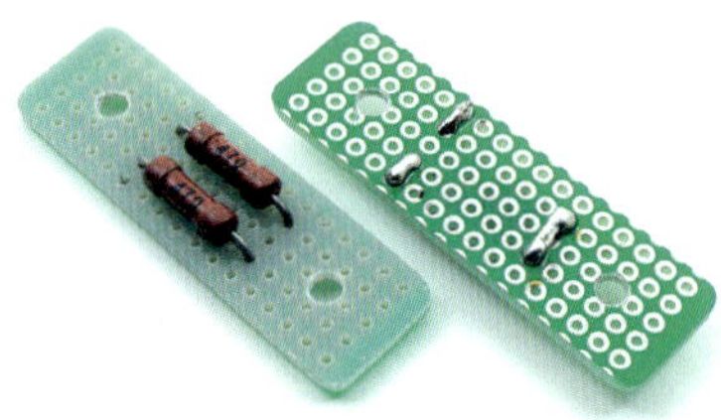

험 발란스를 철거한 바이어스 저항 기판. 사이즈에 문제가 없었기 때문에, 기판 절단에 조금 여유있게 긴 채로. 변경하지 않고 2A3와 같은 상태로도 좋음.
교환 작업은 틈새로 손가락을 넣거나 핀셋으로 부품을 누르는 등 다소 번거로움.

COLUMN 본서 설명 부품과 사진과의 차이

실은 본기기를 제작·개조하던 시기에 채용하고 있던 노구치 트랜스가 폐업하여 일시적으로 트랜스 입수 곤란에 빠져 버렸기 때문에, 본기에서는 카스가 무선으로 부탁해 전원 트랜스를 특별 주문한 것을 사용했습니다.

품번은 H30-09035 입니다. 특별 주문품이므로 고가이지만, 정전 쉴드 쇼트 링도 포함되어 있어 안심입니다.

품번을 말하면 같은 것을 만들어 줄 수 있기 때문에 이것을 사용해도 제작할 수 있습니다.

단, 탭 배치가 PC-170M이나 PMC-3520HG와 다르기 때문에 배선이 달라집니다.

또한 코어 부분에 커팅 시트를 감을 수 없기 때문에 도장에 의한 색상 변경을 하고 있습니다.

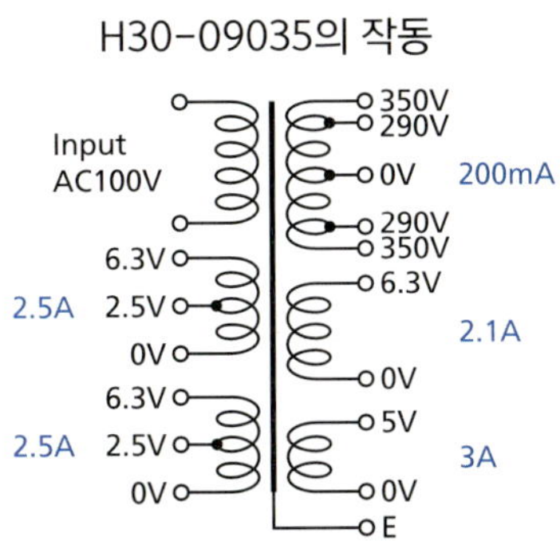

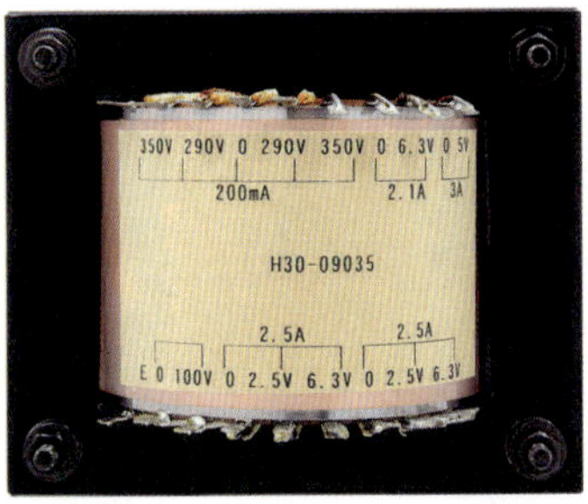

단자와 전압 표시 위치가 어긋나 있음으로 배선 시 주의 필요

커버 코어 모두 도장에 의한 색을 바꾸어 사용하고 있다

또한 서브섀시에 1.5mm 두께의 알루미늄판을 강도 향상을 위해 접어서 사용했기 때문에 2A3에서 300B로 개조할 때 그대로 실리콘 브릿지 등이 장착되지 않는 단점이 생겨 버렸습니다.

그래서 6mm 두께의 알루미늄판을 가공하여 스테이를 만들고 끼워 넣었습니다.

이쪽은 처음부터 2mm 두께의 알루미늄 판으로 서브 섀시를 만들면 필요 없습니다.

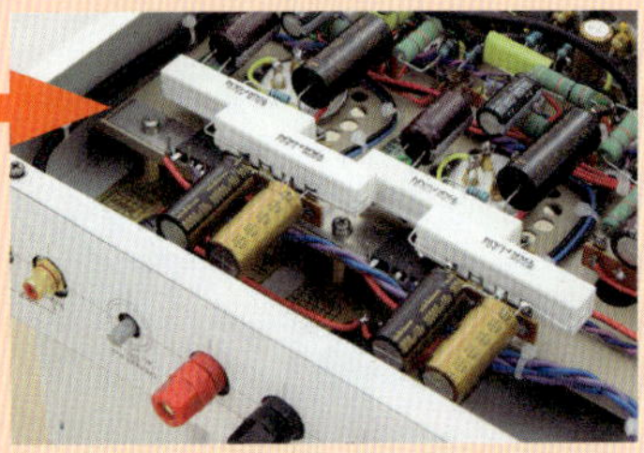

입수 문제로 직류 점화용 케미콘은 2종류를 사용하고 있습니다. 실리콘 브릿지는 먼저 다리를 구부려 놓습니다. 시멘트 저항은 좁지만 다른 곳에 닿지 않도록 해 주십시오.

Tips 판이 두꺼운 경우 작업순서

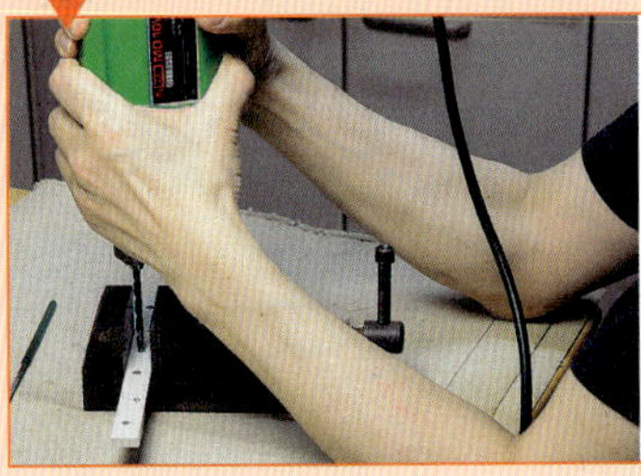

작은 서브앵글 등을 만들 경우 고정하기 어려워지므로 먼저 구멍을 뚫고 절단하는 것이 일반적인 순서입니다. 두께가 있는 판재의 경우 수직으로 구멍 뚫기가 어려워지므로 먼저 목표 사이즈로 절단하고 바이스 등으로 고정하여 구멍을 뚫습니다.

또한 작은 구멍 뚫기는 보통 핸드드릴이지만 판두께가 6mm나 되면 엄청난 시간이 걸리기 때문에 전동드릴을 사용합니다.

양손으로 단단히 잡고 전후좌우에서 수직으로 닿았는지 확인하고 흔들리지 않도록 팔꿈치를 짚고 트리거는 오토로 사용합니다.

물론 위치 어긋남 수정도 고려하여 조금 작은 지름부터 구멍을 뚫습니다.

300B로 개조

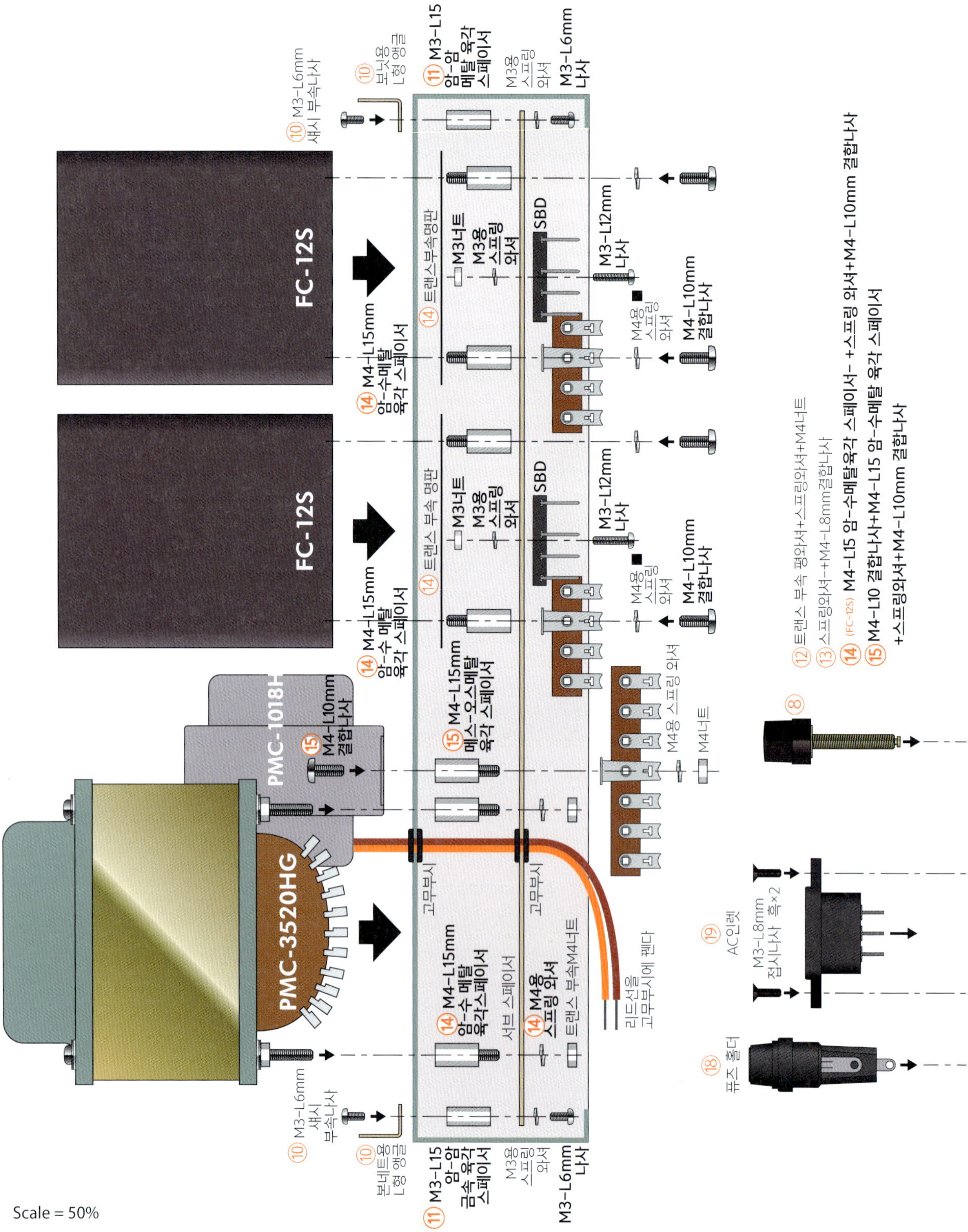

Scale = 50%

300B로 개조

굵은글자가 2A3에서 변경되는 곳입니다.

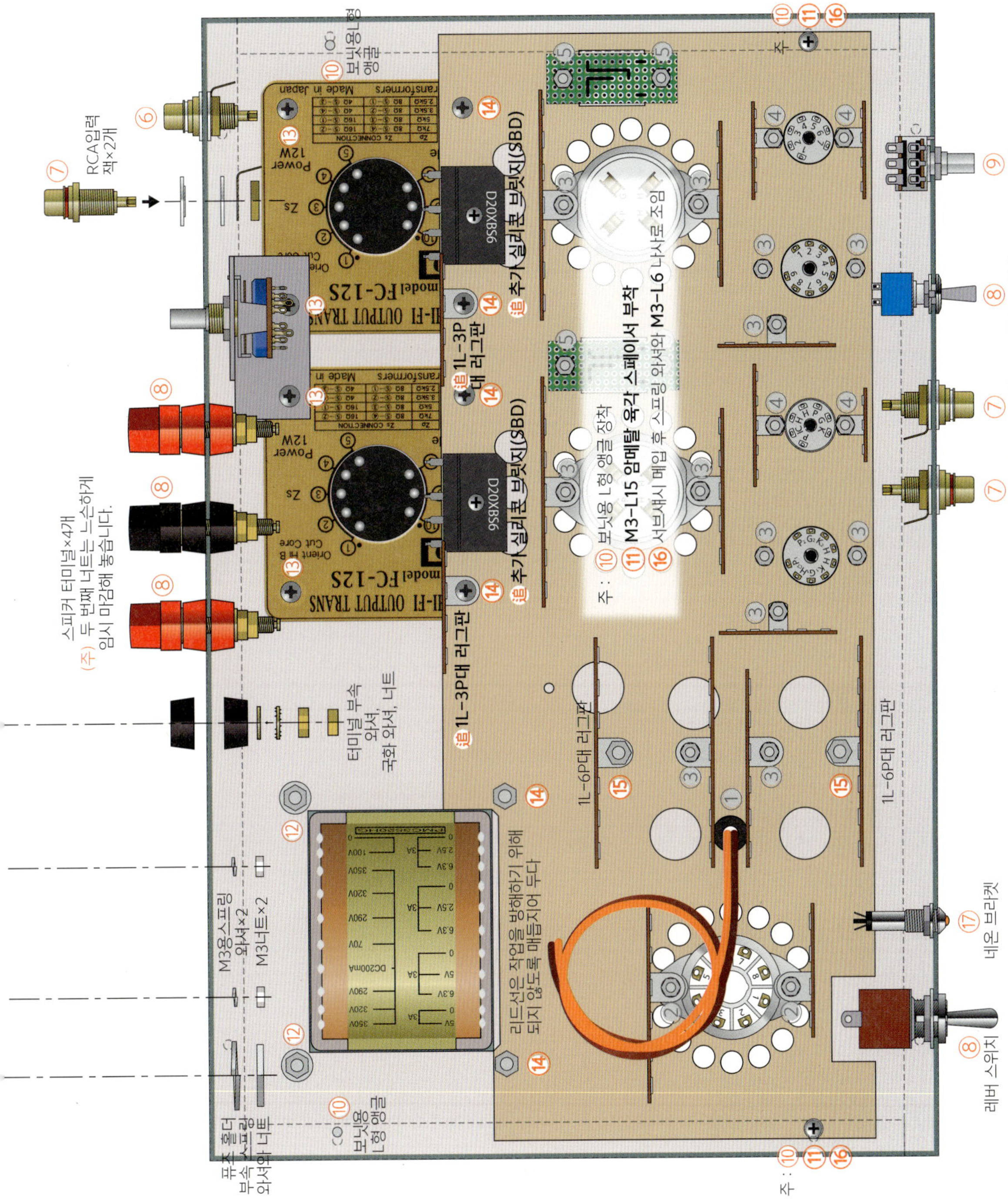

300B로 개조

개조 후 측정 결과입니다. 참고로 2A3 그래프도 겹쳐볼 테니 특성 차이를 보세요.

입출력 특성

좌우에서 상당히 레벨이 다릅니다만, 이것은 앞에서 서술한 5687의 특성 차이입니다. 5687을 좌우 교체하면 레벨도 반대가 됩니다. 이 정도면 일반 시청에서 그다지 신경이 쓰이지 않을 것 같은데, 신경이 쓰이신다면 페어 튜브 등 특성이 갖추어진 5687을 사용하십시오. 정수를 바꾸는 바람에 300B가 훨씬 고감도입니다.

주파수 특성

300B가 약간 저역쪽으로 치우쳤습니다. 큰 차이는 아니지만 고역은 2A3가 더 뚜렷하게 뻗어 있습니다.

왜율 특성

조금 의외였던게 왜율입니다. 전역에 걸쳐 300B 쪽이 저왜이지만, 3극관 답지않고 조금 5W 근처에서 클립이 눈에 띄는 형태가 되었습니다.

이는 여러 정수를 바꿔 실험해 본 결과 5W 근처까지 상쇄 효과가 났기 때문이었습니다.

다만 클리핑 포인트는 5W 근처이지만 왜률 1.4% 정도로 낮기 때문에 왜곡된 느낌이 들지 않습니다. 왜률 5%를 정격 출력으로 봤을 경우, 7W 가까이로 파악할 수 있습니다.

최대출력이 조금 작은 느낌도 받는데 이는 공급전압이 300B 앰프치고는 상당히 낮기 때문입니다.

입출력특성

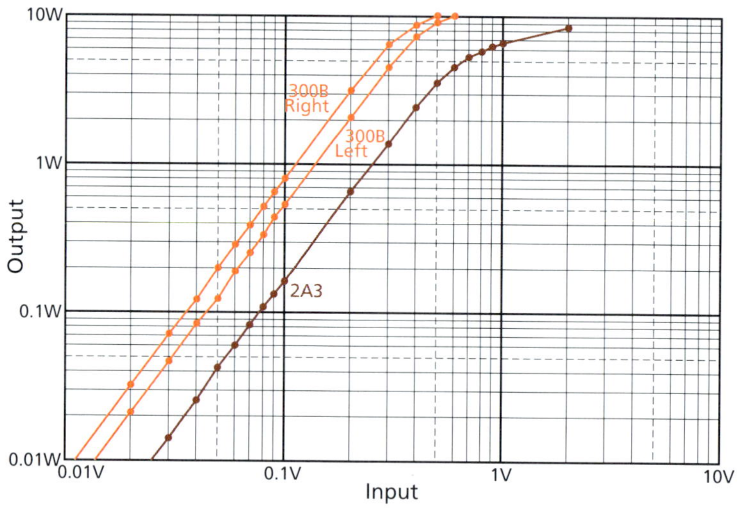

주파수특성

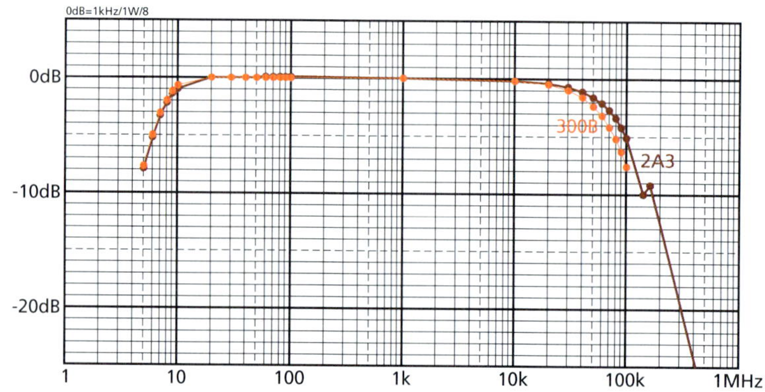

왜율특성

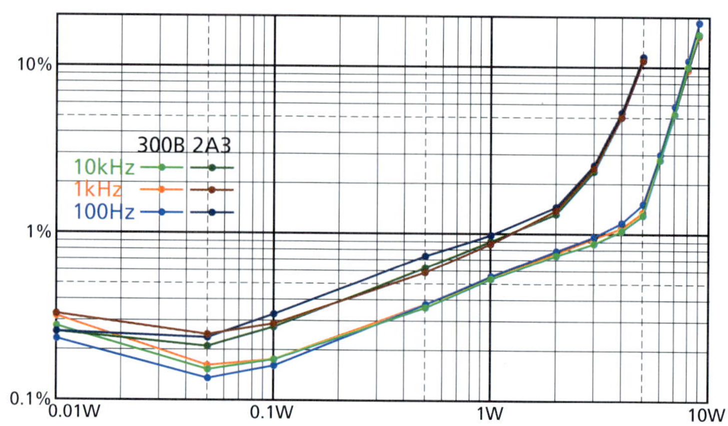

댐핑 팩터 특성

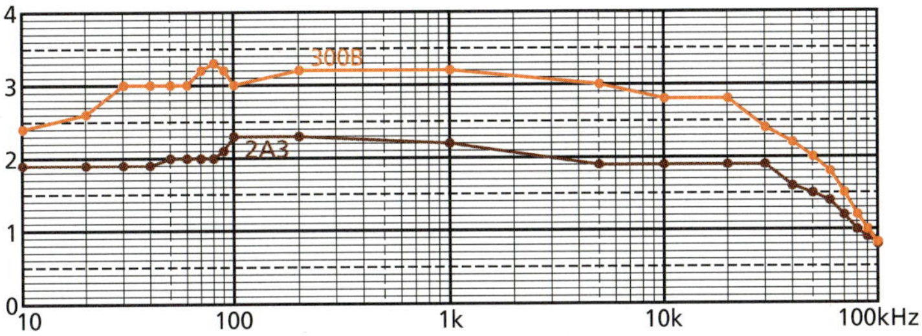

조정 중인 내부의 모습. 아직 흠집 방지 양생을 한 채로.
전원 트랜스는 가스가 무선의 특별 주문품이 사용되었습니다.

댐핑 팩터 특성

가청 대역의 평균은 3.2로 OPT를 3.5kΩ로 사용하는 300B로서는 표준적입니다. 무귀환으로 이 수치가 나오는 것이기 때문에 역시 300B입니다.

그 외

상쇄효과가 나왔기 때문에 5687을 바꾸면 특성이 점점 바뀝니다.

그렇다면 5687의 개성이 나왔을까? 라고 조금 반성하고 있습니다만, 소리 자체는 300B다운 감싸는 듯한 채워지는 소리를 즐길 수 있으므로, 이것으로 좋다고 했습니다.

최대 출력 부근의 특성은 정류관을 5AR4로 합니다. 정류 방법을 실리콘 브릿지로 하는 등으로 더 개선할 수 있다고 생각하지만 통상 사용 음량의 소리를 중시했습니다.

본기의 정격

정격출력	7W+7W
최대출력	8W+8W
출력임피던스	4Ω, 5.6Ω, 8Ω
입력감도	Low (Rear) : 0.4V
	High (Front) : 0.04V
입력임피던스	Low (Rear) : 82kΩ
	High (Front) : 47kΩ
게인	Low (Rear) : 27.0dB
	High (Front) : 47.3dB
주파수특성	9Hz~30kHz at-1dB
	7Hz~56kHz at-3dB
왜율	0.54% at1W·1kHz
	0.17% at50mW·1kHz
댐핑 팩터	3.2 (가청 대역 평균)
채널 세퍼레이션	Low (Rear)at1kHz
	L→R : 53.9dB
	R→L : 63.6dB
잔류잡음	0.76mV
소비전력	142W
최대외형치수	W357×D274×H199mm
	(돌기물포함 · 보닛 포함)
중량	11.8kg (보닛 포함)

27/37/56/76
Stereo Headphone Amplifier

- UY-27/37/56/76 교체식
- 6DJ8의 캐스코드 접속을 통한 낮은 임피던스 드라이브, 고전관에서도 광대역 고해상도 대응
- 8~64Ω 정도의 헤드폰을 상정, 임피던스 전환 스위치 포함

가공 난이도 : ★★★

조립 난이도 : ★★★

배선 난이도 : ★★★

본기의 개요

소리가 좋은 헤드폰 앰프를 갖고 싶다는 생각으로 계획을 세웠는데 보관함에 있는 27이나 76 등의 낡은 전압 증폭용 ST관에 눈이 멈췄습니다.

가능하면 제조사 제품이 아닌, 별로 예가 없는, 자체 제작에서만 얻을 수 있는 앰프를 만들고 싶다고 생각하여, 이번에는 사용 예가 적은 이러한 진공관을 사용한 헤드폰 앰프를 제작해 보았습니다.

전압증폭용으로 개발된 27~76은 현재는 증폭률이 작고 히터전력도 많이 먹고(전압증폭관 치고는) 본래의 용도로는 사용하기 어려운 감이 있지만 플레이트 특성의 직선성이 좋고 MT관과 달리 유리나 플레이트의 사이즈도 크기 때문에 다소 무리가 가도 본기기와 같은 용도에 적합합니다.

헤드폰 앰프라면 출력이 작아지므로 저렴하게 입수할 수 있는 전압 증폭관을 이용할 수 있습니다.

또, 데뷔 초·쇼와 초기(1926~1945년 정도)의 것은 가지관, 플레이트가 움직이지 않도록 개량된 ST관과 2종류의 형태가 있어, 외형도 즐길 수 있습니다.

• • •

설계에 있어서 예비실험을 해 본 결과, 103dB/mW능률의 헤드폰에 10mW의 출력을 주었더니, 상당한 폭음이 났으므로, 최대출력은 50mW (0.05W)만 있으면 충분하다고 생각합니다.

본기기에서는 고전관에서도 현재의 음악 소스를 만족스럽게 재생할 수 있도록 음미한 앰프로 했습니다.

디자인은 고전구를 파워관으로 사용하기 때문에 너무 기발하게 만들지 않고 약간 복고풍 감촉이 좋다고 생각하여 트랜스는 차분하고 무광의 푸른색으로 만들고 고전구를 보호하는 보닛이 달린 섀시를 회색빛으로 도장하여 사용하였습니다.

조금 입수 난이도는 걱정되지만 27, 37, 56, 76 중 어느 것을 구할 수 있다면 질 좋은 헤드폰 앰프를 한 대 제작해 보는 것은 어떨까요?

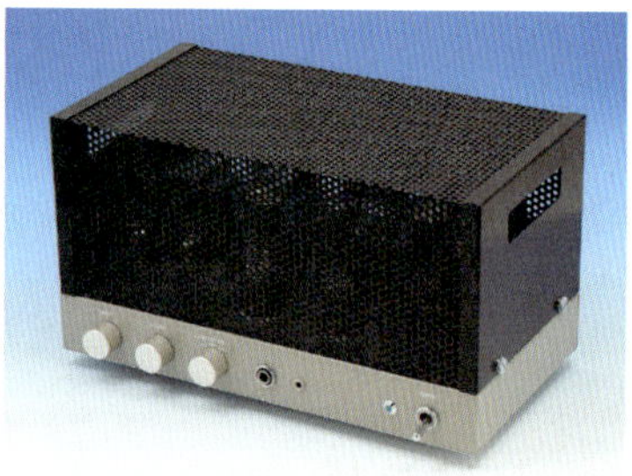

보닛을 씌운 모습

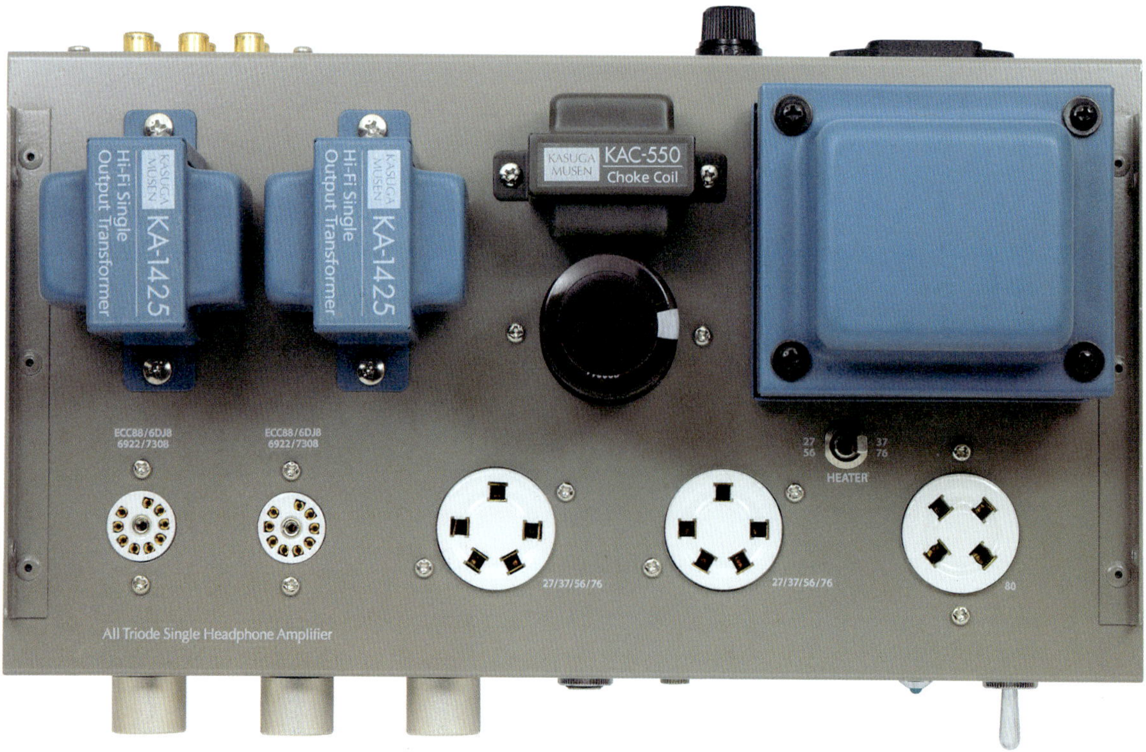

트랜스는 모양을 내기 위해 스티커를 만들어 붙였다

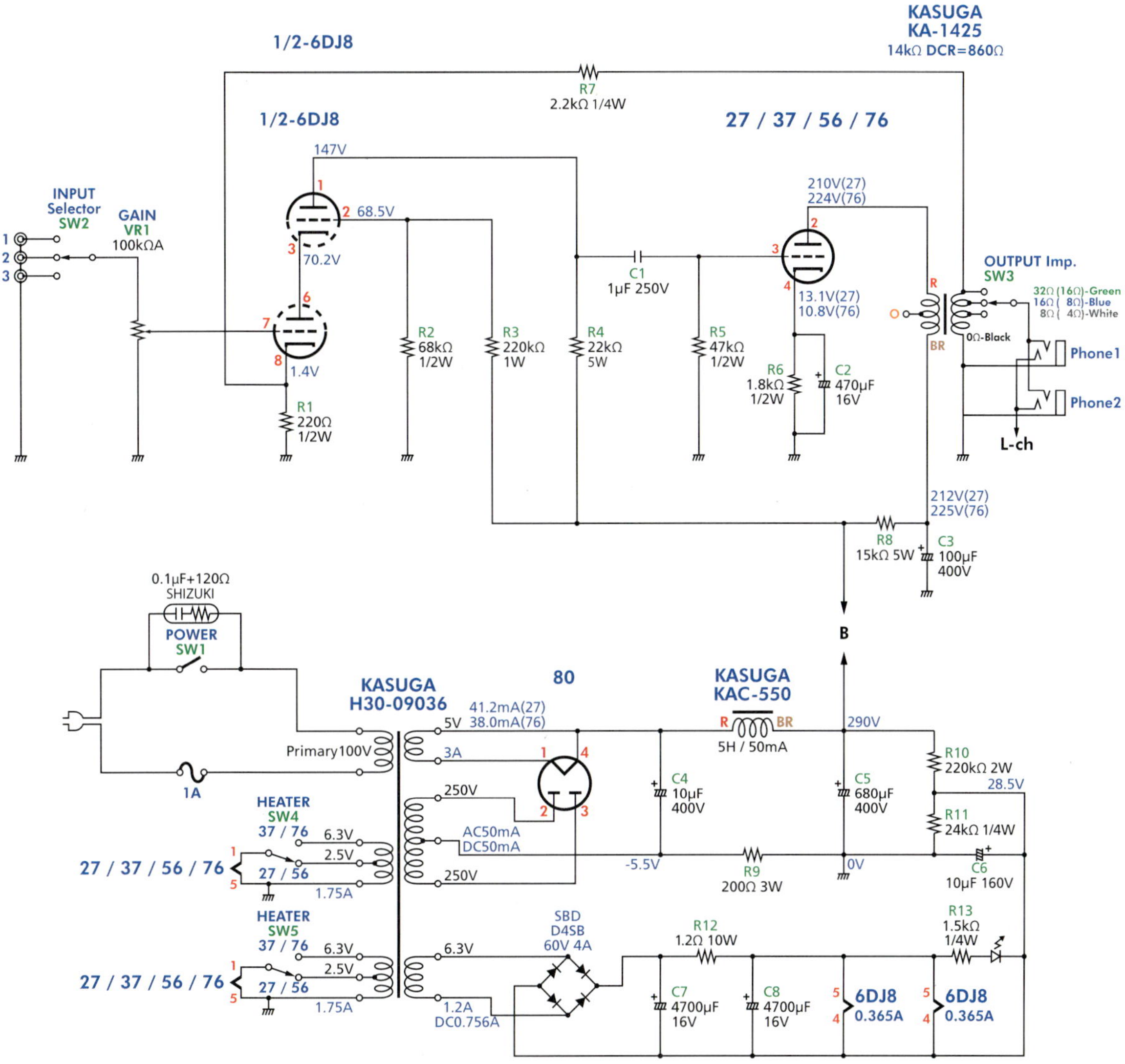

※L-ch는 R-ch와 같은 회로이므로 생략하고 있습니다. (B부터 위의 똑같은 회로입니다)

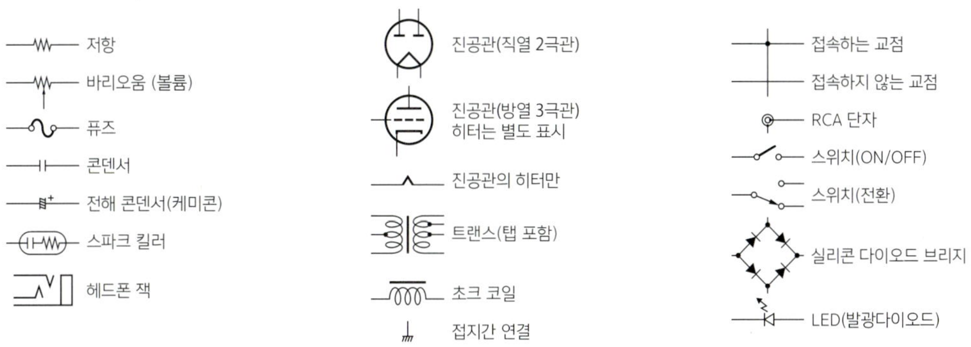

진공관 · 소켓

본기는 쇼와시대(1926~1987년)의 전압증폭용 3극관을 파워관으로 사용합니다. 그래서 구입시는 출력관이 아닌 전압증폭관의 카테고리로 판매되고 있으므로 찾을 때는 주의해 주십시오.

27, 37, 56, 76 순으로 연대가 새로워지고, 전력 절약으로 고성능이 됩니다. 모두 빈티지 관이므로 쉽게 입수할 수 없을지도 모릅니다만, 있으면 그다지 고가는 아니라고 생각하기 때문에 어느 것이든지 2 개를 입수하십시오.

미국제와 일본제가 메인이 될 것 같습니다. 쇼와의 전성기는 대부분의 메이커가 만들고 있었습니다.

옛 가지 관은 대부분 227이라고 하며, 그 시대는 제조사에 따라 품번이 달랐습니다. 27의 아크튜러스 제품은 127, 칸니검은 327이라고 하는데 같은 것입니다. 27표기 그대로인 것도 있습니다.

37, 56도 적지만 가지관이 있습니다. 단 유럽 규격의 품번으로 GZ37 등은 다른 것 이므로 사용할 수 없습니다. 고전관 찾기는 좀 어려운 점이 있으니 주의가 필요합니다.

정류관도 비슷한 연대와 입수 난이도이지만, 이것이 약간 많을 것으로 보입니다. 이것도 80뿐만 아니라 180, 280, 380 표기 제품도 사용할 수 있습니다.

6DJ8은 현재까지도 공산권에서 제조되고 있으며 전세계적으로 생산되어 입수가 용이합니다.

히터 전압이 7V인 7DJ8(유럽명 PCC88)도 약간의 전압 차이이므로 6.3V인 채로 사용할 수 있습니다.

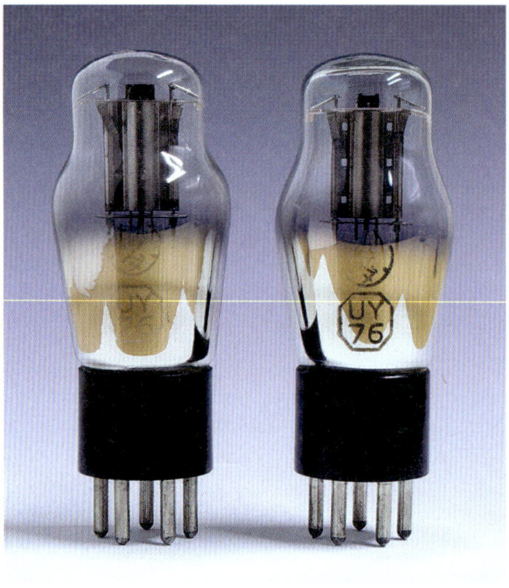

마츠다(현 도시바)의 76입니다. 좌우로 연대가 다르기 때문에 유리의 형상이 다르고 오른쪽은 색이 옛날 라무네 병과 비슷한 연한 녹색을 띄고 있습니다. 빈티지 관이므로 갖추어져 있지 않아도 OK로 해 주세요.

정류관은 80을 사용. 같은 4P라도 정류관은 UX가 아니라 KX가 붙기 때문에 KX-80이라고도 합니다. 후타바 전자 공업의 것을 사용했습니다.

드라이버관에는 6DJ8(유럽명 ECC88)을 2개 사용했습니다. 제조사는 보유하고 있는 관계로 RCA와 Amperex입니다. 고신뢰관의 E88CC, 유사관의 6922나 7308, 러시아명 유사관 6N23P(6H23П), 중국명 6N11도 마찬가지로 사용합니다.

Tips 품번의 접두사

당시의 일본제 진공관은 소켓의 핀 수에 따라 품번에 프레픽스 (접두사)가 붙어 있었습니다.

UX … 4핀 (UX-2A3 등)
UY … 5핀 (UY-27 등)
UZ … 6핀 (UZ-42 등)
Ut … 7핀 (Ut-6A7 등)
US … 8핀 (US는 표시하지 않음)
UF … 유럽 규격의 판스프링 형상 4 또는 5핀, UF-134A 등)

예를 들면 '27'에서는 5핀 소켓이기 때문에 「UY-27」이라고 표시되어 있습니다. 같은 품번이라도 미국제에서는 표시되지 않고 단순히 '27'이라고만 인쇄되어 있습니다.

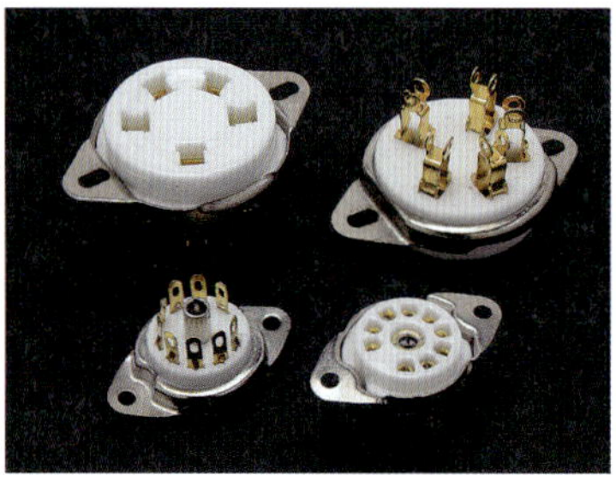
소켓은 파워관용으로 UY5P×2개, 드라이버관용으로 MT9P×2개가 필요합니다. 외형이 깔끔하여 하부 설치용을 사용하였습니다.

정류관은 UX4P×1개, 설치용입니다.

섀시는 리드의 보닛이 장착된 MK-300입니다.
보닛은 철제, 섀시부는 t=1mm 알루미늄입니다.
폭 300×깊이 160×높이 172mm
(보닛120+섀시부40+고무다리 12mm)입니다.

본기는 트랜스류가 작기 때문에 섀시도 콤팩트한 것을 선택했습니다. 고전관을 사용하기 때문에 보호를 생각해서 보닛 포함으로 했지만, 취향이기 때문에 보닛 없이 섀시로 해도 괜찮습니다.

섀시부는 t=1mm 두께의 알루미늄이므로 가공이 용이합니다. 본기기에서는 트랜스류도 그만큼 무겁지 않기 때문에, 이 두께로도 강도적으로는 문제가 없습니다.

복고풍의 느낌을 조금이라도 낼 수 있도록 가공 후 연한 베이지 계열의 도장을 했지만, 원래도 실버 메탈릭 도장이 되어 있기 때문에 그대로 사용해도 나쁘지 않습니다.

이후 페이지는 같은 섀시를 사용한 것으로 설명합니다.

검은색 트랜스류는 멋있지만 먼지가 눈에 띄기 때문에 모두 다른 색상으로 칠해 사용했습니다.

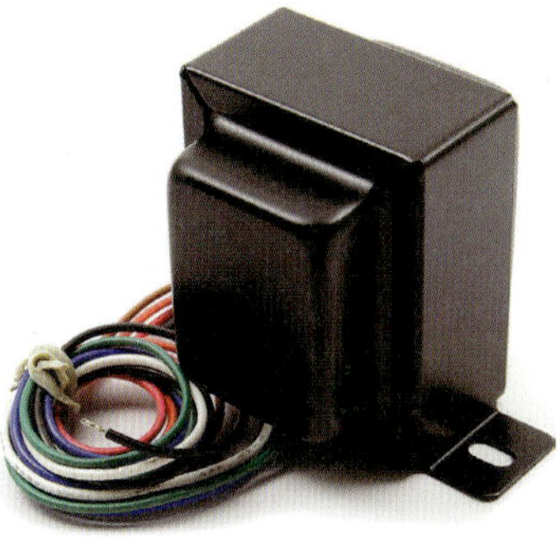

출력 트랜스는 카스가 무선의 KA-1425입니다 (2개).
1차 임피던스 14kΩ 트랜스이지만 설계상 2배인 28kΩ로 보고 사용하고 있습니다.

전원 트랜스는 소형으로 딱 맞는 것을 찾을 수 없었기 때문에 아키하바라의 카스가 무선에 특별 주문했습니다. H30-09036라는 품번을 말하면 같은 것을 만들어 받을 수 있습니다.

초크 코일도 하루히 무선으로 갖췄습니다.
품번 KAC-550, 5H/50mA 용량입니다.
이 이상의 규격이라면 사용할 수 있지만,
커지므로 섀시 사이즈에 주의해주세요.

전원 트랜스 특별 주문 사양

특별 주문 품번 : H30-09036
O-BS200 (65VA), 정전 실드·쇼트링 부착

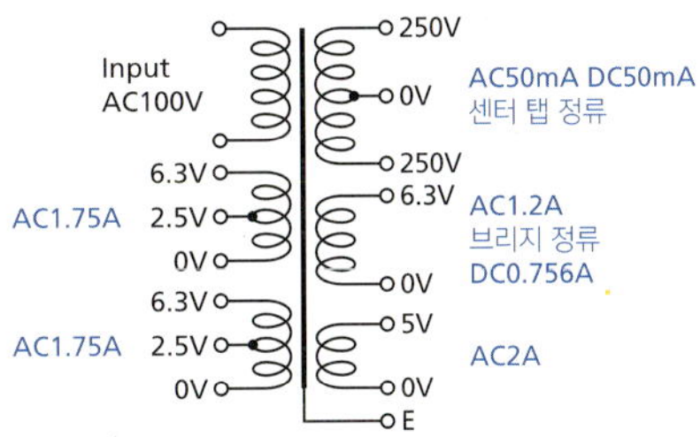

11.025+11.025+20+7.56+10=합계64.61VA
핀수16pin (E포함)

저항

카본저항

- R13 — 갈녹적금 — 1.5kΩ 1/4W × 1개
- R7 — 적적적금 — 2.2kΩ 1/4W × 2개
- R11 — 적황주금 — 24kΩ 1/4W × 1개

산화금속피막저항

- R3 — 적적등금 — 220kΩ 1W × 2개
- R10 — 자녹갈금 — 220kΩ 2W × 1개
- R9 — 적흑갈금 — 200Ω 3W × 1개
- R8 — 갈록주금 — 15kΩ 5W × 2개
- R4 — 적적주금 — 22kΩ 5W × 2개

시멘트저항

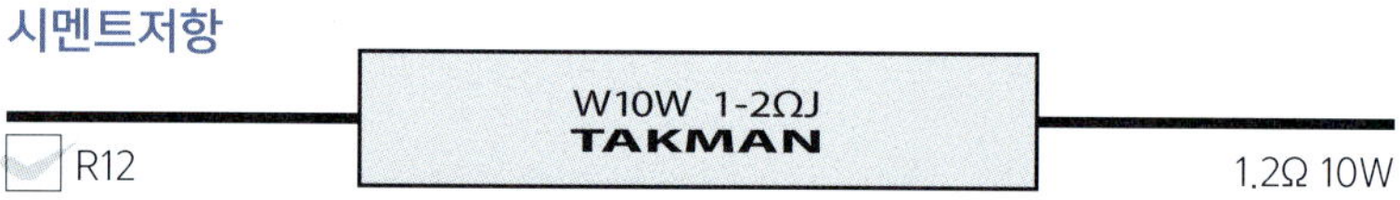

- R12 — 1.2Ω 10W × 1개

금속피막저항

- R1 — 적적흑흑갈 — 220Ω 1/2W × 2개
- R6 — 갈회흑갈갈 — 1.8kΩ 1/2W × 2개
- R5 — 황자흑갈갈 — 47kΩ 1/2W × 2개
- R2 — 청회흑갈갈 — 68kΩ 1/2W × 2개

Tips 저항의 설치방향

기본적으로 저항은 어느 방향으로 해도 괜찮습니다.
그러나 발열이 예상되는 경우 수직으로 설치하는 것은 피하는 것이 좋다고 알려져 있습니다.
이는 저항의 상부가 하부보다 뜨거워져 저항값이 달라지거나, 특히 권선저항에서는 단선의 위험성이 있기 때문입니다.

선 저항

저항의 색상 코드 보는 방법

저항은 직감적으로 알기 쉬운 숫자 표기와 어느 방향으로도 알기 쉬운 컬러 코드 표기가 있습니다.

최근 저항은 바탕 색상이 청색이나 녹색이고, 그 위에 색상 코드를 인쇄하는 경우가 많아 엷게 인쇄되어 있으면 색이 다르게 보일 수 있습니다.

그래서 사용 전에 테스터로 저항값을 확인하도록 합시다.

5줄 라인의 경우
이 경우 47kΩ 오차1%
($470 \times 10^2 = 47k\Omega$)

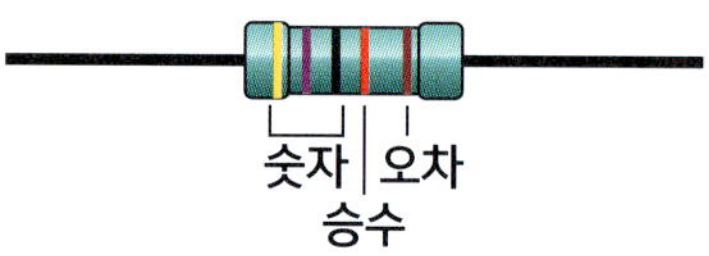

4줄 라인의 경우
이 경우 47kΩ 오차5%
($47 \times 10^3 = 47k\Omega$)

	흑	갈	적	주	황	녹	청	자	회	백	금	은
숫자	0	1	2	3	4	5	6	7	8	9		
승수	x1	$x10^1$	$x10^2$	$x10^3$	$x10^4$	$x10^5$	$x10^6$	$x10^7$	$x10^8$	$x10^9$	x0.1	x0.01
오차	20%	1%	2%			띠없음=20%					5%	10%

같은 것을 구할 수 없는 경우

저항값/가급적 근사치가 바람직합니다. 예를 들면 10kΩ 5W가 구입 불가능의 경우 20kΩ 3W를 두 개 병렬로 하거나 5.1kΩ 3W를 두 개를 직렬로 연결하십시오. 어느 쪽도 3W+3W로 6W분이 됩니다.

와트 수/큰 것은 상관없지만 사이즈가 커지므로 공간에 들어갈 수 있는지 확인해 주십시오.

종류/음질 등 취향의 문제이므로 달라도 전기적으로는 문제가 없습니다. 산화 금속 피막 저항을 금속 피막 저항으로 해도 괜찮습니다.

현재는 진공관 전성시대처럼 자유롭게 선택할 수 없는 경우가 많으며, 예를 들어 와트수가 큰 시멘트 저항은 쇼와시대에는 많았던 1kΩ를 넘는 것이 적기 때문에 산화금속 피막 저항을 사용하는 등의 이유가 되었습니다.

또한 100kΩ이 넘는 수치의 저항도 규격만큼 세세하게 분류하여 팔지 않기 때문에 근사치로 타협하거나 여러 개를 조합하게 됩니다.

제조사 시리즈/음질 등 취향의 문제이므로 달라도 전혀 상관없습니다. 오디오용인 저항은 몇 배~수십 배로 상당히 고가이기 때문에 예산과 자신의 가치관으로 결정하시면 될 것입니다.

※저항은 모두 실물 크기입니다.

전해콘덴서(케미콘)

C3 100μF 400V ×2개

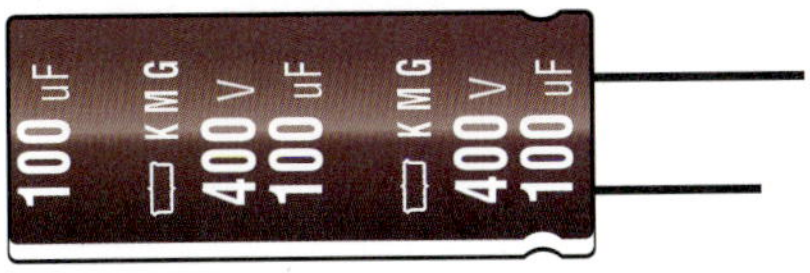

C4 10μF 400V ×1개

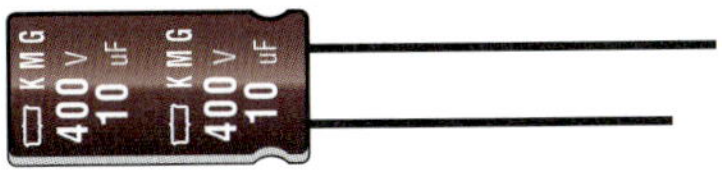

C6 10μF 160V ×1개

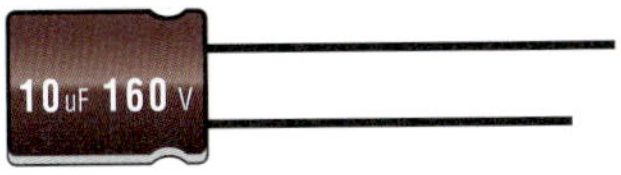

C7, C8 4700μF 16V ×2개

C2 470μF 16V ×2개

블록형 전해콘덴서 (블록 케미콘)

C5 680μF 400V ×1개
(※200μF 이상으로 OK)

필름 콘덴서

C1 1μF 250V ×2개

※전해 콘덴서는 극성이 있습니다. 반드시 마이너스 쪽에 표시(띠)가 있습니다.
또한 입형은 플러스쪽 리드선이 길게 되있습니다.

이 경우 내압 250V, 용량 2.2μF
(22×10⁵=2,200,000pF=2.2μF)
오차표시는 없음

콘덴서 표시의 보는 방법

μF나 pF 등의 단위가 적혀 있지 않은 콘덴서는, 대부분의 경우 승수에 따른 용량 표시가 되어 있습니다. 승수 표시의 경우 단위는 pF입니다. 예전에는 오차 표시도 함께 적혀 있었지만 현재는 정확도가 좋아진 탓인지 적혀 있지 않은 경우도 많아졌습니다.

같은 것을 구할 수 없는 경우

용량/사용 장소에 따라 커도 되는 경우와 근사치가 아니면 않되는 경우가 있습니다.

단 용량은 저항만큼 심각하게 맞추어야 하는 것은 아니기 때문에 같은 것이 없는 경우 근사치로도 괜찮습니다.

병렬접속은 비교적 괜찮지만 직렬접속은 용량오차로 걸리는 전압의 불균형이 점점 커지기 때문에 피하는 것이 좋습니다.

내전압/큰 것은 상관없지만 사이즈가 커지므로 공간에 들어갈 수 있을지 확인해 주십시오.

종류·제조사·시리즈/음질 등 취향의 문제이므로 달라도 전기적으로는 문제 없습니다. 폴리프로필렌 필름을 폴리에스테르 필름으로 해도 괜찮습니다.

단, 다른 종류를 전해 콘덴서로 대체하는 것은 피해주십시오.

전해 콘덴서는 누설 전류가 많기 때문에 대용량이 필요한 곳만 사용합니다.

형태·크기/달라도 전기적으로는 문제가 없지만, 제대로 설치할 수 있는지 잘 검토해 주세요.

※콘덴서는 모두 실물 크기입니다.

내압표시▼

	A	B	C	P	D	E	F	V	G	W	H	J	K
0							3.15V	3.5V	4V	4.5V	5V	6.3V	8V
1	10V	12.5V	16V	18V	20V	25V	31.5V	35V	40V	45V	50V	63V	80V
2	100V	125V	160V	180V	200V	250V	315V	350V	400V	450V	500V	630V	800V
3	1kV	1.25kV	1.6kV		2kV	2.5kV	3.15kV		4kV		5kV	6.3kV	8kV

오차표시▶

B	C	D	F	G	J	K	M
±0.1%	±0.25%	±0.5%	±1%	±2%	±5%	±10%	±20%

다른 부품들

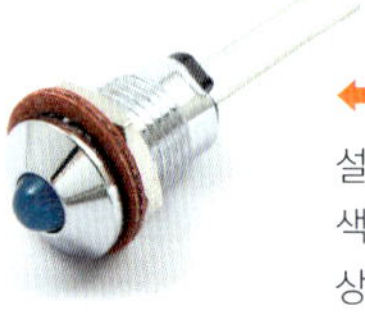

⬅ LED 브래킷

설치하기 쉬운 브래킷 포함입니다. 색상에 따라 전류가 다르므로, 다른 색상의 경우 밝기가 조금 달라집니다. 블루를 사용했습니다.

다이얼 ⬆

ϕ20×L15mm, 샴페인 골드 배지 마무리 것을 3개 사용했습니다. 이 다이얼의 좋은 점은 뒷면의 파임이 깊고 볼륨 너트가 잘 가려져 보이지 않기 때문에 서브 패널 없이도 잘 설치할수 있다는 것입니다. 다만 단점도 있어, 지시부의 파임이 얕고, 잉크도 들어가 있지 않기 때문에, 조금 떨어져 있으면 회전각을 알기 어려운 점입니다.

RCA 핀잭 ⬆

6P 타입의 것을 사용합니다. 개별적으로 6개 사도 좋지만 여기 단자대 타입은 공간을 절약하고 비용도 저렴합니다.

2연 볼륨 ⬆

알프스 전기의 713G/RV16형(ϕ16mm, 100kΩ/A 커버의 2연, 쇼트샤프트) 것을 사용했습니다. 같은 형태로 상표가 없는 수입품보다 비싸지만,헤드폰에서는 약간의 소음이 있었기 때문에 이 제품으로 변경했습니다.

⬅ 로터리 스위치

알프스 전기의 SRRN 시리즈·1단 4회로 3접점의 것을 2개 사용합니다. 2회로로 충분하지만 최근에는 없어서 2회로 이상의 것으로 괜찮습니다.

다이얼이 나사 고정 타입이므로, 스트레이트 샤프트의 것을 원했기 때문이었지만, 3접점은 롤렛트 샤프트(메이커에서는 18 산 세레이션 축으로 부르고 있음) 밖에 얻지 못했기 때문에, 그것으로 사용하고 있습니다. 대량 주문 때문에 시장에 나오는 시기에 따라 구입여부가 다르다고 합니다.

하지만 나쁜 것뿐만은 아니라 샤프가 짧은 탓으로 짧은 노브를 사용할 수 있는 장점도 있었습니다.

헤드폰 잭 ⬆

표준 잭(ϕ6.3)은 MJ-187LP, 미니 잭(ϕ6.3)은 MJ-352W-C, 양쪽 모두 마루신무선전기 전기의 스테레오 타입입니다. 하나의 크기만 사용한다면, 한쪽은 생략해도 괜찮습니다. 표준 잭은 부속의 육각 너트를 사용하지 않고 별도로 회전 너트를 사서 설치하십시오.

⬅ 레버 스위치

전원 스위치용입니다. 혼란스럽지만, 시기나 메이커에 의해 토글 스위치, 레버 스위치, 스냅 스위치 등, 부르는 방법이 마을입니다. 외형을 고집해 스위치 부속의 육각 너트는 사용하지 않고, 별도로 널링 너트를 사고 설치했습니다.

AC 인렛 ⬆

LINKMAN의 IEC 규격을 사용했습니다. AC코드직접 부착보다 분리할 수 있는 것이 여러모로 편리합니다.

퓨즈 홀더 ➡

사토 부품 L30mm 퓨즈 용을 사용했습니다.

실리콘브릿지 ⬆

신전원의 D4SB, 60V4 A의 SBD(숏트 키 배리어 다이오드)의 실리콘 브리지로, 6DJ8의 직류 점화용으로 사용합니다. 본기에서는 0.73A 흘려서 사용합니다. 히트 싱크 없이도 2.3A 흘릴 수 있는 사양이지만, 상당히 뜨거워지므로 설치 시에는 일단 실리콘 그리스를 발라 설치합니다.

퓨즈 ⬇

본기기의 소비 전력은 39W(27시), 35W(56시), 32W(76시) 정도이므로 1A 퓨즈로 좋습니다. 정류관 정류에서 러시 전류도(rush current) 걱정하지 않아도 됩니다.

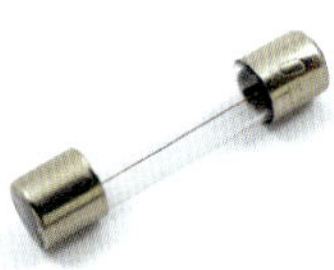

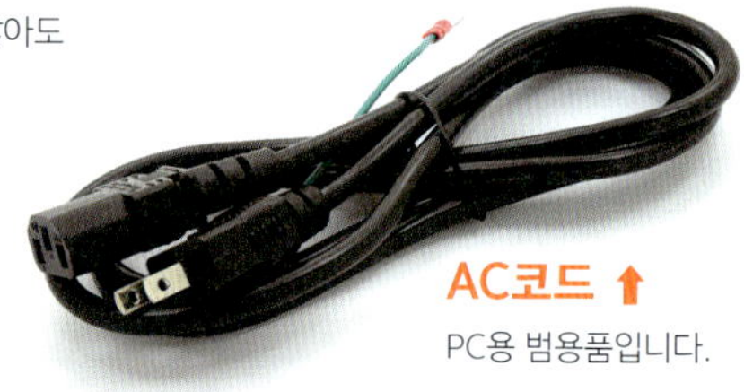

AC코드 ⬆

PC용 범용품입니다.

나사류 ⬇

본기기에서 사용한 나사류의 목록은 다음과 같습니다. 하지만 작고 잃어버리기 쉽기 때문에 예비도 포함해서 조금 넉넉하게 구입해 주세요. 나사나 너트는 많이 사면 단가가 낮아지므로 따로 사는 것보다 저렴합니다.

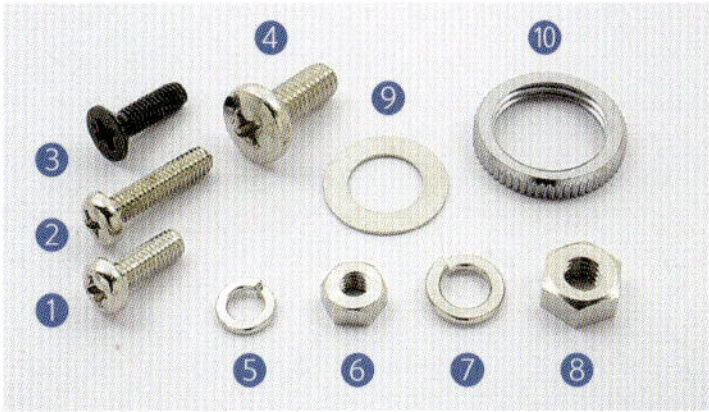

사용 나사류 목록

- ❶M3-L8냄비나사 ------------------- ×17
- ❷M3-L12냄비나사------------------- ×1
- ❸M3-L10접시나사 검정-------------- ×2
- ❹M4-L10결합나사 ------------------ ×4
- ❺M3스프링와셔--------------------- ×20
- ❻M3너트------------------------- ×20
- ❼M4스프링와셔-------------------- ×8
- ❽M4너트------------------------- ×4
- ❾ϕ7-t0.5평와셔 ------------------ ×4
- ❿SW용롤렛너트--------------------- ×2

도료 ⬆

아사히 펜의 크리에이티브 컬러 스프레이를 사용했습니다. 도큐 핸즈의 핸즈 스프레이도 OEM 제품이므로 색상 번호, 내용물 모두 동일합니다.
16 흙색브라운 300m(섀시부)
42 올드블루 300ml (트랜스)
29 진한올리브색 300ml(초크 코일)
수성 취미 컬러 H-85 전원 트랜스 코아부

전원 트랜스의 코어부는 작은 병의 '취미 컬러'를 솔질합니다. 조금 밖에 사용하지 않기 때문에 프라 모델용 작은 페인트 쪽이 좋습니다

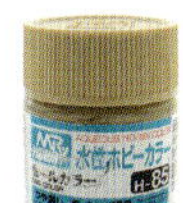

러그판 ➡

- ❶대1L-4P×5개
- ❷대1L-2P×2개
- ❸소1L-3P×2개

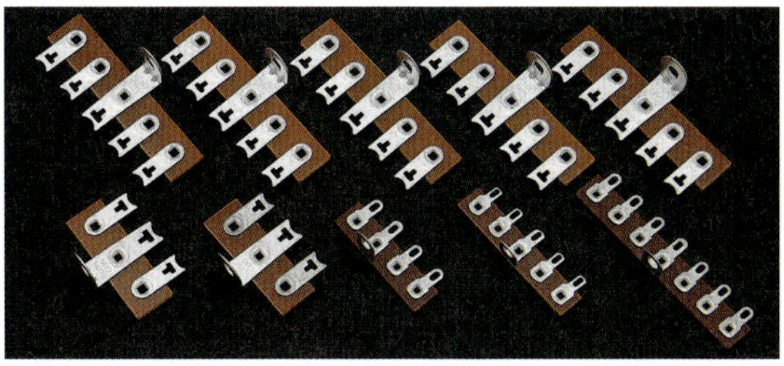

모두 사토 부품입니다. 부착부분은 M3나사용 구멍으로 되어있으며, 대1L-4P 5개는 트랜스와 함께 결속하여 사용하므로 M4용으로 구멍을 넓혀 사용합니다.
또한, 소1L-3P 2개를 구할 수 없었기 때문에 위의 사진에서는 낱개 1L-4P를 구입하여 펜치로 절단하여 사용했습니다.

⬅ 배선재

대부분은 후루카와 전공 BX-S(비멕스)의 0.3sq(약 AWG22)를 사용했습니다. 내열성이 뛰어나 납땜은 쉬우나 폴리에틸렌 피복으로 쉽게 벗겨지지 않으며 와이어 스트립퍼가 필수적인 전선입니다. 만약 니퍼 등으로 피복을 벗길 때는 일반 비닐 선이 더 좋습니다.
또, 일부는 트랜스의 리드선을 자른 나머지를 사용하고 있습니다.

케미콘 밴드 ⬇

블록 케미콘을 설치하는 금구입니다.
예전에는 대부분 부속되어 있었지만, 현재는 별도 판매되는 경우가 많아, ϕ35mm용을 1개 준비해 주세요.

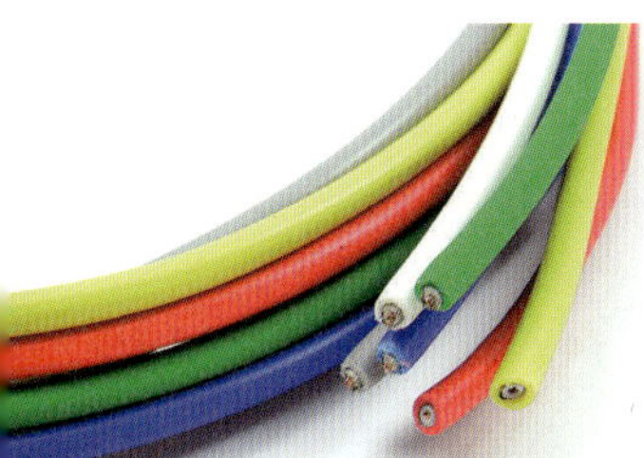

⬅ 실드선

실드선은 ϕ3mm의 단심실드 통상품을 사용했습니다.
판매점에서는 기타 쉴드라고 합니다. 배선을 틀리지 않도록 6가지 색으로 나누었습니다.

⬅ 고무 부시

출력 트랜스용 외경 ϕ11-홀 직경 ϕ8-내직경 ϕ5-판 두께 t1용이 4개와 초크 코일용 외경 ϕ10-홀 직경 ϕ7-내경 ϕ4-판 두께 t1용이 하나 필요합니다.

⬅ 열 수축 튜브

제조사에 의해 스미 튜브나 히시 튜브 등의 상품명으로 판매하고 있습니다.
본기에서는 실드선의 선단 처리에 ϕ2mm와 ϕ4mm의 것을 사용합니다.

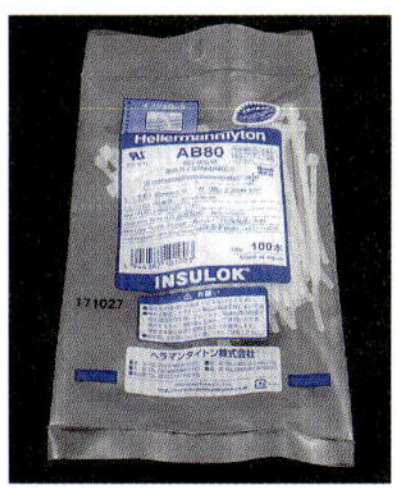

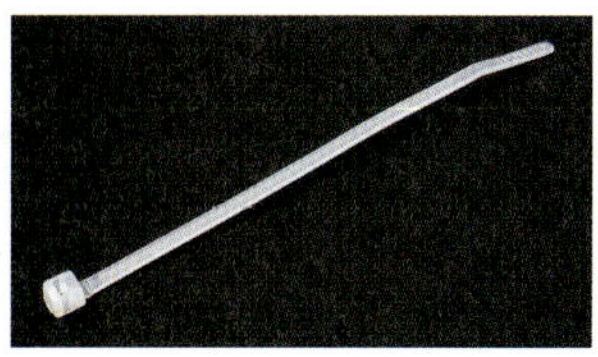

결속 밴드 ⬆

가장 작은 것으로 좋습니다. 약 30개 사용하므로 인슐록 AB80·100개들이를 사용했습니다.

부품 목록

품명	품번·규격	메이커·규격	단가(세금포함)	개수	구입처
진공관	27/37/56/76모두다 가능	마쯔다(도시바)	¥500~¥5,000	2	소유품
	6DJ8 / ECC88	RCA, Amperex	¥500~¥5,000	2	소유품
	80 (KX-80)	후타바 전자공업	¥500~¥5,000	1	소유품
출력트랜스	KA-1425	가스가 무선변압기	¥4,895	2	(유)가스가 무선변압기
전원트랜스	H30-09036	가스가 무선변압기	¥15,290	1	(유)가스가 무선변압기
초크코일	KAC-550	가스가 무선변압기	¥2,200	1	(유)가스가 무선변압기
섀시	MK-300	리도	¥6,127	1	(유)에이스무선
진공관 소켓	UX4P	고린무역	¥525	1	몬다무선전기(주)
	UY5P	고린무역	¥525	2	몬다무선전기(주)
	MT9P	고린무역	¥340	2	몬다무선전기(주)
카본저항	1.5kΩ 1/4W	타크만전자	¥5	1	(주)센고쿠 덴쇼
	2.2kΩ 1/4W	타크만전자	¥5	2	(주)센고쿠 덴쇼
	24kΩ 1/4W	타크만전자	¥5	1	(주)센고쿠 덴쇼
산화금속피막저항	220kΩ 1W	타크만전자	¥10	2	(주)센고쿠 덴쇼
	220kΩ 2W	타크만전자	¥20	1	(주)센고쿠 덴쇼
	200Ω 3W	타크만전자	¥30	1	(주)센고쿠 덴쇼
	15kΩ 5W	타크만전자	¥80	2	(주)센고쿠 덴쇼
	22kΩ 5W	타크만전자	¥80	2	(주)센고쿠 덴쇼
금속피막저항	220Ω 1/2W (REY)	타크만전자	¥50	2	(주)센고쿠 덴쇼
	1.8kΩ 1/2W (REY)	타크만전자	¥50	2	(주)센고쿠 덴쇼
	47kΩ 1/2W (REY)	타크만전자	¥50	2	(주)센고쿠 덴쇼
	68kΩ 1/2W	KOA	¥10	2	(주)센고쿠 덴쇼
시멘트저항	1.2Ω 10W	타크만전자	¥70	1	(주)센고쿠 덴쇼
필름콘덴서	1μF/250V	일통공FPD 금속화 된 폴리 프로필렌 필름 콘덴서	¥243	2	해신무선(주)
전해콘덴서	470μF 16V	니치콘 FineGold	¥40	2	(주)센고쿠 덴쇼
	4700μF 16V	니치콘 FineGold	¥150	2	(주)센고쿠 덴쇼
	10μF 160V	니치콘	¥60	1	(주)센고쿠 덴쇼
	10μF 400V	KMG(일본 케미콘)	¥50	1	(주)센고쿠 덴쇼
	100μF 400V	KMG(일본 케미콘)	¥250	2	(주)센고쿠 덴쇼
블록케미콘	680μF 400V	KMM(일본 케미콘)	¥367	1	(주)와카마츠 통상
케미콘밴드	φ35mm용		¥170	1	(주)와카마츠 통상
헤드폰잭	φ6.3 표준 스테레오타입	마루신 무선전기 MJ-187LP	¥110	1	몬다무선전기(주)
	φ3.5 미니 스테레오타입	마루신 무선전기 MJ-352W-C	¥130	1	세타무선(주)
RCA핀잭	6P단자타입		¥470	1	몬다무선전기(주)
스냅스위치	2P타입 ET103A32	코팔전자(구 후지석)	¥350	1	몬다무선전기(주)
로타리스위치	1단4회로3접점 SRRN	알프스전기	¥350	2	몬다무선전기(주)
토글 스위치	2회로ON-ON 8C2011	코팔전자(구 후지석)	¥450	1	세타무선(주)
볼륨	100kΩA커브2연	알프스전기713G RV16	¥490	1	니에이 전파(주)
메탈 손잡이	φ20mmL15mm	Linkman 20X15JXPS	¥350	3	마르츠 아키하바라 본점
스파크킬러	0.1μF+120Ω	유비즈키 전기제작소	¥150	1	세타무선(주)
실리콘 브릿지	D4SB (SBD브리지)	신전원	¥125	1	(주)아키즈키 전자통상
LED브랫킨	청색 DB1NCHBL	사토 부품	¥300	1	마르츠 아키하바라 본점
AC인렛	WTN02F1171	Linkman	¥90	1	마르츠 아키하바라 본점
AC코드	3P프러그 부착	PC용	¥100	1	

부품 목록

품명	품번·규격	메이커·규격	단가(세금포함)	개수	구입처
퓨즈홀더	F-4000A	사토파츠	¥200	1	몬다무선전기(주)
퓨즈	AC125V-1A 표준사이즈	사토파츠 FG-30	¥100	1	몬다무선전기(주)
배선재	0.3sq갈황녹자 각1m	후루카와 전공BX-S	¥66/m	4m	(주)코야나기출전기 상회
	0.3sq적청흑 각3m	후루카와 전공BX-S	¥66/m	9m	(주)코야나기출전기 상회
	0.5sq백 1m	후루카와 전공BX-S	¥88/m	1m	(주)코야나기출전기 상회
	실드선 적황녹청회백	각1m기타쉴드 ϕ3	¥65/m	6m	규슈 전기(주)
	ϕ1.6mm주석 도금선	1m	¥50~¥200	1m	장기소유품을 사용
로우렛 너트	ϕ12용	일본 개폐기	¥50	2	몬다무선전기(주)
비스 (나사)	M3-L8냄비나사		↓	×17	니시카와전자부품(주)
	M3-L12냄비나사		↓	×1	니시카와전자부품(주)
	M3-L10접시나사 흑		↓	×2	니시카와전자부품(주)
	M4-L10결합나사		↓	×4	니시카와전자부품(주)
너트	M3너트		↓	×20	니시카와전자부품(주)
	M4너트		↓	×4	니시카와전자부품(주)
스프링와셔	M3용		↓	×20	니시카와전자부품(주)
	M4용		↓	×8	니시카와전자부품(주)
평와셔	ϕ7용-t0.5	나사·너트 와셔류 모두 약	¥1,000	×4	니시카와전자부품(주)
고무부쉬	외경10-구멍지름7-내경4mm	판두께t1.0mm용	¥5	1	(주)센고쿠 덴쇼
	외경11-구멍 지름8-내경5mm	판두께t1.0mm용	¥10	4	니시카와전자부품(주)
러그판	대1L-4P	사토 부품	¥70	5	몬다무선전기(주)
	대1L-2P	사토 부품	¥50	2	몬다무선전기(주)
	소1L-6P	사토 부품	¥75	1	몬다무선전기(주)
	소1L-3P	사토 부품	¥50	2	몬다무선전기(주)
열수축	ϕ2mm×1m	미쯔비시케미칼	¥120	1	(유)타이가무선
	ϕ4mm×1m	미쯔비시케미칼	¥120	1	(유)타이가무선
결속밴드	AB80×100개입	인슐록	¥194	1봉	니시카와전자부품(주)
시리콘그리스	튜브타입 또는 주사기 타입		¥100~¥1,000	1	장기 소유품을 사용
스프레이도료	160어스 브라운	아사히펜(크리에이티브 칼라)	¥596	1	DIY-tool 닷트컴
스프레이도료	42올드 블루	아사히펜(크리에이티브 칼라)	¥596	1	DIY-tool 닷트컴
스프레이도료	29진한 올리브	아사히펜(크리에이티브 칼라)	¥596	1	DIY-tool 닷트컴
수성도료	H-85세일 컬러 10ml	GSI 크레오스(미스터 취미)	¥141	1	문교당 Hobby
서페이서	속건 녹 방지 그레이420ml	캄페하피오	¥880	1	센다이홈센터
진공관을 제외한 합계(주석 도금선을 ¥100, 실리콘 그리스를 ¥500로 계산)			¥50,199		

본기는 2018년에 제작하고 있습니다만, 그 때부터 가격 개정이나 판매 중지(대체품으로 표시)된 것도 있으므로, 2019년 8월 현재의 조사 가격을 표시했습니다. 판매중지 및 가격변경 등은 자주 있으므로 리스트는 참고가격으로 하고 실제로는 각 매장에 문의하시기 바랍니다.

진공관은 입수 시기에 따라서도 상당한 금액의 차이가 나므로 합계 금액에는 포함하지 않는 리스트로 하고, 손에 들어오면 아마 이 정도 가격이라는 예상에 따라 표시하고 있습니다.

제작편 섀시 가공

트랜스의 색상 변환 ➡ P154

▼

부품 실측 · 도면작성 ➡ P122

▼

구멍 만들기 시트 작성 · 부착 ➡ P163

▼

섀시 가공 ➡ P164

▼

초벌칠 ➡ P161

▼

메인 컬러 도장 ➡ P161

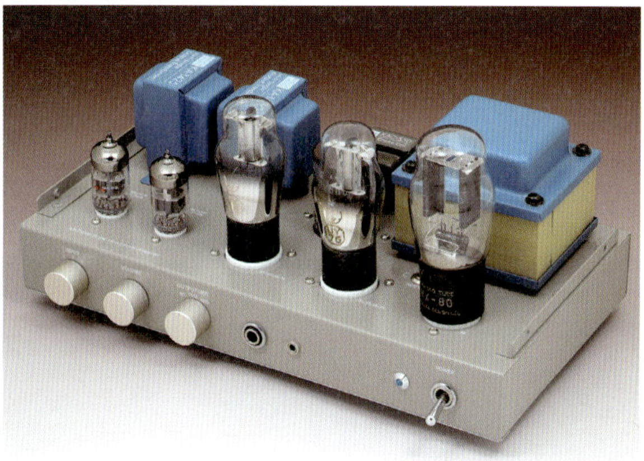

본기는 모든 트랜스를 도장하므로 도장이 완료되어 마를 때까지 수일이 걸립니다. 건조는 며칠 걸려서 시간을 들여서하는 것이 좋기 때문에 그 사이에 섀시 가공을 하는 순서로 작업합니다.

섀시는 알루미늄 1mm 두께이므로 가공이 매우 편합니다. 탑재하는 트랜스가 가볍고, 각이진 구멍이 전원 트랜스와 AC 인렛뿐인 것도 가공의 난이도가 낮아진 요인이기 때문에, 본기기보다 가공이 간단한 앰프는 없다고 생각하고 정성스럽게 작업해 주세요.

그런 이유로 **트랜스 색상 변화**부터 시작합니다. **도장**과 **섀시 가공**은 3기종 공통으로 해설하고 있으므로 **P154**에서 참조하십시오.

다음 작업은 「트랜스의 컬러링」 P154~P159를 봐 주세요

「트랜스 염색」이 끝나면 이 페이지로 돌아오세요.

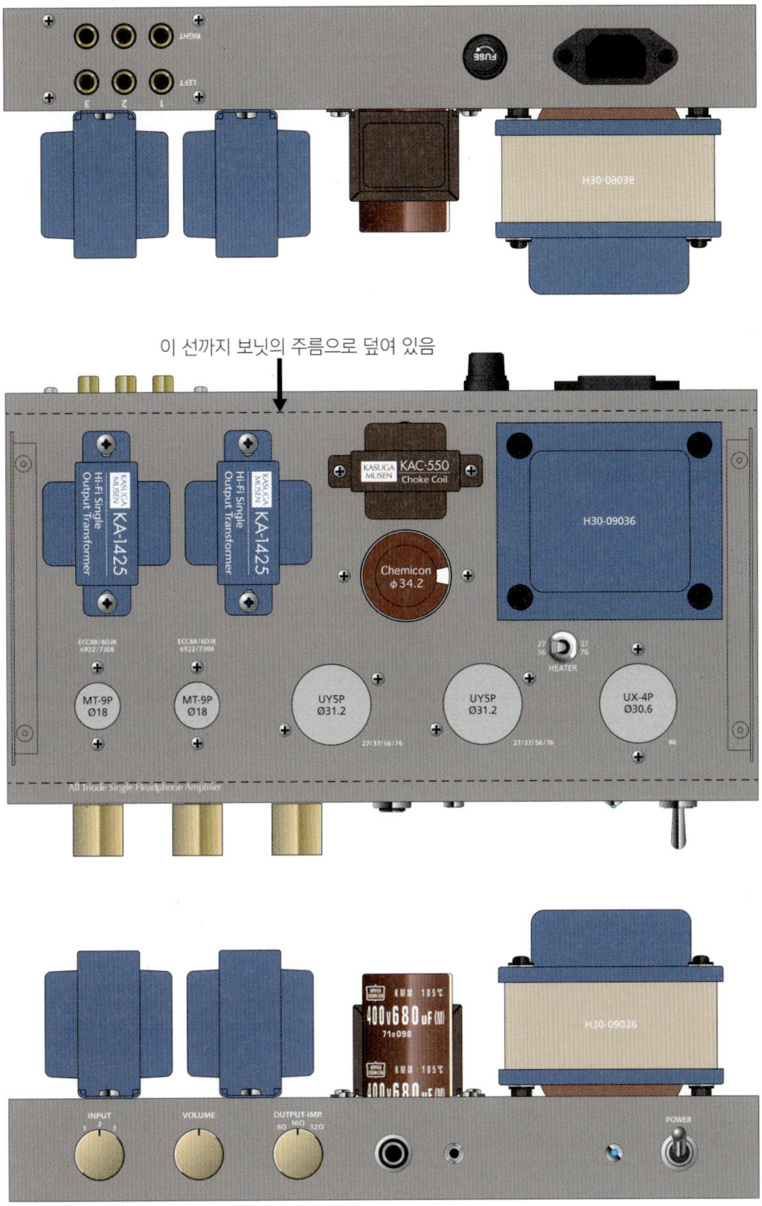

부품 실장 시 완성 예상도

Scale=34%

우선 도면을 그리고 섀시에 타공 시트를 붙입니다. 본기는 트랜스류가 작고, 표면적이 적게 끝남으로 리드의 MK-300이라고 하는 보닛이 달린 소형 섀시를 사용합니다.

보닛이 달린 섀시로 조심해야 하는 것은 보닛 하부의 접힌 점이 있으면 그 치수를 잊기 쉽습니다. 보닛을 씌웠을 때 트랜스류에 닿지 않고 여유를 가지고 보닛을 분리할 수 있도록 해야 합니다.

※주의 : 다른 기종에서도 많이 썼지만, '부품은 실측이 기본'입니다. 2~3개월이 지나면 같은 부품을 구할 수 없거나 제조사 발표의 도면을 신용했더니 달랐다, 이런 말은 자주 합니다. 부품을 구입하시면 반드시 실측하여 도면을 작성하시거나 변경하시기 바랍니다.

부품실측·도면작성

부품이 똑같은 경우의 구멍 뚫기 치수도는 아래와 같습니다.

나사 구멍은 ø3나 ø4라고 쓰여져 있지만, 나사가 제대로 통과되고 도장으로 약간 막히는 것을 고려하여 실제로는 ø3.2나 ø4.2가 됩니다.

다른 구멍도 마찬가지로 구멍 가공 완료 후에는 도장 전에 반드시 부품이 들어가는지 여부를 실제로 장착하여 확인합니다.

전원 스위치는 회전 방지용으로 작은 돌기를 달고 있습니다만, 없어도 상관 없습니다. 이 경우는 단순히 ø11.8mm의 둥근 구멍을 뚫기만 하면 됩니다. 돌기를 붙일 경우에는 작은 구멍을 뚫어 쇄줄로 모양을 만듭니다.

회전 방지를 반드시 장착하지 않으면 않되는 것은 볼륨이나 로터리 스위치, 퓨즈 홀더 등 회전 조작이 있는 부품입니다.

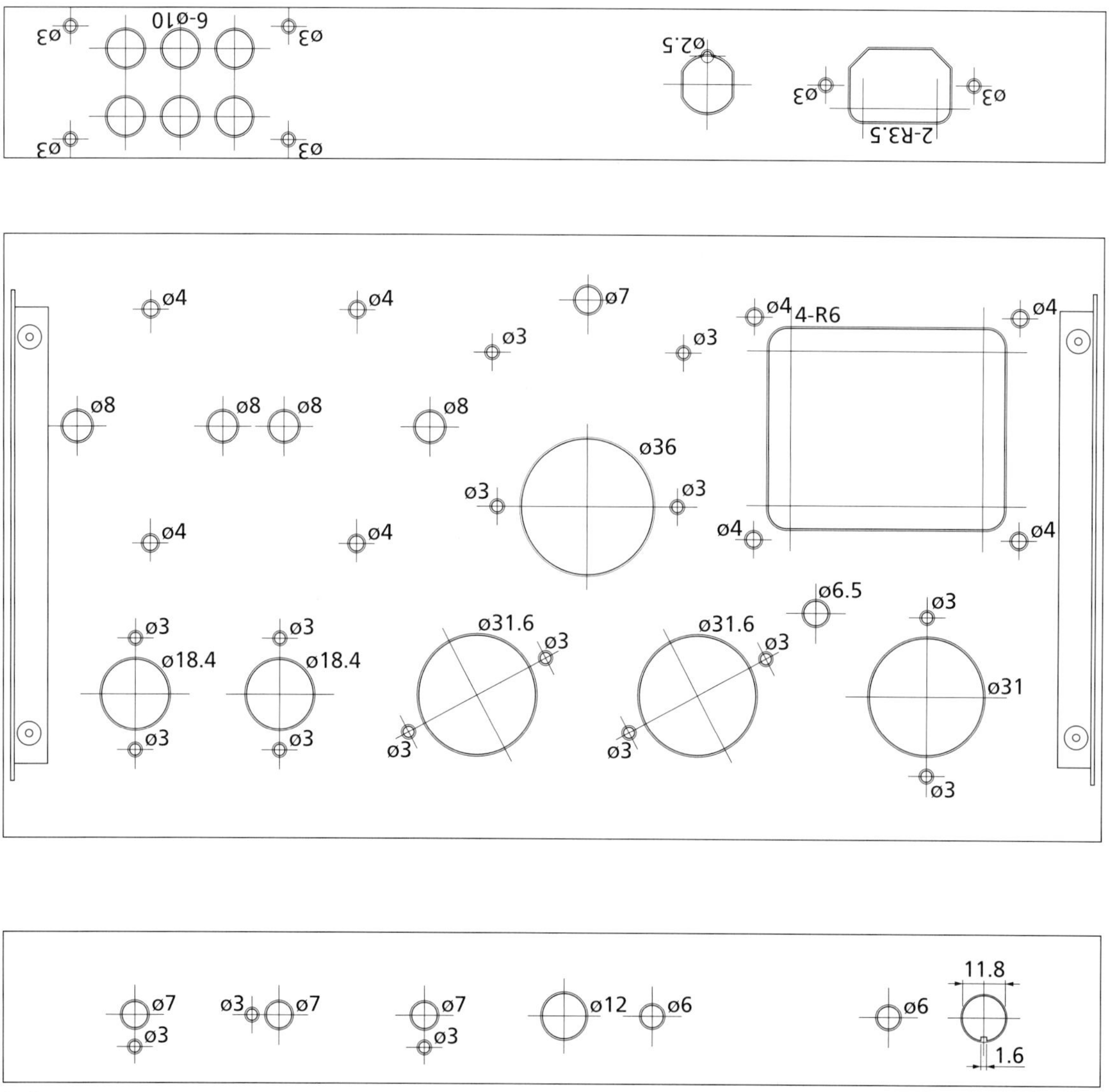

Scale=50%

본기의 PDF도면데이터는 다운로드됩니다. https://honmatsu-amp.net/irodori/hpamp.html

이후 작업은 「섀시 가공」 P162~P165를 참조해 주십시오

※주의 : 섀시 가공이 끝나면, 번거롭더라도 도장 전에 반드시 모든 부품의 조립 테스트를 수행하십시오. 약 하루 걸린다고 생각하세요.

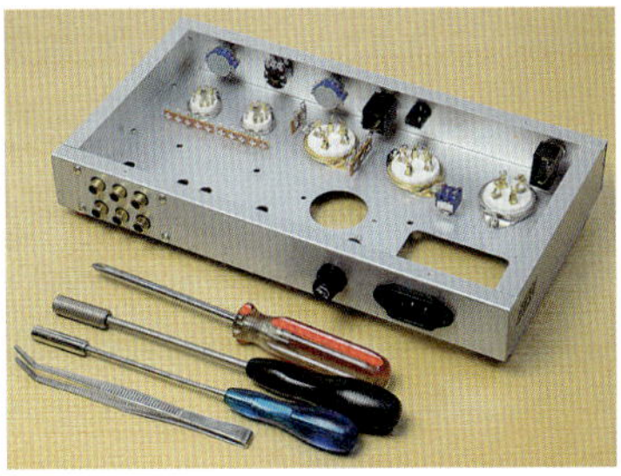

이후 작업은 「섀시 도장」 P161을 참조하십시오

초벌칠	➡P161
▼	
메인 컬러 도장	➡P161

도장이 마르면 러그판을 함께 조이는 트랜스 장착 구멍 1개소 주위를 커터나 조각도를 사용하여 도료를 잘 벗깁니다. 여기가 섀시 접지 포인트가 됩니다.

이제 막 도장을 끝냈습니다.
가능하면 2~3일동안 건조합니다.

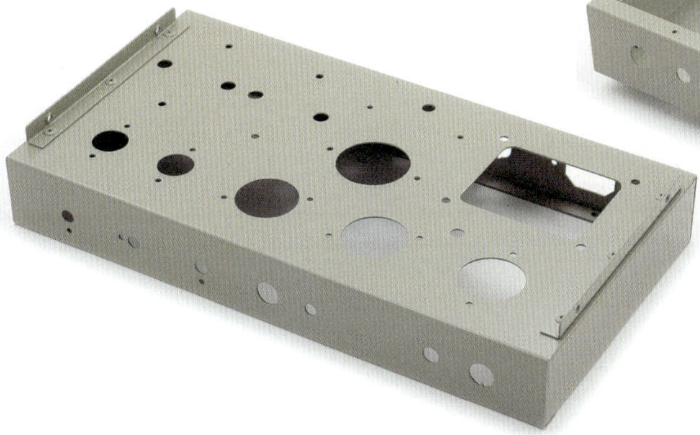

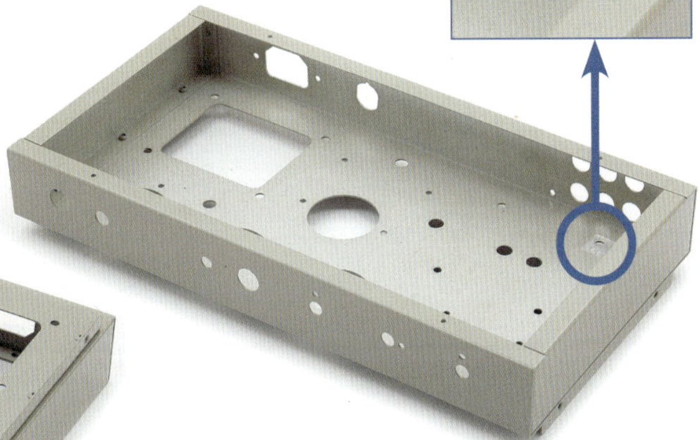

도장을 말리는 동안 하는 작업

부품을 조금 가공할 필요가 있으므로 도장 건조 시간을 이용하여 작업합니다.

회전 부품이 아니기 때문에 헤드폰 잭의 회전방지는 없는 편이 편리하며 돌기를 커트합니다.

헤드폰 잭의 회전 방지 돌기를 절단했습니다.

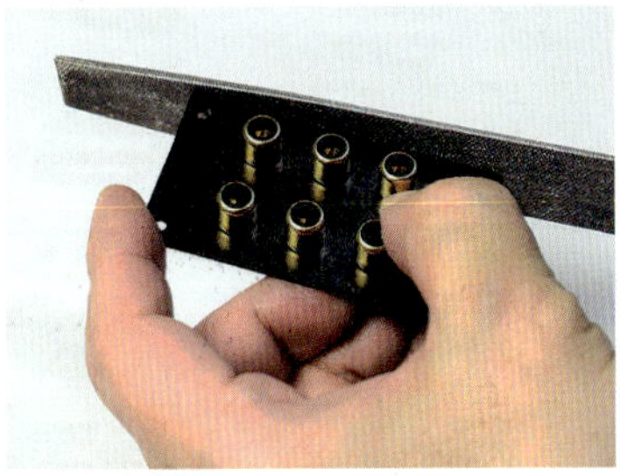

RCA 잭의 베이스 부분이 조금 커서 섀시에 들어가지 않기 때문에 쇠줄로 조금 깎습니다. 상하 균등하게 깎아주세요.

제작편

조립 · 배선

조립에 수고를 많이 하는 작업은 거의 성능에 영향을 주지 않습니다. 하지만 완성도에는 크게 관여되기 때문에 가능한 한 신경 써서 작업합니다.

스위치나 다이얼 등의 설치 높이를 맞추고, 너트에 신경쓰고, 블록 케미콘의 설치 금구는 섀시 안에 넣는 등 아름답게 보이기 위한 기본적인 작업입니다.

또한 나사와 너트가 느슨해지지 않도록 스프링 와셔와 국화 와셔를 넣는 로터리 스위치와 볼륨의 회전 방지를 하는 것도 사용 편의성 향상에 일조합니다. 이를 실천해야 비로소 완성도 높은 앰프가 완성됩니다.

본기는 입력이 3계통 있기 때문에, 조립·배선의 수고는 많아집니다. 귀찮다고 느낄지도 모르지만, 완성 후 사용성이 뛰어나기 때문에, 차분히 조립해 주세요.

조립순서로 번호가 적혀있지만 같은 번호는 어디를 먼저 작업하셔도 상관없습니다.

표시된 선재의 길이는 피복을 벗기기 전의 길이(즉 니퍼 등으로 가장 먼저 선재를 절단하는 길이) 입니다. 길이는 조금 여유롭게 표시하고 있기 때문에 몇 밀리 달라도 괜찮도록 배려하고 있습니다.

조립은 정석대로 가벼운 부품부터 실시하지만 몇 가지 포인트가 있습니다.

퓨즈 홀더 등 섀시내부에서 너트를 돌려야 하는 부품은 먼저 장착하고 볼륨이나 스위치류 등 밖에서 돌릴 수 있는 것은 편안하게 장착할 수 있으므로 나중에 합니다.

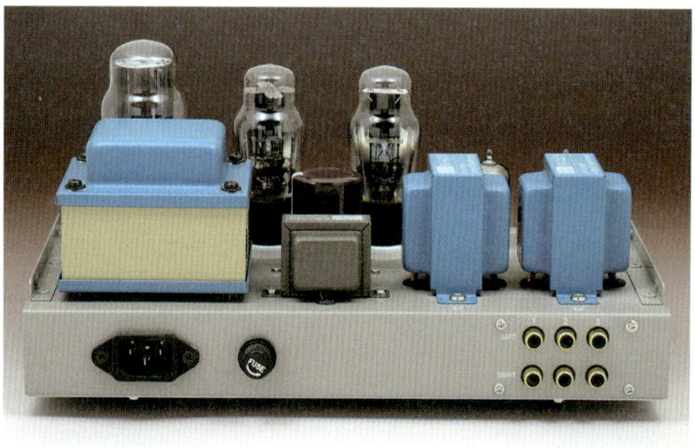

배선 앞에 「비닐선을 벗기는 방법」은 P166을 참조하십시오

실드선 예비 배선

본기는 입력을 3계통으로 했기 때문과 섀시의 접은 부분이 방해가 되어 부품 부착 후에 납땜을 할 수 없기 때문에, 먼저 예비 배선을 해 둡니다.

접지선은 한쪽을 접지하고 다른 한쪽의 접지 부분은 잘라 사용합니다. 어딘가에 접촉해서 쇼트하지 않도록 조심하면 에지 처리는 하지 않아도 되지만, 만약을 위해 열 수축 튜브를 씌워 사고 방지를 하고 있습니다.

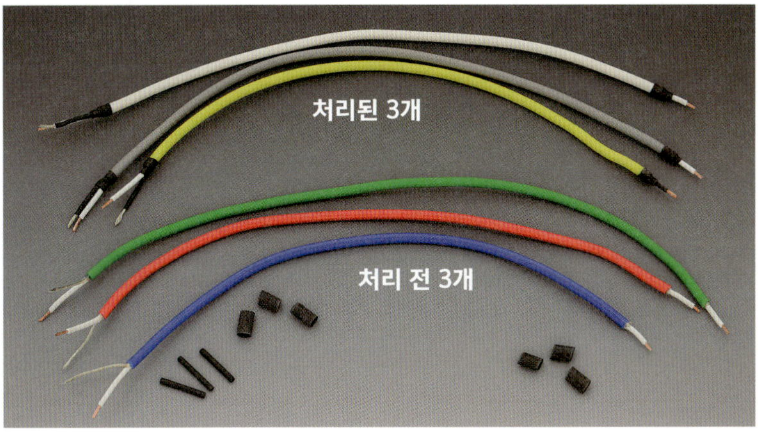

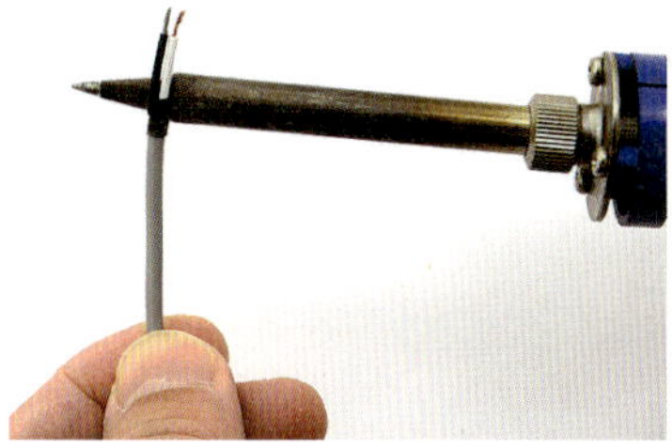

일반적으로 열 수축 튜브를 수축시키려면 드라이어의 끝을 오므린 것 같은 히트 건을 사용하지만 가지고 계신 분은 적을 것 같으므로 납땜 인두를 대고 돌돌 돌려 수축시킵니다. 라이터로 굽는 분도 있는 것 같습니다만, 피복을 녹여 버리기 때문에 피하는 것이 좋습니다.

실드선은 색상별로 6개가 준비되어 있습니다. 접지에 연결하는 쪽은 조금 길게 벗겨 배선 작업이 용이하도록 합니다.

피복을 벗기는 길이는 배선 환경에 따라 달라집니다. 본기기에서는 이 정도의 길이가 작업하기 쉽습니다. 하지만 더 좁은 장소이거나 단자가 작은 경우는 더 길게 벗길 수도 있습니다.

아래의 길이는 조금 여유를 두었으니 엄격하지 않아도 됩니다.

다음 페이지에서 실제 배선을 합니다.

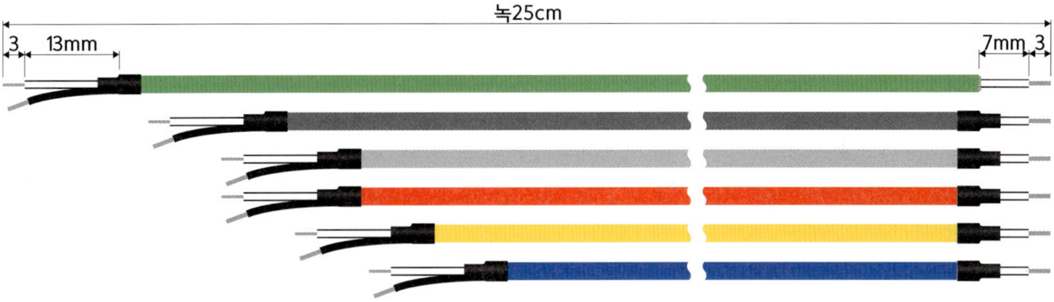

실드선 처리법

①외피를 16mm 벗긴다

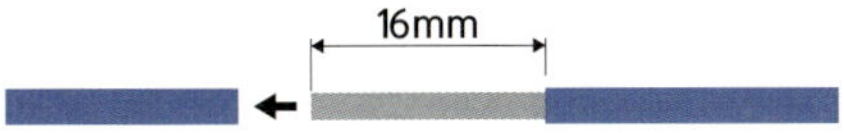

②실드 망선을 풀어 꼰다

③심선을 3mm 벗긴다

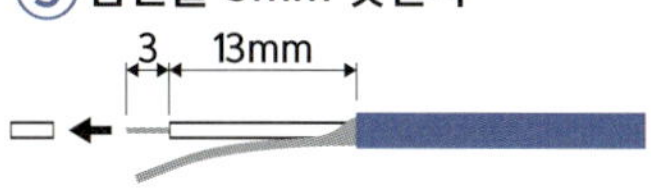

④열 수축 튜브 ϕ2mm를 12mm로 잘라 실드 망선에 씌워 열수축시킨다

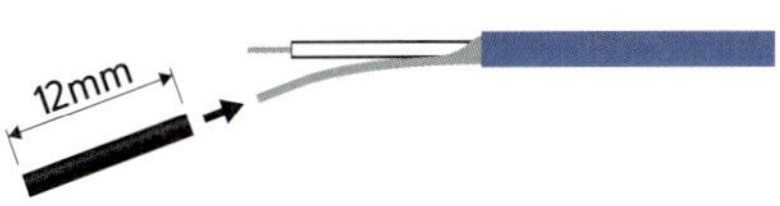

⑤열수축 튜브 ϕ4mm를 6mm로 잘라 심선·실드 망선 모두 씌워 열수축시킨다

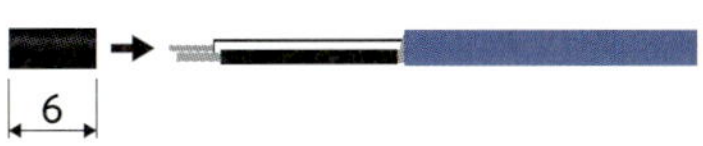

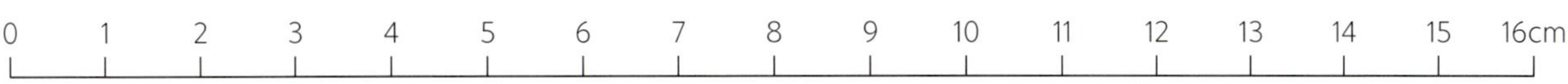

실드선 예비 배선

Beam Single
2A3 Single
Headphone
Paint
Chassis Processing
Other Work
Industrial Tool
Shop List

이전 페이지에서 처리한 실드선으로 RCA 핀잭과 입력 전환 로터리 스위치, 또한 볼륨까지 연결하여 납땜합니다.

RCA 핀잭은 6개의 접지 단자가 나와 있는데 리드선이나 주석 도금선을 이용하여 모두 연결합니다. 또, 거기서 러그판의 접지 단자에 가는 선은 0.3sq(AWG22) 흑의 선재를 사용해 접속합니다.

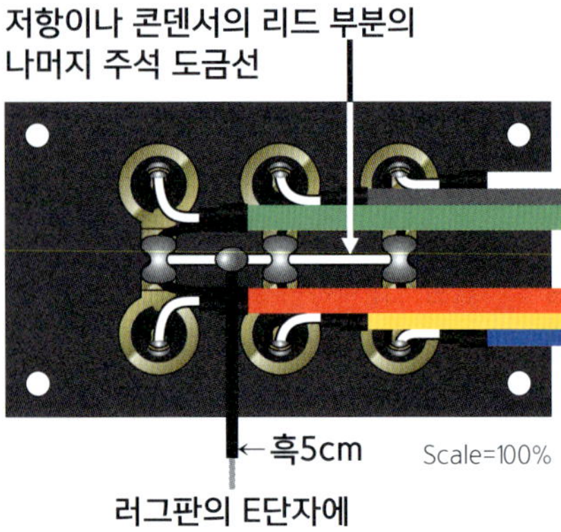

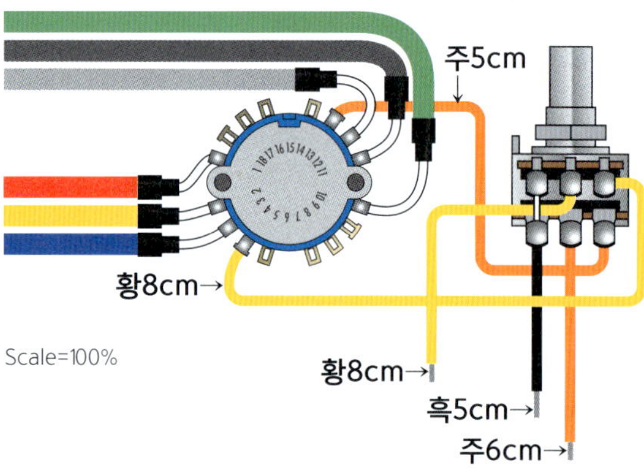

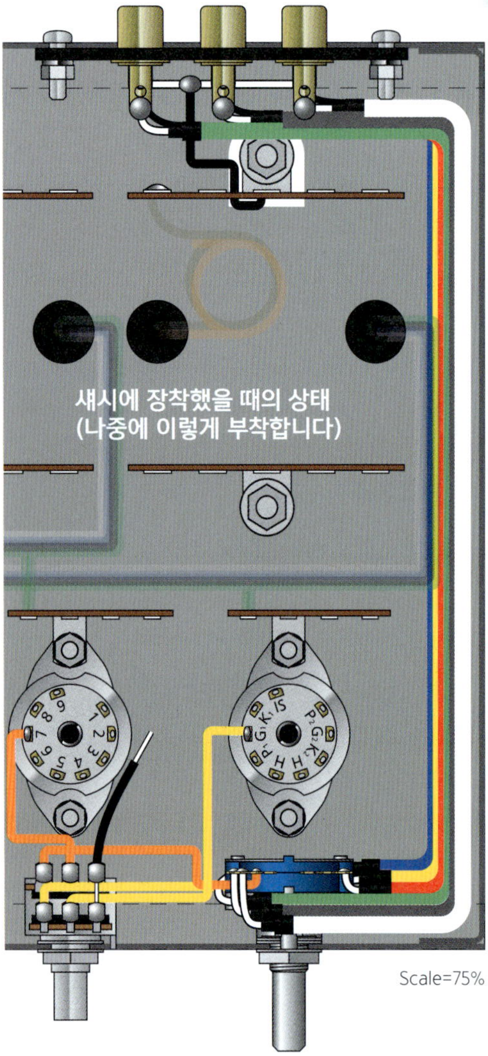

실드선 이외의 선은 모두 0.3sq(AWG22)의 선재를 사용해 배선합니다.

이해하기 쉽게 하기 위해 왼쪽 채널(이하 L-ch라고 줄임)은 노란색, 오른쪽 채널(이하 R-ch라고 줄임)은 주황색, 접지에 접속하는 선은 검은색을 사용하고 있습니다.

전원스위치 예비배선 및 조립 개요

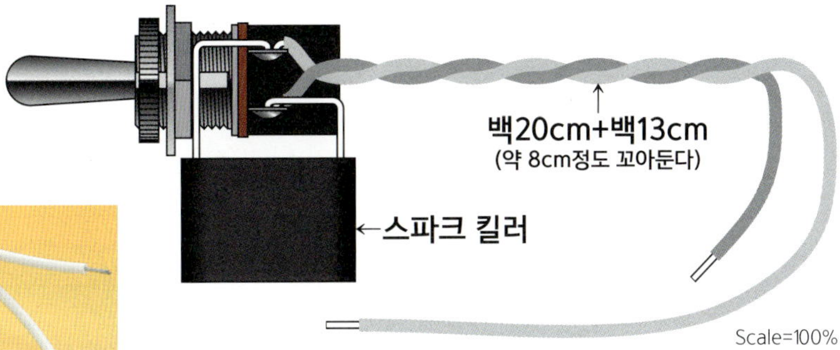

전원 스위치는 장착하면 단자가 아래로 내려가버리기 때문에 먼저 예비 배선합니다. 스파크 킬러도 함께 납땜하지만 정류관 소켓에 부딪히지 않도록 스위치 옆으로 오도록 하십시오.

선재는 백색 0.5sq(AWG20)의 굵기를 사용했습니다.

④전원 스위치를 설치할 때 섀시에 스크래치가 나지 않도록 롤렛 너트 사이즈로 구멍을 뚫은 cardboard 종이 등으로 보호합니다.

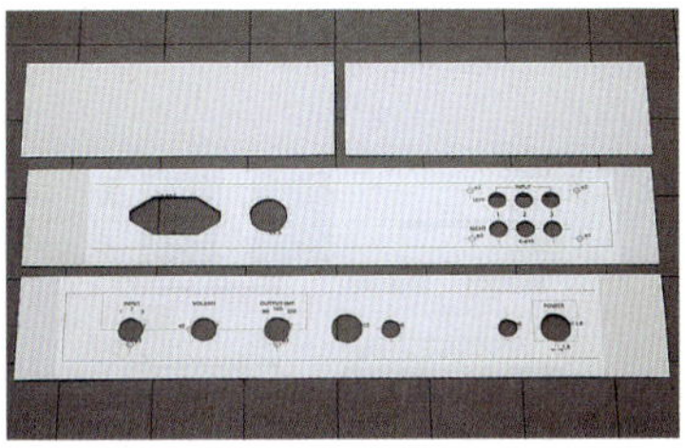
먼저 양생하면 장착하기 어려운 부품 장착에는 cardboard에 구멍 뚫기와 같은 시트를 붙이고, 잘라내어 양생 시트를 만들고 붙입니다.

⑦헤드폰잭은 내부에서 비스듬히 해놓고, 어느 정도 바깥쪽 너트를 조이고 안쪽에서 잭크 본체를 돌리면 흠집을 내지 않고 조일 수 있습니다.

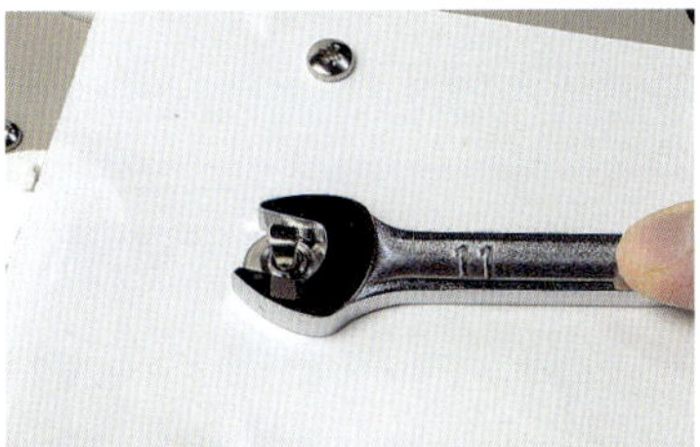
⑫히터 전환 스위치도 판지 등으로 양생하여 붙입니다. 그 판지가 움직이면 작업을 하고 어렵기 때문에 일시적으로 고정하고 있습니다.

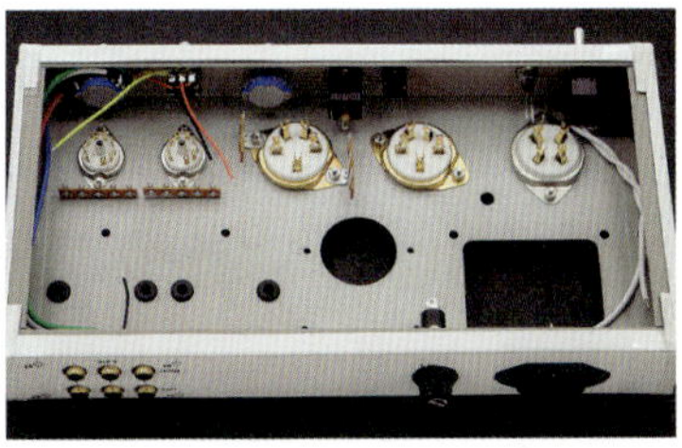
트랜스 이외의 경량 부품을 장착한 곳입니다. 임피던스 전환용 로터리 스위치는 나중에 분리하여 배선하기 때문에 가볍게 임시 부착합니다.

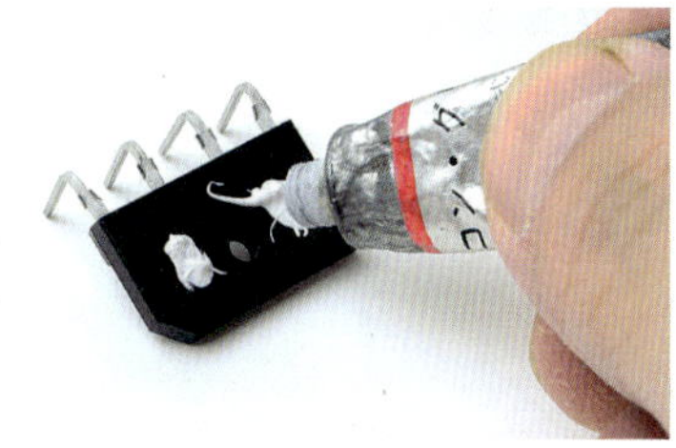
⑱초크 코일을 장착할 때 실리콘 브리지를 함께 조입니다. 그때 방열을 좋게 하기 위해서 실리콘 그리스를 얇게 바르는 것이 좋습니다.

⑲⑳1L4P 러그판 5장은 출력 트랜스와 함께 M4나사로 함께 조이기 때문에 구멍을 리머로 φ 4mm로 넓혀놓습니다.

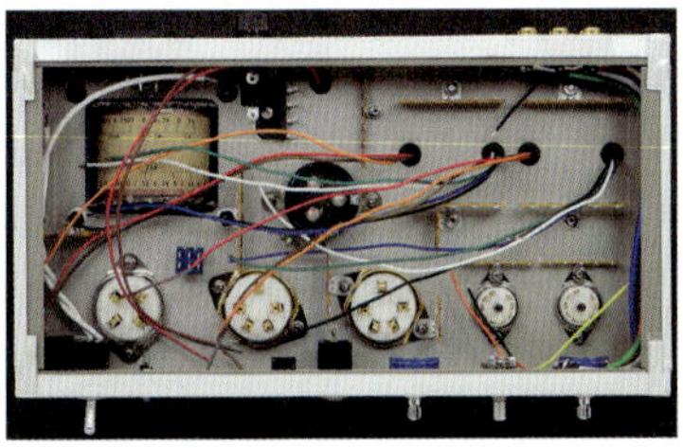
모든 부품을 막 장착했습니다. 사진같이 트랜스의 리드선이 방해되므로 다음은 이것들을 처리합니다.

⑭트랜스류의 배선을 하고 사용하지 않는 선에 둥글게 하여 임시로 고정합니다. 조금 전에 임시로 고정한 로터리 스위치는 배선하고 조입니다.

부품 설치

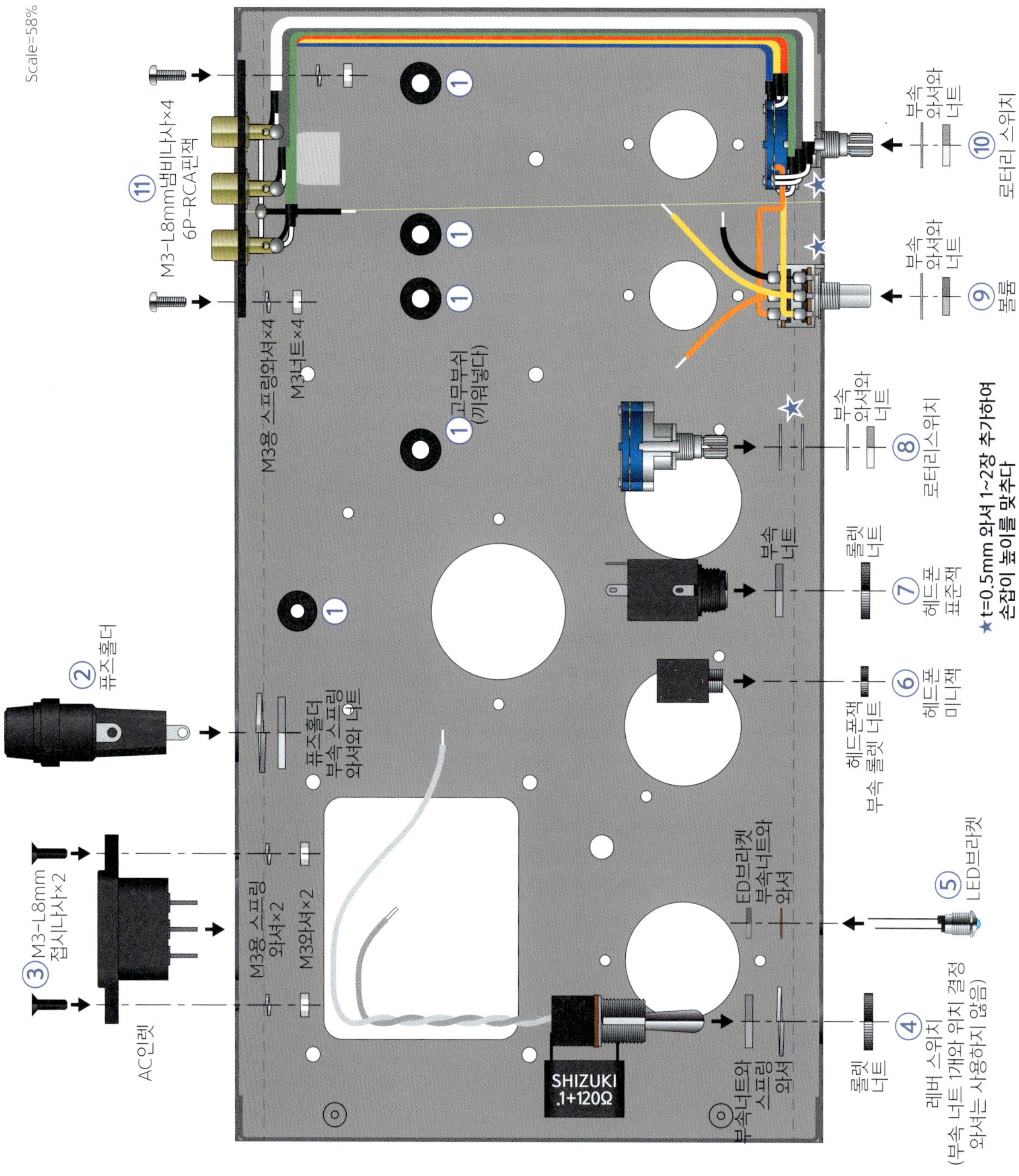

① 고무 부시를 끼웁니다. 초크 코일부만 작은 것을 사용합니다.

② 퓨즈 홀더를 설치합니다. 흰 보호 와셔가 부속되어 있는 경우는 사용하지 않습니다.

③ AC 인렛은 검은색 접시나사가 바람직하지만, 없으면 실버 제품도 괜찮습니다.

④ 예비 배선해 둔 레버 스위치를 설치합니다. 부속 육각 너트로는 멋지지 않기 때문에 따로 롤렛 너트를 구입하여 사용합니다. 또한 위치 결정 와셔는 섀시에 불필요한 구멍을 뚫어야 하므로 사용하지

않습니다. 회전 동작 스위치가 아니기 때문에 회전 방지 장치가 없어도 괜찮습니다.

⑤ LED 브래킷은 안쪽에서 조이기 때문에 먼저 장착합니다.

⑥⑦ 헤드폰잭 2개는 섀시에 흠집이 나지 않도록 앞페이지 사진과 같이 대각선에 부착하여 바깥쪽 롤렛 너트를 조이고 마지막 한 바퀴는 잭 본체를 가지고 회전 고정합니다.

⑧⑩ 로터리 스위치 두 개는 안쪽에 두께 1mm 분량의 와셔를 넣어 높이를 맞춥니다.

이것을 넣지 않으면 위치 결정용 돌기가 너무 튀어나와서 손잡이와 맞아서 틈도 커져 버립니다. 만약 부품에 따라 맞지 않는 경우는 와셔를 생략해도 좋습니다.

바깥쪽은 손잡이로 가려지기 때문에 조였을 때의 도장이 벗겨지는 것 방지를 위해 와셔 1장을 넣었습니다.

⑨ 볼륨도 안쪽에 0.5mm 와셔를 넣어 높이를 맞춥니다.

⑪ RCA핀잭은 4곳의 나사 고정이기 때문에 어렵지 않습니다.

섀시 내측부터 부착하는 부품 ※평면도는 다음페이지

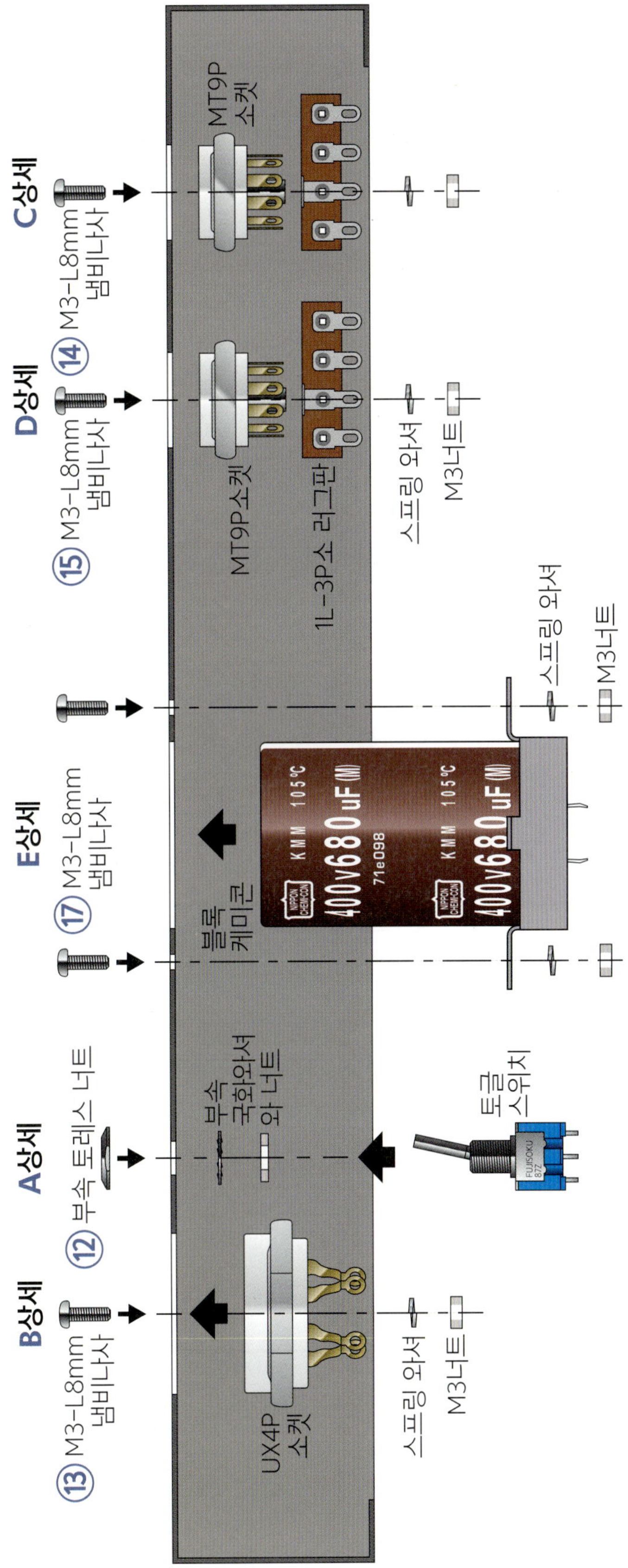

Scale=74%

(주) 토글 스위치 부속의 위치결정 와셔(록킹 링)는 사용하지 않음

부품 설치

⑫ 토글 스위치의 부속 드레스 너트는 얇고 돌리기 어려우므로 섀시에 흠집이 나지 않도록 종이를 덧대어 신중하게 장착하십시오.

⑬ UX4P소켓은 끝부분이라 먼저 장착합니다.

⑭⑮ MT9P소켓은 뒤쪽만 1L3P 작은 러그판을 함께 조입니다.

⑯ UY5P소켓은 한 곳만 1L2P 러그판을 함께 조입니다.

⑰ 케미콘 밴드는 먼저 방향을 맞춰 장착해 놓고, 그것을 섀시 안쪽부터 장착합니다.

⑱ 초크 코일 설치 시 한쪽은 실리콘 브리지를, 다른 한쪽은 1L6P 작은러그판을 같이 체결합니다. 실리콘 브릿지는 실리콘 그리스를 얇게 발라 방열을 좋게 하는 것이 좋습니다. 너무 세게 조이면 실리콘 브릿지가 깨지므로 주의하십시오.

⑲ 전원트랜스 나사 4곳 중 러그판을 설치하는 2곳은 러그판 자체가 와셔 역할을 하기 때문에 부속 와셔를 생략합니다.

대신 특별 주문 트랜스에 스프링 와셔가 포함되어 있지 않기 때문에 따로 준비하여 추가하시기 바랍니다.

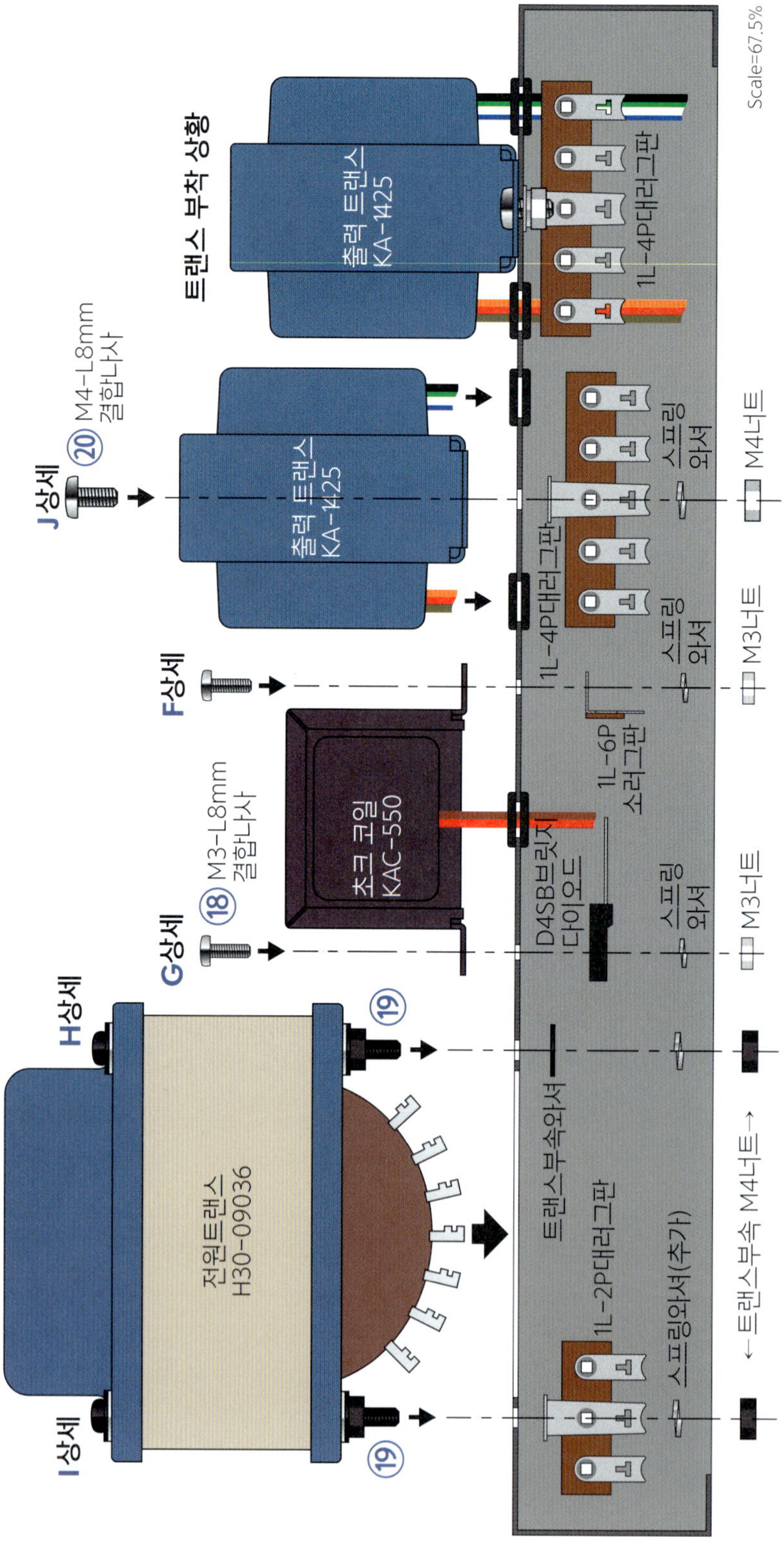

⑳ 출력 트랜스 장착 나사는 모두 러그판을 함께 조입니다.

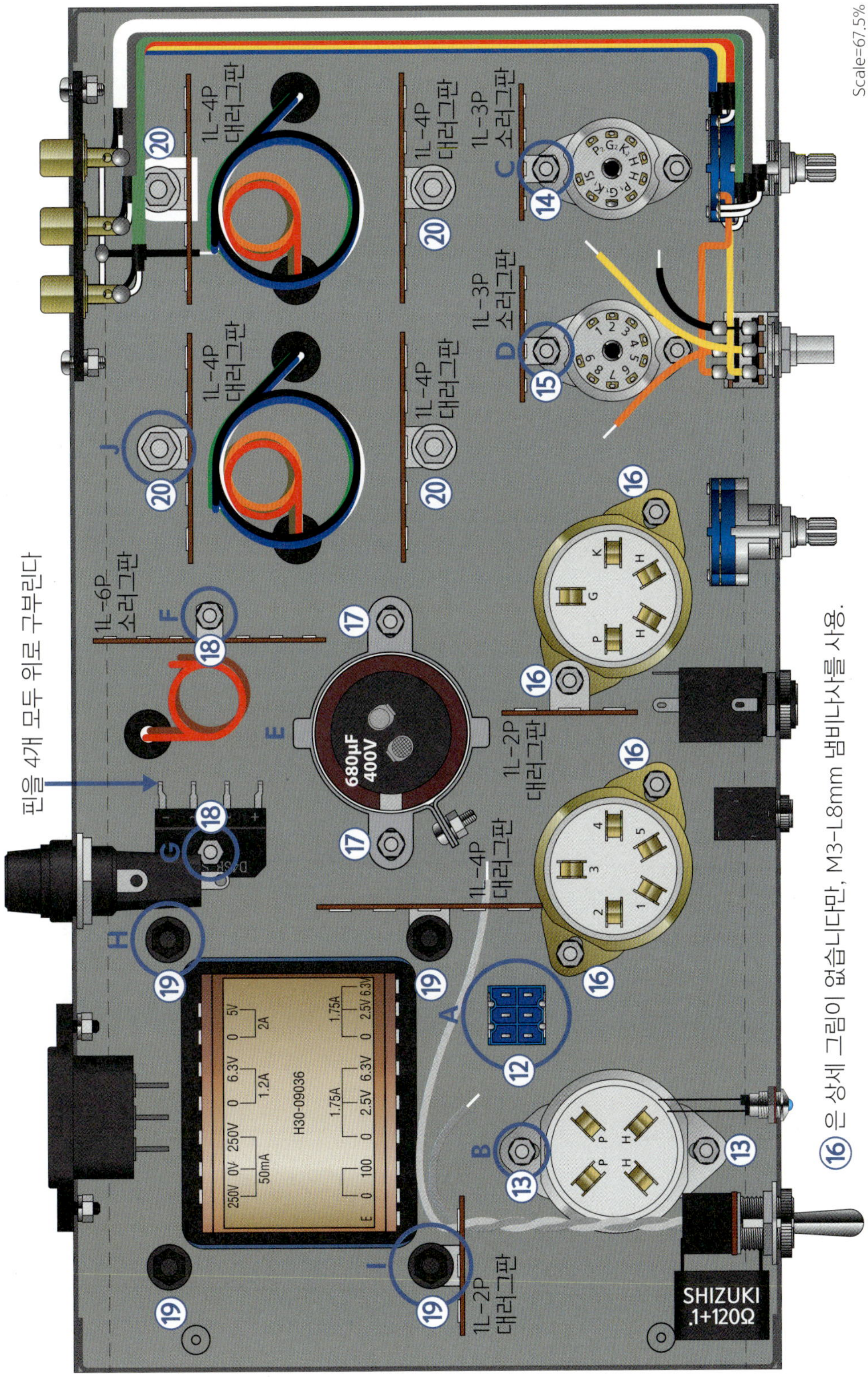

⑯은 상세 그림이 없습니다만, M3-L8mm 냄비나사를 사용.

트랜스 리드선 배선

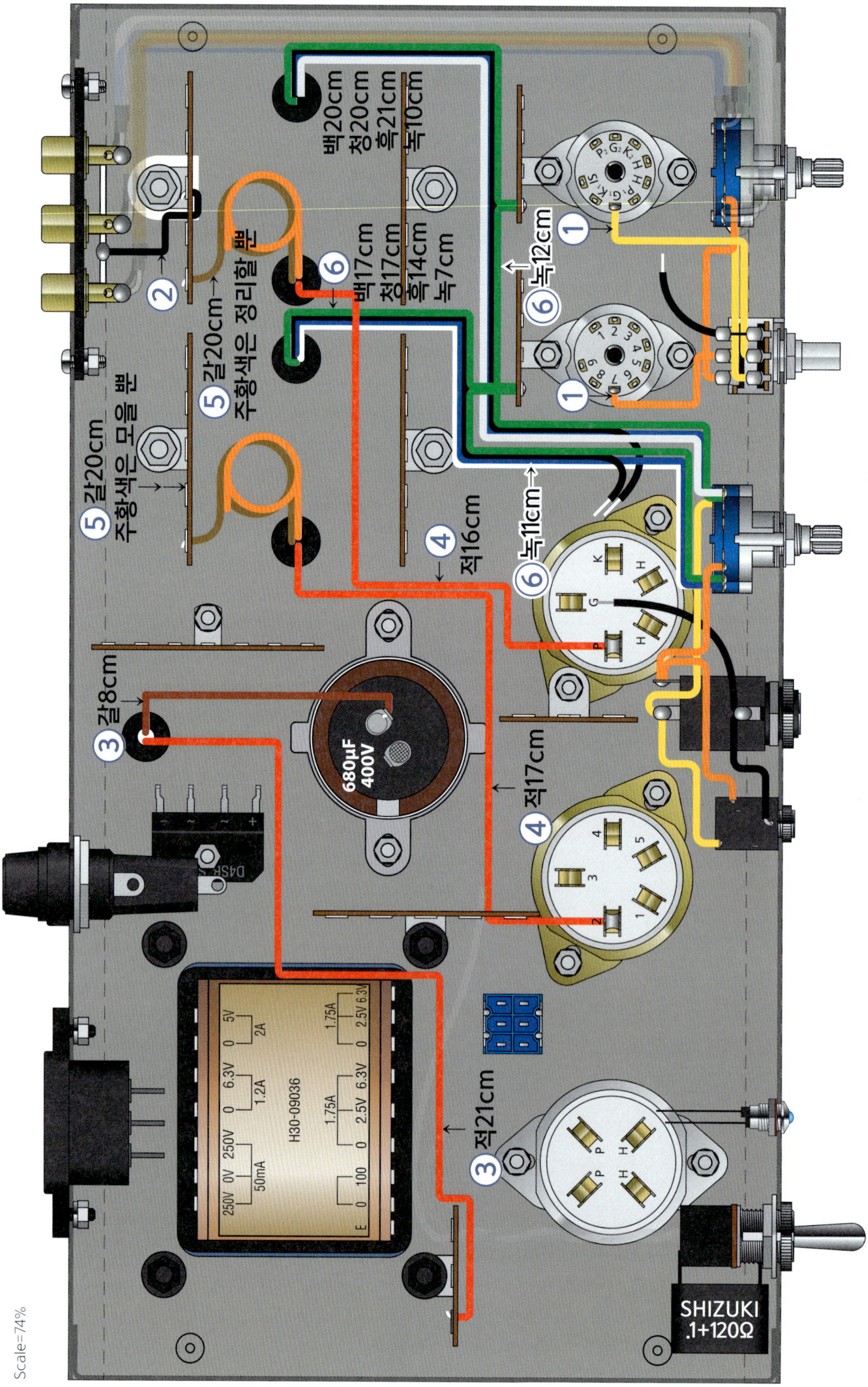

Scale=74%

트랜스 리드선 배선

리드선 인출식 트랜스의 경우 아무래도 작업에 방해가 되므로 먼저 트랜스의 배선 처리를 합니다.

그림의 순서대로 배선해 갑니다. 같은 번호인 곳은 어디를 먼저 해도 상관없습니다.

표시가 없는 한 비닐선은 러그판 아래의 구멍에 납땜해 갑니다.

선의 길이는 벗기는 부분도 포함한 길이로 표시하고 있습니다. 조금 여유를 가지고 표시를 하고 있기 때문에 다소 잘못되도 괜찮습니다.

① 이전에 예비 배선되어 있던 볼륨으로부터의 리드선을 MT9P 소켓의 7번 핀에 좌우 모두 납땜합니다.

② 이쪽도 RCA 입력 잭에 예비 배선되어 있던 검은 선을 1L4P 러그판의 센터에 연결해 둡니다. 납땜은 다른 접지와 같이 나중에 합니다.

③ 초크 코일의 리드선은 적색을 1L2P 러그판, 갈색를 블록 케미콘에 잡아 두고 이쪽도 나중에 납땜합니다.

④ 출력 트랜스의 레드 리드선은 좌우 모두 UY5P의 2번 핀에 납땜합니다.

⑤ 출력 트랜스의 갈색과 오렌지 리드선은 자르지 않고 정리하여 갈색만 1L4P 러그판의 왼쪽 끝에 감아 둡니다. 오렌지는 UL 연결용이라 이번에는 사용하지 않습니다.

⑥ 출력 트랜스의 2차측 4개는 그대로 납땜하기 어려우므로 임시 부착되어 있던 로터리 스위치를 분리하여 아래 그림과 같이 납땜합니다.

그 때 헤드폰 잭으로의 배선도 함께 배선해 주세요.

헤드폰 잭은 분리하지 않아도 어떻게든 납땜할 수 있습니다만, 섀시를 뒤집을때 방해되어 하기 어려운 것 같으면 이쪽도 분리하여 납땜하십시오.

녹색 리드선만 NFB용 저항을 경유하므로, 다른 선보다 짧게 자르고 1L3P소 러그판에 납땜합니다. 그 러그판에서 로터리 스위치로 가는 녹색선은 트랜스의 선을 잘라 남은 것을 사용합니다.

납땜이 완료되면 로터리 스위치는 섀시에 다시 설치합니다.

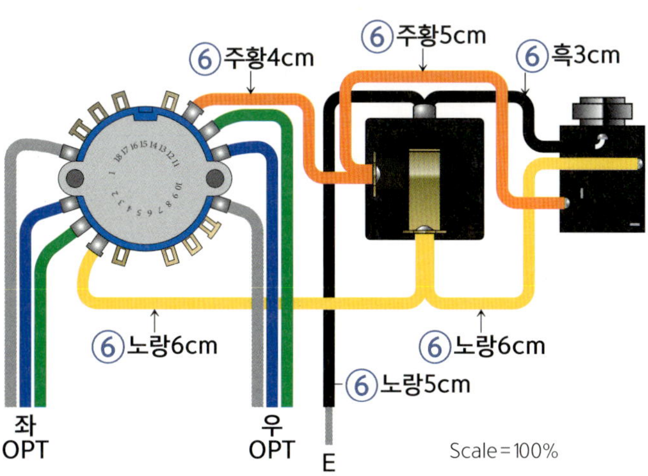

로터리 스위치
1단 4회로 3접점의 내부 회로도

그림은 로터리 스위치를 후면에서 본 그림입니다.
T형의 단자부가 공통 단자(커먼)에 되어 있습니다.

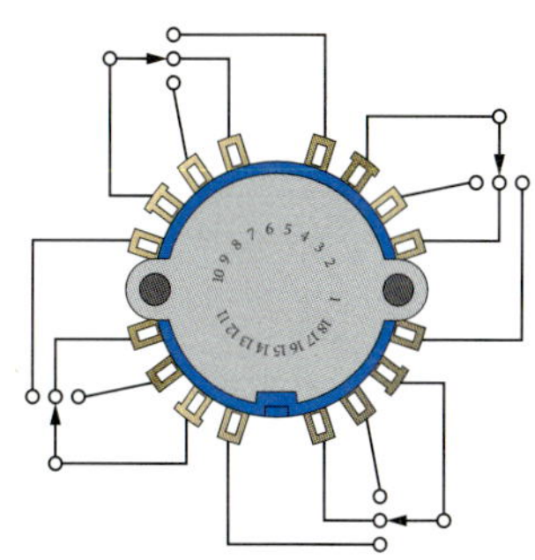

AC1차 배선

⑦ AC1차측을 모두 0.5sq (AWG20)의 백색으로 배선합니다. 그림에 표시된 선재의 길이는 꼬기 전의 길이입니다. 또한 이해하기 쉽게 하기 위해 일부 회색으로 표시하고 있습니다만, 실제로는 모두 백색 선재를 사용하고 있습니다.

이번에는 노이즈에 민감한 헤드폰 앰프이므로 만약을 위해 AC 1차쪽 배선도 모두 꼬아서 합니다. 복잡한 꼬는 방법을 하고 있습니다만, 꼬아서 밀착시키는 것이 중요하기 때문에, 꼬는 방향 등은 엄밀히 동일하지 않아도 괜찮습니다.

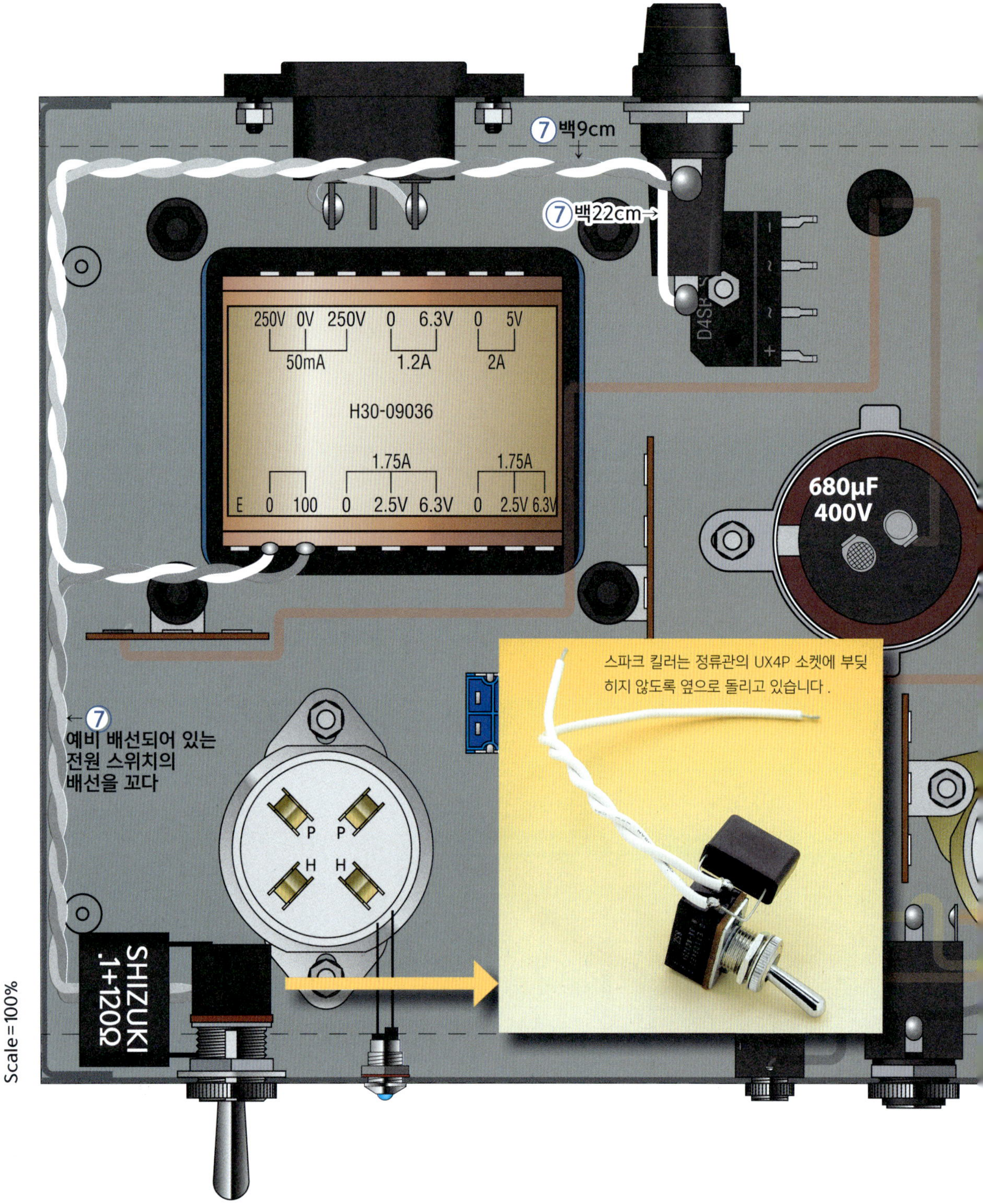

스파크 킬러는 정류관의 UX4P 소켓에 부딪히지 않도록 옆으로 돌리고 있습니다.

COLUMN 전원트랜스의 위상 맞추기(권선의 직열 · 병렬접속)

전원 트랜스의 히터 권선이 히터 전압이나 전류에 맞는 경우는 문제가 없지만, 1권선만으로는 부족한 경우, 복수의 권선을 직렬이나 병렬로 하여 히터에 맞추는 경우가 자주 있습니다. 이때 문제가 되는 것이 위상입니다.

통상 전원 트랜스는 위상을 맞추어 전압·전류 표시를 하고 있는지, 드라이버 트랜스 등의 신호계 트랜스에는 감기 시작이나 감김 끝의 단자를 알 수 있도록 표시가 있습니다.

위상을 무시하고 적당히 배선하면 큰전류가 흘러 퓨즈가 끊기거나 발열, 최악의 경우 발화할 수도 있으므로 위상은 반드시 맞춰서 사용하도록 합니다.

이 경우의 큰전류란 표시의 최대치라는 의미가 아니라, 트랜스의 권선 저항에 대한 전류이므로 표시의 전류값의 몇 배나 되는 전류가 흘러 매우 위험합니다.

권선을 직렬 접속으로 사용하는 경우 전압 및 전류가 달라도 괜찮습니다. 이 경우 전압은 합계 전압으로, 전류는 작은 것이 허용치가 됩니다.

병렬의 경우는 전압이 같아야 합니다. 전류는 합계치까지 취할 수 있습니다.

직렬접속(16.3V 0.5A까지 취함)

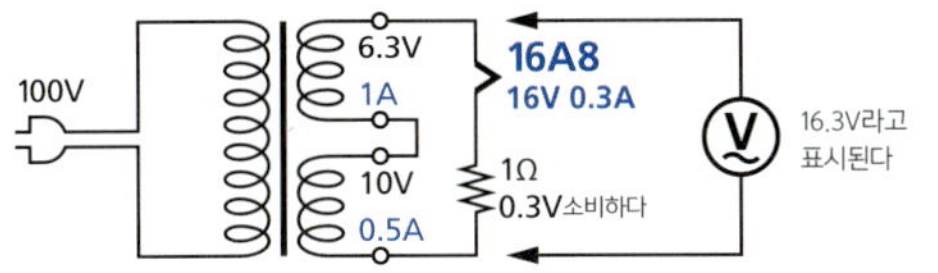

병렬접속(6.3V 8A까지 취함)

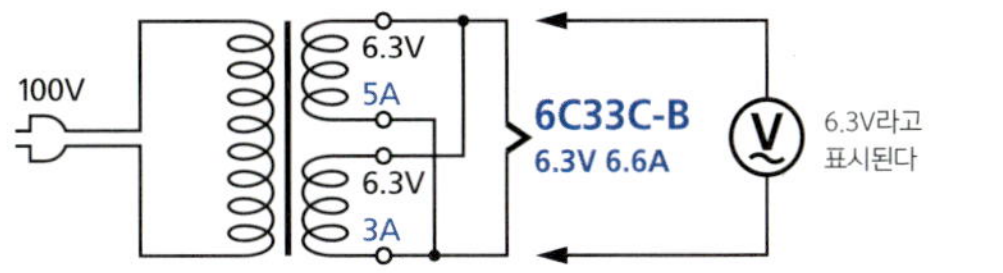

❌직렬접속(위상이 맞지 않음 · 위험)

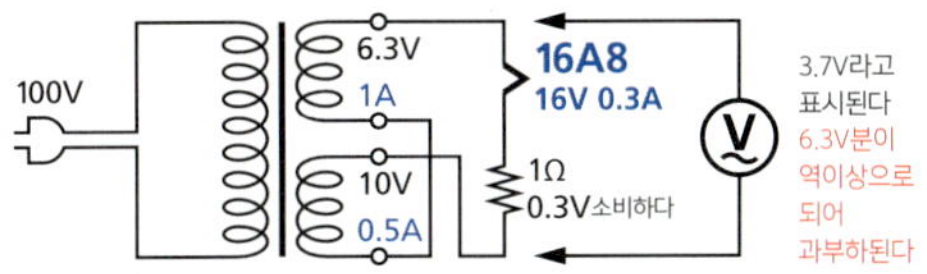

❌병렬접속(위상이 맞지 않음 · 위험)

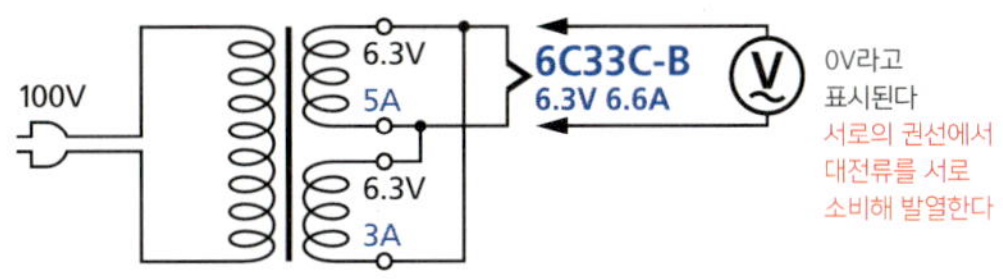

❌전압이 다른 병렬접속은 NG

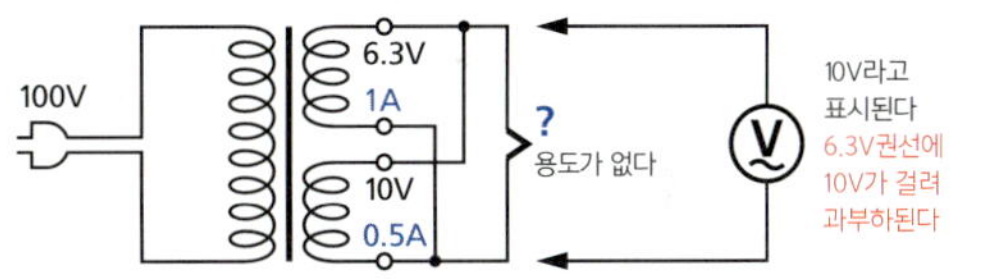

위상을 조사하는 방법

트랜스에 따라서는 표시가 없고 위상을 알 수 없는 경우가 있습니다. 그때는 아래와 같이 권선을 직렬 접속하고 테스터를 교류 전압 레인지로 해서 알아볼 수 있습니다. 위상이 맞으면 무부하이기 때문에 약 10% 정도 높은 수치가 됩니다. 병렬 테스트는 만약 극성이 반대일 경우 대전류가 흘러 위험하므로 최종적으로 병렬로 사용하더라도 체크 시에는 직렬로 하여 계측하도록 합니다.

※전류값은 교류 그대로 사용하는 경우입니다. 직류로 정류하는 경우는 정류 방식에 의해 출력 전류의 허용치가 줄어듭니다.

※트랜스의 전압 표시는 정격 전류까지 흘렸을 때의 표시이므로 정격보다 작은 전류로 사용하면 실제로는 조금 높은 전압이 됩니다.

직렬접속에서 이상 확인 테스트

역위상에서도 테스터분의 미약전류이므로 문제 없다

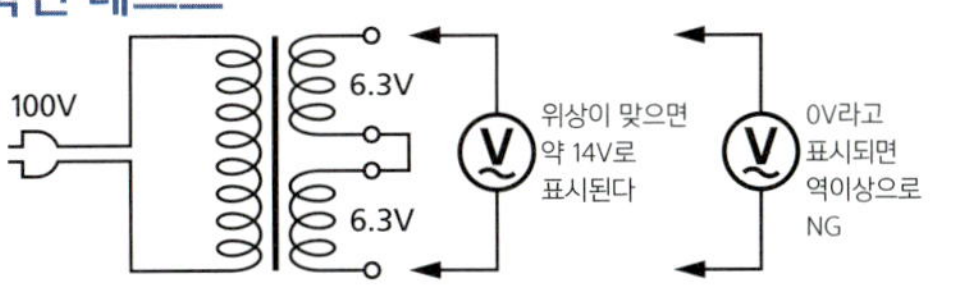

❌병렬접속에서 위상 확인 테스트는 위험

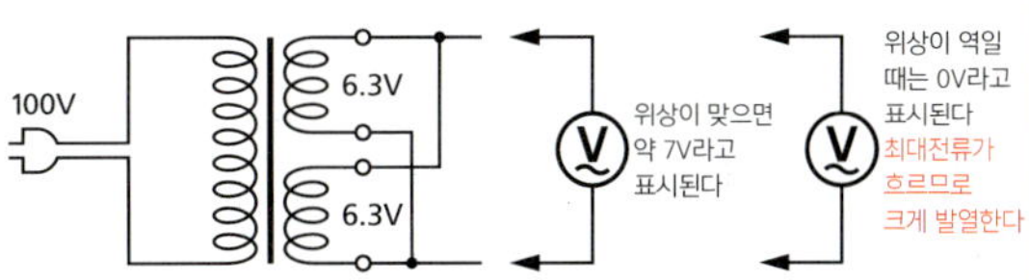

히터 배선

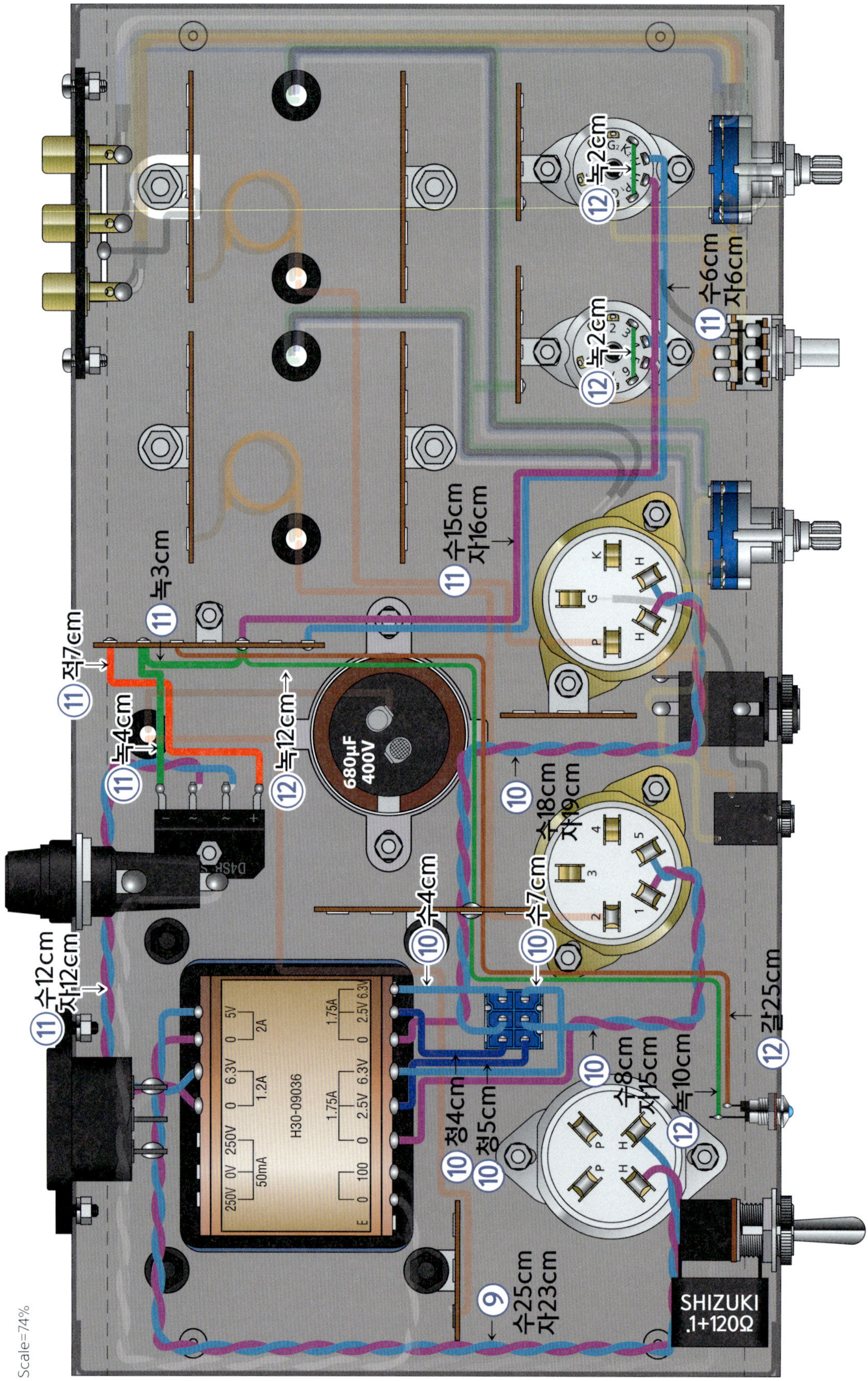

Scale=74%

히터 회로 전반을 배선해 나갑니다. 유도 험에 의한 잡음을 저감시키기 위해, 모두 꼬여(2개의 선을 꼬아) 있도록 먼저 처리해 둡니다.

선의 길이 표시는 꼬이기 전의 길이입니다. 꼬이면 대체로 1~2cm 짧아집니다.

0.5sq(AWG20) 선재를 사용하고 있습니다만 0.3sq(AWG22) 이상의 굵기라면 문제없습니다. (AWG는 숫자가 작은 것이 굵음)

⑨ 정류관의 필라멘트 회로를 배선합니다. 청색과 보라색을 사용하는데 둘다 청색이어도 상관없습니다. 나중에 UX4P 소켓 4번 핀은 적색 리드선도 배선합니다만, 먼저 히터 체크를 하기 위해 단단히 납땜합니다.

⑩ 파워관에 히터 배선을 합니다. 본기에서는 2.5V와 6.3V의 전환용 토글 스위치를 경유하기 때문에 조금 수고가 많아지고 있습니다만, 그림을 보고 틀림없이 배선해 주세요.

⑪ 드라이버관에 히터 배선을 합니다. 실리콘 브리지까지는 꼬여 있습니다만, 그 끝은 직류가 되기 때문에 꼬지 않고 배선하고 있습니다. 물론 만약을 위해 꼬아도 상관없습니다.

⑫ LED와 MT9P의 3 – 6번 핀의 배선을 합니다. 여기는 약간의 전류밖에 흐르지 않기 때문에 더 가는 선재를 사용해도 괜찮습니다.

LED 브래킷은 리드선이 너무 길기 때문에 그림과 같이 짧게 자릅니다. 이때 플러스와 마이너스의 쇼트 방지로 길이를 바꾸는 것이 좋습니다. 걱정이 되신다면 열수축 튜브를 씌우는 것이 좋습니다.

⑬ 배선이 되면 아래 그림과 같이 케미콘과 저항을 붙입니다. ⑬라고 써있는 곳은 케미콘의 리드선을 이용해서 연결해주세요.

LED의 전압 강하용의 카본 저항(1.5kΩ 1/4W)은 좁은 곳에서 케미콘의 마이너스 단자와 접촉할 것 같으므로, 열 수축 튜브를 씌워 주세요.

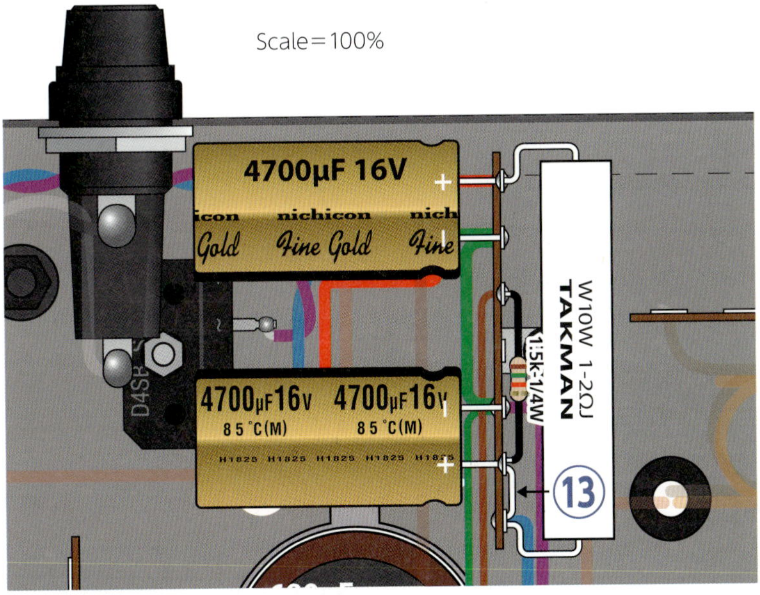

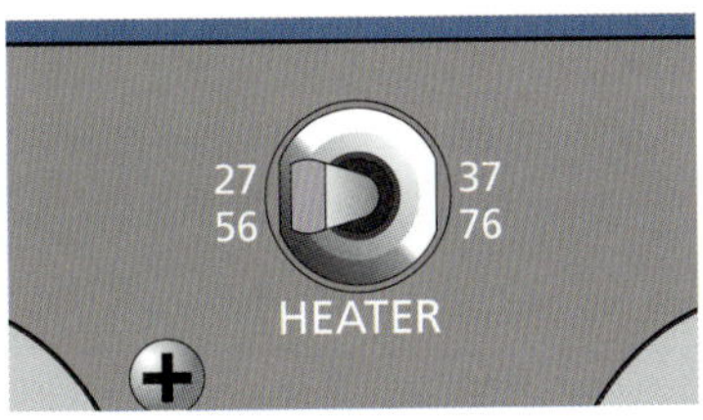

섀시 외측(위)에서 본 히터 전압 전환 스위치. 27이나 56을 사용하는 경우는 좌측(2.5V), 37이나 76을 사용하는 경우는 우측(6.3V)으로 한다.
토글 스위치의 경우 내부에서는 좌우 반대로 접속되어 있다. 잘못하면 진공관을 망가뜨리므로 주의해야 한다.

히터 점등 확인

여기까지 배선이 되면 일단 작업을 멈추고 오류가 없는지 꼼꼼히 확인해 주십시오.

괜찮으시다면 진공관을 모두 꽂고 1A 퓨즈를 넣습니다. UX4P 소켓은 틀리기 쉬우므로 80은 삽입 방향에 주의해 주십시오. 1번 핀과 4번 핀만 약간 굵게 되어 있어요.

히터 전압용 토글 스위치의 포지션을 틀리지 않도록 맞춰 주십시오. 27과 56은 2.5V, 37과 76은 6.3V입니다. 준비되면 전원을 켜고 방을 어둡게 하고 켜져 있는지 확인하십시오.

접지 배선

접지 회로 전반을 배선해 나갑니다. 본기는 배선이 혼잡하여 MT관 둘레는 리드선에서는 하기 어렵기 때문에, 일부 주석 도금선으로 모선을 치고 있습니다.

전류는 적은 앰프이므로 선재는 0.3sq(AWG22)의 굵기로 충분합니다.

기본적으로 러그판에의 배선은 대부분 밑 쪽의 구멍에 실시하지만 일부는 러그 판의 윗구멍에 납땜합니다.

또, 러그판에서 이웃끼리 양쪽 어스인 경우는 비닐선을 사용하지 않고, 나중에 저항이나 콘덴서의 리드선을 접어서 접지 배선을 하는 부분이 있습니다.

14 먼저 주석 도금선으로 모선을 붙입니다. 양단을 접어서 L-ch의 MT9P 소켓 센터와 UY5P와 함께 조인 러그 판에 납땜 고정합니다.

MT9P 소켓의 R-ch 센터에도 별도로 자른 주석 도금선을 납땜 고정합니다.

MT9P 소켓의 9번 핀은 6DJ8의 내부 실드에 접속하기 때문에 스파크 킬러 등의 남은 리드선을 이용하여 센터 핀과 접속합니다.

15 출력 트랜스의 흑색 리드선이나 예비 배선되어 있던 볼륨이나 헤드폰 잭의 흑색 리드선이 걸치적거려서 방해가 되므로 먼저 접지 모선에 납땜합니다.

16 모든 접지 부분을 흑색 리드선으로 배선해 나갑니다. 포인트가 되는 부분은 다음 세 가지입니다.

RCA 입력 핀 플러그 근처의 러그판의 센터 핀은 섀시 접지 포인트입니다.

여기는 배선이 번잡해서 구멍에 리드선이 다 들어가지 않기 때문에 2개는 윗구멍에 납땜합니다.

UY5P 소켓의 1번 핀(2개소)은 먼저 히터 배선이 되어 있습니다만, 여기도 흑선을 추가 장착해 접지합니다.

블록케미콘의 마이너스 단자와 러그단자와 판은 사이는 200Ω, 2W의 저항으로 접지 양단을 연결합니다. 이 저항은 전원 트랜스로부터의 리플 저감과 전압 조정의 역할을 하게 합니다.

17 B전압과 접지 3개를 꼬아서 배선합니다. 표시된 길이는 꼬기 전 길이입니다. 이 길이로 선재를 잘라도 조금 여유가 있기 때문에 엄격하지 않아도 괜찮습니다.

또한 이해하기 쉽게 하기 위해 일부 진한 적색으로 표시하고 있습니다만, 같은 적색 선입니다.

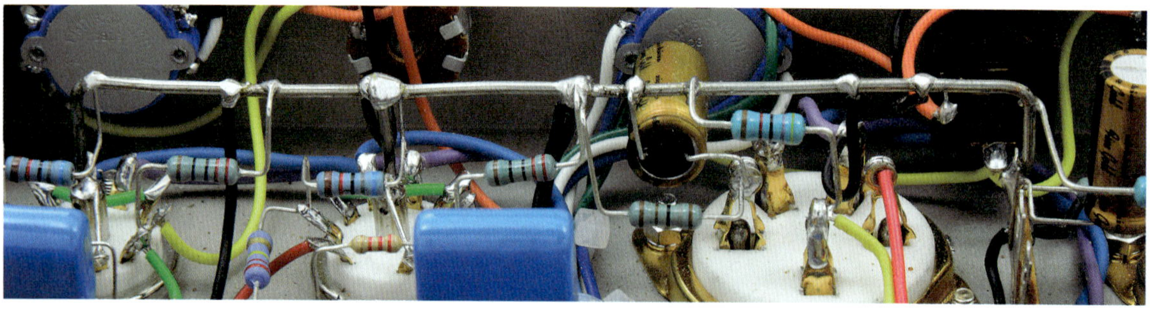

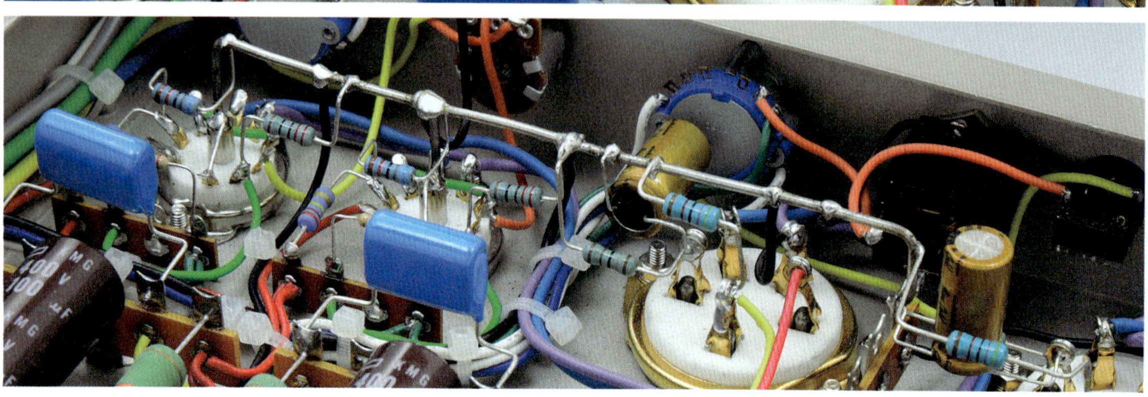

접지 배선

Scale=74%

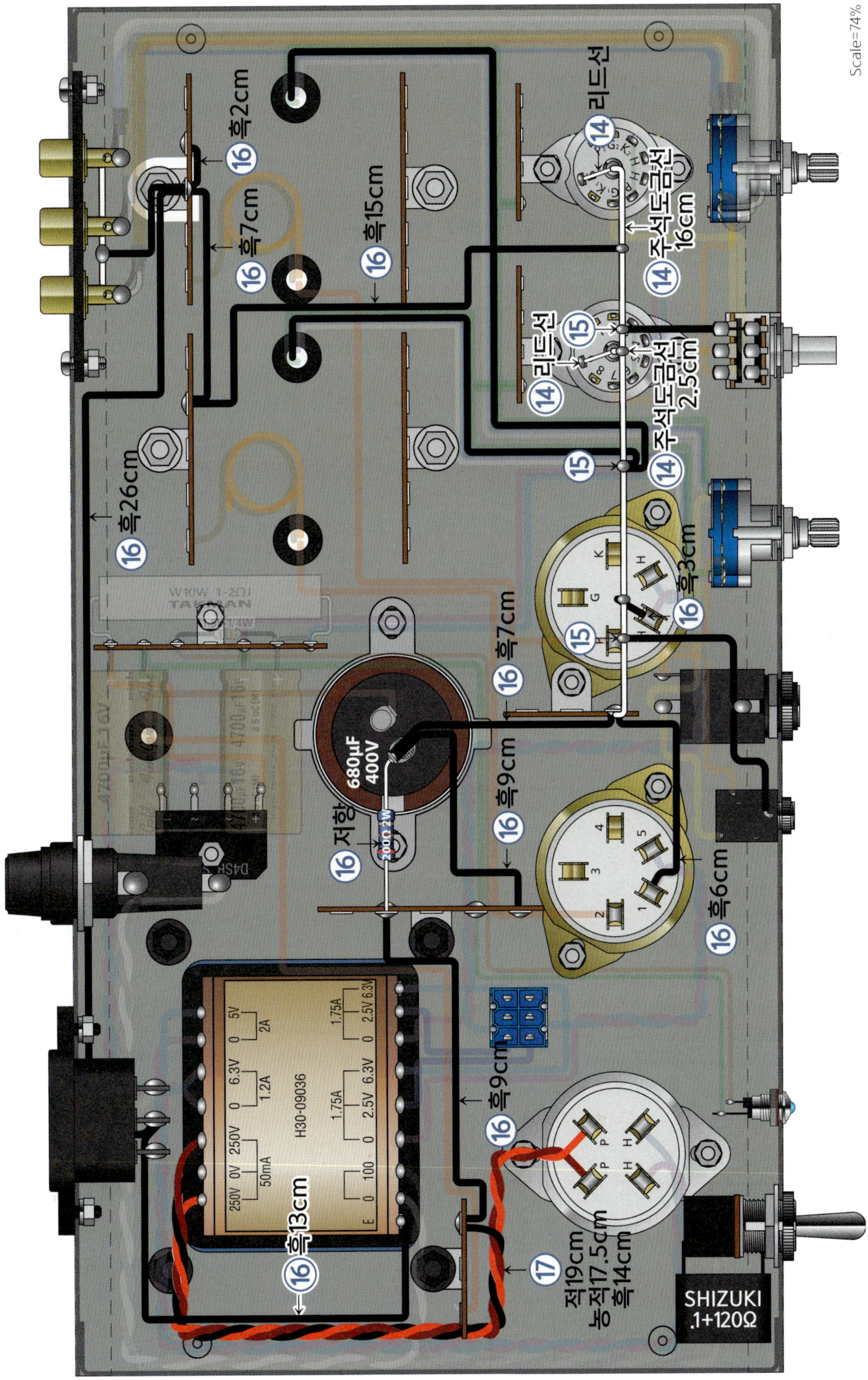

+B전압·타배선

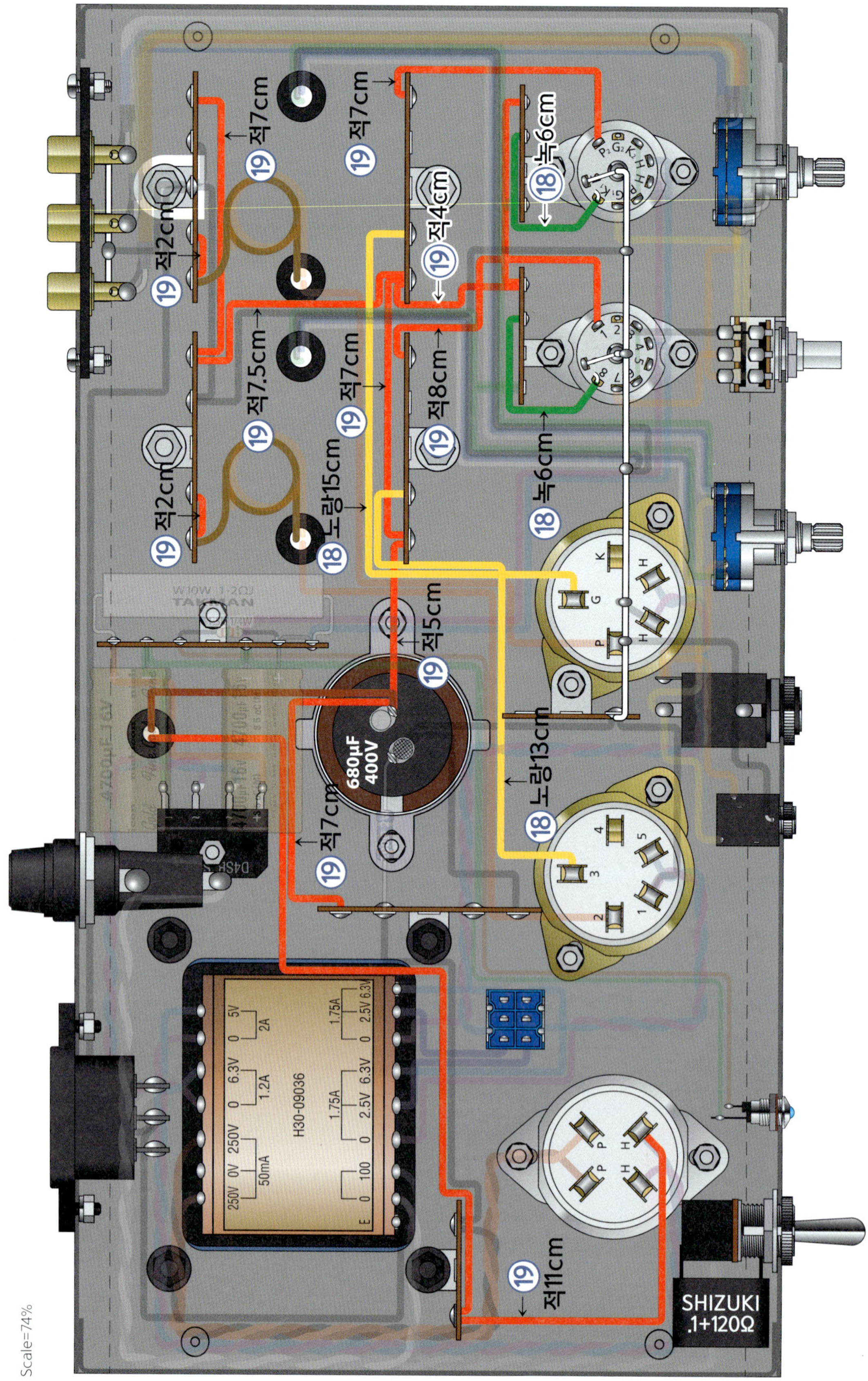

Scale=74%

나머지 배선을 하고 가겠습니다.

배선재는 모두 0.3sq(AWG22)의 굵기를 사용하고 있습니다.

18 그리드 회로는 노란색 선재, 캐소드 회로는 녹색 선재를 사용합니다. 러그판은 아래 구멍에 배선, 납땜합니다.

19 B전압이 통과하는 부분은 모두 적색 선재로 배선해 갑니다. 정류관의 UX4P 소켓은 이미 필라멘트 배선이 납땜되어 있는데, 그 4번 핀(청색 선이 달린 곳)은 납땜을 녹여 적색 선을 추가하고 납땜을 조금 더 추가합니다.

그 밖에도 러그 판에 임시 부착되어 있는 부분도 이번에는 모두 납땜을 흘려 고정합니다.

RCA 입력 단자 근처의 적색 2cm는 배선하고 남은 저항이나 콘덴서의 리드선으로 배선해도 됩니다.

블록케미콘은 열에 약하니 납땜은 빠르게 해주세요.

여기까지 작업이 완료되었으면, 다음 번에는 드디어 CR류(콘덴서·저항)의 설치를 합니다. 그렇게 되면 배선이 잘 보이지 않기 때문에, 이 시점에서 오류가 없는지 잘 점검을 해 주십시오.

배선과 히터의 DC 점화 회로의 납땜이 막 끝났습니다. 나중에 결속 밴드로 묶으면 깨끗해집니다.

COLUMN 필라멘트 전력과 진공관의 수명

옛날부터 필라멘트 전력이 작은 진공관일수록 수명이 길다고 알려져 있었습니다.

아직 LED 전구가 없는 시대, 백열 전구는 와트 수로 수명이 대체로 정해져 있었습니다.

조명이 백열전구였을 당시 전등갓에 40W짜리 전구보다 20W짜리 전구를 켜는 것이 오래 사용됐고, 매일 일정 시간만 사용해도 1년 이상 버틸 수도 없었습니다. 물론 어둡지만요.

하지만 같은 전구 소켓에 100W짜리 전구를 켜보니 밝은 대신 한 달도 못가고 꺼진 것입니다.

이는 텅스텐 전구 시대에서 할로겐 전구 시대로 옮겨도 마찬가지고, 자동차의 헤드라이트를 55W에서 100W 할로겐 전구로 바꿔도 빨리 꺼지게 되었습니다.

진공관에도 같은 말을 할 수 있는 것 같고, 특히 직열관의 필라멘트는 원래 전구와 같기 때문에 출력에 비해 필라멘트가 저전력인 300B는 수명이 길고, 음질면이나 낮은 B전압에서도 고출력 등의 요소도 있어 세계적으로 평가받기에 이른 것입니다.

단, 방열관의 히터는 일률적으로 말할 수 없는 것 같고, 이는 재질 등

의 기술 혁신의 결과입니다.

무엇보다 진공관은 필라멘트나 히터가 꺼지는 것보다 에미션 저하에 의해 플레이트 전류가 점점 흐르지 않게 되어 수명이 다된 경우가 더 많으며, 상당히 필라멘트가 약하다는 말을 들은 진공관 이외에는 신경 쓸 것이 없습니다.

CR장착

드디어 CR류를 장착해 갑니다.

CR류 등의 부품 장착에서 지키지 않으면 안 되는 것은 반드시 2점 이상을 붙이는 것을 하는 것입니다.

저항의 한쪽을 러그판에 납땜하고 다른 쪽에 직접 비닐선을 직접 붙여 고정하지 않으면 앰프의 이동이나 진동 등으로 저항이 움직여 뜻밖의 쇼트 등을 겪을 수 있기 때문입니다.

오른쪽 그림의 부품은 어디부터 시작하셔도 됩니다.

리드선끼리 붙어서 쇼트하지 않도록 주의하세요. 2점붙이기를 하고 있으면 MT9P 소켓 둘레가 좁은 곳도 쇼트 걱정은 별로 없지만, 만약 걱정된다면 엠파이어 튜브(절연튜브)나 열 수축 튜브를 씌워 배선하는 것이 좋습니다.

전해 콘덴서(케미콘)는 저항보다 열에 약하기 때문에 너무 장시간 납땜을 하지 않도록 주의하십시오. 일반적인 납땜을 하고 있는 한 망가지는 일은 없지만, 만약을 위해 항상 신경 써서 작업하도록 하겠습니다.

또한 전해 콘덴서는 극성이 있으므로 플러스와 마이너스의 방향을 틀리지 않도록 주의하십시오.

세우거나 눕히거나 2종류의 설치 방법을 하고 있습니다(사진과 그림은 조금 다릅니다). 이것은 용량 표시가 가능한 한 보이도록 하기 위해서입니다.

눕히면 용량 표시가 아래가 되어 버리는 경우는 가능한 한 세우고 있습니다.

저항과 필름 콘덴서는 극성이 없기 때문에 어느 방향이라도 괜찮습니다만, 유지 보수를 생각하면 수치가 보기 쉬운 방향으로 맞추는 편이 나중에 편합니다.

마지막으로 볼륨 다이얼과 로터리 스위치다이얼을 부착하고 문자 스티커를 작성, 부착하여 제작 작업이 완료되었습니다.

「문자 스티커 작성」은 P168를 참조하십시오

Scale=74%

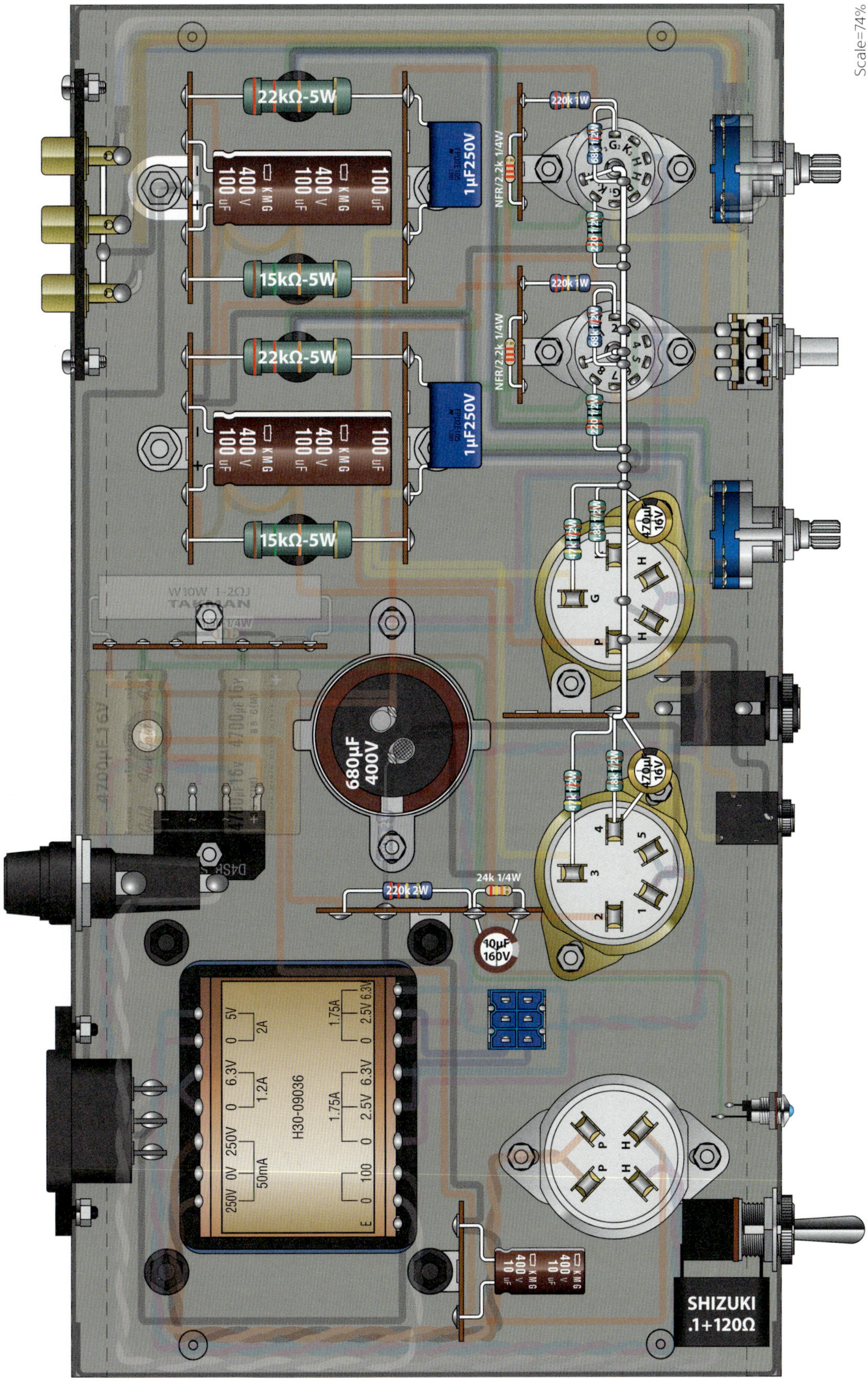
22kΩ-5W
15kΩ-5W
22kΩ-5W
15kΩ-5W
1μF250V
1μF250V
100 uF 400 V KMG
220k 1W
NFR/2.2k 1/4W
68k 1/2W
220 1/2W
47k 1/2W
1.8k 1/2W
470μF 16V
680μF 400V
220k 2W
24k 1/4W
10μF 160V
H30-09036
250V 0V 250V 50mA
0 6.3V 1.2A
0 5V 2A
1.75A
2.5V 6.3V
10 uF 400 V KMG
SHIZUKI .1+120Ω

재검토·전압측정

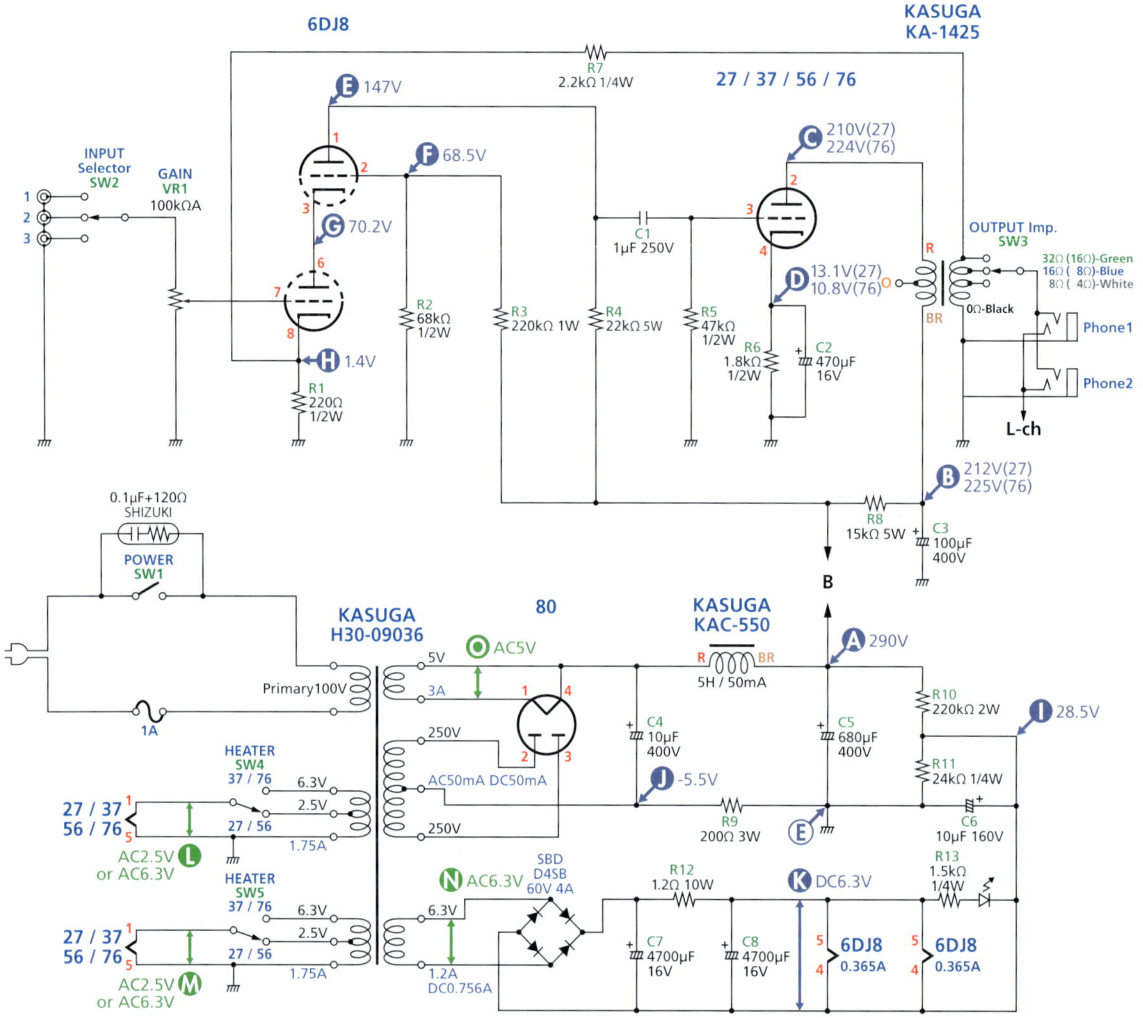

본기는 조정 장소가 없습니다. 그러나 안전 확인과 정상 동작 확인을 위해 각 부의 전압 정도는 측정해 둡니다.

또한, 히터 체크는 이전에 하고 있기 때문에 첫 전원 투입 시에는 방을 밝고 조용히 해 주십시오. 이것은 이상 전류가 흘러 저항이나 콘덴서에서 연기가 나거나 하지 않는지 확인하기 위해서입니다.

전원을 켜고 15초 정도면 소정의 전압이 되므로 이상한 소리나 냄새가 나지 않는지, 연기가 올라오지 않는지 등을 귀와 코와 눈을 사용하여 주의 깊게 확인합니다.

만약 퓨즈가 끊어지거나 연기가 나는 등 문제가 있는 경우 즉시 전원을 끕니다.

본기는 전원 오프 후 몇 초 만에 만져도 안전한 전압까지 떨어지도록 히터 바이어스 겸 방전 저항이 붙어 있는데, 만약을 위해 **몇 분 있다가 전해 콘덴서가 완전히 방전된 후** 오류가 없는지 체크합니다.

문제가 없으면 전압 측정을 할 것입니다만, 전원 투입 후에는 이상이 없는지 조사할 정도의 생각만으로 괜찮습니다.

수십 분 지난 후에야 안정되기 때문에 정확한 전압은 그때 기록합니다.

AC1차 측과 히터 배선은 제작 도중에 체크하여 문제가 없는 것으로 알고 있으므로 우선 고압 부분부터 체크해 나가겠습니다.

테스터를 DC레인지로 하고 테스터봉의 마이너스를 Ⓔ부분에 대고 Ⓐ 등의 청색 부분의 체크는 모두 플러스쪽을 맞혀서 체크합니다.

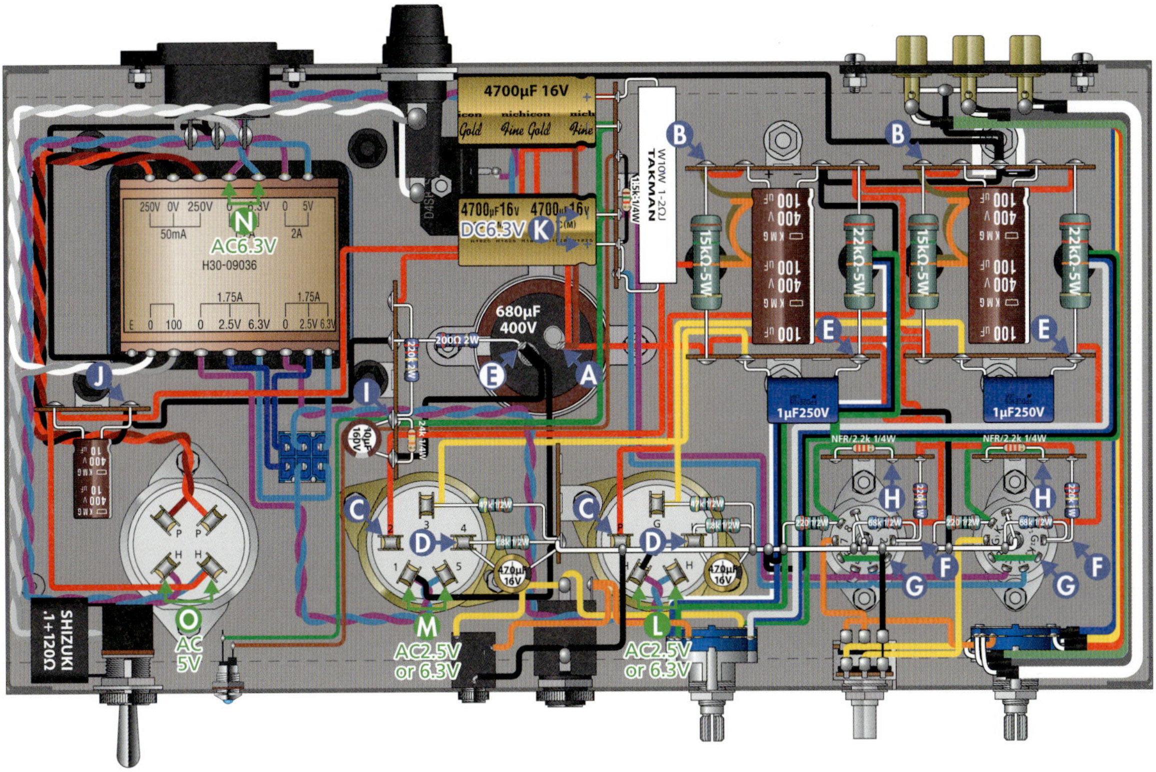

단, Ⓚ 부분만은 4700μF16V의 양단(화살표의 양단)에 테스터봉을 대고 측정해 주십시오. 기본적으로 플러스 마이너스는 케미콘과 맞추어서 하지만 잘못 맞추어도 현재의 디지털 테스터라면 표시가 마이너스가 될 뿐 문제 없습니다. (아날로그 테스터는 미터기에 무리한 힘이 가해지므로 피해주세요)

측정 결과는 회로도 표기의 ±5% 이내에 들어 있으면 좋습니다. 진공관 앰프는 진공관의 에미션(소모도)에서 전압도 다소 바뀌기 때문에 신경질적으로 딱 맞지 않아도 신경 쓸 필요가 없습니다.

다만 전압이 크게 다른 것 같으면 어딘가에 오류가 있으므로 트러블 슈팅(P170)을 보고 대응해 주십시오.

필라멘트 히터의 전압 측정은 테스터에 AC레인지가 있어 진정한 실효치에 대응해야 하므로 가지고 계신 분은 Ⓛ Ⓜ Ⓝ Ⓞ의 화살표 양단에 테스터봉을 대고 측정하십시오.

그 때, 본기의 파워관은 교체식으로 토글 스위치에 의해 전압이 바뀌기 때문에, 사용하는 파워관에 의해서 스위치 포지션을 틀리지 않도록 해 주세요. 파워관의 히터 전압(Ⓛ과 Ⓜ)은 27과 56이 AC 2.5V, 37과 76이 AC 6.3V입니다.

전압 체크가 모두 끝나면 일단 전원을 끄고 바닥판을 부착하여 사용 상태로 합니다.

마지막으로 소리내기 체크를 합니다만, 3계통의 RCA 입력 모두 문제가 없는지 입력을 바꿔서 체크해 주십시오.

또한 임피던스 전환 스위치도 제대로 작동하고 있는지 확인합니다.

약간의 미스매치로 바로 부서지거나 하지 않기 때문에 헤드폰을 연결하고 전환해 보십시오.

이것으로 전 작업 종료입니다. 수고하셨습니다.

측정결과

본기는 소출력의 헤드폰 앰프이기 때문에, 통상의 앰프와는 다른 측정 준비가 필요합니다.

출력이 헤드폰 단자이므로 헤드폰 플러그를 준비해 더미 로드는 16Ω와 32Ω 부하로 측정할 수 있도록 자체 제작했습니다.

또한 측정은 27, 56, 76에 대해 모두 왼쪽 채널, 32Ω 부하, 필터류는 모두 OFF, 보정 없음의 조건으로 하고 있습니다. 37은 소유하고 있지 않으므로 측정하고 있지 않습니다.

입출력 특성

클리핑 포인트는 입력 0.5V시에 27로 출력 약 0.2W, 56과 76에서 약 0.3W가 되어 충분한 출력을 얻을 수 있었습니다.

통상 사용으로는 입력 65mV 시의 5mW 출력 정도이라고 생각합니다. 그 때의 왜률은 0.21%(1kHz)입니다. 역사적으로 가장 오래된 27은 증폭률(μ)이 9로 낮기 때문에 규격대로 출력도 조금 작아졌습니다. 56,76은 13.8이므로 조금 큰 출력이 됩니다.

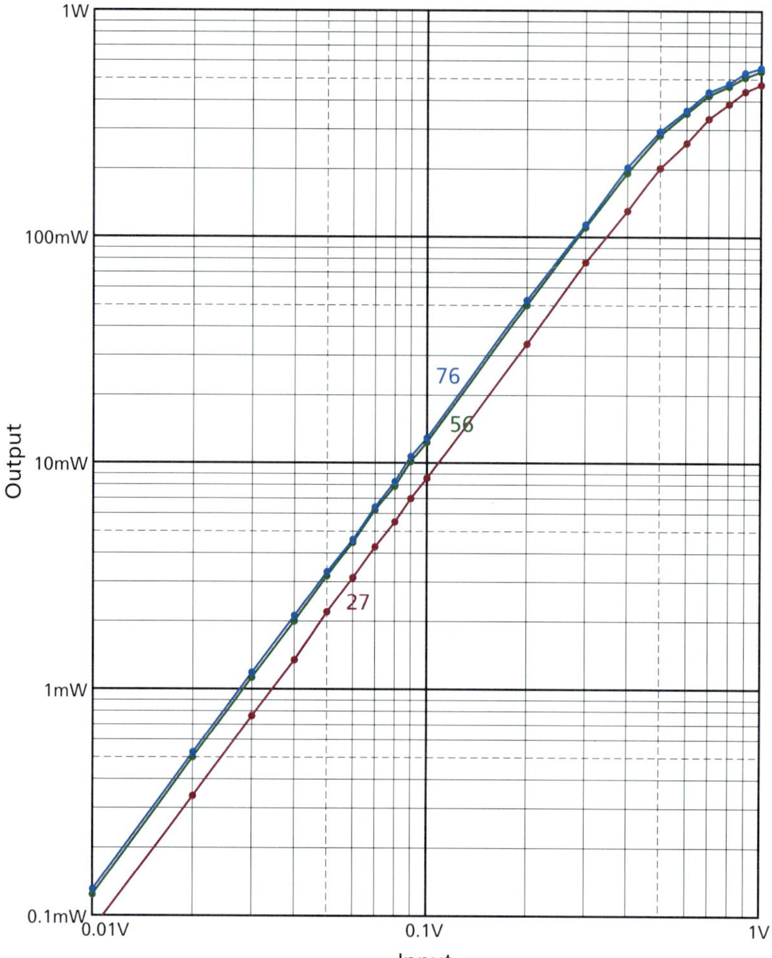

입출력특성

주파수 특성

평균적인 사용법을 상정하고 10mW 시의 주파수 특성을 측정했습니다. 76 사용 시에 −1dB 범위에서 18.2Hz~27.8kHz, −3dB 범위에서는 8.7Hz~47kHz로 어떻게든 목표의 고해상도라고 말할 수 있는 것 같습니다.

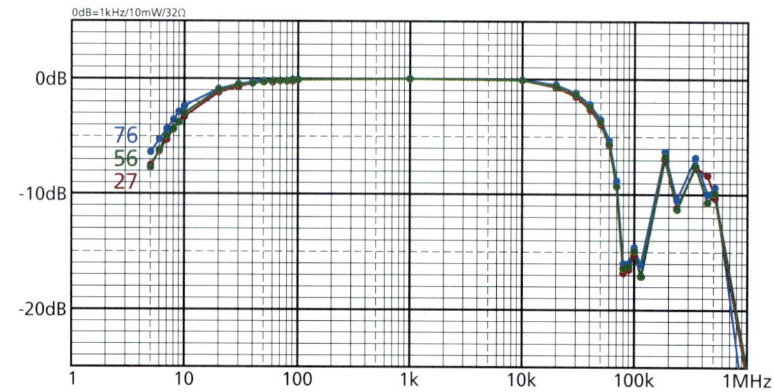

주파수특성

역시 예상대로 교체해 보면 이쪽도 시대순으로 27→56→76으로 새로운 설계의 관일수록 좋은 결과를 얻고 있습니다.

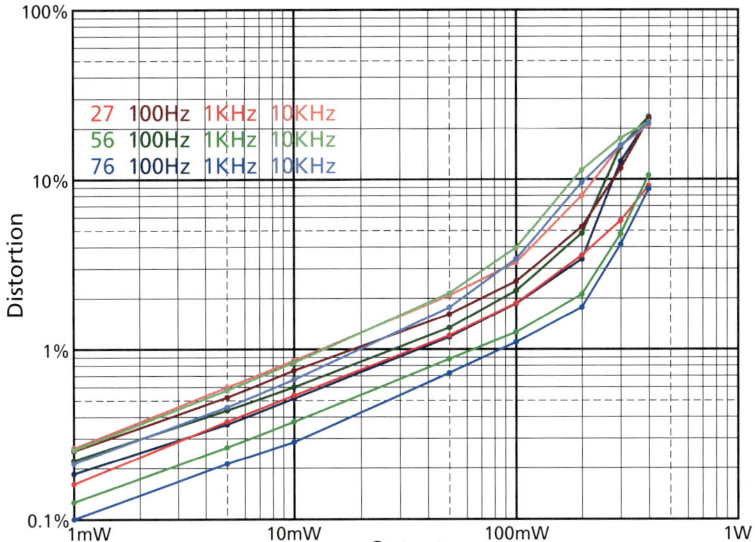

왜율특성

왜율특성

여기도 새로운 시대의 관일수록 왜률이 떨어진다는 결과가 나왔습니다. 27이 가장 왜곡이 많고 76이 가장 적은 결과를 보였으며, 그 차이는 1.8배 정도 차이가 납니다. 다만 대부분 2차 왜곡이기 때문에 왜곡이 많다고 해서 소리가 나쁘다, 라고는 할 수 없습니다. 이것을 개성으로 즐길 수 있었다면 교체식으로 한 보람이 있었을 것 같습니다.

덧붙여 100Hz가 생각보다 나쁘지 않았던 것은 예상 밖이었습니다.

10kHz 쪽이 출력 트랜스를 2배의 임피던스로 측정한 영향이 나타나고 있습니다.

기타

입력 쇼트 시 잔류 잡음은 0.1~0.15mV 사이에 잡혔습니다.

이 수치라면 무음시에도 소음은 신경 쓰이지 않습니다. 단, 전원 온 직후 히터가 따뜻해질 때까지는 윙윙하고 약간 험 소리가 나지만 십여 초 만에 꺼집니다.

본기는 부하가 헤드폰이기 때문에 댐핑 팩터는 측정하지 않았지만 대신 채널 세퍼레이션을 측정했습니다. 1kHz 이하에서는 63dB, 고역으로 됨으로써 저하되어 20kHz에서는 45dB, 100kHz에서는 28dB 정도가 되었습니다.

37의 측정 결과가 없지만 아마 시대순으로 27→37→56→76으로 결과가 좋아질 것으로 생각하고 있습니다. 이렇게 확실하게 시대순서의 결과가 나오는 앰프도 드물지도 모릅니다.

본기의 정격

정격출력	0.2W+0.2W (27), 0.3W+0.3W (76)
최대출력	0.4W+0.4W (27), 0.5W+0.5W (76)
출력임피던스	8Ω, 16Ω, 32Ω (스위치 전환식)
입력감도	0.5V (정격출력 시)
입력임피던스	100kΩ
게인	14.5dB (27), 16.1dB (56), 16.3dB (76)
주파수특성 (27) (56) (76)	23Hz~24.5kHz at-1dB, 11Hz~43.5kHz at-3dB 23Hz~28kHz at-1dB, 10.8Hz~47kHz at-3dB 18.2Hz~27.8kHz at-1dB, 8.7Hz~47kHz at-3dB
왜율 (27) (56) (76)	0.53% at10mW·1kHz, 1.92% at0.1W·1kHz 0.38% at10mW·1kHz, 1.30% at0.1W·1kHz 0.29% at10mW·1kHz, 1.13% at0.1W·1kHz
채널 세퍼레이션	L→R : 61.2dB, R→L : 60.3dB at1kHz, RL=32Ω, 56사용 시
잔류잡음	0.14mV
소비전력	39W (27), 35W (56), 32W (76)
최대외형치법 (돌기물 포함)	W308×D194×H172mm (보닛 포함)
중량	5.1kg (보닛 포함)

회로 설명

헤드폰 앰프는 일반적으로 스피커보다 높은 임피던스부하, 저출력이기 때문에 처음에는 SEPP OTL회로로 생각했습니다. 이 경우 소형으로 만들기 위해 선택하는 관은 당연하게 5687 등의 쌍3극관이 될 것이라고 생각합니다.

그러나 진공관 보관함을 뒤지던 중 27이나 76 등의 고전관을 사용하고 싶어졌고, 따라서 회로 구성도 대폭 변경되었습니다.

파워관에 전압 증폭용 고전관을 사용하는 경우 가격보다 입수 난이도가 더 문제가 됩니다. 본기에서는 UY5P 소켓의 27, 37, 56, 76 등 여러 종류를 사용할 수 있도록 교체 가능하게 설계했습니다. 어느 것이든지 입수할 수 있으면 본기가 성립합니다.

이 관들은 내부 저항이 높고 출력 임피던스도 높아지지만 출력 트랜스에 맞는 것이 없기 때문에 하루히 무선의(春日無線) KA-1425(14kΩ)를 2배인 28kΩ로 간주해 사용하기로 했습니다.

그 때문에 2차측은 8Ω의 헤드폰은 4Ω 단자에, 32Ω의 헤드폰은 16Ω 단자에 접속합니다. 헤드폰은 32~38Ω인 것이 많이 있기 때문에, 이것이 의외로 좋은 결과가 되었습니다.

드라이버단은 게인과 주파수 특성 등을 고려해 캐스코드 접속으로 하고 원래 고주파 캐스코드 (Cascode) 접속용으로 개발된 6DJ8/ECC88을 채택하기로 했습니다.

당초에는 스마트폰에서의 사용을 고려해 높은 게인으로 만들기 위해, 단 2단 직결로 인한 드라이브로 하고 있었지만, 볼륨을 올릴 수 없고, 생각보다 사용하기 어렵고, 소리도 납득할 수 없었기 때문에, 캐소드 팔로워로 하거나 SRPP도 검토했지만, 이번에는 게인이 부족해지므로 최종적으로 캐스코드 접속으로 했습니다.

NFB는 76에서 약 7dB 정도 걸고 있습니다. 27에서는 게인이 내려가기 때문에 6dB가 됩니다.

개성을 더 내고 싶은 경우 왜곡은 증가하지만 NFB를 줄이거나 없애는 것도 있습니다.

전원회로는 심플한 정류관 정류, 콘덴서 인풋, π형 필터이지만, 일반 앰프보다 미약 신호를 취급하기 때문에 만약을 위해 6DJ8/ECC88은 직류 점화로 하고 있습니다.

파워관의 히터는 27·56은 2.5V, 37·76은 6.3V이므로, 교체했을 경우에 토글 스위치로 전압을 전환하고 있습니다. 스위치는 사용 중 함부로 닿지 않도록 진공관 뒤에 배치했습니다.

이러한 전력 공급을 맡을 전원 트랜스는 딱 맞는 것이 없었기 때문에, 춘일 (하루히) 무선에 특별 주문해서 만들어 주셨습니다. 품번 H30-09036이라고 하면 같은 것을 만들어 주실 수 있습니다.

시판품으로 대체할 경우 제너럴 트랜스의 PMC-200M을 사용할 수 있지만 크기가 크게 커지므로 섀시 변경이 필요합니다.

조사한 결과, PMC-200M보다 작은 것은 B 전압이 너무 높거나 히터 전류 용량이 부족하거나 해서 본기에 맞는 것이 없었습니다.

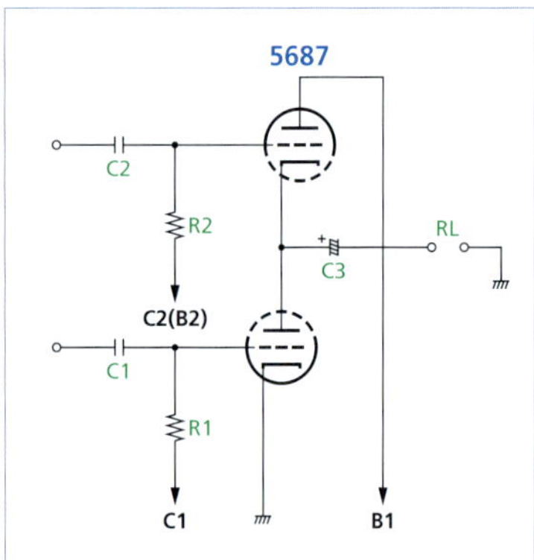

그림 1 SEPP-OTL (Single Ended Push Pull-Output Transformer Less)／큰 출력이 불필요하고 임피던스가 높은 헤드폰에는 적합한 회로. C3를 빼고 OCL로 만들고 싶은 지만 보호회로 등으로 복잡해진다.

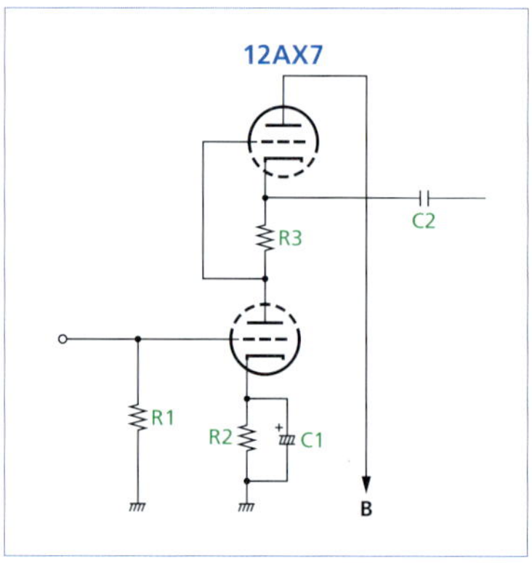

그림 2 SRPP (Shunt Ragulated Push Pull)／출력 임피던스가 낮아지기 때문에 주파수 특성에 뛰어나, 덤핑팩터가 낮아지는(출력단 정도는 아니지만) 회로지만 2개를 사용해도 1개 몫의 μ이므로 게인이 적다.

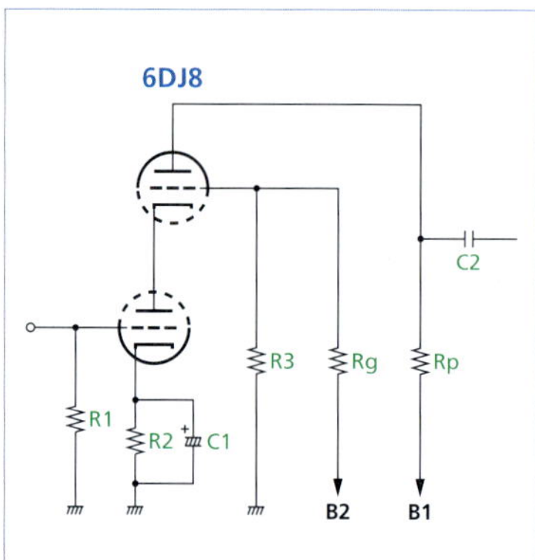

그림 3 카스코드 접속(Cascode connection)／상하 합쳐서 5극관과 같은 회로지만 게인도 5극관 수준으로 얻을 수 있고 딱 좋아서 본기에서 채용. 동작 범위가 좁고 출력 임피던스도 높지만 아래 관의 미러 효과 극히 작아지기 때문에 고역 특성이 뛰어나다.

사용할 수 있는 헤드폰

일반 스테레오 플러그로 연결하는 헤드폰이나 이어폰이면 거의 모두 사용 가능합니다. 600Ω 등 임피던스가 극단적으로 높은 기종에서는 사용할 수 없지만, 소리가 상당히 작아져 무리하게 입력·볼륨을 높이려면 소리가 왜곡됩니다.

반대로 작은 임피던스의 헤드폰은 6Ω 정도의 것까지는 괜찮지만, 4Ω 등 극단적으로 작은 것은 진공관의 수명을 단축시킬 수 있기 때문에 피하는 것이 좋습니다.

무엇보다 본서를 읽는 분이 제작자=사용자라고 하는 경우가 대부분이라고 생각하기 때문에, 본인이 알고 있고, 너무 큰 입력을 넣지 않는다 라고 한다면 극단적으로 작은 임피던스라도 괜찮습니다.

임피던스 전환 스위치

헤드폰에 따라 어떤 임피던스 포지션을 선택하면 좋을지입니다만, 대략적인 근사치로 괜찮습니다. 예를 들어, 일반적인 임피던스 12Ω 헤드폰이면 8Ω 또는 16Ω 중 하나를 선택해 주십시오. 음질(특성)이 약간 바뀌므로 취향에 따라 괜찮습니다.

대부분의 사용 상황에서 진공관에 무리가 가지 않도록 되어 있습니다만, 극단적으로 낮은(8Ω 미만의) 임피던스의 헤드폰을 최대(32Ω) 포지션으로 사용하는 것은 피해 주세요.

헤드폰 2대 동시 사용

본기는 표준 잭과 미니 잭의 두 가지 출력을 준비했지만, 동시에 사용할 수 있을지는 임피던스를 생각하면 이해할 수 있다고 생각합니다.

예를 들어 32Ω 헤드폰 2대를 동시에 연결하면 회로에서 보면 병렬 접속이기 때문에 출력 임피던스는 16Ω입니다. 즉 이 경우는 임피던스 전환 스위치를 16Ω로 하면 좋습니다. 병렬 저항값과 같은 사고방식으로 괜찮습니다.

64Ω와 12Ω 등 극단적으로 다른 헤드폰을 동시 사용하면 10Ω이 되기 때문에 8Ω 포지션에서 사용합니다. 이 경우 64Ω인 분은 12Ω인 것보다 소리가 상당히 작아집니다.

히터 전환 스위치

진공관을 교체했을 때는 전원 ON 전에 반드시 히터 전환 스위치의 포지션을 확인해 주세요.

27과 56은 왼쪽, 37과 76은 오른쪽으로 합니다.

만약 27이나 56일 때 오른쪽(6.3V)으로 해버리면, 바로 끊어지지 않을지도 모르지만, 몇 분만에 히터가 꺼져 진공관을 망가뜨리게 됩니다.

모노 이어폰

이어폰뿐만 아니라 스테레오 이외의 플러그, 예를 들어 모노 이어폰이나 마이크 입력 기능을 가진 4P 이상의 플러그를 가진 기기는 출력 단자를 내부적으로 쇼트시켜 버리기 때문에 절대로 사용하지 마십시오.

모노 플러그의 경우는 Rch와 접지부가 쇼트합니다. 이 상태에서 큰 입력을 넣으면 과대 전류로 출력 트랜스의 단선이나 출력부 진공관의 에미션 저하, 즉 수명을 단축시킬 수 있습니다.

어댑터를 사용하면 표준 플러그 쪽도 미니 플러그 헤드폰을 사용할 수 있다.

ARCTURUS 청가지관 127(27) 사용시.
이런 빈티지관도 사용 가능

사용 가능한 구의 표준

전압 증폭관의 규격 (파워관으로서 사용)

진공관 명	27		37			56 / 76	
접속도	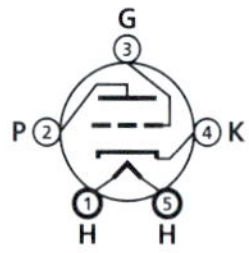		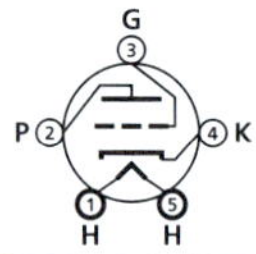			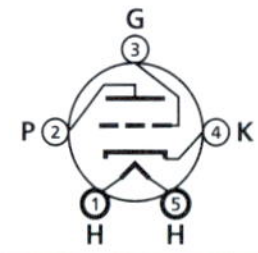	
히터전압/전류	2.5/1.75A		6.3V/0.3A			2.5V/1A[56] 6.3V/0.3A[76]	
최대정격							
최대플레이트 전압	275V		---			250V	
최대플레이트 손실	---		---			1.4W (도시바)	
최대 그리드 저항	1MΩ		1MΩ			1MΩ	
히터 캐소드 간 전압	90V		---			45V (도시바)	
대표동작예							
플레이트 전압	180V	250Vmax	135V	180V	250Vmax	100V	250Vmax
플레이트 전류	5.0mA	5.2mA	4.1mA	4.3mA	7.5mA	2.5mA	5.0mA
그리드 전압	-13.5V	-21V	-9V	-13.5V	-18V	-5V	-13.5V
종합 컨덕턴스	1000μS	975μS	925μS	900μS	1100μS	1150μS	1450μS
플레이트 내부 저항	9,000Ω	9,250Ω	10,000Ω	10,200Ω	8,500Ω	12,000Ω	9,500Ω
증폭률	9	9	9.2	9.2	9.2	13.8	13.8

정류관의 규격 (콘덴서 인풋만 해당)

본기에서는 파워관에 맞추어 정류관도 ST타입의 80을 사용했습니다. 하지만 만약 입수할 수 없는 경우는 GT관의 5Y3GT나 5V4G도 사용할 수 있습니다.

단, 소켓을 US8P 옥탈 소켓으로 변경해야 합니다.

또한 80보다 새롭고 약간 효율이 좋기 때문에 출력 전압이 조금 올라갑니다.

그 경우, 5Y3GT 또는 5V4의 출력(8번 핀)과 C4(10μF/400V) 사이에 5W의 시멘트 저항을 넣어 조절해 주세요.

저항은 수십~수백 옴이 될 것 같습니다.

구명	80	5Y3GT	5V4G	6X5GT
접속도	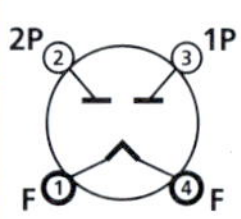	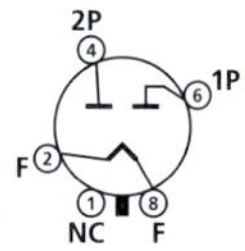	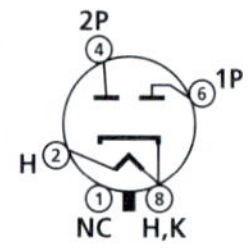	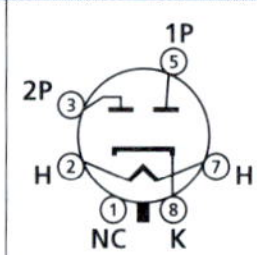
히터전압/전류	5V/2A	5V/2A	5V/2A	6.3V/0.6A
최대정격	설계중심	설계중심	설계중심	설계중심
첨두 내역 전압	1400V	1400V	1400V	1250V
첨두플레이트 전류	각400mA	각400mA	각525mA	각245mA
입력 콘덴서	10μF	20μF	8μF	10μF
대표동작예 (각 플레이트 당)	콘덴서 입력	콘덴서 입력	콘덴서 입력	콘덴서 입력
교류플레이트 공급 전압	350V	350V	375V	325V
입력 콘덴서	10μF	20μF	8μF	10μF
실행 플레이트 임피던스	각50Ω	각50Ω	각100Ω	각525Ω
직류출력전류(전부하)	125mA	125mA	175mA	70mA
직류출력전압(전부하)	350V	360V	415V	310V

전압증폭관규격

구명	6DJ8/ECC88	7DJ8/PCC88	6922/E88CC	7308/E188CC
접속도	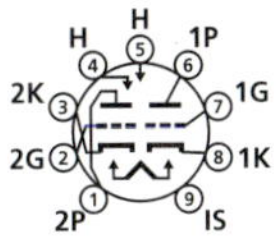		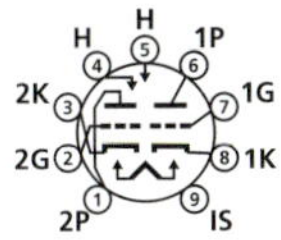	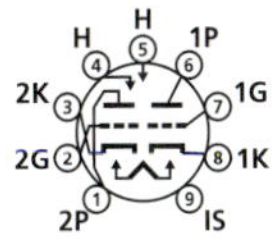
히터전압/전류	6.3V/0.365A	7.0V/0.3A	6.3V/0.3A	6.3V/0.335A
최대정격	설계중심		설계중심	설계중심
플레이트전압(컷오프)	550V		550V	550V
플레이트 전압	130V		220V	250V
플레이트손실	1.8W		각 1.5W 두개 2W	1.65W
그리드 전압	-50V		-100V	-110V
캐소드전류	25mA		20mA	22mA
그리드저항	1MΩ		자기바이어스1MΩ	자기바이어스1MΩ 고정바이어스500kΩ
히터 · 캐소드간 내압	unit1／±50V unit2／±130V	unit1／±80V unit2／±130V	+120V -60V	+150V -100V
대표동작예 A1급 싱글				
플레이트 전압	90V		100V	100V
플레이트 전류	15mA		15mA	15mA
제1그리드 전압	-1.3V		+9V *	+9V *
종합 컨덕턴스	12.5mS		12.5mS	12.5mS
증폭률	33		33	33
등가 잡음 저항	300Ω		---	250Ω

●여러 대표 동작 예가 발표된 경우, 최대 출력인 것을 게재하고 있습니다.
●제조사에 따라 발표 규격이 다른 경우는 작은 분의 전압 · 전류 값을 게재하고 있습니다.
●정류관의 입력 콘덴서는 발표값이 제조사에 따라 다르기 때문에 가장 작은 값을 게재하고 있습니다.

히터 전압이 7V인 7DJ8(유럽명 PCC88)은 6.3V로 점화해도 90%의 전압이므로 보통으로 동작합니다.

6922/E88CC나 7308/E188CC는 고신뢰관으로 약간 규격이 다르지만 동등관으로 교체하셔도 됩니다.

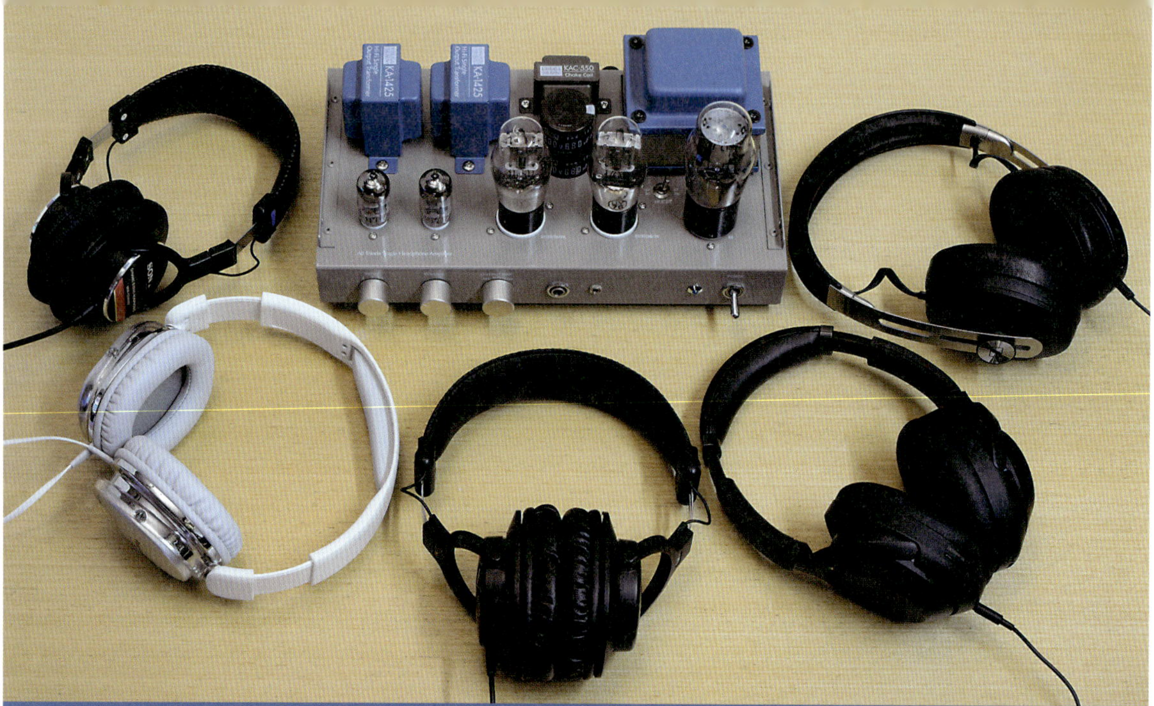

본기에서 여러가지 헤드폰을 사용해 봅니다

audio technica 오디오 테크니카 ATH-PRO5X

저고음 강조 타입으로 가장 대역이 넓은 느낌, 소리가 밝습니다. 베이스 코드를 복사할 때 사용할 수 있을 것 같아... 이것이야말로 Hi-Res! 라는 느낌의 헤드폰이었습니다. 이 정도가 아니면 시끄러운 클럽 등에서 모니터를 할 수 없을 것이라고 상상, 하지만 고음이 시끄럽다고 느끼지 않고, 제대로 악기가 분리되어 있어 요즘 헤드폰은 대단하다고 느낍니다.

이어패드가 커서 좋습니다.

진공관 HP 앰프와 궁합이 잘 맞아 진공관이 소리의 가시를 잡아 매끈하게 만들어 줍니다. 짧은 쪽의 코드는 외출용, 컬 코드는 길고 실내용과 2개가 포함되어 있습니다. 가격을 생각하면 가성비는 뛰어납니다.

전역을 한없이 들려주는 모니터로서 현대 사고 방식의 유형.

실측 임피던스 34.8Ω

SONY 소니 MDR-CD900ST

중음의 돌출부가 굉장히 보컬이 다가와서 색기를 느낍니다. 그렇다고 저음·고음이 약하다는 것이 아니라 끊어짐이 전역에 걸쳐 고해상도. 일목요연한 소리로 유일무이한 존재입니다.

가청 대역은 확실히 들려주고, 그 이외에는 쏙 떨어뜨리는 모니터 본래의 사고방식 타입.

이어패드가 얇고 장시간 쓰면 안경의 가장자리가 아파집니다. 능률이 높은 탓인지 전원이 켜지지 않은 기기의 금속에 플러그가 닿기만 해도 노이즈가 들립니다. 실측 임피던스가 스펙보다 높아 능률만큼 소리가 크지 않으며 다른 기종과 다르지 않습니다.

유선전용이라 표준플러그+코드가 길어서 사용이 편리합니다.

실측 임피던스 77.0Ω

Panasonic 파나소닉 RP-HX350

헤드폰으로서의 기본 성능을 추구한 가성비가 뛰어난 모델. 고급기에 비하면 뒤떨어지는 것은 어쩔 수 없지만, 무명의 메이커도 많이 있는 같은 가격대 안에서는 웬만한 소리입니다. 깔끔한 시원한 소리. 음이탈은 좋습니다. 숫자보다 대역이 좁게 느껴져요. 아마도 -20dB의 범위에서 쓰는 것 같습니다. 게임기와의 궁합이 좋습니다. 측정거리가 다른지 능률만큼 큰 소리는 아닙니다.

이어패드는 딱딱하게 귀를 쏙 넣으면 아프지 않지만 장시간은 힘듭니다. 감촉은 별로이고 상하의 가동 범위가 더 있으면 하고 LR의 표시를 이해하기 어렵는 것과 디자인으로 어떻게든 할 수 있을 것 같은 부분은 개량이 필요하다고 느꼈습니다.

실측 임피던스 31.6Ω

SONY 소니 WH-1000XM3

전원 OFF에서 시청. 확실히 안정된 음. 저역에 친밀. 정말 하이레졸레이션의 의문기호가(?)가 붙을만큼 고음이 차분해요.

보컬이 잘 들리는 건 소니 컬러일까요? 전체적으로 가시가 없어서 마일드, 여운이 남습니다. 트럼펫 등의 하이노트는 조금 부족한 느낌입니다. 전체적으로 질 좋고 성숙한 소리. 이어패드가 깊고 가동기구도 잘 움직여 착용감이 뛰어나고 편안합니다. 외출 사용이 전제인 것 같고 음성 코드, USB 충전 코드 모두 조금 짧습니다. 몇 번 당겨서 빠져버렸어요.

실측 임피던스	Power OFF/16.2Ω
	Power ON/47.4Ω

외출 무선 사용

평가가 일변, 이 정도 저역이 있는 편이 전체의 균형이 좋게 느껴집니다.

노이즈 캔슬링 성능은 반짝반짝. 켜면 중저역의 노이즈가 격감, 음악에 몰두할 수 있습니다. 전철 내에서 주행음이 없어지지만 음성 대역은 들리는 정도로 감쇠하기 때문에 차내 방송은 작게 들립니다. 외출 중에는 소리의 완전 차단은 위험하기 때문에 이것으로 충분합니다.

앱은 다기능이지만 사용 편의성도 좋고, 일본산의 강점으로 일본어 설명도 꼼꼼합니다. 음성 가이던스도 기본값은 영어이지만 일본어로도 할 수 있습니다. 이퀄라이저나 서라운드는 다수의 패턴이 등록되어 있지만 오프에서도 충분히 좋은 소리입니다.

SENNHEISER 젠하이저 M3AEBTXL

고역은 과장이 없고 자연스러운 울림. 음성 대역도 좋고 보컬이 앞으로 나오지만 저역은 부풀어 해상감이 부족합니다. 아마 임피던스 미스매치 때문에 약간 뒤틀림이 있습니다. 본기기와의 궁합은 나쁘고, 고출력 디지털 앰프나 전용 설계의 앰프가 적합합니다.

다른 기종보다 상당히 음량이 작아 볼륨을 최대로 해야 다른 기종과 동일합니다. 이 사용의 어려움은 **실측 임피던스 394.4Ω**로 높기 때문이고 감도가 케이블 사용시 118dB라고 나와 있지만 0dB 기준이 다른 것 같고 요구되는 앰프의 파워가 타기종과 월등히 다르기 때문입니다.

외출 무선 사용

케이블 사용과 인상이 전혀 다르고 전역에 걸쳐 평평하고 질 좋은 소리, 스펙상으로는 주파수 범위가 좁지만 이것이 더 넓게 느껴집니다. 아마 -6dB 이런 범위인 것 같습니다. 심벌, 하이노트의 아름다움은 특필품 정도. 적당한 저역의 부드러움이 있습니다.

이어패드가 크고 깊어 착용감이 뛰어납니다. 안경을 써도 아프지 않습니다. 다만 슬라이더는 사용 중에 움직여 버리고, 정신을 차리면 하우징이 맨 아래까지 내려가 귀를 타게 되므로 귀 위가 아픕니다.

사용설명서가 11개 언어로 거의 설명이 되어있지 않아 불친절합니다.

소프트웨어도 이해하기 어렵지만 익숙해지면 꽤 좋은 기능입니다. 이퀄라이저를 드래그하여 자유자재인 커브로 만들 수 있으며, 3단계의 그래픽 이퀄라이저도 가능합니다.

노이즈 캔슬러는 3단계로 변경할 수 있고 기본적으로는 약하기 때문에 최대로 하면 웬만한 성능을 얻을 수 있습니다. 하우징 접힘이 전원 스위치 연동으로 유럽적입니다. 사용하기 쉬운 것 같기도 하지만, 오픈 상태에서는 전원을 끌 수 없습니다.

• • •

이번에 제조사의 호의로 헤드폰을 빌릴 수 있었습니다.

선정 기준은 모니터로 정평이 나 있는 것을 축으로 저비용 기종에서도 사용할 수 있는지, 급속히 점유율을 늘리고 있는 무선기도 고급기라면 케이블을 사용할 수 있기 때문에 어떻게 될 것인지 등입니다.

본 앰프는 두 개의 헤드폰 출력을 탑재했지만 비교 시청에는 실로 편리했습니다. 바로 교체가 가능하기 때문에 소리의 차이를 명확하게 알 수 있습니다. 시청해보니 스펙과 실제 소리가 일치하지 않는 경우가 있어 나중에 임피던스를 실측해 1kHz 때만 올렸습니다. 또한 정격 표기가 제조사에 따라 다르고, 그로 인해 하이레조(고해상도)를 고집할 필요는 없다고 느꼈습니다.

역시 무선기는 외출시 사용을 메인으로 세팅되어 있으며, 본 앰프만의 임프레션으로는 불공평하기 때문에 외출 사용도 해 보았습니다. 케이블 사용은 덤인 것 같습니다만, 그래도 1000XM3는 충분한 음질을 표현할 수 있었습니다.

제작편 도장

트랜스를 분해
▼
원래의 도료를 박리
▼
방수 페이퍼로 물갈이 **섀시는 여기에서**
▼
내측을 서페이서 밑칠
▼
내측을 서페이서 밑칠
▼
방수 페이퍼로 연마
▼
내측을 2회 색칠
▼
외측을 2회 색칠
▼
수일 말려서 조립

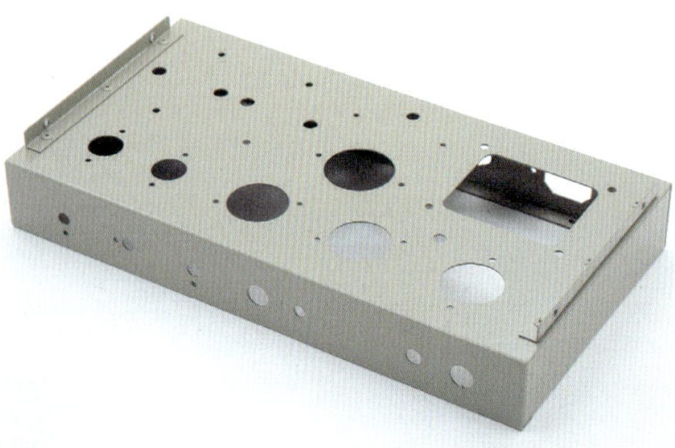

오리지널리티를 내려면 꼭 섀시와 트랜스를 도장하고 싶습니다. 그러나 납땜은 잘해도 도장은 잘 못한다고 하는 분도 많다고 생각합니다.

도장은 천천히 며칠에 걸쳐 하고 실패하면 한 번 시너와 사포로 모두 지우고 다시 시작할 정도의 생각으로 임하십시오.

트랜스에 도장할 예정이 있는 경우는 말릴 날짜를 며칠 가져야 하기 때문에 가능한 한 먼저 작업해 둡니다. 도장 작업은 몇 가지 명심해 두고 싶은 주의 사항이 있습니다.

1 습도의 주의

도장은 우천이나 장마철 등 습도가 높은 날은 피해 주십시오. 쓰고 얼룩지거나 엉뚱하게 무광택이 되어 버립니다. 또 보통은 야외에서 하는 걸로 알고 있는데요.

강풍이 부는 날도 피해주세요. 실내 작업의 경우 환기에 주의합니다.

2 도장물을 띄워 놓는다

도료를 불 때는 트랜스나 섀시를 땅에 끈적끈적하게 두지 말고 띄워 놓습니다. 서페이서 후에는 1일 이상, 도장 종료 후에는 만약을 위해 3일 이상 건조하십시오.

3 주변에의 배려

시간 등 주변에 유의합시다. 페인트가 튀지 않도록 해도 냄새는 아무래도 확산되어 버립니다. 세탁물에 냄새가 닿지 않도록 가까이에서 말리고 있지 않은지 확인해 주세요.

도장을 지우다

도장 코너인데 갑자기 도료를 벗기는 이야기부터 하는 것도 싫습니다만, 작업 절차로는 1번이 되므로 우선 도료를 벗기는 것부터 말씀 드리겠습니다.

트랜스 색상을 다시 칠하는 경우 일반적으로 오래된 도장을 지운 후 도장을 합니다.

도장은 그림을 그릴 때와 같이 짙은 색 위에 연한 색을 칠하지 않는 것이 기본입니다. 특히 검은 트랜스 위에 직접 다른 색을 칠해도 색이 가라앉아 깨끗해 보이지 않습니다.

샌드페이퍼만으로 도장을 지우는 것은 힘들기 때문에 도장 제거액(페인트 리무버)을 사용합니다.

스프레이 타입도 있어 빠르게 발리고 붓이나 솔 청소가 필요 없지만 마스킹이나 주변으로 튀는 대책이 필요합니다.

솔로 바르는 타입이 실내에서 작업할 수 있어 언제든지 작업할 수 있습니다. 둘 다 같은 수준의 박리 효과가 있지만 수성 유형은 약하기 때문에 피하는 것이 좋습니다.

박리 시간은 도장 연수에 따라 크게 달라집니다. 몇 년 밖에 지나지 않은 비교적 새로운 트랜스는 바르는 순간부터 바로, 늦어도 몇 분 안에 도장이 벗겨집니다. 하지만 수십 년 된 빈티지 제품이라면 30분 이상 걸리는 경우도 많고 벗겨지는 정도도 약하기 때문에 샌드페이퍼와 함께 꾸준히 지웁니다.

바탕을 칠한다

트랜스커버는 녹슬기 쉬운 금속이 많기 때문에, 녹 방지(서페이서)를 밑 칠합니다. 녹 방지와 페인트가 일체가 된 것도 있지만, 서페이서를 먼저 바르는 것이 도중에 샌드 페이퍼로 물갈이 하기 때문에 표면을 매끄럽게 할 수 있습니다.

섀시는 알루미늄 소재가 많아 그대로는 페인트가 붙지 않기 때문에 밑바탕 처리는 필수입니다.

일반적으로 미처크론 멀티나 메탈 프라이머(비철금속용 밑도림)를 밑칠하지만 서페이서도 알루미늄과의 밀착성이 좋아 이용할 수 있습니다.

주의할 점은 서페이서는 바르면 끈적끈적하고 부드러우며, 따라서 소재와 도료의 밀착성은 좋은데, 두껍게 칠하면 도장이 끝나고 완전히 건조해져도 그 부드러움 때문에 강하게 누르면 도장이 움푹 패이고 자국이 날 수 있습니다.

그런 이유로 서페이서는 두껍게 바르지 않고 일반적으로 1회 바르면 충분합니다. 서페이서 후에 샌드페이퍼로 연마하는데, 그 때 밑바탕이 많이 나와 버리거나 원래 금속 흠집이 많아서 지우고 싶은 경우는 스프레이 도료로는 어렵기 때문에 서페이서와 샌드페이퍼를 번갈아 여러 번 처리합니다.

트랜스는 무겁기 때문에 다 바르고 건조 중에 도색한 면을 아래로 두지 않도록 하십시오.

도장의 준비

표면을 매끈하게 한다

트랜스의 경우 오래된 도막을 제거한 후 표면을 샌드페이퍼(내수 페이퍼)로 매끈하게 합니다.

섀시가 알루미늄인 경우 도장이 잘 붙지 않기 때문에 샌드페이퍼로 표면을 고르게 미세한 흠집을 냅니다.

어느 쪽이든 사포로 깎는 작업은 필수입니다. 샌드페이퍼는 1장당 몇 백원으로 저렴하기 때문에 종류(번수=세밀함)와, 매수도 여유를 가지고 구입해 주세요.

샌드페이퍼는 마지막 마감이 무광 도장일 경우 320~800번 정도, 광택도장일 경우 1000번 이상도 필요합니다.

도장 전에 문지르는 작업은 세밀한 샌드페이퍼를 사용하므로 예외 없이 물갈이가 됩니다. 물을 흘리지 않으면 금방 막히고 작업이 진척되지 않습니다.

망사 타입의 연마 시트도 있어 막힘이 적고 사용하기 편리합니다.

사포는 미리 작게 잘라두면 좋습니다. 작게 자르면 번호를 알 수 없게 되는 부분이 나오므로 뒷면에 유성 매직으로 추가해 둡니다.

원하는 색을 칠한다

페인트는 '가격에 좌우' 됩니다. 싼 물건은 늘어지기 쉽거나 아직 페인트가 있는데 가스가 빠져서 사용할 수 없게 되므로 일류 메이커의 페인트를 사용하십시오. 작업이 진척됩니다.

저는 색수가 풍부하고 품질이 좋고(늘어지지 않음), 탁한 색을 좋아하기 때문에 아사히펜의 크리에이티브 컬러 스프레이를 많이 사용하고 있습니다. 도큐 핸즈의(도교의 취미용품 백화점) 핸즈 스프레이도 이 회사의 OEM 제품이므로 같은 색상 번호입니다. 그 외에 자동차용 스프레이 페인트도 양질의 독특한 색상이 있어서 좋습니다.

컬러 알루미늄 스프레이는 알루미늄 섀시에 밑바탕 칠이 필요 없기 때문에 번거로움을 줄일 수 있어 편리합니다.

스프레이 용량은 큰 것이 잔량 후반까지 가스 압력이 강하게 유지되어 바르기에 좋습니다.

작은 트랜스 1개 정도면 100ml 타입의 스프레이 페인트도 괜찮지만 보통 여러 번 덧칠하면 양적으로 불안하기 때문에 300ml 이상의 타입을 사는 것이 좋습니다. 가격도 크게 차이가 나지 않습니다.

특히 섀시의 도장에는 100ml 타입으로는 부족합니다. 스프레이 도료는 잔량 말기가 되면 가스 압력이 내려가서 분출이 약해져 얼룩져 도장에 실패하기 때문에 잔량 마지막까지 사용할 수 없다고 생각해 주십시오.

작업준비 · 트랜스의 분해

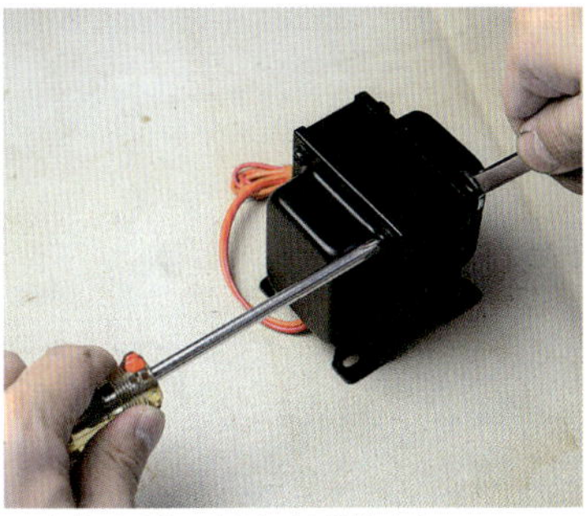
분해 할 수 있는 경우는 분해합니다

기본적으로 트랜스는 분해할 수 있는 한 분해하여 도장합니다. 나사, 너트, 와셔는 순서를 틀리기 쉬우므로 반드시 원래와 같은 순서로 통해 조립할 때까지 보관해 둡니다.

트랜스에 따라서는 4쌍의 나사·너트 중 1곳의 나사 너트 세트만 접지 대책이 되어 있고, 나머지 3쌍은 절연되도록 되어 있는 경우가 있습니다.

두께 조정용의 스테이도 매수를 틀리지 않도록 보관해 주세요.

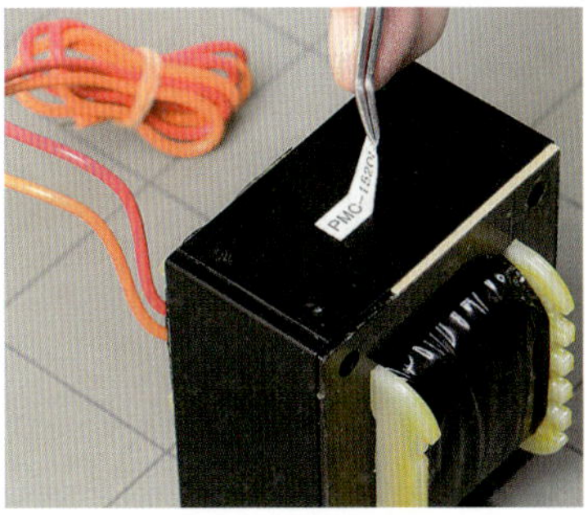
스티커나 명판은 미리 떼어 둡니다.

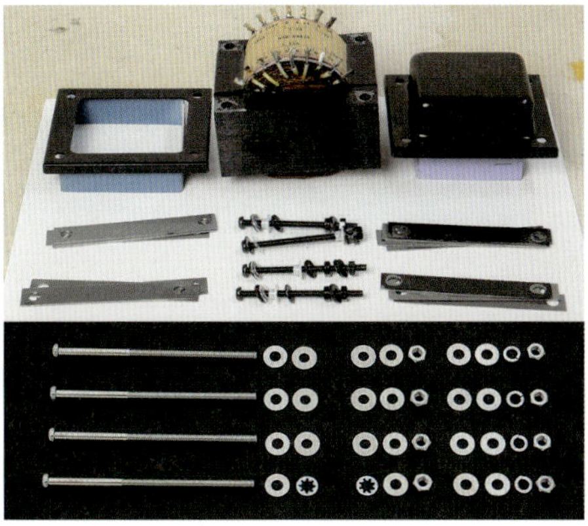
도장박리, 밑도장, 색칠, 건조 등으로 장시간 분해상태가 되므로 오래 놔둘 수 있는 공간이 필요합니다. 또한 조립 순서를 알 수 있도록 해 주세요.

파워 트랜스를 분해한 나사 너트입니다. 한 쌍만 와셔 대신 국화 와셔가 두 개로 되어 있고, 접지 도통하도록 되어 있습니다. (사진은 가스가 무선, 특별 주문 전원 트랜스)

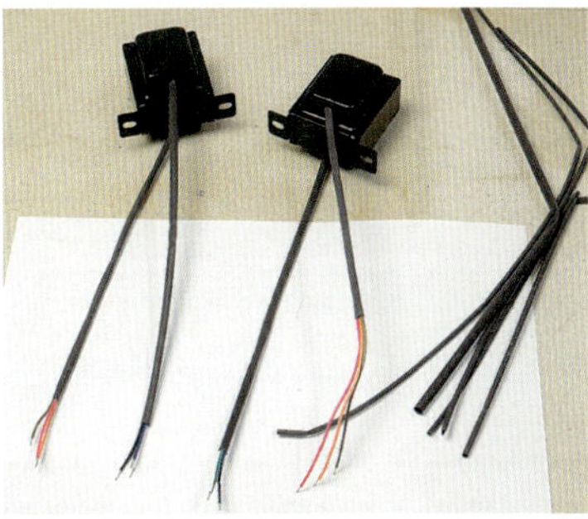
튜브를 씌우고 마스킹합니다.

커버가 손톱 접기로 고정되어 있는 등 분해하면 파손될 것 같은 트랜스는 그대로 도장합니다.

리드선 인출식 트랜스는 미리 엠파이어 튜브나 열수축 튜브 등을 씌워 페인트가 묻지 않도록 합니다. 튜브는 도장중에 빠지지 않도록 일부를 열수축시켜 두는 등의 고정이 필요합니다. (사진은 가스가무선·KA-1425)

Tips 골판지로 만든 도장 상자

골판지로 도장 상자를 만들면 주위에 흩어지지 않고 더럽히지 않아도 됩니다.

사진은 아파트 발코니에서 작업하고 있습니다.

불필요한 받침대 위에 골판지를 놓고 약간의 바람에도 찌그러지기 때문에 뒤에 나무틀을 만들어서 넣고 있어요. 안에 신문지로 싸는 걸레를 놓고 방향을 바꾸면서 칠치장합니다. 물레의 무게로 인해 바람에 날리는 것도 방지하고 있습니다.

뒷면은 닫아 버리면 스프레이한 페인트가 장시간 골판지 내부에서 흩날려 무광이 되어 버리기 때문에 열어 공기가 빠져나가도록 합니다.

후면은 개구면적을 조정하기 위해 플랩을 끈으로 매달고 있습니다.

트랜스 커버 도장

1 트랜스를 분해하고 페인트 리무버를 바릅니다. 새 도료일수록 빨리 벗겨집니다. 오래되면 30분 이상 걸립니다.

2 주걱 등으로 제거합니다. 바깥쪽, 안쪽 모두 동일하게 작업합니다.

3 페인트가 조금 남아 버립니다만, 400번 정도의 내수 페이퍼로 물을 조금 흘리면서 전체를 문질러서 떼어냅니다.

4 서페이서(속건 녹 방지)를 안쪽부터 바릅니다. 스프레이 시 바닥면에 직접 두지 말고 살짝 띄워 놓습니다.

5 안쪽이 마르면 바깥쪽을 바릅니다. 역시 판지로 만든 받침대 등으로 바닥면보다 조금 띄우고 있습니다.

6 마르면 600~800번의 방수 페이퍼로 물로 갈아 표면을 매끄럽게 합니다. 바깥쪽으로만 충분합니다.

7 밑바탕이 조금 나와도 괜찮습니다. 서페이서는 너무 두꺼우면 표면이 부드러워져 버리기 때문에 1회 바르면 됩니다.

8 컬러 스프레이를 안쪽부터 바릅니다. 페인트와 바르는 면의 간격은 그날 바람에 따라 달라집니다.

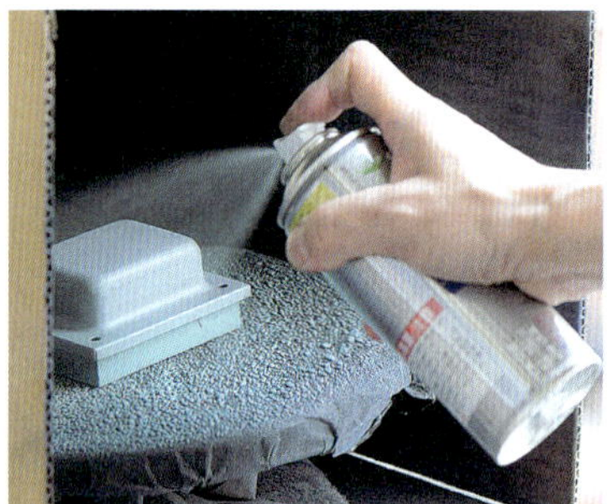

9 안쪽이 잘 마르면 바깥쪽을 바릅니다. 가능하면 다음날이 좋습니다. 겉은 건조 후 두 번째 발라줍니다.

Tips 앵글의 도장

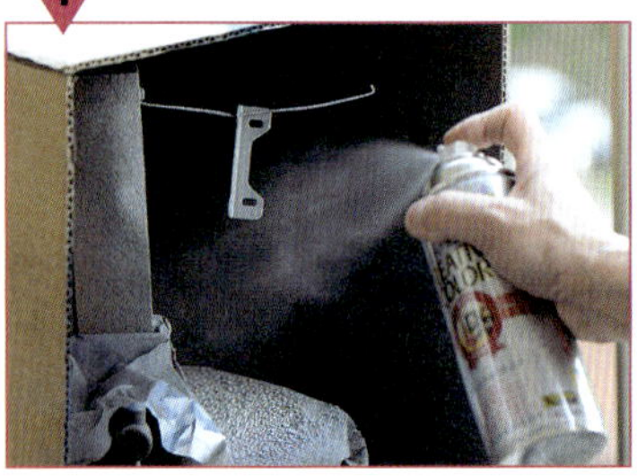

트랜스의 다리(앵글) 등 전체를 칠해야 할 경우에는 철사 등으로 매달아 바르면 빠르고 깨끗하게 할 수 있습니다. (사진은 PMC-1520H)

Tips 핸드스프레이

트랜스 커버 등 가벼운 것은 나무 막대기에 양면 테이프로 붙이고, 손으로 돌리면서 도장하면 도장 박스도 필요 없어 간편합니다. 단, 무풍 날에 한합니다. 바람의 영향을 받기 때문에 도장 상자를 사용하는 것이 난이도는 낮습니다. 또한 손에 페인트가 묻기 때문에 긴 장갑을 착용하는 것이 좋습니다.

코어부 도장

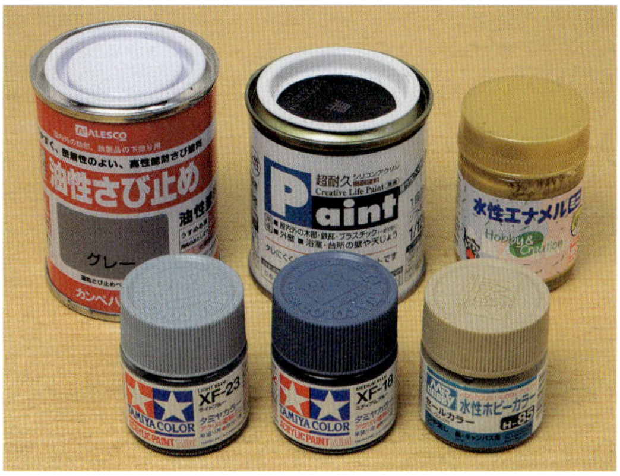

트랜스의 코어 부분은 목재와 동일하여 스프레이 페인트로는 스며드는 경우가 많아 어렵기 때문에, 솔(붓)칠을 합니다.

페인트는 적어도 괜찮기 때문에 사진과 같은 작은 것으로 충분합니다.

프라모델용 락카 도료라면 색상 수도 많이 선택할 수 있습니다.

코어는 녹슬기 쉬워서 녹 방지(서페이서)는 반드시 초벌합니다.

1 페인트 리무버를 칠합니다. 코어부는 울퉁불퉁하여 벗겨내는데까지 커버보다 시간이 걸립니다.

2 완전히 박리하지는 않지만 부드러울 때에 헤라 등으로 떼어갑니다.

3 코어는 물갈이가 불가능하므로 남은 칠을 샌드페이퍼로 깎아서 천에 시너를 적셔 닦아냅니다.

4 녹 방지(서페이서)를 붓으로 바릅니다. 다 바르면 붓은 바로 시너로 씻읍시다.

5 녹방지 도장이 마르면 색도료를 붓으로 칠합니다. 코어의 울퉁불퉁한 부분은 고칠 수 없기 때문에 사포는 필요 없습니다.

커팅 시트 바르기

코어 부분에 자기 실드판이 붙어 있는 경우는 평평하기 때문에 일반적으로 바르지 않는 부분을 마스킹하여 스프레이 페인트로 바릅니다.

하지만 커팅 시트라면 더 간편합니다. 커팅 시트라면 만약 색상을 변경하고 싶을 경우, 다시 붙일 수 있습니다.

커팅 시트를 붙일 경우 연한 색상의 경우 밑바탕이 비치기 때문에 역시 원래의 검은 페인트는 떼어내야 하지만 중간 농도보다 짙은 색상은 원래 도료를 벗기지 않아도 비교적 괜찮습니다.

사진과 같은 금, 은, 구리 등의 메탈 컬러는 완전 불투명 색이어서 검은색 트랜스에 그대로 붙였습니다.

1 커팅 시트를 자릅니다. 트랜스의 코어부 전체 둘레+10 밀리 정도의 길이로 하여 조금 겹쳐줍니다.

2 말림 끝이 모서리 가까이 오도록 생각해서 첫 번째 1면을 붙입니다.

3 공기를 빼면서 꼼꼼히 붙여 갑니다. 어긋나지 않도록 주의가 필요합니다.

4 왼손은 공기를 밀어내면서 붙여갑니다. 말린 끝이 대체로 모서리 근처에 오고 있습니다.

5 공기가 들어가 버린 곳은 커터로 약간 칼집을 내고 공기를 빼고 압착합니다.

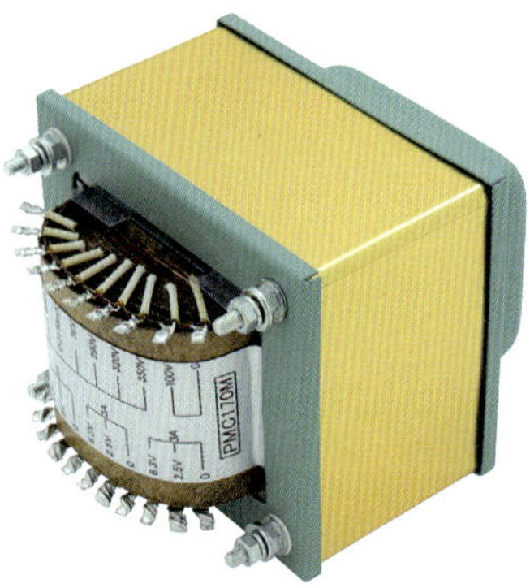

원래대로 조립하면
파워트랜스 염색은 완성되었습니다.
단 트랜스 조립은 도장이 잘 마른 후에 하고,
그 동안은 다른 작업을 진행하도록 하겠습니다.
(사진은 노구치·PMC-170M/2A3 싱글 앰프로 사용)

섀시의 도장

섀시의 도장도 트랜스와 기본적으로 다르지 않지만 구멍이나 굽은 모서리 등에 골고루 분사하도록 비스듬히 분사하는 것이 요령입니다.

구멍에 페인트를 넣는 이미지로 분사해 주세요.

통상 메이커 제품은 안쪽도 확실히 도장되어 있습니다만, 자작의 경우, 접지 포인트의 도장을 벗기거나, 배선 중, 안이 어두워지기 때문에, 알루미늄 그대로 하는 것이 편리하며, 도장 안 하는 게 좋기도 합니다.

다만 절연을 위해 내부를 칠할 수도 있지만 제작자 취향에 따라 결정하셔도 괜찮은 부분입니다.

사진은 2A3싱글 앰프 섀시입니다.

도장 박스는 트랜스보다 큰 것을 사용하고 있습니다.

1 페인트가 쉽게 붙을 수 있도록 800번 전후의 방수 페이퍼로 처리 후 전체에 뿌립니다. 유분도 떨어집니다.

2 큰 구멍은 가장자리의 마무리도 눈에 띄기 때문에 400번 정도의 샌드페이퍼로 처리합니다.

3 알루미늄은 전용 도료 이외에는 밀착되지 않기 때문에, 서페이서(속건 녹 방지)나 미처크론 멀티를(Mitchakuron Multi) 바릅니다.

4 서브 섀시가 있는 경우는 마찬가지로 서페이서를 바릅니다. 다 쓴 천 테이프의 심지로 띄우고 있습니다.

5 서페이서가 떨어지지 않도록 800번 정도(무광 도료의 경우)의 샌드페이퍼로 가공합니다.

6 메인 컬러를 간격을 두고 두 번 바릅니다. 구멍에 페인트를 넣도록 비스듬히 분사합니다.

7 서브 섀시도 마찬가지로 도장합니다. 말리는 시간이 있기 때문에 메인 섀시와 번갈아 바르면 좋을 것입니다.

8 보닛용 앵글처럼 전면 바르는 경우는 긴 물건 등으로 고정하고 띄어서, 바르기 어려운 아래쪽부터 도장합니다.

9 다음은 위에서 스프레이 페인트를 분사합니다. 이 앵글은 녹이 잘 슬지 않는 강재이기 때문에 서페이서가 필요하지 않습니다.

제작편 섀시 가공

구멍 뚫기 시트 작성
▼
타공 시트 부착
▼
센터 펀치 처리
▼
큰 구멍만 시트에 커터넣기
▼
작은 구멍 뚫기
▼
센터 어긋남 수정
▼
큰 구멍 뚫기
▼
쇄줄로 구멍처리
▼
타공 시트 벗기기

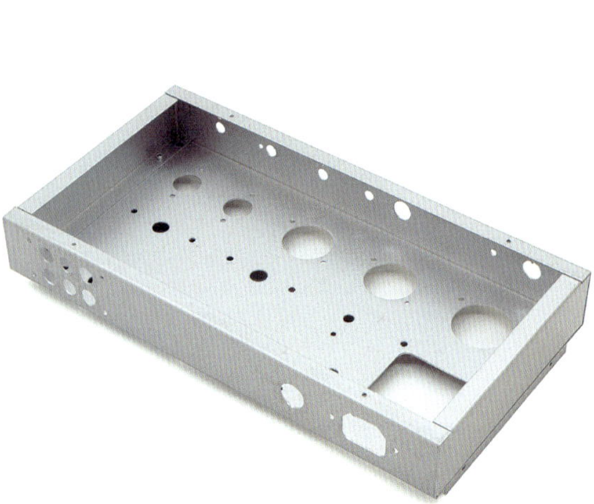

본서에 게재의 3대는 모두 섀시를 직접 가공합니다. 자작의 첫 단계로 키트 제작이 있는데 그 다음 단계로 내딛는 것은 섀시 가공입니다.

여기가 처음의 난관이라고 생각하는 분도 많겠지만 방법을 알면 그렇게 힘든 것도 아닙니다. 익숙해지면 가공 작업도 즐겁게 됩니다.

가공의 기본이지만, 제대로 구멍을 뚫기 위해서는 하나도 둘도 위치 차이 조정과 쇄줄(야스리, File)이 중요합니다.

공작 기계를 갖지 않는 우리 아마추어가 아름답게 하려면, 대부분의 구멍은 쇄줄 만으로 작정하고 끝낸다고 생각하세요. 또 디버링은 상당히 시간이 걸리지만 필수입니다.

큰 드릴은 힘들기 때문에 전기 드릴을 사용합니다만, 2~4mm의 작은 구멍은 핸드 드릴이 정확하게 가능하므로 전기 드릴을 소유하고 있어도 핸드 드릴을 사용합니다.

구멍 뚫기 작업 순서입니다만, 구멍이 늘어날수록 강도가 떨어지기 때문에 기본적으로 나사 구멍 등의 작은 구멍부터 뚫어 진공관 소켓이나 전원 트랜스 등의 큰 구멍을 뒤로 합니다.

하지만 현실적으로는 같은 작업을 계속 하다 보면 손이 아프기도 하고 몸에 좋지 않기 때문에 여러 작업을 번갈아 하는 것이 건강을 위해서는 좋습니다.

또한 전동드릴이나 쇠톱으로 자르는 등 소음이 나는 작업이 많이 있으므로 타인에게 피해가 가지 않는 시간을 우선으로 하고 임기응변으로 순서는 바꿉니다.

서브 섀시를 사용하는 경우는 순서가 중요합니다. 메인 섀시를 먼저 작업하고 서브 섀시는 겹쳐보고 위치 어긋남 확인 수정 후 정밀도 좋게 할 수 있습니다.

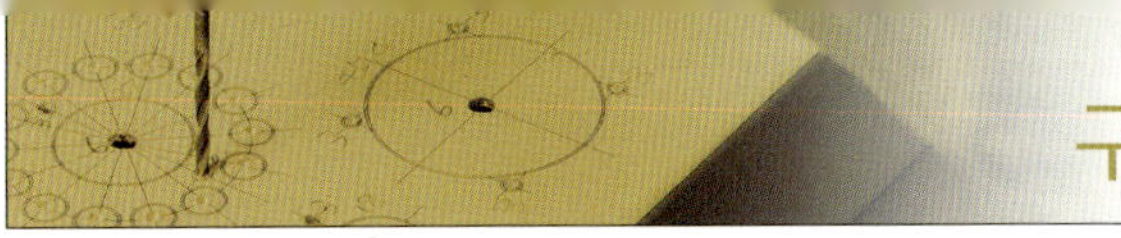

구멍만드는 시트의 작성 · 붙여넣기

먼저 구멍 뚫기 시트를 작성합니다. 예전에는 섀시에 직접 금긋기 선을 그렸지만 현재는 PC용 CAD가 발달되어 있으므로 이용합시다. 어플리케이션은 각자 익숙한 걸로 괜찮습니다. 저는 실체 배선도도 그리기 때문에 Adobe Illustrator를 사용하고 있습니다. 프린터는 가능하면 A3 출력이 되면 편합니다.

※주의: 프린터 출력에서 섀시에 부착 작업은 우천이나 장마철 등 습도가 높은 날은 피해주십시오.

종이는 의외로 습도로 늘어나기 때문에 정확도가 떨어져 버립니다. 예를 들어 30cm 정도의 종이는 습도로 2mm나 늘어날 수 있어 구멍 뚫린 위치가 허용할 수 없을 정도로 어긋납니다.

Tips 2중선

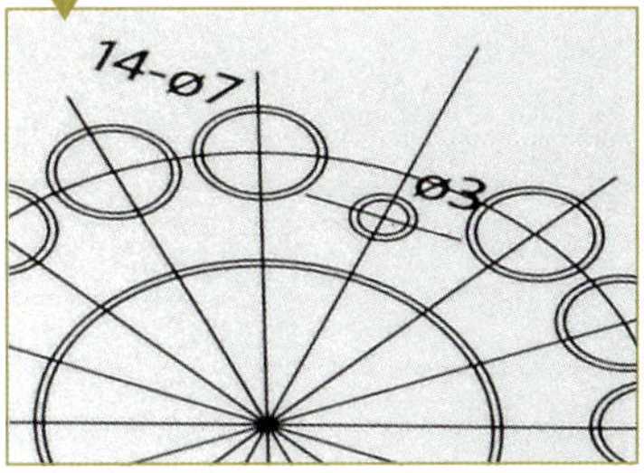

구멍을 뚫으면 선이 사라져 크기와 위치가 맞는지 알기 어려워집니다. 그래서 저는 구멍 크기의 0.5mm 바깥쪽에도 선을 작도하고 있습니다.

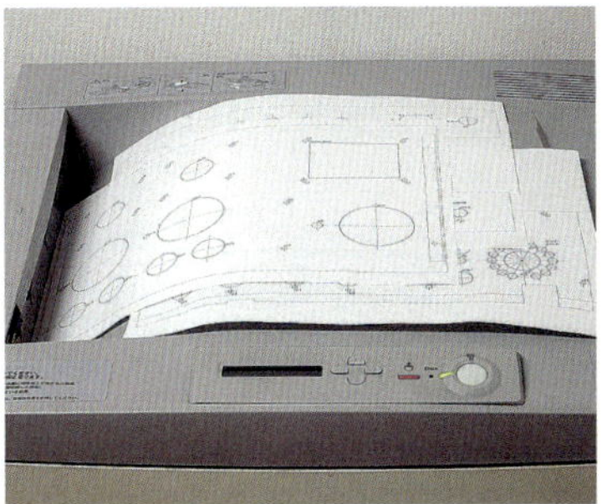

1 CAD 등에서 작도한 것을 프린트 합니다. A4 등 작은 경우는 겹처서 출력을 해서 연결합니다.

2 섀시에 맞게 자릅니다. 덧붙여 위치 맞춤을 위해 면보다 크게 잘라냅니다.

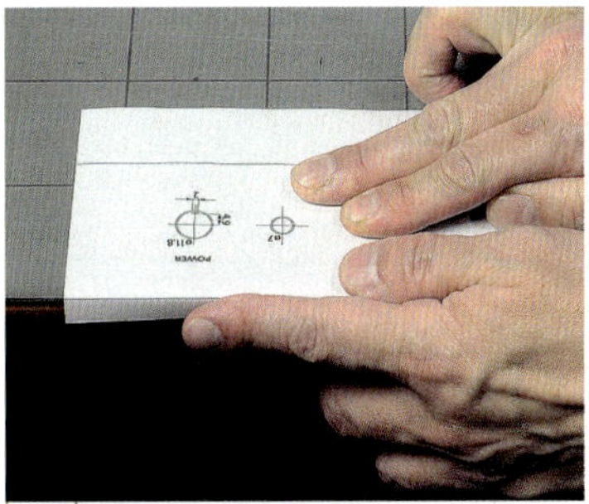

3 붙일 때 위치가 쉽게 맞춰지도록 뾰족한 각으로 사이즈에 맞게 주름을 잡아줍니다.

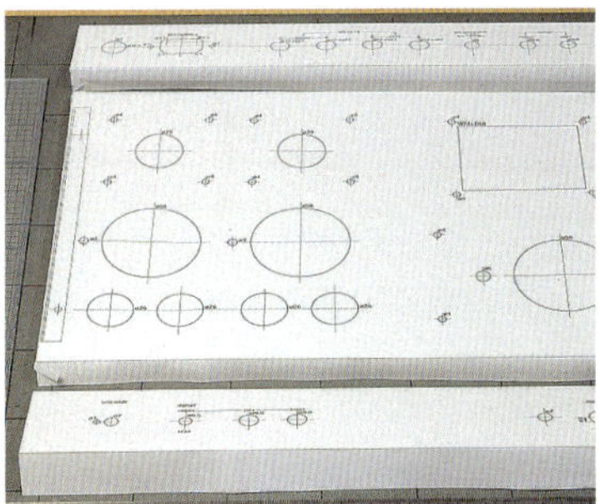

4 섀시는 카드R이 있어 어긋나기 쉬우므로 정면, 평면, 후면은 따로 시트를 준비하고 나중에 1면씩 붙입니다.

5 사진과 같은 보호 시트가 섀시에 부착되어 있는 경우는, 정밀도 향상을 위해 도면 부착 전에 떼어냅니다.

6 스프레이 풀을 뿌립니다. 분무 후 몇 초 바람을 쐬고 조금 말린 후 붙이도록 합니다.

7 어긋나지 않게 붙입니다. 이후의 모든 정밀도와 관련되기 때문에 이 작업이 가장 신경을 쓰는 부분입니다.

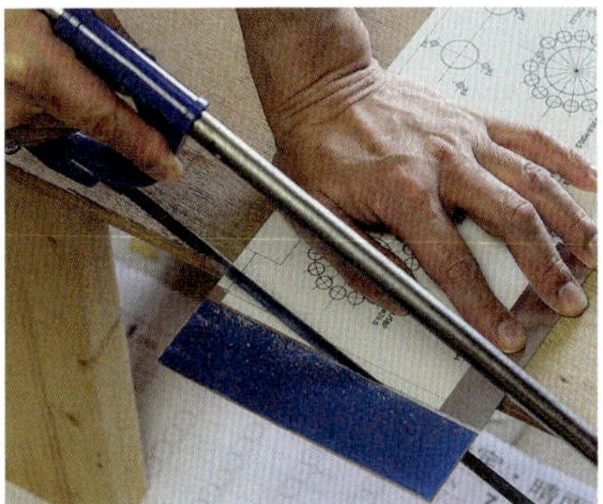

8 서브 섀시의 불필요한 부분을 쇠톱으로 잘라냅니다.

9 쇠줄(야스리)로 처리하고 사이즈 미세 조정과 바리를 제거합니다.

섀시구멍 만들기

10 모서리 컷은 니블링 툴로 가공합니다. 안쪽을 조금 잘라내고 쇠줄(야스리)로 마무리하도록 하겠습니다.

11 파워 트랜스의 모서리 구멍은 먼저 커터로 종이를 자르고 떼어 둡니다.

12 둥근 구멍은 센터 펀치로 둥글게 만듭니다. 망치로 때리지 않는 편이 정확도가 좋아집니다.

13 큰 구멍은 서클 커터(없으면 일반 커터)로 자르고 밑구멍을 뚫어 센터 어긋남 수정 후 종이를 떼어냅니다.

14 모든 구멍은 2mm 등의 작은 드릴로 구멍이 뚫리지 않을 정도로 깎습니다.

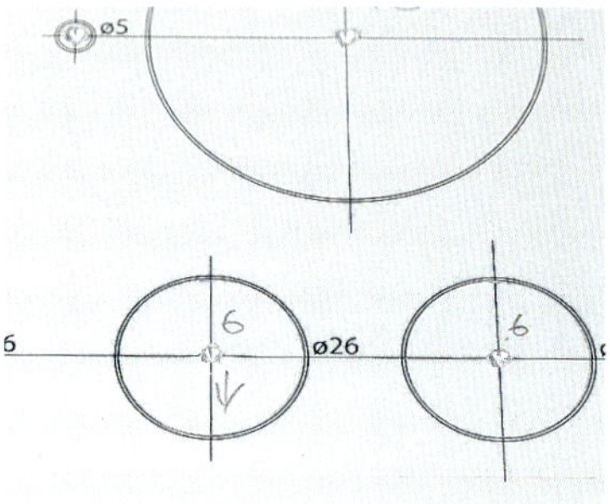

15 이 시점에서 중심에서 벗어나 있는지 알 수 있으므로 수정할 방향을 적어 둡니다.

16 목표보다 작은 구멍을 드릴로 뚫고 중심에서 어긋난 경우 쇠줄로 수정합니다.

17 퓨즈부의 구멍입니다. 타공이 조금 어긋나서 줄로 수정하고 있습니다.

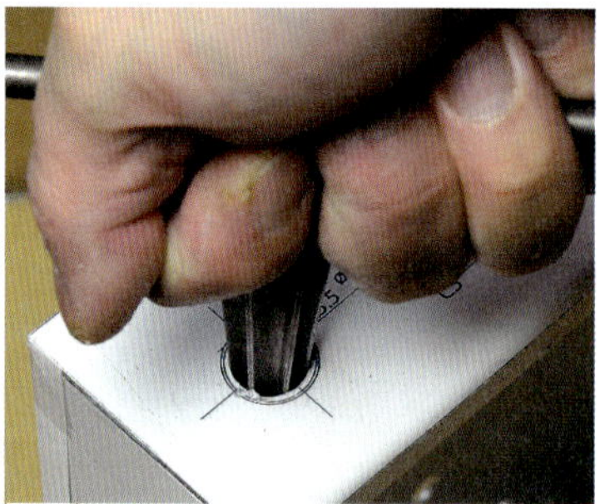

18 수정해서 센터 나오면 리머로 예정 사이즈까지 열고 있습니다.

Tips 방법

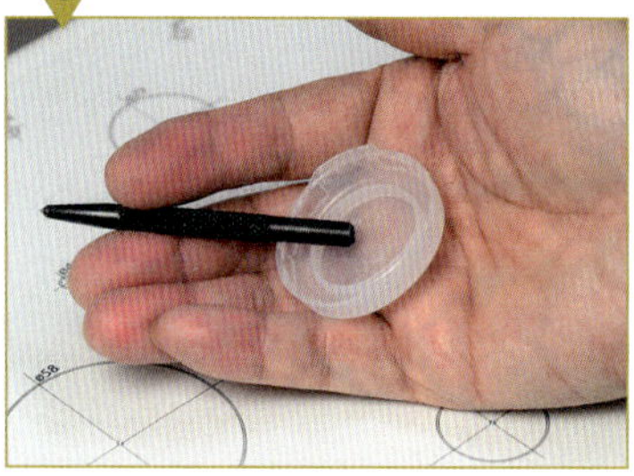

센터 펀치 사용 시 손바닥이 아파지기 때문에 저는 우유 캡을 대고 있습니다. 현재는 머리가 큰 센터펀치도 있습니다.

Tips 골판지 작업 상자

전동드릴이나 홀쏘로 타공시 골판지 상자로 하면 절삭 찌꺼기가 튀지 않아 공작전용 방이 아니어도 작업이 가능합니다.

섀시구멍 만들기

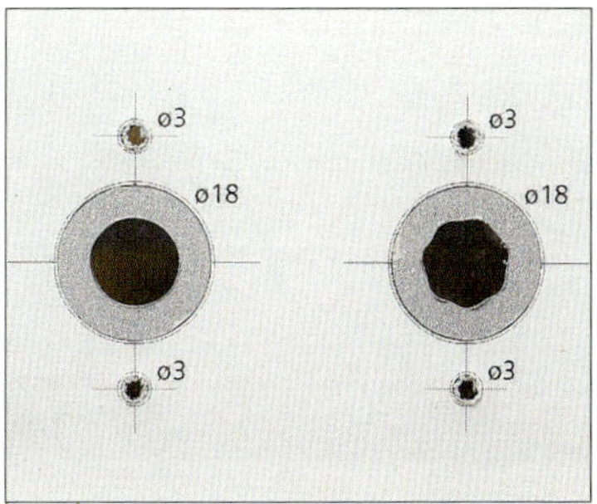

19 리머는 너무 힘을 주면 오른쪽처럼 테두리가 바르게 되지 않습니다. 조잡하게 작업하지 않도록 주의하세요.

20 알루미늄 두께 1.2mm까지는 섀시 펀치로 열 수 있도록, 아래 구멍을 뚫고 펀치가 통과하는 크기까지 리머로 펼칩니다.

21 섀시 펀치로 구멍을 내고 쇠줄로 원하는 크기까지 깎습니다. 1.5mm 두께 정도까지 사용할 수 있지만 손이 아픕니다

22 큰 원형 구멍은 밑구멍을 뚫어 센터 어긋남을 수정한 후 목표보다 조금 작은 홀쏘로 뚫어 줄기로 마무리합니다.

23 파워 트랜스의 모서리 구멍은 처음에 네 모서리를 드릴로 열고 니블링 툴로 조금 구멍을 넓힙니다.

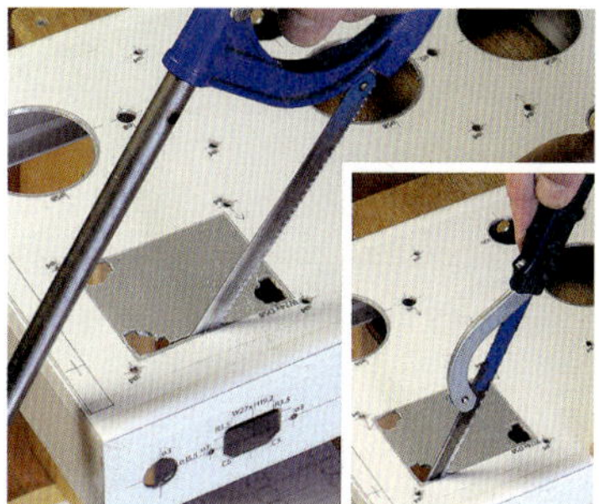

24 쇠톱으로 자릅니다. 소형 쇠톱으로도 상관없지만 힘이 들어가기 어렵고 톱날이 부러지기 쉬우므로 가능한 한 쇠톱으로 열 수 있습니다.

25 쇠줄로로 예쁘게 성형, 바리(요철)를 정돈합니다. 바리잡기는 시간이 걸립니다. 느긋하게 하세요.

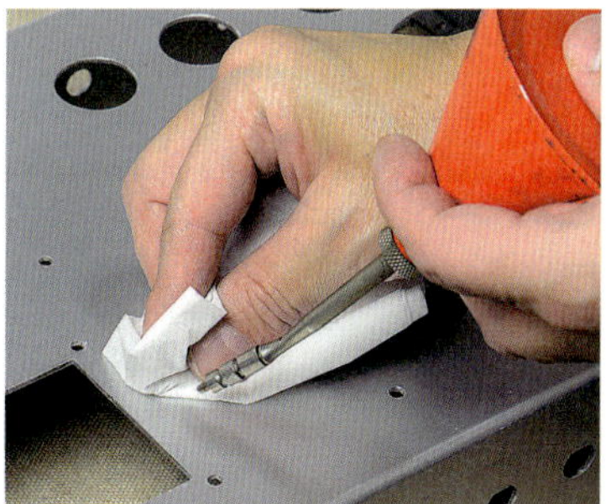

26 구멍 뚫기가 끝나면 시트를 떼어내고 스프레이 풀이 남기 때문에 솔벤트나 시너로 닦아냅니다.

27 시트를 떼어내면 변성된 찌꺼기 부위가 남아 있는 것을 알 수 있기 때문에 쇠줄로 정성스럽게 떼어냅니다. 변성된 가공 찌꺼기 부위를 제거하면 구멍뚫기 종료입니다.

Tips 니블링툴의 큰 구멍 뚫기

니블링 툴(공구)은 판을 물어뜯어가는 공구로 큰 구멍을 뚫을 때 매우 편리합니다.

큰 구멍은 최종적으로 줄로 마무리하는 것을 생각하면 우선 가장자리가 울퉁불퉁해져도 되기 때문에 모서리 구멍은 원래보다 둥근 구멍도 이것 하나로 뚫을 수 있습니다.

전동 공구가 없을 경우, 가장 먼저 구입할 유력 후보가 됩니다.

대부분의 제조사 발표에서는 알루미늄으로 2mm 두께까지라고 되어 있지만, 상당히 손이 아프기 때문에 악력을 기르고 싶은 분 이외에는 1.5mm 두께 정도까지가 한계라고 생각하는 것이 좋을 것 같습니다.

또한 실험적으로 2mm 두께의 알루미늄 섀시를 모두 니블링 툴로 열어 보았더니 스트레스로 날이 부러져 버렸습니다.

니블링 툴은 주변에 흠집이 생기기 쉬우므로 전원 트랜스의 모서리 구멍 등은 가능하면 쇠톱 등과 병용하는 것이 좋다고 생각합니다.

그 외의 처리

비닐선 · 실드선 처리 ➡ P167

문자 스티커 작성 ➡ P168

여기서는 섀시 가공이나 도장 이외의 작업에 대해 설명합니다.

우선 자체 제작 앰프의 메인 작업이라고도 할 수 있는 배선입니다. 배선 방법은 사람에 따라 버릇이 생깁니다. 제 방식은 아마 아류일 것입니다.

보통은 단단히 꼬는 것이 접촉 불량이 되지 않지만, 나는 나중에 유지 보수성을 고려하여 가볍게 장착하여 납땜합니다. 부품을 분리하기 쉽게 하기 위해서입니다. 어느 쪽이든 상관없지만 나중에 제대로 확인하도록 해주세요.

선재를 벗기는 방법은 익숙해져야 합니다. 여러 가지가 있으니 익숙한 방식으로 하시면 됩니다. 심선을 가장 손상시키지 않는 방식으로 벗겨주세요. 과거에는 이빨로 물어뜯는다는 분도 있었어요. (추천하지는 않습니다만)

열 수축 튜브의 수축

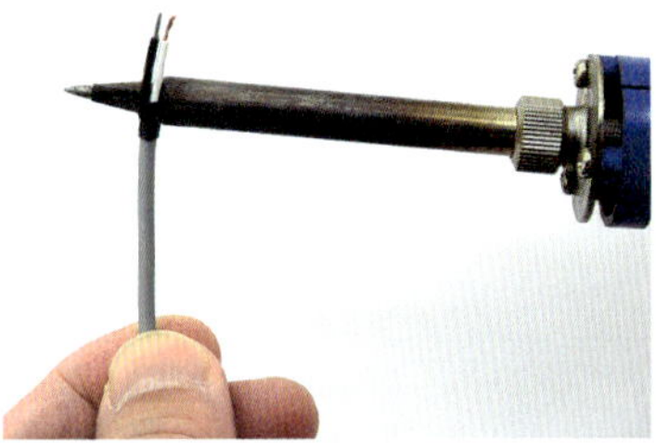

보통 열수축 튜브를 수축시키기 위해서는 드라이어의 끝을 오므린 듯한 히트건을 사용하지만 가지고 있는 분은 적다고 생각합니다. 납땜을 대고 빙글빙글 돌려 수축시킵니다. 라이터로 굽는 분도 있는 것 같습니다만, 피복을 녹여 버리기 때문에 피하는 것이 좋습니다.

비닐선 벗기는 3가지 방법

커터로 굴리면서 칼집을 넣어 벗깁니다. 커트면이 제일 깔끔한 방식입니다.

니퍼로 몇 군데 잘라서 까는 방식이에요. 베테랑일수록 많은 방식입니다.

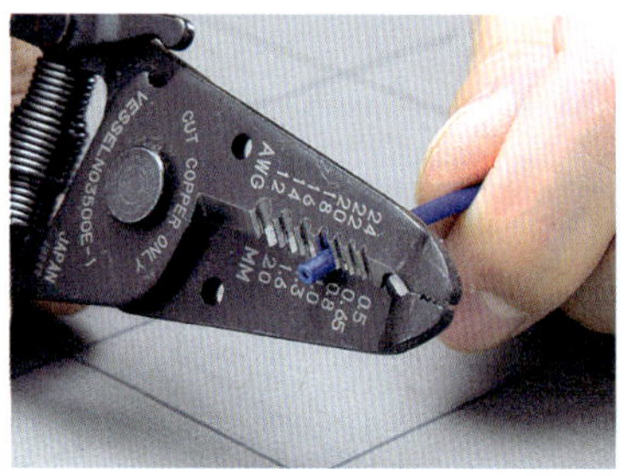

와이어 스트리퍼를 사용하는 것이 가장 간편하지만, 어느 구멍에서 자를지 의외로 익숙해져야 합니다.

배선재의 벗기는 길이

비닐선을 벗기는 길이는 사람마다 다르고 가장 개성이 있는 부분입니다.

본서에서는 일례로서 표시하므로, 자신이 하기 쉬운 길이로 변경해도 전혀 상관없습니다.

길게 벗겨 배선 부위에 단단히 감는 것이 쉽고, 빨리 할 수 있지만 비닐선 벗기는 길이 수리 등으로 분리할 때는 번거롭습니다.

저는 귀찮아도 짧게 벗겨서 유지보수가 쉬운 편으로 하고 있습니다.

단지, 경우에 따라 달라, 전원트랜스의 단자 등, 감지 않으면 하기 어려운 부분은 길게 벗기고 있습니다. 본서에서는 선의 길이는 벗기는 부분도 포함한 길이(즉 니퍼로 처음에 자르는 길이)로 표시하고 있습니다.

조금 여유를 가지고 표시를 하고 있기 때문에 다소 잘못되어도 괜찮습니다.

비닐선 벗기는 길이

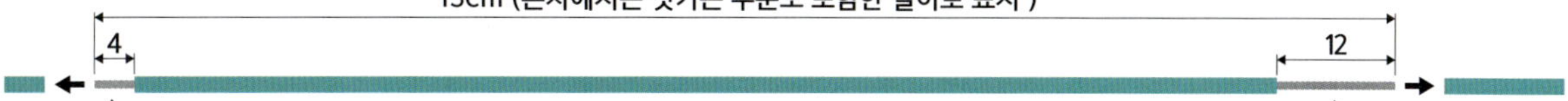

실드선 벗기는 길이

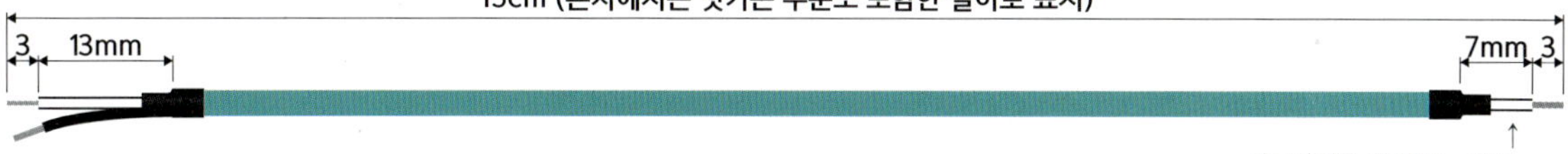

실드선 처리의 방법

①외피 16mm 벗기기

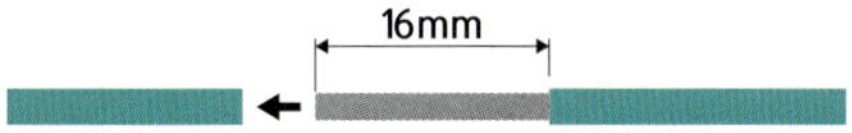

②실드망선을 풀어둔다

③심선 3mm 벗기기

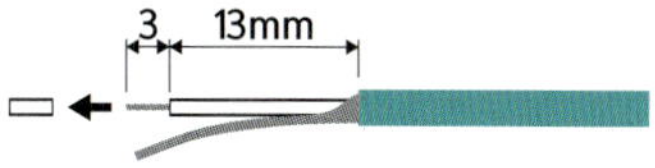

④수축 튜브 φ2mm를 12mm로 잘라 실드망선에 씌워 열수축시키다

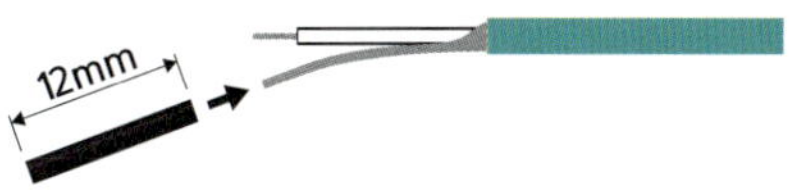

⑤열수축튜브 φ4mm를 6mm로 잘라 심선·실드망선 모두 씌워 열수축시키다

배선재의 굵기

비닐선의 굵기 표시는 대부분의 경우 UL 규격의 AWG (American Wire Guage) 표시 또는 JIS 규격의 SQ(스퀘어→스케어) 표시 중 하나가 적혀 있습니다.

양쪽 모두 도체의 단면적을 나타내고 있기 때문에 같은 규격의 선재라도 피복 두께가 다양하여 외형의 굵기로는 규격을 알 수 없습니다. 고압용 전선은 피복을 두껍게 하여 절연성을 높이고 있기 때문에 같은 규격이라도 상당히 굵어진 경우가 있습니다.

또한 테프론이나 폴리에틸렌 피복 선재는 절연성이 좋기 때문에 피복을 얇게 한 경우도 있습니다.

배선재의 굵기 환산값

American Wire Guage	단선 도체 지름 (mm)	단면적 (일본)
AWG16	φ1.29	1.25sq
AWG18	φ1.02	0.75sq
AWG20	φ0.81	0.5sq
AWG22	φ0.64	0.3sq
AWG24	φ0.51	0.2sq
AWG26	φ0.41	0.12sq

Beam Single
2A3 Single
Headphone
Paint
Chassis Processing
Other Work
Industrial Tool
Shop List

문자 스티커 작성

전원 스위치와 볼륨만의 앰프라면 문자가 없어도 조작을 잘못하는 일은 없습니다만, 입력 전환이나 톤 컨트롤 등 다른 스위치나 볼륨을 켜면, 제대로 된 표시가 필요하게 됩니다.

또한 문자가 있는 쪽이 현격히 등급이 올라가기 때문에 꼭 문자를 표시합시다.

제대로 된 제품이라면 실크스크린에 의한 인쇄가 필요하지만, 수고도 비용도 상당히 들기 때문에 여기서는 스티커를 만들어 붙이기로 합니다.

스티커 만들기는 시판 라벨 라이터를 사용합니다. 라벨 라이터 내장의 기능만으로는 문자 충전이 서툴러 데이터는 PC에서 작성하고, USB 케이블을 연결하여 출력합니다.

테이프(스티커)는 종류가 매우 다양하지만 앰프 제작에 사용할 수 있는 테이프가 되면 테이프 색상이 투명하고 글자 색상이 흑색이나 백색 정도가 메인이 될 것이라고 생각합니다.

투명 테이프는 유광과 무광택이 있으며 도장과 같은 것을 사용하고 있습니다.

글자만의 스티커를 만드는 경우 표준인 12mm 폭으로도 충분합니다. 본서에서는 일부 36mm폭의 테이프를 사용하고 있습니다만 마진이 필요하기 때문에 실질은 30mm 정도의 표시가 됩니다.

넓은 타입의 라벨 라이터는 고가이므로 12mm 폭으로 고안하여 사용하면 좋다고 생각합니다.

사실 상위 기종이라면 인스턴트 레터링을 만들 수 있기 때문에 기대하고 구입했지만, 시도해 보니 알루미늄 소재나 도장면에는 조금도 달라붙지 않아 아쉽게도 전사를 할 수 없었습니다.

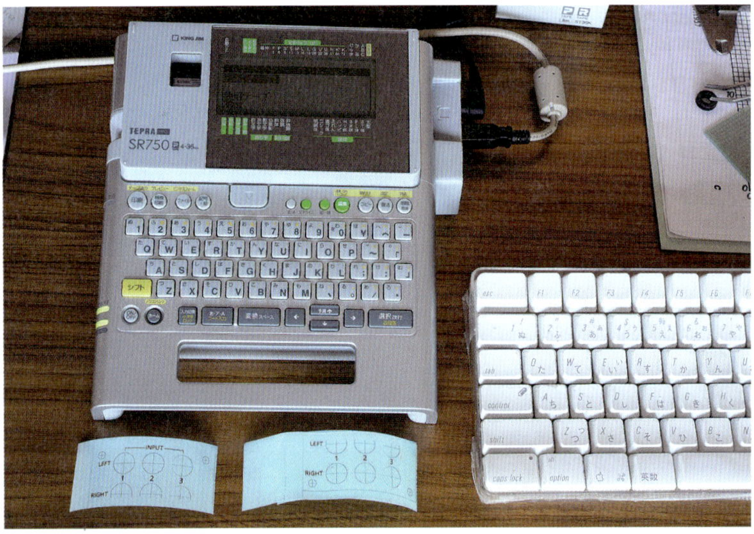

킹 짐 테프라 프로 SR750 사용

PC 어플리케이션은 문자를 다룰 수 있는 것이라면 무엇이든 괜찮습니다. 나는 도면 데이터, 실체 배선도, 문자 표시를 모두 Adobe Illustrator로 작성하여 공용하고 있습니다. 프로용 소프트로 고가이기 때문에 추천은 하지 않으므로, 익숙한 애플리케이션을 사용해 주십시오.

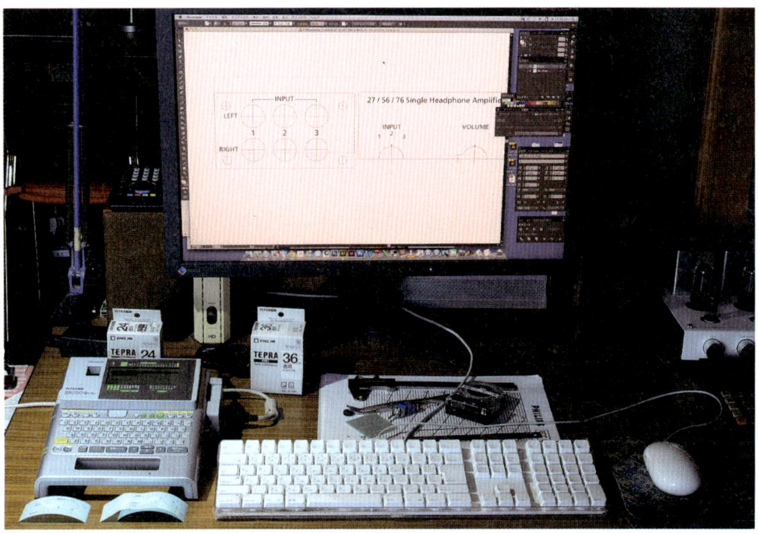

문자 스티커 작성

1 글자만 작은 크기로 만드는 경우가 많지만, 큰 스티커로 한꺼번에 작성하는 것이 멋있는 경우도 있습니다.

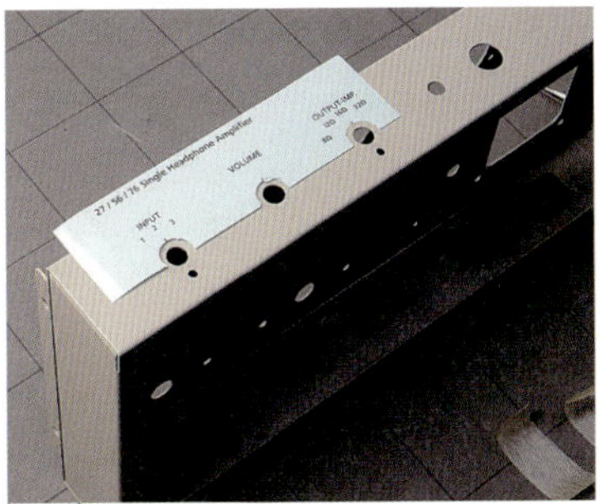

2 크기와 위치가 정확한지, 스위치 등으로 문자가 숨겨지지 않는지 등을 확인합니다.

3 큰 스티커는 위치 결정이 어렵기 때문에 마스킹 테이프 등으로 스티커를 붙이는 위치의 표시를 합니다.

4 기포가 들어가지 않도록 신중하게 작성한 스티커를 붙입니다.사진의 예에서는 스티커를 상부까지 접어서 붙입니다.

5 떼어낸 박리지를 대고 흠집이 나지 않도록 핀셋 등으로 문질러 압착합니다. 기포가 들어 있으면 밀어냅니다.

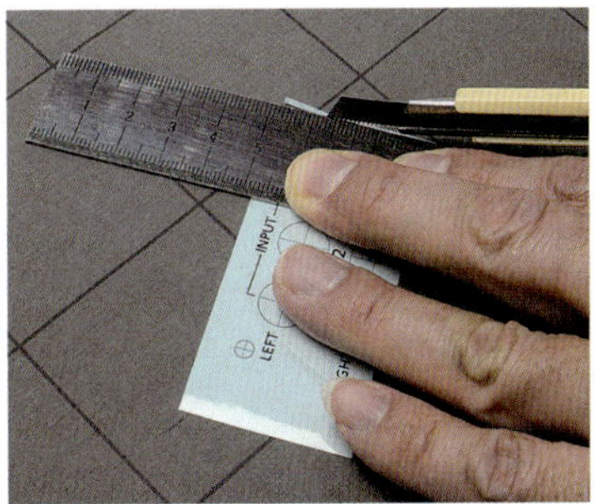

6 리어 패널도 마찬가지로 작업합니다. 우선 스티커의 목적 사이즈로 자릅니다.

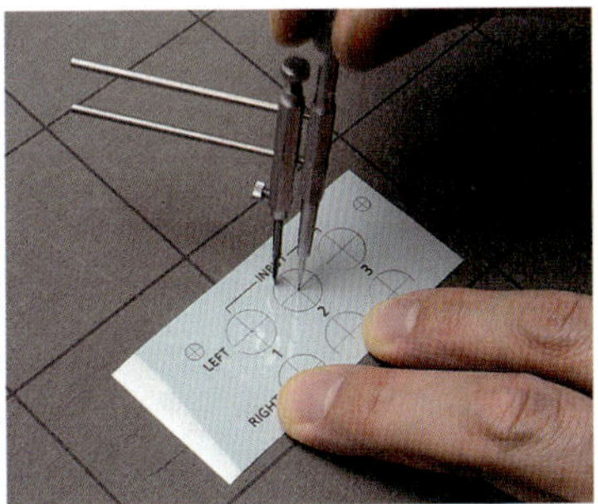

7 핀잭 부분은 조금 큰 구멍으로 해서 서클 커터 또는 일반 커터로 커트합니다.

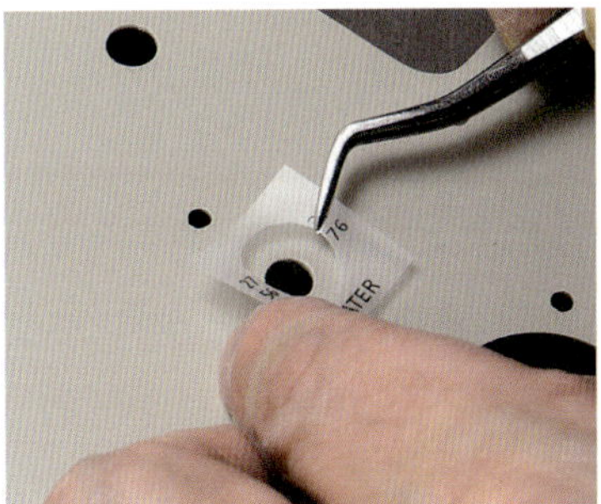

8 작은 스티커는 그대로 붙이되 수직, 수평이 어긋나면 초라해지기 때문에 신중하게 붙여주세요.

9 역시 박리지를 대고 문질러 압착합니다.

Tips 문자와 도장의 친화성

섀시 도장 후 문자 스티커를 붙일 경우 표면이 평평할수록 밀착하여 붙이기 쉽습니다.

따라서 너무 울퉁불퉁해지는 도료(스톤풍 등)로 하면 글자를 붙이기 어려워지므로 주의가 필요합니다.

씰 소재는 기본적으로 광택 도장면에는 윤기가 있는 스티커를, 무광 도장면에는 무광 스티커를 선택합니다.

스티커가 아닌 문자를 실크 인쇄하는 경우, 유리 수준으로 반들반들한 면도 문자가 찌그러지기 쉽고 어려워집니다. 따라서, 유광 도장보다 무광 도장(즉 표면이 조금 거칠어짐)이 실크 인쇄에는 적합하지만, 시보 도장(해머톤)까지 표면을 요철시켜도 실크 인쇄는 어려워집니다.

인스턴트 레터링을 사용하는 경우는 표면이 윤기 있고 도장 등 매끄러울수록 밀착되어 잘 됩니다.

문제 해결

진공관 앰프뿐만 아니라 전자 공작은 방대한 절차 위에 완성에 도달하기 때문에 실수나 트러블은 어느 정도 일어나는 것이라고 생각해 두는 것이 좋을지도 모릅니다.

그래서 잘 동작하지 않았을 때의 대처법을 본서의 3대에 맞춘 체크법을 열기합니다.

방대한 원인으로부터 어느 정도 좁힐 수 있도록, 본서에 채용하고 있지 않은, 예를 들면 푸쉬풀이나 고정 바이어스등에 일어나는 원인은 생략하고 있습니다.

첫 번째로 감전 주의

진공관 앰프는 300V 이상의 고압부분이 있기 때문에 항상 그것을 염두에 두시기 바랍니다.

이것은 경험담으로 고압부에 감전이 되면 신경이 일시적으로 마비되기 때문에 당장 손을 떼고 싶어도 떨어지지 않아 굉장히 위험합니다. 체크할 때 가능하면 글러브를 끼면 베스트입니다.

또, 만약 문제가 있을 경우, 즉시 전원을 끄겠습니다만, 잠시만 기다려 + B측의 고압 케미콘을 방전시켜, 테스터로 감전되지 않는 10V이하가 된 것을 확인하고 나서 체크를 시작해 주세요.

전원이 켜지지 않는다

히터 체크 시 전원이 안 들어간다면 단순 실수를 의심하고 확인해 보겠습니다.

①AC코드가 꽂혀있지 않음.

②자주 있는 일이지만, 콘센트 탭을 사용하고 있으면 중간이 빠져 있거나 탭 스위치가 꺼져 있습니다.

③퓨즈를 넣는 것을 잊거나 꺼져 있다.

④히터(필라멘트) 회로가 어딘가 단선이나 쇼트하지 않았는지, 배선 실수가 없는지 확인합니다.

완성 후에 동작하지 않는 경우는 히터 체크 시에 전원 트랜스의 1차측과 히터 회로는 정상으로 간주할 수 있으므로 ①②③의 재체크 외에 2차측의 B전압(고압) 회로가 어딘가 단선되어 있지 않은지 확인합니다.

퓨즈가 끊어진다

배선 불량이나 실수로 어딘가 합선되어 있으므로 교환 후 합니다. 바로 전원을 켜지 않고 배선을 재검토합니다. 진공관이 따뜻해지면 끊어지면 +B의 고압회로에 이상이 있습니다.

전원 트랜스에서 소리가 난다

전원 트랜스에 의해 조금은 소리가 날수 있습니다만, 소리가 클 경우에는 퓨즈가 끊어지지 않을 정도의 과전류가 흐르고 있어 2차측(+B의 고압 회로) 또는 히터 회로가 단락되었을 가능성이 있습니다.

1차측이 원인인 경우는 퓨즈가 즉시 끊어지므로 2차측을 중점적으로 조사합니다.

작은 경우는 너트의 조임으로 마무리되는 경우도 있습니다.

연기가 올라오는 경우

배선 실수로 퓨즈가 끊어지지 않은 상태에서 과전류가 흐르고 있습니다.

저항 값이나 와트 수의 실수일 가능성도 있습니다. 컬러 코드를 잘못 읽은 것은 없는지 재확인해 주세요. 어딘가 납땜이 늘어져 있는 등으로 쇼트하지 않았는지도 확인해 주십시오.

소정의 전압이 나오지 않다

완성하고 전압 체크시에 소정의 전압이 나오지 않는 경우는 아래를 확인해 주세요.

①배선 오류 외에 납땜 불량을 의심합니다.

②저항 수치가 틀린 것은 아닌지, 컬러 코드를 잘못 읽는 것에 주의합니다.

③접지끼리 제대로 접속되어 있는지 확인합니다.

히터는 켜지지만 소리가 나지 않는다

①음원이 제대로 입력 단자에 케이블 연결되어 있는지?

②볼륨이 최소로 되어 있지 않은가?

③음원 쪽에서도 볼륨 컨트롤을 할 수 있는 경우 최소가 되어 있지 않은가?

④입력 셀렉터가 있는 경우 입력 단자와 맞는지?

⑤실드선 배선이 잘못된 거 아닌지? 특히 접지 측.

⑥한쪽 채널밖에 소리가 나지 않는 경우 진공관을 좌우 교체해 봅니다. 그래서 안 나오는 게 좌우가

바뀌는 경우는 진공관의 불량, 그렇지 않은 경우는 배선에 문제가 있습니다.

탁탁 노이즈가 나다

원인을 들어보면 끝이 없지만, 아래가 많은 경우입니다.

①납땜 불량→고친다.

②소켓의 접촉 불량 → 교환하거나 접점을 조금 움직여 꽉 조임.

③기생 진동하고 있음 → 진공관의 제1 그리드에 연결되는 선 도중(소켓의 근접)에 1kΩ·1/2W 정도의 저항을 넣어 본다.

④콘덴서 불량→교환.

⑤진공관 내부의 절연 불량→진공관을 다시 구입, 교환.

갸— 큰소리가 나다

NFB(부귀환)가 PFB(정귀환)이 되어 발진하고 있습니다. 보통은 출력 트랜스의 2차측을 반대로 다시 배치하는 것이 좋다고 되어 있습니다만, 실제로는 임피던스 선택에 곤란한 경우가 있으므로, 1차측의 P와 B를 반대로 배선하는 것이 좋습니다.

NFB 양이 적은 등 안정도가 높은 앰프에서는 PFB로 되어 있어도 발진하지 않는 경우도 있습니다.

이 경우는 소리가 커지고 볼륨을 높여 가면 왠지 모르게 빨리 소리가 왜곡됩니다.

부품이 상당히 뜨거워진다

주로 뜨거워지는 것은 진공관, 전원 트랜스, 저항의 세 가지입니다. 진공관은 100~200℃로 뜨거워지는 것이 보통이므로 큰전류가 흐르는 OTL앰프 등이 아니면 우선 걱정할 필요가 없습니다.

전원 트랜스도 정격으로 사용하면 상당히 뜨거워집니다. 만약 만질 수 없을 정도로 뜨거워지는 경우는 문제지만, 뜨거워도 만질 정도라면 괜찮습니다.

저항은 디커플링 회로라고 불리는 +B 고압 부분의 일부는 닿지 못할 정도로 뜨거워지지만 그것이 정상입니다. 단, 방열공을 막지 않도록 통풍에 주의하시기 바랍니다.

또 콘덴서류는 열에 약하기 때문에 저항과 붙이면 안 됩니다. 되도록이면 떨어뜨려 주세요.

좌우의 음량이 다르다

분명히 크게 다른 경우는 신호 회로에 오류가 있습니다. 저항값이나 콘덴서 값을 확인하십시오.

진공관의 출력이 좌우로 다를 경우 조금 음량 차이가 날 수 있습니다.

본서의 3대는 밸런스 볼륨을 붙이지 않고, 볼륨도 좌우 공통의 2연 볼륨을 사용하고 있기 때문에, 만약 신경이 쓰이는 것 같으면 진공관을 좌우 바꾸어 꽂아 조합을 변경해 주세요.

페어 튜브를 구입하고 있는 한 음량 차이는 나지 않지만, 신경이 쓰이는 경우는 진공관을 다시 구입합니다.

부품의 불량에 대하여

이상의 문제는 부품에 신품을 사용한 경우를 상정하고 있습니다. 중고품이나 빈티지품을 사용한 경우에는 부품 자체가 동작불량의 원인이 되는 것을 의심해 볼 필요가 있습니다.

배선 오류나 납땜 불량 등 눈으로 보고 이해하는 트러블과 달리 부품 불량은 발견하기 어렵고 해결하기까지 시간이 걸리는 경우가 많이 있으니 꾸준히 체크해주세요.

진공관은 당연한 것이지만, 고가이거나 하기 때문에 몇 개 예비도 사둘 수 없을지도 모릅니다. 그럴 경우 만약 불량이라면 다시 사게 됩니다.

부품에서 불량(접촉불량)이 일어나기 쉬운 것은 가동부분이 있는 것, 예를 들어 볼륨, 스위치, 진공관의 소켓, 입출력 단자류 등 입니다. 이것들은 고정 부품보다 압도적으로 문재발생률이 높고, 노이즈가 난다, 소리가 작다, 나오지 않는다 등의 원인이 됩니다.

고정 부품은 새 제품을 사용하는 한 트러블률은 낮지만 빈티지 제품, 특히 옛날 콘덴서는 누설 전류가 큰 경우가 있습니다.

이 경우 주변 전압이 규정보다 높아지거나 낮아집니다.

낡아도 필름계나 세라믹 콘덴서는 우선 괜찮고 케미콘이나 오일콘은 사전체크가 필요, 페이퍼콘은 사용을 피하는 것이 좋다고 알려져 있습니다.

공 구

지금부터 소개할 공구는 모두 제가 평소에 사용하는 것이기 때문에 사용감이 좋습니다.

공구가 있는 것이 가장 좋습니다만, 모두 갖추려면 상당한 금액과 수납공간이 필요하기 때문에 한꺼번에 갖추지 못해도 서서히 구입해 가도 좋을 것 같습니다.

앰프를 만들 때 예산에 1~2할 공구비를 추가해서 매번 늘려가는 것이 좋습니다.

우선 가장 필요하고 중요한 것은 핸드드릴과 쇠줄(File, 야스리) 입니다. 섀시에 구멍 뚫을 때 어떤 구멍이라도 처음에는 핸드드릴로 뚫고 중간에는 니블링 툴, 섀시펀치, 쇠톱, 홀쏘 등을 사용하고 마지막에는 찌꺼기 제거로 쇠줄을 사용합니다.

첫 번째 핸드 드릴에서의 구멍 뚫기 작업이 정밀도를 좌우하고, 마지막 줄의 좋은정도 완성도를 좌우합니다.

오랜 세월 동안 자작하다 보면 여기에 게재된 것보다 몇 배의 공구가 쌓여 있는데, 진공관 앰프 제작에 필요한 것, 있으면 편리한 것만을 싣고 있습니다.

핸드드릴

타공 (구멍만들기)의 기본은 핸드드릴 입니다. 정밀도 좋게 구멍을 뚫으려면 핸드드릴로 작은 구멍부터 뚫어야 하기 때문에 전동드릴이 있어도 핸드드릴을 사용합니다.

그렇게 비싼 것은 아니지만, 할인점에서 팔고 있는 것 같은 플라스틱 제품은 피해 주십시오. 힘이 들어가지 않거나 흔들림이 커서 사용하기 어렵기도 합니다.

전동드릴

많은 구멍 가공이나 큰 구멍 가공에는 역시 전동 드릴이 효율적입니다.

이것도 비싼 기종이 아니어도 괜찮습니다. 섀시 가공에서 임팩트 기능은 사용하지 않습니다.

현재는 무선 드릴 드라이버도 많이 출시되어 있어 회전이 좋습니다만, 중간에 배터리가 소진되면 충전 시간의 몇 시간은 작업이 중단되므로 그만큼 납득하신 후에 선택해 주십시오.

드릴날(비트)

우선 표준 드릴날 세트를 구입하는 것이 좋습니다. 센터 펀치는 필수입니다만, 세트로 사면 대체로 부속되어 있습니다.

3mm의 나사 구멍을 뚫을 경우, 같은 3mm의 드릴로 뚫으면 힘들고, 도장하면 나사가 들어가지 않게 되므로 보통은 3.2mm 드릴날을 사용합니다.

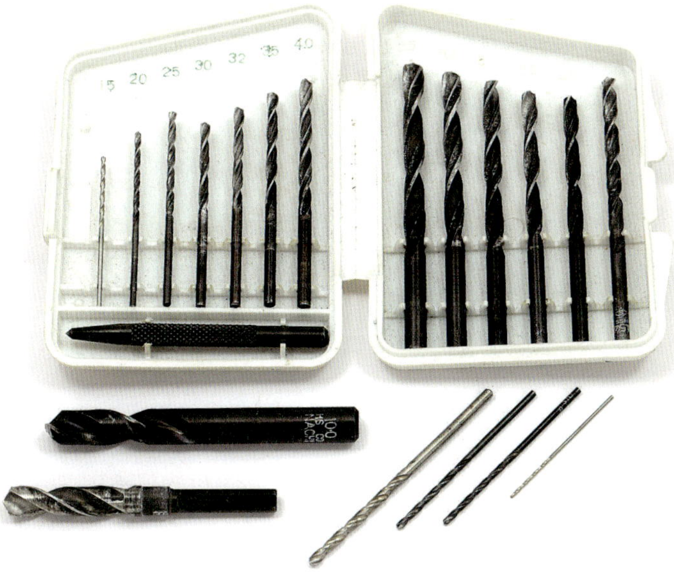

표준 드릴날(비트) 세트.
길이가 제 각각인 건 오랫동안 써서 부러졌기 때문에 다른 메이커의 것을 보충했기 때문에

필수 공구인 핸드 드릴.
수십 년 사용하던 핸드 드릴이 망가져 버려서, 최근 다시 구입했다.

있으면 편리한 전동 드릴 . 일반 드릴날에서의 구멍 뚫기는 무선이면 편리하지만 홀쏘를 사용할 때는 일반 전력을 사용하는 타입이 좋다 .

섀시 가공 공구

무엇보다 구멍 뚫기가 끝나고 찌꺼기 제거로 줄질을 하면 구멍도 조금 넓어지기 때문에 예민하게 생각할 필요는 없습니다.게다가 리머로 홀 사이즈 조절도 가능합니다.

특수한 드릴날로 스텝 드릴이라는 것도 있고, 하나로 다양한 크기의 구멍을 뚫을 수 있어 편리합니다.

단 스피드와 힘이 필요하므로 전동 드릴에서의 사용에 한합니다.또한 볼반이 아니면 목표 사이즈로 멈추기 어려워 빠듯하게 깎을 수 없습니다.

접시 취추 드릴날은 구멍 뚫린 후 그대로 접시 비스용 모따기가 가능한 것입니다. 이쪽은 전동 드릴로 사용하면 너무 빨라서 너무 깎아버리기 때문에 핸드 드릴을 추천합니다.

모따기 커터 드릴날도 핸드 드릴로 접시나사용에 장착합니다.

쇠줄

쇠줄은 사이즈는 많을수록 마무리가 좋아집니다.

쇠줄이라고 하면 깎아서 크기를 조절하는 이미지가 강하다고 생각합니다만, 그것도 정답입니다만, 가장 많은 용도는 금속가공 후 찌꺼기 제거 등의 여러 작업을 하는데 많이 쓰입니다.

어떤 공구로 어떤 구멍을 내도 찌꺼기는 남기 때문에 최종적으로 어떤 구멍도 줄로 가공찌꺼기를 정리하고 마무리하는 것이 기본이기 때문입니다.

깎는 작업에는 중간크기의 쇠줄이 필요합니다. 작은 크기 만으로는 금방 막혀서 효율이 좋지 않습니다.

찌꺼기 제거 작업은 너무 깎지 않도록 가는 줄눈을 메인으로 사용합입니다.

줄 중에서도 쓸만한 것은 반달(반둥근)형입니다. 이것으로 직선부분도 곡선부분도 완성할 수 있습니다.

반달형은 R의 크기에 맞게 사이즈를 여러 개 갖추도록 해 주세요.

이러한 이유로 줄은 여러개가 필요합니다. 작은 것은 세트 판매 제품이면 괜찮지만 큰 것은 필요에 따라 단품 구입해 주십시오.

아래 사진의 가장 큰 줄은 길이 250mm, 폭 25mm, 두께 7mm의 반달형으로, 이 사이즈는 R이 15mm가 되며, UX 소켓 등 ø30mm 이상의 홀에서 사용할 수 있습니다.

큰 것은 줄 본체와 손잡이 부분이 별도 판매되는 경우도 많기 때문에 확인하고 구입하십시오.

별도 판매하는 것은 자루를 본체에 망치로 박습니다.

특수한 드릴날(비트). 왼쪽부터 스텝드릴 2개, countersink 드릴날, 모따기 캇타-드릴날

위 왼쪽 6개가 반달쇠줄. 다음이 삼각쇠줄와 사각줄. 아래는 평줄 2개와 둥근줄 3개. 3mm 나사 홀의 찌꺼기 제거에 작은 둥근 줄도 필요

리머

구멍을 뚫는다기보다 넓히는 공구입니다. 가공 찌꺼기는 많이 나오지만 익숙해지면 가장 깨끗한 둥근 구멍이 되기 때문에 사용 빈도가 높은 공구입니다. 홀 사이즈도 미세조절이 쉽고 알루미늄 판의 두께가 꽤 있어도 쉽게 깎을 수 있는 등 리머만의 장점이 있기 때문에 저는 MT관의 소켓 사이즈까지는 대부분 리머를 사용하고 있습니다.

단, 익숙하지 않으면 (너무 힘을 주면) 국화 모양의 울퉁불퉁한 구멍이 되어 버리므로 주의가 필요합니다.

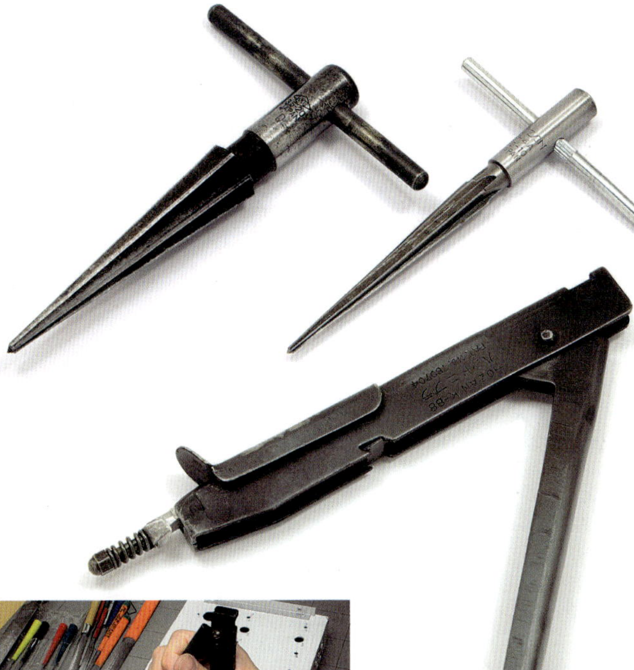

니블링 툴

니블링 툴은 약 2mm씩 판을 뜯어 구멍을 뚫는 공구로서 자유로운 모양을 낼 수 있어 역시 편리하고 사용 빈도가 높은 공구입니다.

칼끝에 가이드가 붙어있는 HOZAN제 핸드 니브라는 날이 잘 들기 때문에 좋지만, 주위에 흠집이 생기기 때문에 구멍 사이즈가 빠듯할 때까지 자를 수 없습니다. 그래서 한때 해외산 가이드 없는것을 사용해 봤지만 내구성에 어려움이 있어 금방 망가지는 바람에 결국 HOZAN제 핸드 니블러로 돌아갔습니다.

니블링 툴을 사용하는 경우는 10mm의 밑구멍을 뚫어야 합니다.

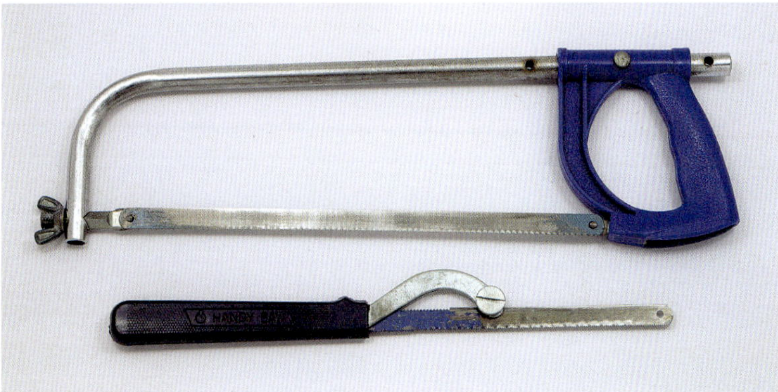

쇠톱과 핸드톱

쇠톱과 핸드톱은 필수는 아닙니다만, 파워트랜스의 모서리 구멍 등을 뚫을 때 있는 것이 좋은 공구입니다.

둘 다 밑구멍을 뚫기가 귀찮지만 두꺼운 알루미늄 판이라도 쉽게 잘리기 때문에 모서리구멍을 뚫을 경우 결국은 쇠톱이 가장 손쉽습니다.

쇠톱은 밑구멍을 뚫어 날을 통과시킨 후 세팅해야 하기 때문에 번거롭지만 힘이 들어가기 쉽고 자르는 것은 빠릅니다.

단, 장소에 따라서는 날이 닿지 않아 잘리지 않는 경우가 있습니다. 핸드톱은 힘을 주기 어렵고 날이 부러지기 쉬우나 밑구멍의 수가 적어도 되며, 어느 위치에서나 자를 수 있는 장점이 있습니다.

다양한 사이즈의 홀쏘. 맨 오른쪽 위의 것은 무선 드릴용 날이 적은 것

홀쏘

있으면 편리한 공구에 홀쏘가 있습니다. 큰 둥근 구멍을 뚫는 것은 홀쏘의 독무대로 가장 빨리 뚫을 수 있습니다.

단, 좋은 것은 비싸고 많은 수가 필요하고, 핸드드릴에서의 사용은 무리이고 전동드릴이나 drill press에서만 사용 가능합니다.

상당히 사용 횟수가 많지 않으면 본전을 찾을 수 없기 때문에 여러 대 앰프를 만들 각오를 결정한 후 구입을 단행해 주십시오.

개당 몇 천엔 하기 때문에 앰프 한 대 만들 때마다 필요한 홀쏘를 하나씩 사가는 것이 좋습니다.

홀쏘의 장단점은 바깥날보다 센터 드릴부에서 결정됩니다.

홀 가공 중에 바깥 날에 도달하기 전에 센터 드릴이 끝난 것이 아니면 전동 드릴에는 적합하지 않습니다.

싸구려는 센터드릴이 단순히 일반 드릴날과 같은 구조로 되어 있어 바깥날에 도달해도 드릴부가 끝나지 않았기 때문에 센터홀이 깎여 흔들림이 커집니다.

이건 상당히 중요하고 양보할 수 없는 스펙입니다.

볼반에서 사용하는 경우는 고정되어 있기 때문에 그래도 괜찮습니다.

직경이 큰 홀쏘는 전동 드릴의 토크가 상당히 필요하기 때문에 무선 드릴은 전문가용 고출력 기종이 아니면 어렵습니다.

따라서 토크가 작은 무선용으로 바깥날의 수를 줄인 것도 출시되고 있습니다. 가장 일반적인 홀쏘라도 힘을 조절하여 일반적으로 사용할 수 있는 것은 사용할 수 있습니다.

대부분의 홀쏘는 센터 드릴에 스프링이 달려 있습니다.

이는 타공 후 뽑은 알루미늄판 등의 소재가 칼날 안으로 들어가 빠지지 않게 되는 것을 막기 위한 목적인데, 이 스프링이 있기 때문에 작업 중 누르는 힘이 필요합니다.

얇은 알루미늄 판의 경우는 스프링을 분리해도 괜찮습니다.

20mm 이하의 사이즈는 리머나 스텝드릴에서도 홀이 뚫리기 때문에 사실상 필요 없습니다.

사용 중에는 전동드릴 모터에 상당히 부하가 걸려 뜨거워지므로 한꺼번에 타공하지 말고 모터가 타버리는 것을 방지를 위해 식히면서 쉬엄쉬엄 작업을 해야 합니다.

홀쏘로 구멍 가공 작업은 전체 작업 중에서도 소음이 마을 공장 수준으로 크므로 배려가 필요합니다.

홀쏘도 절삭면은 거칠고 찌꺼기도 많이 나오기 때문에 목표 사이즈에 빠듯한 날은 사용하지 않고 조금 작게 구멍을 낸 후 줄로 마감합니다.

Beam Single
2A3 Single
Headphone
Paint
Chassis Processing
Other Work
Industrial Tool
Shop List

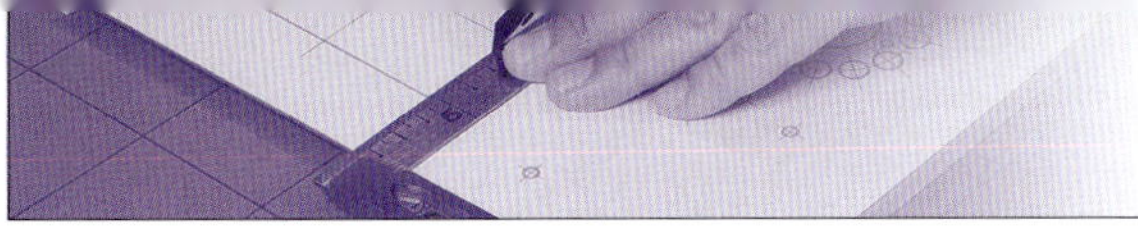

바이스(vise)

작은 부품을 끼우거나 고정하거나 작은 알루미늄 판을 접을 때 등 있으면 편리한 것이 바이스입니다.

특히 프린트 기판이나 작은 사이즈의 알루미늄 판을 고정하여 구멍 뚫기 작업에서는 매우 편리합니다.

또한 트랜스 커버 등의 손잡이 도장 후 건조를 위해 나무막대를 일시적으로 고정하거나 볼륨이나 로터리 스위치의 너무 긴 샤프트를 쇠톱으로 자를 때도 사용합니다.

제 경우 사용 빈도가 높기 때문에 굳이 소개하고 있습니다만, 이것은 산 것이 아니라 젊었을 때 공업 고등학교에 있던 친구에게 받은 것입니다.(저는 일반과여서 바이스를 사용하지 않았기 때문에...)

소형 제품이라도 좋으니 예산에 여유가 있으면 갖춰 주시기 바랍니다. 솔직히 이렇게 오래 쓸 줄은 몰랐습니다.

섀시 펀치

대부분의 앰프 빌더가 갖추고 있다고 생각되는 섀시 펀치이지만, 저는 그만큼 사용 빈도가 높지 않습니다.

이유는 구멍 뚫기 후반에 엄청난 힘이 든다는 점과 자르기 시작한 부분이 조금 부풀어 오르기 때문에 마무리가 신경 쓰이기 때문입니다.

또한 정해진 사이즈 밖에 없는 경우도 있습니다만, 갑자기 홀쏘를 갖추면 사용하지 않게 되므로, 있으면 편리 정도로 생각해 주십시오.

비용이 들지 않는다, 소음을 내지 않는다, 찌꺼기 제거가 필요 없을 정도로 절삭면이 깨끗하다는 등의 이점도 있으므로 향후 여러 대 앰프를 만들지 않는다고 한다면 후보로 올려도 좋을 것입니다.

다만 알루미늄판 1mm 두께 정도라면 편하지만 1.5mm 두께가 되면 상당히 힘이 들어갑니다.
2mm는 불가능하다고 생각하는 편이 좋습니다.

사용할 때는 큰 힘이 필요하기 때문에 불필요한 드라이버 등 긴 막대기를 핸들로 하거나 큰 펜치 등으로 끼워 돌리는 것이 좋습니다.

드라이버에 굳이 불필요하다고 붙이는 것은 드라이버 정도의 굵기로는 막대가 휘어져 버리기 때문입니다.

이런 이유로 유압식 섀시 펀치도 출시되고 있습니다.

이처럼 조합해서 사용한다.

받은 바이스 사진
사용 빈도는 높다.

섀시 펀치 세트. 힘을 주기 때문에 핸들이 조금 구부러져 있다.

조립공구

샤시 가공이 끝나고 부품을 조립할 때 사용하는 공구는 비교적 가정에 있는 일반적인 것이 대부분입니다. 혹시 없으면 더 사면 됩니다.

여기에 있는 공구는 비싼 것은 없지만, 그다지 잘 부서지지도 않습니다. 처음부터 고가의 공구를 갖추는 것도 힘들기 때문에, 만약 사용하기 불편하거나 고장나면 다시 구입한다는 입장으로 좋습니다.

공구는 세트보다 낱개가 좋음

세트의 공구를 사면 한번에 갖출 수 있어서 좋은 것은 확실하지만 같은 시리즈로 같은 디자인이기 때문에 공구상자가 있을 때 원하는 사이즈의 물건을 쉽게 알 수 없다는 단점이 있습니다.

아래 공구의 예를 들면 드라이버는 손잡이의 색상이나 디자인이 제각각이기 때문에 바로 사이즈를 알 수 있지만 너트돌리기 M5용과 M4용은 같은 색상, 디자인, 게다가 사이즈 표시가 사라져 가고 있어서 이해하기 어렵게 되어 있습니다.

또 필요할 때 하나씩 낱개로 사는 공구는 고급품이 많고, 필연적으로 좋은 공구가 갖추어집니다.

사이즈를 알기 어려운 경우, 저는 한쪽에 고무줄을 끼워 사용하고 있습니다.

테이프류는 언젠가 끈적거리기 때문에 피하는 것이 좋을 것입니다.

플러스 드라이버

플러스 드라이버는 No.1 (M2.0~M2.6나사용)과 No.2 (M3.0~M5.0나사용) 2개가 메인으로 대개 충분합니다.

마이너스 드라이버

마이너스 드라이버는 그다지 사용하지 않지만, 조정 시 돌리는 반고정 볼륨이나 마이너스 나사를 사용한 오래된 트랜스 등을 사용하는 경우는 필요합니다. 4.5×75mm와 5.5×75mm 두 자루가 있으면 좋겠습니다.

앰프 자체제작으로 이것보다 큰 드라이버가 필요하지는 않지만 손잡이 고정에는 더 작은 드라이버가 필요할 수 있습니다.

이 경우는 구하기 쉬운 정밀 드라이버 세트 등으로 좋을 것입니다.

너트돌리기(소켓드라이버)

너트를 돌리거나 고정할 때 가장 사용하기 편리하고 사용빈도가 높은 것이 너트돌리기 입니다.

샤시라고 하는 도시락 형태의 안쪽에서 사용하기 때문에 다른 스패너류보다 돌리기 쉬우므로 우선순위가 높아 사 두는 것이 좋습니다.

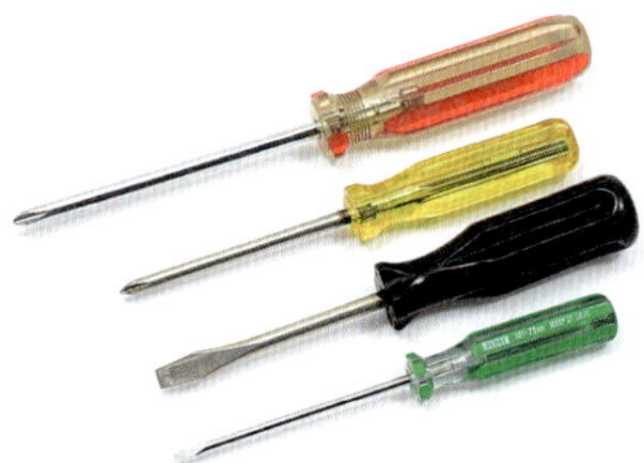

위에서 십자드라이버 No.2,
십자드라이버 No.1,
일자 드라이버 5.5×75mm,
일자 드라이버 4.5×75mm.

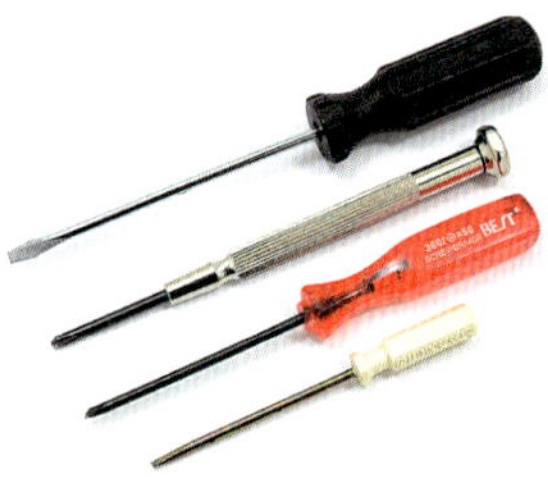

더 작은 드라이버 4개.
실버 제품은 정밀 드라이버 세트 제품, 다른 3개는 전기제품에 부속되어 있던 것으로 직접 사지 않았다. 백색은 PIONEER 로고가 들어가 있다.

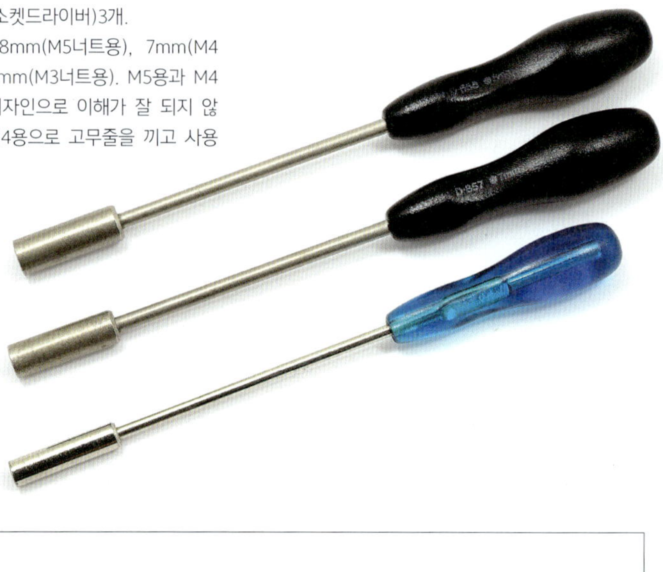

너트돌리기(소켓드라이버)3개.
위에서부터 8mm(M5너트용), 7mm(M4너트용), 5.5mm(M3너트용). M5용과 M4용은 같은 디자인으로 이해가 잘 되지 않아 때로는 M4용으로 고무줄을 끼고 사용하고 있다.

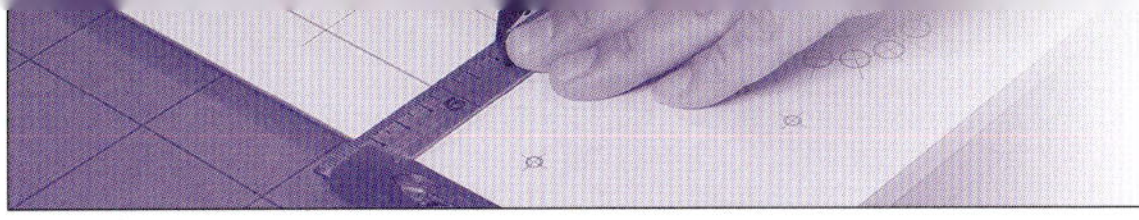

스패너(렌치)

가변저항이나 로터리 스위치, 퓨즈 홀더 등 외장 부품을 장착할 때 스패너(렌치)가 필요합니다.

이것들도 가정에 있는 것으로 괜찮습니다. 처음에는 저렴한 세트도 좋습니다.

가능한 한 눈이 없는 안경 렌치 쪽을 사용하는 것이 너트를 손상시키지 않고 좋지만, 장소에 따라서는 사용할 수 없는 경우도 있기 때문에 그 부분은 일반 스패너를 사용합니다.

한쪽이 안경 렌치, 다른 한쪽이 스패너가 된 콤비네이션 렌치를 사용하기 편리합니다.

일반적으로 입수하기 쉬운 것은 집에서 사용하는 것, 자동차 정비용의 큰 것이 대부분이지만, 전자 공작에서는 사진과 같은 미니 스패너가 있으면 M3나 M4의 너트에 사용할 수 있어 편리합니다.

복스렌치 (box wrenches)

볼륨이나 로터리 스위치의 설치 레이아웃은 좁은 경우가 많기 때문에, 그 고정에는 스패너보다 복스렌치 쪽이 사용하기 쉽습니다.

복스렌치라면 일일이 조금 돌려 분리하고, 의 반복으로부터 해방되어 작업 효율이 높아집니다.

그래서 이쪽도 다른 스패너류보다 우선순위가 높은 공구입니다.

육각 렌치

볼륨이나 로터리 스위치에 손잡이를 장착할 때 필요합니다.

간단한 구조의 공구이기 때문에 전기제품이나 가구의 조정에 부속되어 있는 경우가 많고 사지 않아도 되는 경우도 있지만, 다이얼에 사용하는 육각나사는 상당히 작은 것이기 때문에 결국은 구입이 필요할지도 모릅니다.

콤비네이션 렌치와 안경 렌치 등 .
세트로 부족한 사이즈는 단품구매를 했기 때문에 메이커나 디자인이 다르다 .

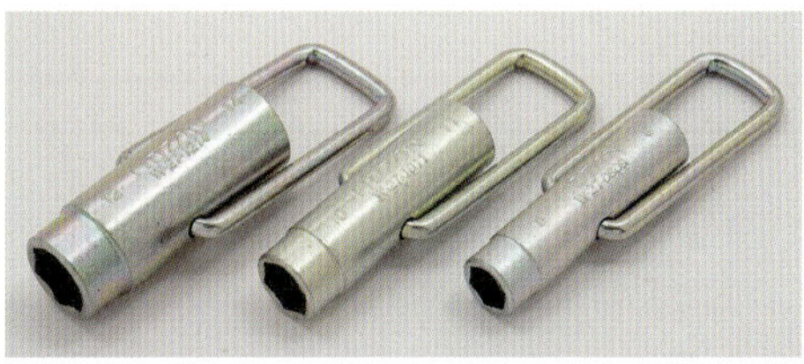
HOZAN제 복스렌치 3개 . 편리하고 사용 빈도가 높다 . 왼쪽부터 12-14, 10-11, 8-9 사이즈 . 볼륨과 로터리 스위치는 11과 12가 대부분

육각 렌치 세트 . 제품의 부속 공구로 입수하는 일도 많기 때문에 사지 않는 경우도 많다 .

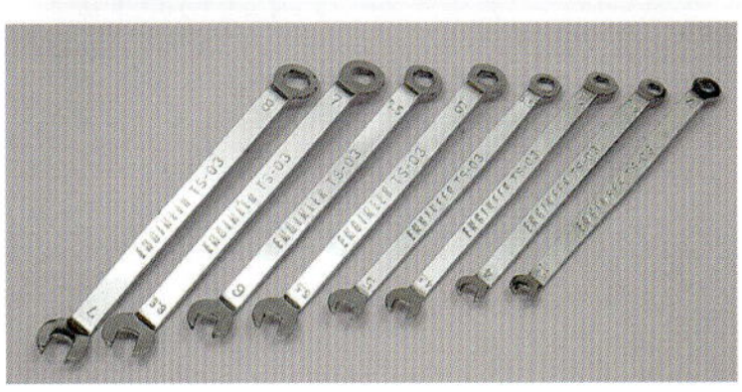
있으면 편리한 미니 스패너 세트 .

배선공구

납땜은 자작의 대명사적 작업이기 때문에 아시는 분들도 많을 거라고 생각합니다. 키트 제품에서도 필수 작업이므로 처음 하는 분은 여러 번 러그판에 선재를 납땜하여 연습하는 것을 추천합니다.

전자공작 납땜 인두기는 스테인드글라스 공작 등의 것보다 소형으로, 게다가 프린트 기판 메인인지 러그판 등의 선재에서의 배선이 메인인지에 따라 열량이 달라집니다.

예전에는 주석 60%+납 40%의 납땜이 양질으로 꼽혔고, 그 납땜이 녹으면 납땜도 그걸로 좋다고 했지만 현재는 환경 문제로 무연납, 심지어 은이 들어간 고급스러운 것 등 납땜의 융점이 높아지면서 납땜에 대한 요구도 달라졌습니다.

저는 대부분의 전자 공작에 백광(白光) No.980을 사용하고 있습니다. 보통 20W인데 열량을 원할 때 스위치를 누르면 130W가 되는 것으로 베스트셀러 제품입니다. 대부분의 납땜은 이것으로 괜찮지만, 연속 30초까지만 130W인 채로 사용할 수 있습니다.

따라서 진공관 앰프의 경우 트랜스나 스피커 단자 등을 연속으로 납땜하다 보면 최근 융점이 높은 납땜에서는 열량이 부족해지기 때문에 good의 KS-60R(55W)도 주로 사용하고 있습니다.

다만 이것도 조금 열량이 크다고 느낄 수 있기 때문에, 지금부터 납땜기를 구입하는 경우는 온도 조절식이나 저렴하더라도 세라믹 히터의 40W 전후의 것이 좋습니다.

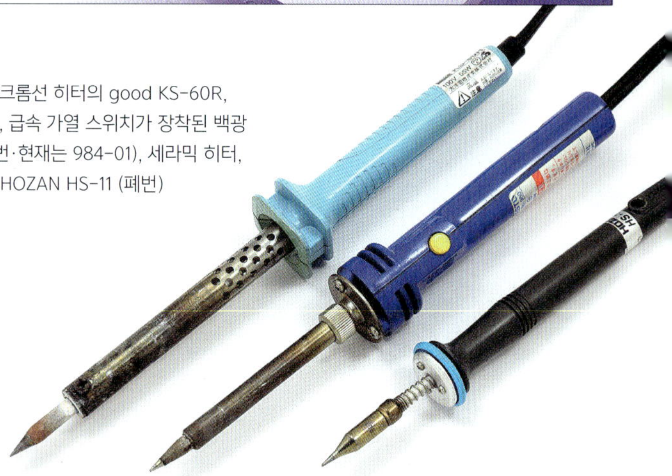

왼쪽부터 니크롬선 히터의 good KS-60R, 세라믹 히터, 급속 가열 스위치가 장착된 백광 No.980(폐번·현재는 984-01), 세라믹 히터, 11W와 작은 HOZAN HS-11 (폐번)

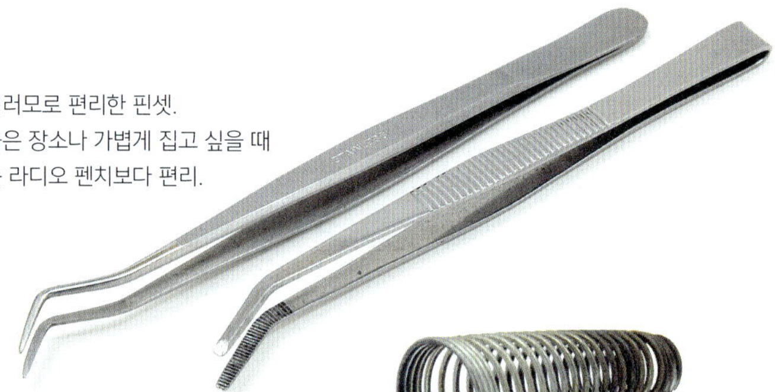

여러모로 편리한 핀셋. 좁은 장소나 가볍게 집고 싶을 때는 라디오 펜치보다 편리.

납땜대 스폰지 부분에 물을 적셔서 인두끝을 닦으면서 사용합니다.

납땜기는 큰 것과 작은 다르게 사용합니다. 열량이 너무 크면 비닐선의 피복이나 스위치의 수지 부분을 녹여 버리거나, 너무 작으면 납땜이 잘 녹지 않아 작업 효율이 나쁠 뿐만 아니라 납이 녹지않고 납땜 등의 불량이 되어 버립니다.

작은 HOZAN의 HS-11은 IC용으로 진공관 앰프 제작에 사용하지 않습니다.

납땜대는 있는 편이 좋습니다. 저도 자작을 시작한 초등학생 때는 그런 만원대의 물건을 살 수 없었기 때문에 안쓰는 아버지의 재떨이를 사용했습니다만, 납땜이 떨어지면 위험하기 때문에 빨리 구비해 주십시오.

핀셋도 여러 가지가 있는 것이 편리합니다. 끝이 뾰족한 것은 섀시 안에 나사 등의 분실물을 주을 때 편리하지만, 선재나 부품을 집거나 하려면 끝이 납작하고 미끄럼 방지가 된 것이 편리합니다.

배선공구

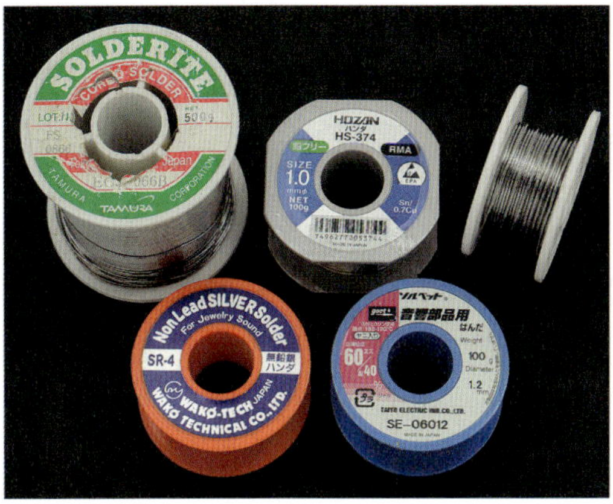

상단 왼쪽부터 오래전부터 있던 탐라제 주석60%+ 납40% 납땜, 동이 0.7% 들어 있는 호잔제 무납땜납, 천주금속의 무연납땜납, 하단은 오디오용으로 화광테크니칼 은이 들어간 무연납땜, good 제 주석60%+ 납40% 납땜납

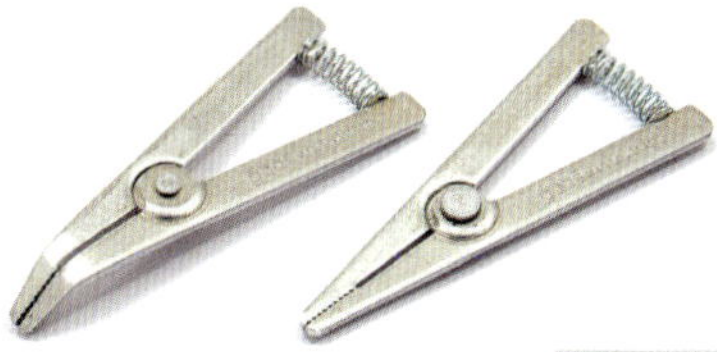

히트 클립 2개. 리드선에 전해지는 열을 흡수하는 목적이지만 그 밖에도 여러가지로 편리하다.

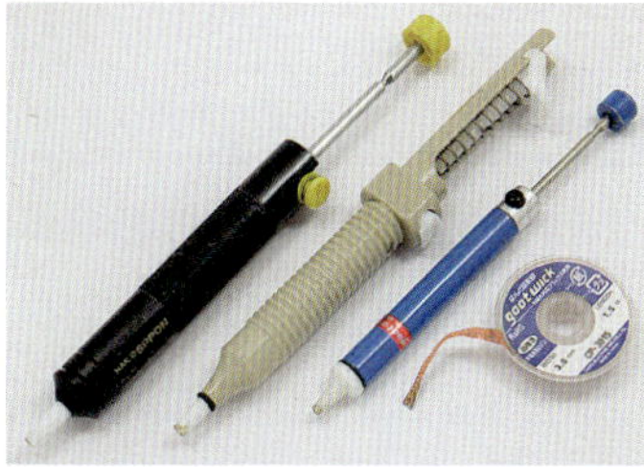

납땜 흡입기 3개와 납땜 흡인선

납땜은 다양한 굵기와 양을 판매하고 있습니다만, 진공관 앰프의 경우는 ø1mm 또는 ø1.2mm 정도의 굵기를 사용하기 쉽습니다.

저는 항상 사진과 같은 롤 제품을 구입하고 있습니다만, 앰프 1대 뿐이라면 20g 전후의 것으로 맞출 수 있습니다.

드물게 야니(플럭스; flux)가 들어있지 않은 것도 팔고 있습니다만, 반드시 플럭스가 들어간 납땜을 사용합니다.

옛날부터 있던 주석 60%+납 40%의 납땜은 현재도 판매되고 있지만 전기 제조업체 등은 환경 문제로 무연(납이 들어있지 않은 것)을 사용하고 있습니다.

무연납땜은 융점이 약 40도 정도 높고, 특히 열에 약한 부품은 납땜이 어렵습니다.

IC 등 칩을 많이 사용하는 기판에서는 신경을 쓰지만 진공관 앰프에서는 부품 자체가 크기 때문에 내열성이 뛰어난 경우가 많기 때문에 앞으로는 무연 납땜에 익숙지는 것이 좋다고 생각합니다.

열에 약한 전해 콘덴서(케미콘) 등은 리드 도중에 heat 클립을 끼워 납땜하면 열에 의한 파손을 막을 수 있습니다.

한번 붙인 납땜을 제거하고 싶을 경우 납땜 흡입기를 사용합니다. 소량이면 저렴한 납땜 흡입선도 괜찮습니다. 이쪽은 기판의 패턴이 가늘고 열에 쉽게 벗겨질 때 편리합니다.

비싼 것이 아니어도 되지만 라디오 펜치, 니퍼, 펀치, 플라이어 등은 필수 공구입니다.

롤렛 너트 등은 플라이어로 조입니다.

비닐선을 벗길 때 커터나 니퍼를 사용하시는 분들도 많습니다, 폴리에틸렌 피복이나 테프론 피복의 선재를 벗길 때는 와이어 스트립퍼가 있는 것이 편리합니다.

위에서부터 플라이어, 펜치, 니퍼, 라디오 펜치. 모두 집에 옛날부터 있었던 것이기 때문에 본인이 사지 않았음. 플라이는 원래 차량 탑재 공구로 NISSAN 마크가 붙어 있다.

선재에 따라서는 있는 것이 좋다. 와이어 스트립퍼

계측기기

측정 도구는 보통 섀시 가공시에 필요한 것이지만, 본서에서는 섀시에 구멍 뚫린 시트를 붙여 가공하므로 섀시 가공시보다 부품 실측시에 메인으로 사용합니다.

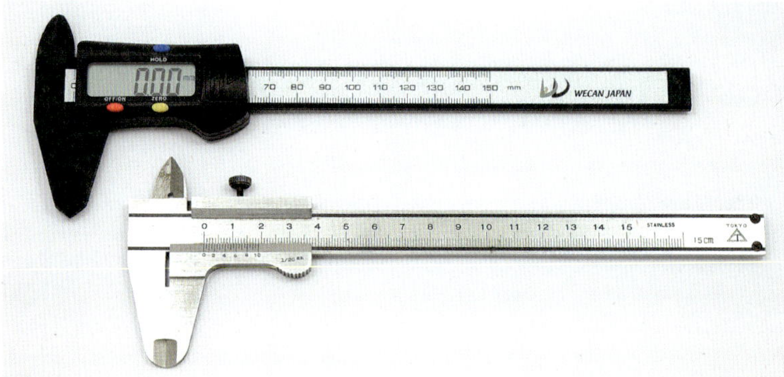

디지털 캘리퍼스와 표준 캘리퍼스.

캘리퍼(vernier caliper)

가장 필요한 것은 자, 라고 말하고 싶지만 실제로는 캘리퍼가 가장 사용 빈도가 높습니다.

소켓의 직경을 재거나 트랜스의 가로 폭을 재는 것도 모두 캘리퍼가 편리합니다.

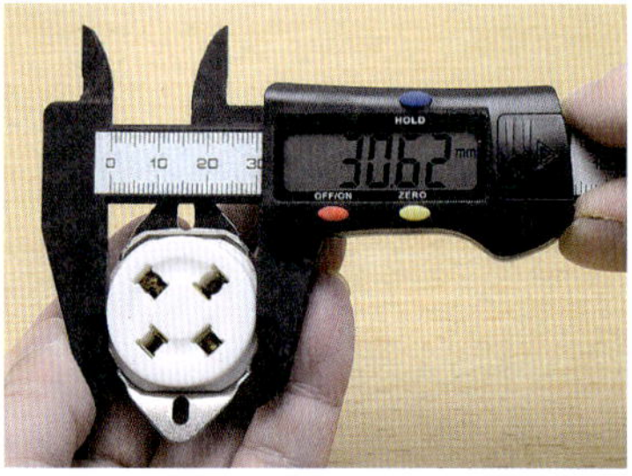

외경(외부 치수)은 끼워 잰다.

내경(내부 치수)은 펼쳐서 잰다.

옛날부터 있는 스테인리스 표준 버니어 캘리퍼스는 정확도가 좋고 전지도 필요 없어 오랫동안 사용할 수 있습니다만, 나이가 들면서 세세한 눈금을 보는 것이 힘들어지기 때문에, 앞으로 산다면 디지털 캘리퍼가 더 좋을 것입니다.

일본에서는 중학교 기술가정과에서 캘리퍼의 사용법을 배우게 되어 있습니다만, 수업에서 생략되기도 하고, 익숙하지 않은 분도 많다고 들었습니다. 현재는 디지털로 사용법은 간단합니다.

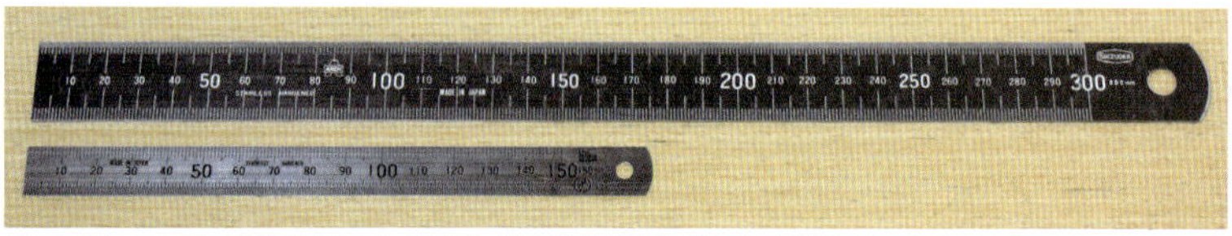

30cm와 15cm의 스테인리스 자. 기대한데로 겹쳐 보아 어긋나지 않았다.

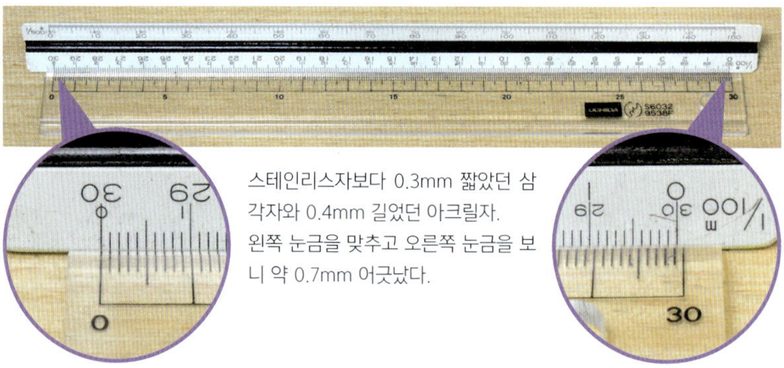

스테인리스자보다 0.3mm 짧았던 삼각자와 0.4mm 길었던 아크릴자. 왼쪽 눈금을 맞추고 오른쪽 눈금을 보니 약 0.7mm 어긋났다.

자

PC로 도면을 그릴 경우 자는 필수라고까지는 말하지 않지만 있는 것이 편리합니다. 가능하다면 정밀도가 좋은 JIS 1급 표시가 있는 스테인리스 자가 좋고, 15cm, 30cm, 60cm 3개가 있으면 편리합니다.

다른 소재의 자는 정밀도가 있는 작업에는 적합하지 않습니다.

참고로 사진의 삼각자는 스테인리스 자보다 0.3mm 정도 짧고 아크릴 자는 0.4mm 정도 길었습니다. 이러한 것은 제조 시에는 정확하게 만들어졌다고 해도 오랜 기온 변화로 수축되었다고 생각됩니다.

이 차이는 큰 물건의 가공에는 문제가 없지만, 3mm의 구멍을 많이 뚫는 섀시 가공에서는 문제가 됩니다.

더 심한 것으로는 양복의 재단에서 사용하는 대나무자나 비닐자로는 30cm에서 3mm나 어긋나 있는 것도 있었습니다. 이렇게 다르면 구멍 위치가 어긋납니다.

진정한 실효치 대응 DMM

bagworm clip 클립을 사용한 테스트 리드를 자작해두면 편리

직각을 확인하는 스코어

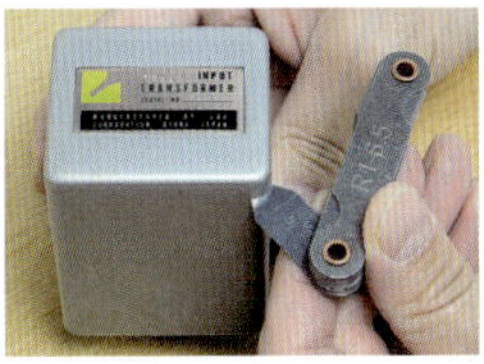
바깥쪽 R을 잴 때

안쪽의R을 잴 때

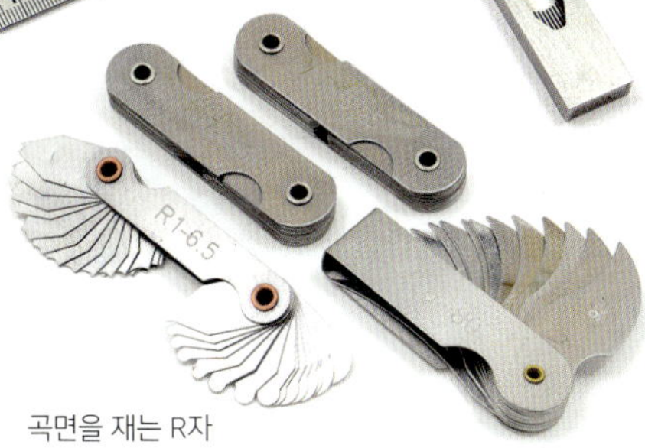

곡면을 재는 R자

테스터(DMM)

본서의 3대는 무조정으로도 제대로 동작할 것입니다만 정상 동작을 확인하거나 트러블이 있었을 때의 원인 추구를 위해서 테스터는 필요합니다.

현재는 DMM(디지털 멀티미터)이 주류로 옛날 아날로그 시대보다 정밀도가 상당히 좋아졌기 때문에, 높은 기종이 아니어도 충분히 사용할 수 있습니다.

그럼 어디서 선긋기를 하느냐입니다만, 직류 전압·교류 전압·저항의 세 가지가 붙어 있는 것이 필수로, 가능하면 교류 전압이 평균값 대응, 나아가 평균값보다 진정한 실효치(TrueRMS)에 대응하고 있으면 베스트입니다.

상당히 저렴한 DMM은 교류 전압이나 저항 레인지가 생략되어 있는 것이 있으므로, 그러한 것의 측정이 필요하므로 저렴한 것을 구입하는 것은 피해 주십시오.

평균값 대응이란 콘센트에서 취하는 전압, 즉 정현파만의 피크값에 대한 실효치(root meansquare = rms)를 표시할 수 있습니다.

교류에는 정현파, 구형파(矩形波, Square wave) 삼각파 등 여러 파형이 있는데 그 파형에 따라 피크값 대비 실효값 비율이 다릅니다.

진정한 실효치에 대응한 DMM에서는 어떤 파형에서도 실효치를 정확하게 표시할 수 있습니다. 이것은 디지털 테스터의 독자적인 기능입니다.

평균값이나 진정한 실효치에 대응한 테스터로 가정의 콘센트 전압을 측정하면 제대로 AC100V 가까이 표시되지만 지원되지 않는 테스터에서는 제대로 된 전압이 표시되지 않습니다. 이것은 교류 점화의 히터 전압도 정확하게 표시되어 있지 않은 것입니다.

원하는 기능에 전류레인지가 안 들어 있었지만 생각보다 쓰지 않습니다. 전류 측정은 회로의 일부를 자를 필요가 있기 때문에 위험하고 귀찮기 때문입니다.

전류 측정은 다른 측정기를 사용하기도 하지만, 저는 테스터의 전류 레인지는 연 1회도 사용하지 않습니다.

현재는 DMM이 주류가 되어 있어 직류 밸런스 조정이 필요한 고정 바이어스 PP(푸쉬풀) 앰프에서도 캐소드에 저저항(低抵抗; 낮은 저항) 넣어 전압을 재어 전류로 환산하는 분들이 많아지고 있습니다.

만약 교류 전류를 잘 재는 것이 필요하다면 클램프형 DMM을 추천합니다. (단, 소전류는 부정확) DMM은 고가의 기종일수록 기능이 증가하므로 스스로 필요하다고 생각하는 기능이 있는 것을 선택하십시오.

앰프가 완성되어 각 부의 전압을 잴 때 테스터봉을 대면서 표시를 읽는 것은 의외로 하기 어렵고 고압 부분은 위험하기도 하므로 클립과 바나나 플러그를 사용한 테스트 리드를 자체 제작해 두면 측정이 편합니다.

직각자와 R자

있는 것이 좋은 계측기구로 직각자와 R자가 있습니다.

직각자는 알루미늄 판을 접었을 때나 자를 때 직각을 보거나 가장자리로부터의 치수를 잴 때 편리합니다.

R자는 작도 전에 부품의 R을 잴 때 사용합니다. 둘 다 필수는 아니지만, 직각자는 사용 빈도가 높을 것입니다.

앰프의 측정

앰프의 동작 상태, 즉 정상 동작하고 있는지를 조사하는 것 뿐이라면 테스터만으로 괜찮습니다.

하지만 여러 특성을 알아보려면 많은 측정기가 필요합니다. 따라서 측정은 공구를 갖추는 것 이상으로 비용이 들기 때문에 앰프를 1~2대를 위해 측정 기자재를 갖추는 것은 넌센스입니다. 또, 의외로 설치 공간도 필요하게 됩니다.

앰프를 여러 대 만들고, 앞으로도 앰프를 만들 각오가 정해지면 서서히 매입하도록 하는 것이 좋습니다.

측정 방법은 본서의 취지에서 벗어나므로 설명을 생략하겠습니다만, 측정 기재의 소개만 하겠습니다.

순서로 테스터 다음에 갖추면 전자 전압계와 더미 로드입니다. 이것으로 잔류 잡음을 계측할 수 있고, 다음에 발진기(펑크션 제너레이터)를 준비하면 입출력과 주파수 특성을 계측할 수 있습니다.

사진에는 없지만 현재는 PC에 Wave Spectra 등의 소프트웨어를 설치하면 저비용으로 편하게 측정할 수 있게 되었습니다. 단, 이것도 사운드 보드나 입출력 주위의 성능에 따라 정확도가 달라집니다.

또한 PC 측정에서 가장 큰 문제는 OS 버전이나 하드웨어 사양, 소프트웨어 버전, 입출력 인터페이스 중 하나가 바뀌면 연쇄적으로 다른 것도 바꿀 필요가 있기 때문에 동일 환경에서의 수명은 의외로 짧을 수 있습니다.

제작 데스크에서 간이 측정 중. 앰프 제작에 관계없는 측정기도 많이 있다. 모니터에는 회로도를 표시중. 측정기재도 늘어나면 연초에 들어온 것이 많아져 고장 등으로 자주 변경한다.

- ●테스터 : KENWOOD DL-2051
- ●테스터 : FLUKE 117
- ●펑크션 제너레이터 : WAVE FACTORY 1941
- ●전자전압계 : National VP-9631A
- ●정전압 전원 : 국화 PAB350-0.1A(진공관회로의 B 전압 테스트용)
- ●정전압 전원 : 국화 PMC18-5A(자동차 용품 테스트용)
- ●정전압 전원 : KENWOOD PA18-3(진공관 회로의 히터 테스트용)
- ●정전압 전원 : 자작 18V-1.5A(LED 테스트용)
- ●FM/AM시그널 제너레이터 : National VP-8177A(라디오 수리용)
- ●더미 로드 : 자체제작8Ω/100W×2ch용
- ○사진에 찍힌 다른 기기는 인터넷 관련 기기. FTTH의 ONU, NAS, 무선 LAN (Wi-Fi) 라우터, 스위칭 허브 등.
- ○사진에 찍히지 않은 다른 측정기는 테스터기 : METEX M-3870D, 테스터기 : SANWA PM3, 테스터 : MT MT-4B, 방사온도계 : ANDAD5611, LCR미터 : DEREEDE-5000, 간이 반도체 체커 : LCR-T4, 진공관시험기 : SANWASGM-17, 진공관시험기 : EICO-625 등. (※메이커명은 판매 당시의 명칭으로 표시하고 있습니다.)

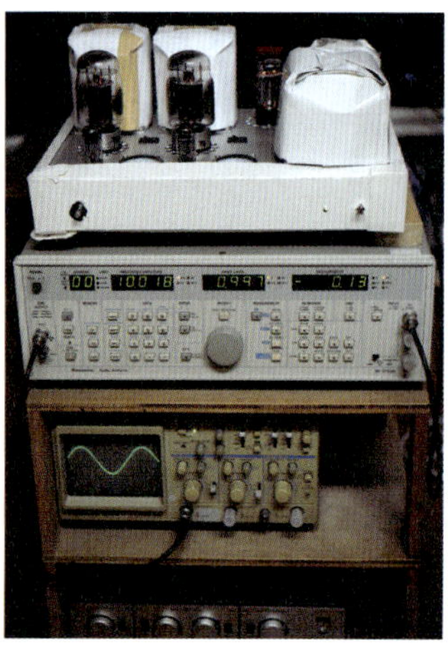

Panasonic의 오디오 분석기 VP-7723A에서 빔관 교체 앰프의 주파수 특성을 측정 중. 약 10kHz(10.018kHz), 약 1V(0.997V) 출력으로 1kHz에 대해 -0.13dB 감쇠되어 있다고 표시되어 있다.

오실로스코프는 KENWOOD의 CS-4135로 파형도 동시에 확인중. VP-7723A는 한쪽 ch 밖에 측정할 수 없어서, 양ch 동시 측정 시에는 다기능의 VP-7722A를 사용하고 있다. 그러나 그쪽은 10Hz 미만의 측정은 할 수 없고, 만일의 경우의 OSC 오프 스위치가 없기 때문에, 통상은 사용하기 쉬운 VP-7723A를 사용하고 있다.

오디오 분석기는 편리하지만 위가 110kHz까지의 정현파 밖에 출력할 수 없기 때문에 NFB가 걸린 앰프의 안정도를 보기 위해 결국은 1MHz정도까지의 직각형 경파는 출력도 가능한 광대역의 펑션 제너레이터와 전자전압계도 필요.

COLUMN 더미 로드

앰프를 측정할 때 스피커를 연결하면 자신의 사용 환경에서 측정할 수 있어서 좋지만 측정 중에 계속 폭음이 나오면 곤란하기 때문에 보통 스피커 임피던스와 같은 수치의 저항을 연결합니다. 이 저항을 더미 로드라고 합니다.

엄밀히 말하면 스피커는 주파수에 따라 임피던스가 달라지므로 더미 로드와 다른 측정 결과가 됩니다.

더미 로드는 사용 환경과 다르지만 임피던스가 일정하고 다른 기종과의 비교가 용이하기 때문에 일반적으로는 더미 로드를 연결하여 앰프 측정을 합니다.

여기서 말하는 앰프의 측정이란 입력단자에 신호를 넣어 특성을 측정하는 것으로 단순히 각부의 전압을 재는 것이라면 더미로드는 필요 없습니다. (안전을 위해 신경써서 연결하는 것이 좋습니다만)

더미 로드를 연결하지 않고 신호를 입력하면 출력 트랜스가 부하가 되어 버려 발열, 으르렁거림, 최악의 경우 단선되어 버립니다.

대부분의 측정기는 살 수 있지만, 어떤 측정에도 사용하는 더미 로드는 자체 제작할 수 밖에 없습니다. 아마추어 무선용 50Ω 등 고주파용 제품은 커넥터가 장착되어 판매하고 있지만 저주파용 제품은 없습니다.

이것은 단지 저항이기 때문에 상품화할 필요가 없다고 판단되고 있는 것 같습니다.

그러나 실제로는 스피커와 같은 4Ω, 8Ω, 16Ω 등의 딱 맞는 저항값의 저항은 리드선 타입의 것은 없고, 게다가 와트수가 큰 것은 메탈 클래드 저항이나 법랑 저항밖에 없기 때문에 그대로 앰프의 스피커 단자에 연결할 수 없고, 리드선을 납땜하거나 저항을 직렬·병렬로 하여 목적의 수치로 만들어 자작합니다.

저항 와트 수는 앰프 출력 이상으로 하면 괜찮지만 장시간 연속 측정 시 뜨거워지므로 여유있는 와트 수로 하는 것이 좋습니다.

자작 더미 로드 방열을 위해 알루미늄 판을 접어서 얹었다. 4Ω 50W의 메탈 클래드 저항을 직렬로 하여 8Ω 100W×2ch로 하고 있다. 앰프의 스피커 단자에는 바나나 플러그로 원터치 접속. 스위치는 댐핑 팩터 측정용으로 더미 로드를 ON/OFF하기 위한 것.
출력은 다수의 측정기에 맞춰 BNC 커넥터.

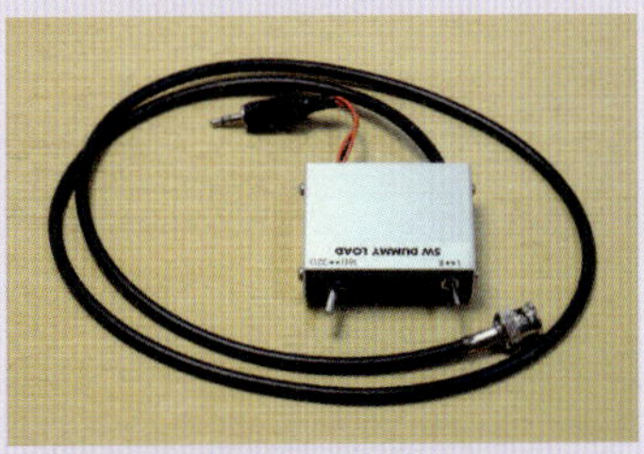

자체제작 헤드폰 앰프용 더미 로드.
스위치는 16Ω/32Ω 전환과 L/R 전환. 헤드폰 앰프의 출력이라면 더미 로드는 5W 정도의 저항으로 좋다.

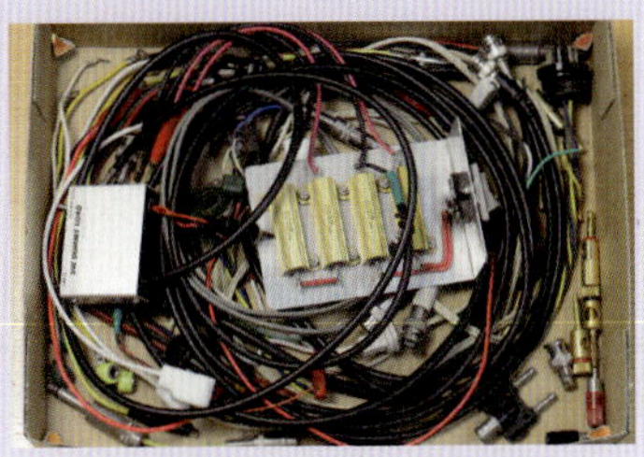

측정용 케이블류도 용도에 맞게 자체 제작하다 보니 이렇게 늘었다.
직접 만드는 앰프는 입출력 단자를 통일했는데 제조사 제품 등 다른 측정 시 어댑터를 다수 마련했다.

더미 로드와 측정기 연결 방법

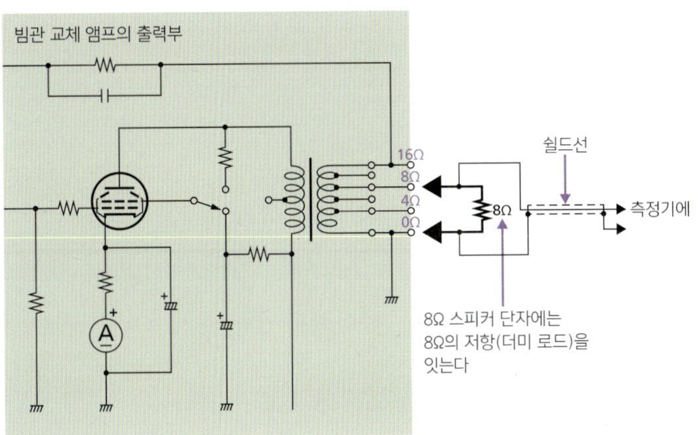

부품 조달

키트라면 공구 이외의 필요한 부품은 모두 세트로 되어 있기 때문에, 쇼핑의 수고는 없지만, 완전 자작의 경우는 저항 등의 작은 부품부터 하나씩 구입할 필요가 있어 쇼핑하는 데에도 상당한 시간이 걸립니다.

그러나 쇼핑도 자체제작의 즐거움의 하나라고 생각하면, 그 즐거움은 배가 됩니다. 세세한 부품까지 직접 선택할 수 있는 이유로, 엄선된 오리지널 앰프를 제작할 수 있습니다.

부품은 점포에 가서 실물을 보고 구입하는 것이 확실하지만, 우선 1 점포만으로 모두 갖추어지는 것은 없기 때문에 아키하바라나 오스, 니혼바시에 다닐 수 있는 분은 몇 점포 왕래 하는 것이 보통입니다.

그래도 갖추어져 있지 않은 부품도 있기 때문에, 현대의 구입 방법으로 홈쇼핑이나 통신판매인 프리마, 또는 옥션 등도 이용하면 좋을 것입니다.

특히 트랜스 등의 중량 부품, 섀시 등의 큰 부품은 적극적으로 통신판매를 이용하는 것이 효율적입니다. 만약 매장에서 중량물이나 특대물을 사더라도 배송비를 더해 발송을 부탁하거나 아니면 쇼핑 순서를 마지막으로 해서 체력의 부담을 고려해 주시기 바랍니다.

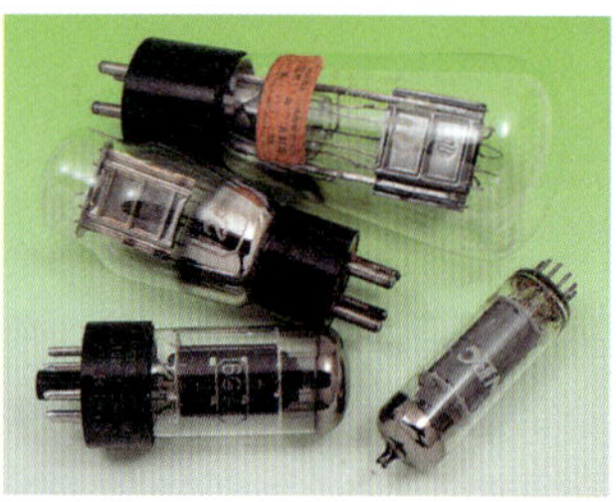

⬆ 모두 일본산 3극관. 가지관(나스관) C-202A, ST관12A, GT관6GA4, MT관6RA8.

⬅ 진공관은 최초의 계기가 되는 것이기 때문에 어떤 방법이든 구입할 수도 있습니다. 발견한 방법으로만 구할 수 있는 품번도 있습니다. 그러나 프리마나 옥션에서는 불량품을 사는 비율도 높고, 게다가 통신판매를 포함해 운송 문제도 가장 많은 상품입니다.

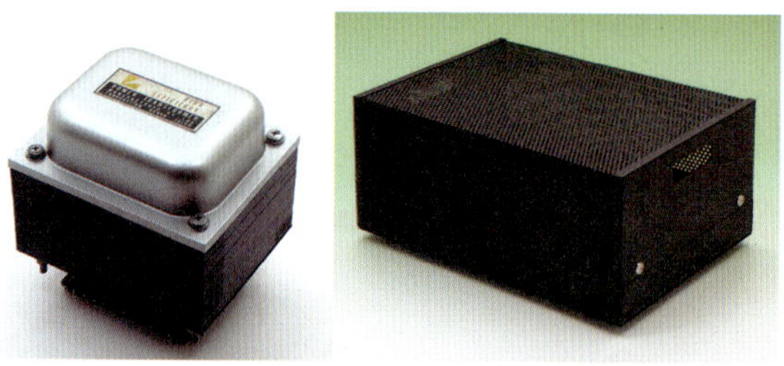

⬆ 트랜스와 섀시는 온라인 판매용으로 쇼핑합니다. 단, 배송비도 비싸군요. 그러니 조금이라도 절약하고 싶다면 무게를 각오하고 직접사러 갑시다.

부품의 조달방법

전자 부품을 조달하는 방법은 다음과 같은 방법이 있습니다.

아키하바라·오스·니혼바시의 점포

1990년대와 비교하면 보면 부품점은 상당히 줄었지만, 그래도 아키하바라라면 한번 돌면 진공관 앰프 제작에 사용할 수 있는 부품은 모두 갖추어져 있습니다.

구매 방법의 요령으로, 가지고 다니기 힘들어지는 트랜스나 섀시의 판매점은 마지막으로 돌고 싶은 곳이지만, 그러한 점포에 한해 폐점 시간이 빠른 곳이 많아 실제로는 트랜스 섀시 판매점의 영업 시간에 맞춰 돌아야 합니다.

또한 정크 가게에서 진귀한 물건을 찾는 것도 즐거움 때문에 각 점포의 영업 시간을 생각하면서 시간에 여유를 가지고 방문하도록 합시다.

또, 하루에 앰프 1대분의 모든 부품을 구입하려고 하면, 차분히 고르고 있을 시간적 여유는 없을지도 모릅니다.

통신 판매

옛날에는 잡지 광고를 보고 부품을 정하고 전화나 팩스, 편지 등으로 주문, 송금은 우편환이나 현금 등기를 이용했지만 현재는 인터넷으로 화면을 보고 결정하고 그대로 주문하는 것이 주류가 되었습니다.

전자화폐나 카드결제가 진행된 적도 있고 빠르게 송금할 수 있기 때문에 납기도 현격히 짧아졌습니다.

궁금한 점은 배송비입니다. 저항 등의 소품을 정형우편 등으로 저가 발송해 주는 업체는 거의 없기 때문에 택배 배송료에 납득할 수 있는 정도로 대량 구매할 필요가 있습니다.

옥션

현재는 옥션이라고 하면 야후 옥션이 압도적이지만, 이전에는 Bidders였던 모바 옥션 등도 약간 존재하고 있습니다.

옥션은 언제든지 자신이 원하는 부품이 출품되어 있다고는 할 수 없기 때문에, 보통은 앰프 제작을 계획하고 부품을 산다, 라고 하는 식으로는 사용하지 않습니다만, 의외로 묻혀 있던 귀중한 부품을 만나는 경우도 있어, 부품 입수 수단의 하나는 됩니다.

배송료는 판매자에 따르지만 저렴한 방법으로 발송해 주는 사람도 있고, 일률적으로 높은 가격으로 설정하고 있는 사람도 있습니다.

그러나 가격은 경쟁적으로 최종적으로 결정되기 때문에 전체적으로 보면 인기 있는 상품일수록 비싸기도 합니다.

프리마사이트

스마트폰 시대가 되면서 단번에 늘어난 것이 프리마 사이트입니다. 이것도 옥션과 마찬가지로 언제든지 원하는 부품이 출품되고 있는 것은 아니지만, 현대의 선택지 중 하나는 됩니다.

경매와 다른 것은 가격은 셀러가 결정하기 때문에 납득할 수 있으면 구입 버튼을 클릭하는 식입니다.

단, 특가 상품은 금방 매진되어 버리기 때문에 스피드 승부가 될 수 있습니다.

배송비가 포함된 경우도 많고, 언뜻 보기에 유익한 느낌도 있습니다.

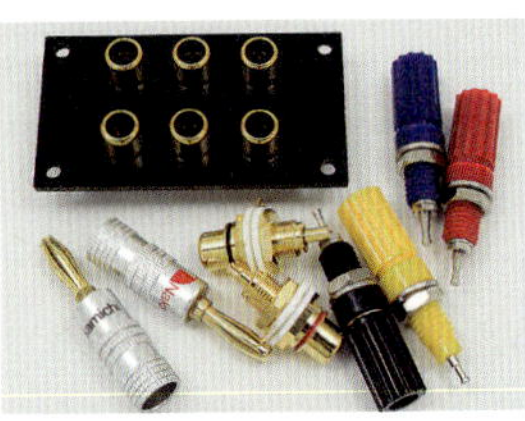

⬅ 입출력 단자류는 실물을 보고 사고 싶은 부품입니다. 겉보기에는 알 수 없는 절연 상태나 회전 방지 장치가 붙어 있는지 등 매장에서 손에 들고 확인하고 싶습니다.

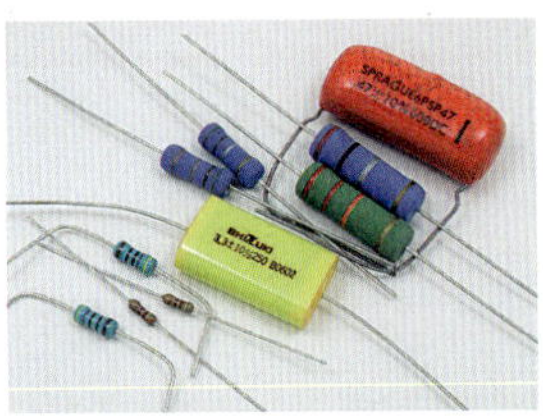

⬅ 스위치나 볼륨류도 실제로 색상이나 모양, 클릭감 등을 확인하고 구입하고 싶은 부품입니다. 특히 디자인을 중시하면 손잡이의 외형도 실제로 확인하고 싶은 부분입니다.

CR, 나사류는 규격을 알고 있으면 통신판매도 좋지만 소량이면 배송비가 아깝습니다. 소켓은 실제로 잘맞는지 상태를 확인하고 싶은 부분입니다만, 매장에서 진공관을 꽂을 수도 없고, 결국은 통신판매로도 좋은 부품입니다.

아키하바라 (秋葉原) 판매점

메인은 JR 아키하바라 역을 전기 거리 출구로 내리는 코스입니다. 개찰구를 나와 왼쪽으로 가면 '세계의 라디오 회관'이 마중해 줍니다.

지하철은 히비야 선 역은 쇼와 거리 아래에 있기 때문에 전기 거리까지 조금 걷습니다. 오히려 긴자 선의 스에히로초 역 쪽이 부품 매장에 가까울 것입니다.

오른쪽 지도의 4와 5는 소부선(総武線) 가드 아래에 매장이 있습니다.

트랜스나 섀시 구입 시 자동차로 가고 싶은 곳입니다만, 인근 주차장은 롯폰기나 긴자 수준으로 비싸기 때문에 주의가 필요합니다.

지도No.	점명	소유지(전부 도쿄도 치요다구)	TEL	FAX	주 판매품
1	**뉴 아키하바라 센터**	**소토 칸다1-16-10**			
└	(유) 하루히무선변압기	1F	03-3257-0337	03-3257-0337	트랜스
2	**아끼하바라 라디오 회관**	**소토 칸다1-15-16**			
└	(주) 와카마쯔통상	5F	03-3255-5064	03-3251-7373	VT, CR, Tr, etc
3	(유) 일미상사전자부	소토 칸다1-3-9 마스다1F	03-3253-5018	03-3255-3595	CR, etc
4	**동경 라디오센터**	**소토 칸다1-14-2**			
└	이케노타니라디오	2F	03-3255-2547		VT, etc
└	(유) 아보전기	2F	03-3251-2685	03-3251-8054	섀시, SW, etc
└	(주) 고누마전기	1F	03-3251-3991	03-3251-3991	RCA, etc
└	산에이 전파(주)	1F	03-3253-1525	03-3251-1530	VT, CR, VR, etc
└	(유) 토호라디오	1F	03-3251-6078	03-3865-3022	SW, etc
└	(유) 가스가 무선 변압기	1F	03-3257-1626	03-3257-0337	트랜스
└	도에이 변성기(주)	1F	03-3255-6589	03-3255-6597	트랜스
└	야마나가 통상	1F	03-3253-9389		배선재, 공구, etc
└	(유) 시마야마 무선 상회	1F	03-3255-9793	03-3255-9793	CR, SW, PL, etc
└	(유) 타이가 무선	1F (1-14-3·아키하바라 전파 회관)	03-3251-6313	03-3253-3049	배선재, 열수축
└	규슈 전기(주)	1F (구 라디오 스토어)	03-3251-8910	03-3251-6819	배선재
5	(주) 오야나기 이데 전기	소토 칸다1-4-13	03-3253-9351		배선재
6	**도쿄 라디오 데파트**	**소토 칸다1-10-11**			
└	몬다 무선전기(주)	3F	03-3251-1552	03-3255-8040	SW, VR, PL, etc
└	선에이 전기	3F	03-3251-0232	03-3251-0232	VT, 소켓, C, etc
└	시재야 무선	3F	03-3253-3987		CR, SW, VR, etc
└	코이치도 진공관점	2F	03-3257-0434	03-3257-0457	VT, 소켓, 트랜스
└	세타무선(주)	2F	03-3255-6425	03-3255-6425	CR, SW, PL, etc
└	해신무선(주)	2F	03-3251-0025	03-3256-3328	CR
└	(유) 에스에스 무선	2F	03-3251-7890	03-3251-7819	섀시, 알루미늄판
└	사쿠라야 전기점	2F	03-3255-6427	03-3255-6428	VT, CR, VR, etc
└	고바야시 전기 상회	1F	03-3251-0465	03-3251-0466	CR, SW, VR, etc
└	제너럴트란스판매(주)	B1F	03-6260-8044	03-6260-8092	트랜스
7	니시카와 전자부품(주)	소토 칸다1-9-9	03-3251-8736	03-3251-5138	비스류, 열수축, etc
8	(주) 센고쿠 덴쇼	소토 칸다1-8-6 구마타니	03-3253-4412	03-3253-4108	CR, VR, SW, PL, etc
9	(주) 아키즈키 전자 통상	소토 칸다1-8-3 산이사무빌딩1F	03-3251-1779	03-3251-3357	CR, VR, SW, Tr, etc
10	(주) 오디오전과	소토 칸다1-6-3 구마가야 빌딩2F	03-5256-1690	03-5256-1694	VT, CR, 트랜스, etc
11	클래식 콤포 넨츠(주)	소토 칸다6-3-5 삼용비6F	03-5826-4584	03-5826-4585	VT, CR, 트랜스, etc
12	마르츠 아키하바라 본점	소토 칸다3-10-10	03-5296-7802	03-5296-7803	CR, VR, SW, PL, etc
13	언데이크스 재일 데이재(주)	소토 칸다4-4-9 정정 빌딩4F	03-3257-6010	03-3257-6010	VT, CR, 트랜스,etc
14	코이즈미 무선(유)	소토 칸다4-5-5 아키바 산타키칸2F	03-3251-7811	03-3251-7814	VT, 소켓, etc

아키하바라 (秋葉原) 판매점

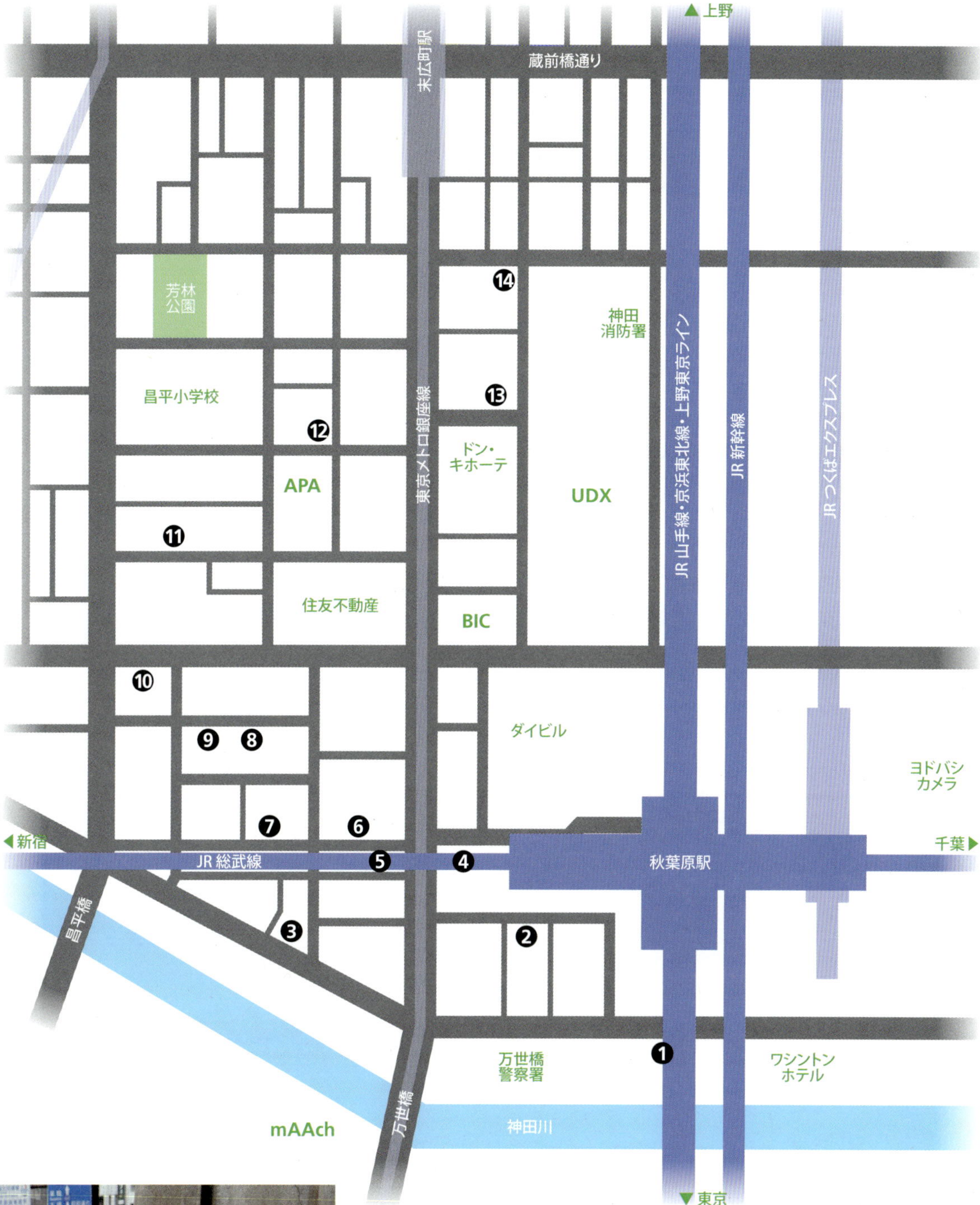

오스 (大須) 판매점

오스에서는 아카몬도리와 신천지 도리가 전기점 메인 스트리트입니다. 이전에는 부품점도 많이 있었지만, 폐점이 계속되어 현재는 대부분 오스 제1아메요코 빌딩과 제2아메요코 빌딩에 들어가 있는 점포만 남아 버렸습니다.

하지만 PC점, 게임, 애니메이션 등 많은 오타계 매장이 있기 때문에 걸으면 즐거운 거리입니다.

지도No.	점명	소유지(전부 아이치현)	TEL	FAX	주 판매점
1	오스 제1 아메요코 빌딩	나카구 오스3-30-86			
└→	본톤	2F	052-263-1654	052-251-5132	CR, VR, SW, etc
└→	코사카이 전자	1F	052-263-1614	052-263-1614	VT, 트랜스, etc
2	오스 제2 아메요코 빌딩	나카구 오스3-14-43			
└→	오스 파츠	1F	052-269-1750	052-269-1751	섀시, 선재, etc
└→	해외전상/해외통상(주)	1F			선재, 커넥터, etc
└→	전기 부품 파일 투프	1F	052-263-9924	052-262-9322	PL, 선재, TA, etc
3	해외통상(주)	나카구 오스3-13-25	052-263-1611		CR, VR, SW, PL, etc

니혼바시 (日本橋) 판매점

니혼바시는 사카이스지가 전기가의 메인 스트리드이지만, 주요 부품점은 하나 안쪽으로 들어간 길에 모여 있습니다.

지명은 니혼바시이지만 지하철 니혼바시 역에서는 약 1km 미만이므로 아키바 산타키칸 역에서 걷는 것이 좋습니다.

가장 조금 거리가 멀어도 다양한 전문점이 많아 지루하지 않게 걸을 수 있는 거리이기도 합니다.

지도No.	점명	소유지(전부 오사카시 나니와구)	TEL	FAX	주 판매점
1	실리콘하우스	니혼바시5-8-26	06-6644-4446	06-6644-6666	CR, VR, SW, PL, etc
ㄴ	데지토 (digital)	니혼바시5-8-26	06-6644-4555	06-6644-1744	CR, IC, 케이블, etc
2	마루하니혼바시점	니혼바시5-1-14	06-6630-5002	06-6630-5232	CR, VR, SW, PL, etc
3	(주) 센고쿠덴쇼 니혼바시점	니혼바시4-6-13 NTビル1F	06-6649-2001	06-6649-2030	CR, VR, SW, PL, etc
4	무선과파소콘의모리	니혼바시4-5-11	06-4397-9733	06-4394-8408	VT
5	도쿄 진공관 상회	니혼바시4-14-10	06-6641-2708	06-6631-7765	VT

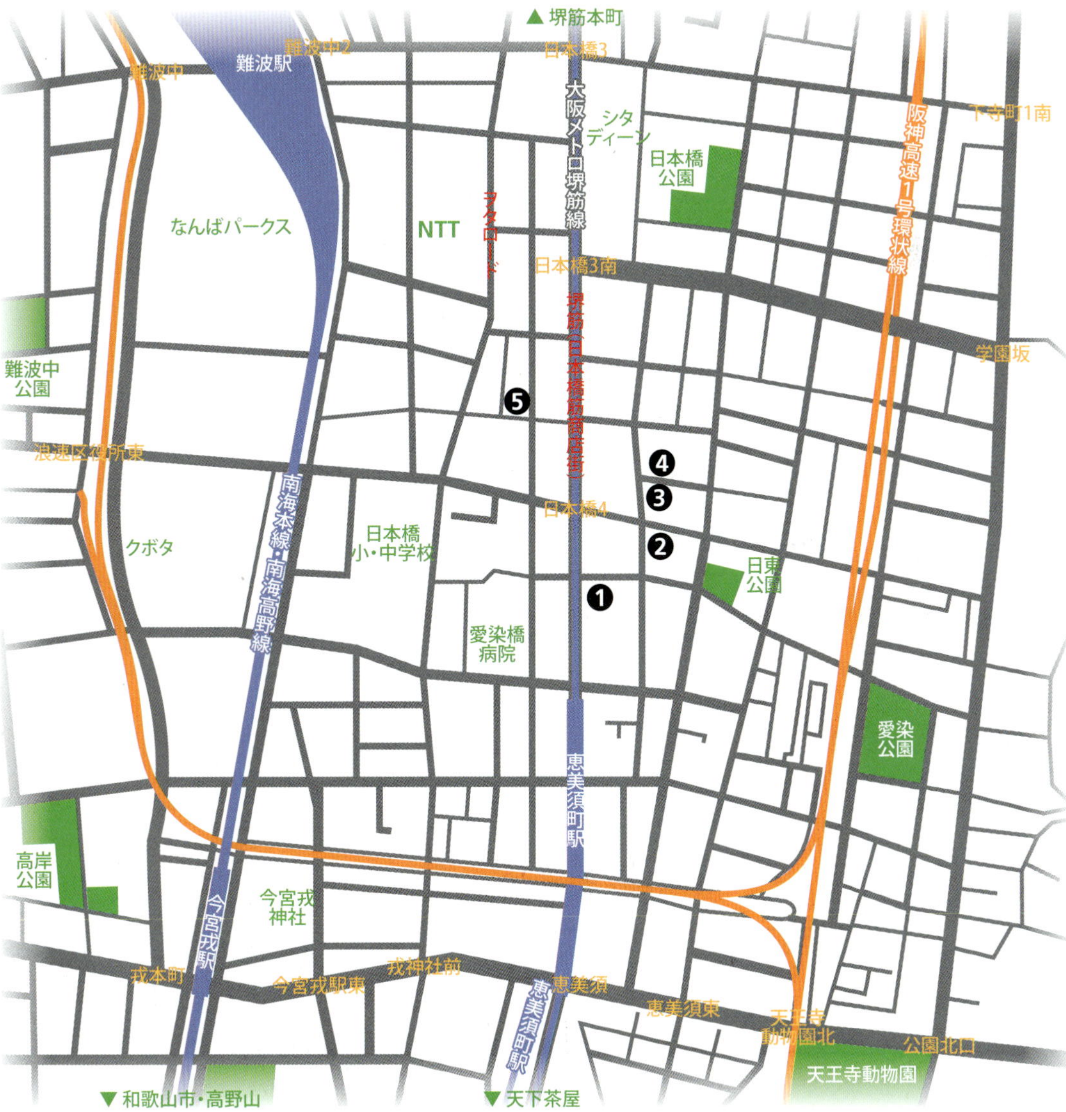

Beam Single | 2A3 Single | Headphone | Paint | Chassis Processing | Other Work | Industrial Tool | Shop List

실제 점포가 있는 판매점도 통신 판매를 하고 있는 경우가 많이 있습니다만, 현재의 주류는 인터넷 쇼핑몰입니다.

인터넷상에 홈페이지를 가지고 그대로 주문할 수 있는 시스템으로 되어 있기 때문에 실제로 사진이나 스펙을 확인하고 구입할 수 있습니다.

현재는 amazon이나 라쿠텐 시장, Yahoo! 숍 등의 대형 EC몰에 즐비한 판매점도 많이 존재합니다.

진공관 관련 부품의 전용 카테고리는 없기 때문에 검색창에 '콘덴서'나 '진공관' 등 원하는 상품명을 넣으면 전문 숍을 찾을 수 있습니다.

홈쇼핑이라면 판매점이 어디에 있어도 좋은 이유이지만 배송비가 약간 다를 수 있습니다.

또한 통신판매에서도 대형 EC몰에 등록한 업체는 소재지를 알 수 없는 경우가 많고, 일본이라고 생각하면 실은 선전이나 베이징이었다, 라는 경우도 있으므로 주의가 필요합니다. 이 경우 요금은 표시대로 명료하지만 문제가 되는 것은 납기입니다.

배송이 상대국의 정치나 교통 사정에 영향을 받기 때문에 표시된 배달 날짜에 도착하는 경우는 드뭅니다. 빠를 때는 일주일 정도면 도착하지만 늦으면 한 달 이상 걸리는 경우도 흔해서 빨리 원할 때는 곤란할 수 있습니다.

오른쪽 페이지의 리스트는 인터넷상에서 상품의 사진을 보고 주문할 수 있는 통신판매점 외, 주문은 메일이나 FAX입니다만 인터넷상에서 판매 상품을 확인할 수 있는 통신판매점을 게재하고 있습니다. (HP가 있어도 통신판매 확인을 할 수 없는 점포나, EC몰의 점포는 교체가 심하기 때문에 게재를 하지 않고 있습니다. (2020년 9월 현재)

COLUMN NOS품・중고품

부품은 새 제품을 사용하는 것이 좋은 것은 틀림없지만 기본적으로 진공관이나 관련 부품은 과거의 유산이기 때문에 중고품이 다수를 차지하는 세계입니다. 그렇기 때문에 중고품·정크품과도 잘 어울릴 수 있도록 익숙해지는 것이 좋습니다. 실패하는 경우도 있지만, 가치 있는 것을 구하는 훈련이라고 생각하면 중고 희귀 부품을 찾는 것도 즐거워집니다.

진공관의 빈티지 제품은 새 제품이라도 NOS(New Old Stock)라고 표시하여 팔고 있습니다.

이는 당시 새 것이었다고 해도 수십 년이 지났고 현재는 새 것이라고 할 수 없기 때문입니다. 또한 장기 보관품이었기 때문에 사용할 수 있는지 여부를 판매점에서 튜브 체커나 실무 테스트를 하고 있으며, 한 번이라도 불을 넣고 있기 때문도 있습니다.

전성시대에는 예술적인 의식이 없었고 진공관은 소모품으로 제조되었기 때문에 높이가 다르다, 밸브가 베이스로 기울어져 접착되어 있는 등 유명구라도 성능에 관계없는 부분은 조잡하게 만들어져 있는 경우도 많았기 때문에 과대한 기대는 갖지 않는 것이 좋습니다.

미사용품이라도 자연 열화되는 부품도 있고 괜찮은 것도 있습니다. 진공관은 초기의 것은 사용하지 않아도 진공도가 저하되거나 이미션 저하로 망가져 있는 것도 있습니다.

저항이나 트랜스는 비교적 괜찮은 편이지만 콘덴서, 그 중에서도 페이퍼, 오일, 전해 등은 자연 열화합니다. 그 밖에 스위치, 볼륨, 단자류, 소켓 등도 금속 부식 등으로 서서히 성능이 떨어집니다. 이것들은 하메틱 실드로 외기를 차단하거나 금도금으로 만들어 흡습이나 산화를 막고 수명이 긴 것도 많이 있습니다.

그런 이유로 빈티지 제품은 어느 정도 통전되고 있는 중고품이 정도가 좋은 경우도 있습니다. 특히 전해 콘덴서(케미콘) 등은 통전에 의해 재화성 되어 절연성을 유지할 수 있기 때문에 장기 보관품은 에이징하는 것이 초기 성능을 발휘할 수 있게 됩니다.

접점이 있는 부품도 금속면이 흐린 미사용품보다 조금 길들여진 사용품이 좋고 장기보관품은 접점부활제 등으로 닦은 후 사용하면 좋은 결과를 얻을 수 있습니다.

점명	홈페이지URL	주 판매점
아키즈키 전자 통상	https://akizukidenshi.com/catalog/top.aspx	Tr, CR, VR, SW, PL, etc
(유) 아폴로전자	http://apollodenshi.o.oo7.jp	VT, 소켓, 트랜스, etc
암트랜스(주)	https://www.amtrans.jp	VT, CR, 트랜스, etc
앤딕스 오디오(주)	http://www.andix.co.jp	VT, CR, 트랜스,etc
(주) 에이플	http://www.eifl.co.jp/index/main.html	VT, 트랜스, etc
(유) 에스에스 무선	https://www.ss-musen.co.jp	섀시
(주) 일렉트로 플라자	https://www.elepla-shop.net	Tr, CR, VR, SW, etc
(합) 오디오 윈도우	https://audiowinds.co.jp	VT, 섀시, CR, etc
(주) 오디오전과	http://www.audiopro.co.jp	VT, 소켓, etc
(주) 오쿠자와	http://www.case-okuzawa.co.jp	섀시
해신무선(주)	http://www.kaijin-musen.jp/index.html	CR
가시기 총업(주)	http://www.kashinoki.co.jp	Tr, CR, SW, etc
	https://www.kashinoki.shop	Tr, CR, SW, 커넥터, etc
가스가 무선 변압기(유)	http://www.e-kasuga.net	트랜스, VT, C, etc
규슈 전기(주)	http://www.mimatsu.co.jp/cntnts/kyusyu_index.html	케이블
(주) 쿄이치도이치	http://www.kydsem.co.jp	VT, 소켓
공립 엘리 숍/공립 전자 산업(주)	https://eleshop.jp/shop/	VT, Tr, CR, VR, SW, etc
클래식 콤포 이치넨츠(주)	https://userweb.pep.ne.jp/classic/	VT, CR, 트랜스,etc
코이즈미 무선 (유)	https://dp00000116.shop-pro.jp	VT, 소켓, etc
코사카이 전자 온라인 숍	http://tubeworks.jp	VT, 트랜스, CR, etc
(주) 오누마 전기	https://0332513991.com	케이블, 커넥터
고린 무역	http://gorin-net.com	VT, 트랜스, CR, VR, etc
사쿠라야 전기점	http://www.sakurayadenkiten.com	VT, CR, SW, etc
사토전기	http://www.maroon.dti.ne.jp/satodenki/	Tr, CR, VR, SW, etc
산에이 전파(주)	http://www.san-ei-denpa.com	CR, 소켓, etc
(유) 스즈소	https://suzushoweb.shop-pro.jp	Tr, CR, VR, SW, etc
제너럴트랜스판매(주)	https://www.gtrans.co.jp	트랜스, 섀시
센고쿠덴 상재인 라인 숍	https://www.sengoku.co.jp	Tr, CR, VR, SW, PL, etc
(유) 소프트턴	http://softone.a.la9.jp/index.htm	VT, 트랜스, etc
타카히로전자(유)	http://www.takahiro-e.co.jp	Tr, SW, etc
DIY FACTORY	https://shop.diyfactory.jp/landing/top/	도료, 공구, etc
도에이 변성기 (주)	https://toei-trans.jp	트랜스
트라야에루일렉트라센타	http://trial.starfree.jp/index.html	VT, 소켓, CR, etc
반텍 일렉 로 닉스	http://www.soundparts.jp	VT, 소켓, CR, SW, etc
(합) 파일 트랜드	https://www.parts-land.jp	CR, VR, SW, etc
후지 상회	https://www.fujisyokai.jp	VT, CR, etc
부품 가게 닷 컴 / (유) 액티브	http://www.buhinya.com/index.html	SW, Tr, CR, 단자, etc
후루타 카파 히토츠세인 라인	https://www.furutaka-netsel.co.jp	SW, Tr, CR, 단자, etc
마르츠 세인 라인	https://www.marutsu.co.jp	CR, VR, SW, PL, etc
마루모파츠(유)	http://www.marumo-p.com	손잡이, SW, CR, VR, etc
(주) 미쓰미그룹	https://jp.misumi-ec.com	비스류, 섀시, etc
몬다무선	http://www.monta-musen.com/shop/	CR, VR, SW, 소켓, etc
야마모토 음향 공예(주)	https://userweb.117.ne.jp/y-s/index-j.html	VT, 소켓, CR, etc
(주) 와카마츠도리 상통판매숍	https://wakamatsu.co.jp/biz/user_data/index.php	VT, Tr, CR, VR, SW, etc

Yahoo! 옥션 이용

Yahoo auction PC 의 톱 페이지. 여기서는 아직 진공관 관련 카테고리가 보이지 않는다. 출품량이 막대하기 때문에 세분화되어 있으며 가전, AV, 카메라 > 오디오기기 > 앰프 > 진공관 앰프, 라고 들어간다. 이외에도 아마추어 무선이나 라디오 카테고리에도 진공관 관련이 출품돼 있다.

진공관 앰프 카테고리 .여기서부터 본체 (앰프 본체), 진공관 , 부품의 카테고리로 분류되어 있다 .

야후! 경매가 시작된 지 이미 20년 이상 지나 현재 마니아적인 물건 거래는 최대 규모가 되었습니다. 진공관 관련 거래량도 타 사이트 대비 압도적이어서 전용 카테고리가 있을 정도입니다.

또한 유명 메이커나 판매점도 통신판매 대신 참가하고 있어 앰프나 희귀한 진공관뿐만 아니라 저항, 콘덴서, 트랜스 등 빈티지 부품도 출품되고 있어 이제 구할 수 없는 것은 없다고 할 수 있습니다.

하기야 언제든지 구할 수 있는 것은 아니지만, 느긋하게 기다리면 나온다, 라고 말한 느낌입니다.

입수할(낙찰할) 때는, 특별히 수수료 등이 들지 않기 때문에, 통신판매와 같은 느낌으로 거래할 수 있습니다.

배송비는 낙찰자가 내는 경우가 대부분입니다. 또, 업자(샵등, 법인 등록하고 있는 셀러)의 상품을 낙찰하는 경우는, 매장 판매와 마찬가지로 소비세가 부과됩니다. 개인 출품 상품에는 소비세가 부과되지 않습니다.

조심해야 할 것도 있습니다.

파는사람 모두가 진공관 앰프에 대해 잘 아는 것은 아니기 때문에 경우에 따라서는 불량품을 잡을 수도 있습니다.

진공관 관련 숍이나 마니아 등이 셀러인 경우에는 만약 상태를 알 수 없을 경우 경매에서 질문을 하면 돌려받을 수 있는 경우도 많지만, 아무것도 모르는 사람이 셀러인 경우도 많고, 이 경우 입찰하는 측의 자기 책임으로 사진이나 글을 믿고 판단할 수밖에 없습니다.

아무것도 모르는 셀러란, 예를 들면 유품 정리에서 자식이나 친족이 진공관을 출품하고 있다, 출품 대행업자가 인수한 진공관 관련품을 출품하고 있다, 라고 말한 것입니다.

이 경우, 비싸게 낙찰된 경우로 받아보니 불량품이었다, 등에서도 노클레임을 조건으로 되어 있었기 때문에 반품·환불에 응하지 않는 경우가 많습니다.

무엇보다 그 반대도 있고, 고가의 물건이 상당히 싸게 낙찰되었다, 라고 말할 수도 있기 때문에, 옥션의 특성을 고려한 후 참가하면 강력한 부품 조달원이 됩니다.

사진은 PC 화면입니다다만, 스마트폰 앱도 있어 충실합니다.

낙찰되었을 경우의 지불은 우여곡절이 있었지만, 현재는 동 그룹의 전자 화폐, PayPay로 지불되므로 사전에 등록이 필요합니다.

야후 ! 의 스마트폰 앱 톱 페이지 .

검색 화면으로 만들어 카테고리 검색을 탭하고 왼쪽 페이지와 같은 진공관 카테고리까지 들어가면 ...

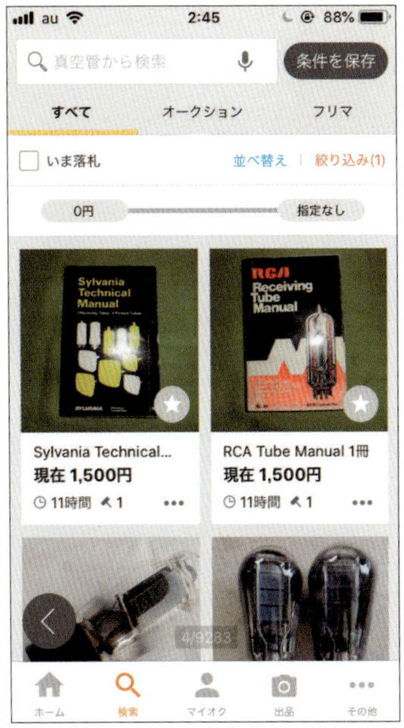

진공관 매뉴얼이나 진공관 등 관련 상품 물건이 표시되었다 .

출품의 경우

통신판매와 달리 옥션이나 프리마 앱에서는 자신이 가지고 있는 불필요한 진공관 등을 팔 수도 있습니다.

낙찰의 경우 야후에 지불하는 수수료 등은 없지만 출품의 경우 낙찰 수수료가 부과됩니다.

야후 프리미엄 회원이 아니더라도 출품은 가능하지만 낙찰 수수료가 조금 비싸고(10%) 발송 방법도 제한이 많아 매우 사용하기 어렵고 결국 프리미엄 회원이 되는 것이 좋습니다.

월 프리미엄 회원비(508엔/월)와 낙찰 1개당 수수료(8.8%)로 다른 사이트보다 비용이 많이 들지만 거래량이 압도적이고 진공관 관련 제품은 인기도 있기 때문에 상당히 비싼 시작가를 설정하지 않으면 우선 팔리지 않을 것 같습니다.

또한 가치를 아는 사람이 보고 있기 때문에 시작 가격을 싸게 설정해도 제대로 가치 상당의 금액에 낙찰됩니다.

반대로 말하면 가치(인기)가 없는, 예를 들면 텔레비전의 고압 댐퍼관 등은 1엔에 출품해도 좀처럼 낙찰되지 않습니다.

저 같은 경우에는 사실 출품자가 압도적으로 많았고 어렸을 때부터 모은 다 쓸 수 없을 정도의 진공관을 가지고 있었기 때문에 서서히 출품해서 수천 개를 처분할 수 있었지만 거의 제대로 가치에 상응하는 낙찰을 받았습니다. (수수료가 무료였던 시절의 이야기입니다만)

현재는 PayPay 프리마와 동시 출품이 가능합니다만, 이 경우는 정액 출품, 배송료 출품자 지불, 정해진 발송 방법 등으로 할 필요가 있습니다. (P199 참조)

원래 PC만의 시대부터 시작되어 서서히 서버도 확장되고 있으며, 사진은 긴쪽변(가로세로 중 하나)이 1200픽셀까지, 총 10장까지 업로드할 수 있으며, 그보다 큰 사진은 자동으로 리사이즈 됩니다. (보기는 600픽셀까지) 그래도 설명이 부족하다고 느낄 경우 외부 링크로 하여 큰 사진을 표시할 수 있습니다. (매수 제한이 있음)

태그를 사용한 레이아웃을 할 수 있기 때문에 HTML을 사용할 수 있는 분은 공들여 표시할 수 있고, 자세히 알지 않아도 HTML 지원 사이트를 사용하는 사람도 있습니다.

이렇게 낙찰 받는 사람과 출품하는 사람이 많이 참여함으로써 묻혀 있던 부품류가 햇빛을 보고 도움이 되는 것이 야후 옥션입니다.

개인과 상점 업자가 한데 뭉쳐 활성화되고 있는 것도 야후 옥션의 특징입니다.

메르카리의 이용

메르카리는 옥션과 달리 벼룩시장을 인터넷에 구현한 사이트이므로 가격은 모두 셀러가 결정합니다. 따라서 종료 시간이라는 것은 없고, 가격에 납득하면 즉시 구입 절차를 취해 거래 성립이 됩니다.

무엇보다 특가품은 출품 즉시 구매자가 나타나기 때문에 속도와 타이밍이 승부가 되는 경우도 있습니다.

원래 스마트폰이 보편화되어 생긴 사이트이기 때문에 스마트폰에 적합한 인터페이스입니다.
사진은 스마트폰 앱 화면을 표시하고 있습니다.

PC로도 접속할 수 있고 키보드 입력을 잘하는 분들은 조금 편하지만 사용 편의성은 스마트폰 앱과 크게 다르지 않습니다.

진공관 관련 전용 카테고리는 없지만, 따로 따로 출품되어 있기 때문에 카테고리에서 쫓아가는 것보다 검색하는 것이 신속하게 찾을 수 있습니다.

카테고리로서는 톱 화면 > 가전·AV·카메라 > 오디오기기 > 앰프 관련에 많이 출품되고 있습니다만, 라디오나 악기의 카테고리에도 출품되고 있습니다.

메르카리의 주의점은 스마트폰 기반 거래가 많기 때문에 문자 전달이 적고 조건이 모호한 경우가 있기 때문에 잘 확인해야 합니다.

또, 상품에 따라서는(파는 사람의 설정에 따라서는) 스마트폰 앱에서가 아니면 구입할 수 없는 경우가 있습니다.

배송료는 셀러 부담 (배송료 포함으로 표시)인 경우가 많습니다만, 착불 지정 등의 경우도 있습니다.

결제는 메르카리 전자화폐, 멜페이로 진행하기 때문에 사전에 설정이 필요합니다. 다만 같은 메르카리 앱으로 구입, 지불 등 모든 것을 완결할 수 있기 때문에 스마트폰에서의 사용성은 뛰어납니다.

출품의 경우

원래 스마트폰 메인 프리마이기 때문에 심플한 사용과 거래를 목표로 하는 것 같고, 사진은 1080×1080픽셀 크기(미리보기는 300px)로 10장까지 업로드 할 수 있지만 설명문장은 1,000자까지로 제한이 있습니다.

즉 스마트폰 카메라로 촬영하고 그대로 출품하는 편한 사용법을 메인으로 한 프리마 사이트입니다.

배송료는 판매자 부담 또는 착불 중 하나입니다. 판매 수수료는 판매가의 10%로 표준적입니다.

메르카리 스마트폰 앱 톱페이지

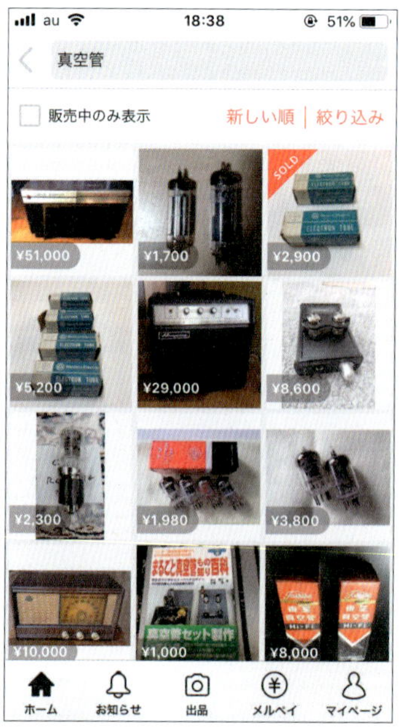

검색창에 진공관이라고 넣으면 진공관 관련 상품이 표시되었다 .SOLD는 매진 .

내용을 잘 읽고 구매 절차로를 탭하면 바로 구입할 수 있다 .

지모티의 이용

ジモティー 지모티는 원래 지역 이웃끼리 불용품을 서로 양보한다는 컨셉으로 시작되었기 때문에 먼저 지역이나 인근 역을 선택하여 검색하도록 되어 있습니다.

그렇기 때문에 배송비라는 개념이 별로 없고, 어느 역에서 만나 주고 받는 등의 직거래를 전제로 하는 경우가 대부분입니다.

또한 발송할 수 없는 대형 가전이나 무거운 상품이 많이 출품되고 있는 것도 지모티만의 일이 아닙니다.

그런 특징이 있기 때문에 진공관 관련은 잘 보이지 않지만 거기는 찾는 요령이 있습니다.

현지 지역만으로는 출품수가 적은 진공관 관련 제품도 지역을 넓혀 검색하면 재미있는 물건이 걸릴 수 있습니다.

그럴 경우 멀어서 가지러 갈 수 없는 지역이 많겠지만 사이트 내에서 셀러와 문의할 수 있으니 발송해 주실 수 있는지 협상해 보는 것이 좋습니다.

지모티도 벼룩시장에 속하기 때문에 가격은 셀러가 결정합니다. 또한 직거래가 많기 때문에 지불도 정해진 전자화폐를 사용하는 일은 없습니다.

발송 받을 경우에는 발송방법, 배송비, 송금수단 등을 정확히 연락하여 문제가 없도록 합시다.

출품의 경우

지역 우선 프리마 때문에 진공관 관련 출품은 다른 사이트보다 약간 불리한 면이 있습니다.

저도 진공관 관련으로 이용한 적이 없고 오로지 대형 가구 등을 인수 한정으로 무상 출품 등으로 이용하고 있습니다.

지모티는 출품도 무료로 제로엔 출품도 할 수 있기 때문에 사용법에 따라서는 매우 장점이 있습니다.

조심해야 할 것이 2가지 있습니다. 하나는 가격을 저렴하게 설정하면 출품하는 순간에 메일이 쇄도하여 대응에 급급하기도 합니다.

또 하나는 지모티 마니아 분들이 꽤 있는 것 같고, 먼데도 무리하게 거래 일정을 짜서 결국 당일 오지 못하고 시간을 낭비하는 경우가 있습니다.

현지끼리라는 특성을 헛되게 하지만 발송할 수 있는 물건이라면 직거래를 받지 않는 조건으로 하는 것이 좋습니다.

사진은 512×512pixel×5장까지 업로드 할 수 있습니다.

지모티의 스마트폰 앱 톱 페이지.
보통은 등록한 이웃만 표시된다.

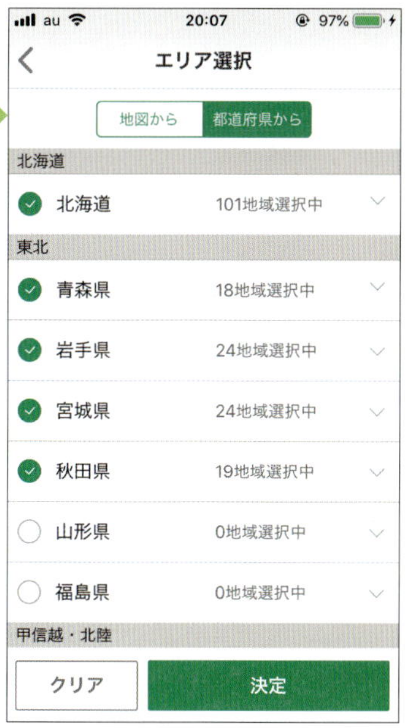

지역화면으로 해서 최대한 많은 지역에 체크를 하고 결정을 누르다.

그 후에 '진공관 '이라고 검색하면 지금까지 나타나지 않은 진공관 관련이 표시되었다.

락마 이용

락마의 PC홈페이지

검색창에 「진공관」이라고 입력하면 진공관 관련 상품이 표시된다

리마 사이트로서는 후발이지만, 급속히 점유율이 증가하고 있는 락마입니다.

그 이유는 출품 수수료가 다른 사이트보다 저렴하기 때문에 출품이 점점 늘어나고 있기 때문인 것 같습니다.

신흥 사이트이기 때문에 큰 진공관 관련 출품은 없을 것이라고 장담했는데 아무래도 그렇지 않고 이쪽도 꽤 출품되었습니다.

후발인 만큼 다양한 점유율을 확대하기 위한 연구가 이루어지고 있어 스마트폰 버전도 PC에서도 매우 접근하기 쉽고, 보기 쉬운 인터페이스가 채용되고 있습니다.

진공관 관련 전용 카테고리는 없기 때문에, 이쪽도 검색창에 '진공관' 등으로 넣어 검색하는 것이 신속하게 찾을 수 있습니다.

전용 카테고리가 없다고 셀러도 망설이고 있는 것 같아 다양한 카테고리에 출품되고 있었습니다. 주로 스마트폰 / 가전 / 카메라 > 오디오 기기 > 앰프 근처에 출품하는 경우가 많은 것 같습니다만, 그 외도도 악기, 엔터테인먼트 / 취미, 라디오 카테고리에 출품되고 있는 등 다양했습니다.

구입 시 지불은 라쿠텐 그룹이므로 일절 수수료가 들지 않는 라쿠텐 페이를 권장하고 있습니다만, 편의점 지불이나 신용 카드 등 다양하게 선택할 수 있습니다.

다른 프리마와 마찬가지로 배송비가 포함된 경우가 많지만 착불 등 구매자가 지불하는 경우도 있으므로 조건을 잘 확인해야 합니다.

출품의 경우

후발 프리마여서 판매수수료(3.5%+부가세)를 낮춰 점유율을 높이는 작전이므로, 머지않아 다른 사이트와 비슷할 것으로 생각되지만 당분간은 다른 사이트보다 저렴하여 출품은 기회입니다. (추가·아니나 다를까 2021년 1월, 6%로 개정되었습니다)

다만 진공관이라고 하는 마니아적인 상품이기 때문에 락마가 어디까지 세간에 인지되느냐에 따라 다르기 때문에 판매 가격을 너무 높게 책정하면 팔리지 않을 수도 있습니다.

사진은 PC의 경우 585×585 pixel로 표시되는데 데이터는 640×640pixel로 유지되고 있으며 4장까지 업로드 가능합니다.

자세히 설명하고 싶을 경우 사진 4장이라는 것이 걸림돌일지도 모릅니다.

PayPay フリマ

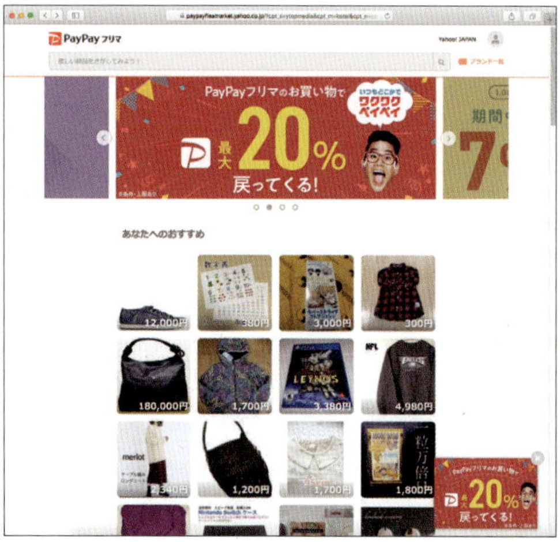

PayPay 프리마의 PC 홈페이지

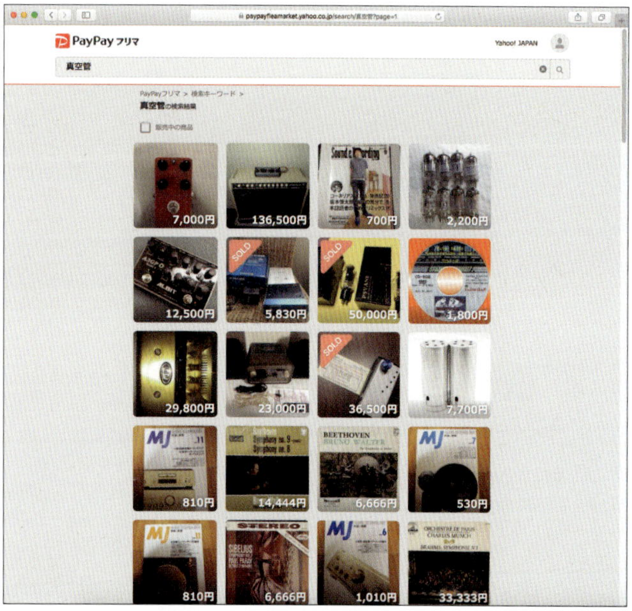

검색창에 「진공관」이라고 넣으면 진공관 관련 상품이 표시되었다.

야후가 옥션과는 별도 브랜드로 정액 출품에 특화된 프리마 사이트를 시작한 것이 페이페이 프리마입니다.

PayPay 프리마는 야후 옥션과 동일한 시스템을 사용하고 있으며 셀러는 양쪽 사이트에 동시 출품이 가능합니다.

따라서 진공관 관련 제품도 야후 옥션과 동시에 PayPay 프리마에 출품하는 경우가 있고, 아직 새로운 프리마이지만, 그럭저럭 진공관 관련 제품도 출품되고 있습니다.

인터페이스는 PC, 스마트폰 모두에서 사용하기 쉽고 그 점은 다른 사이트와 동일합니다. 역시 원하는 상품은 검색으로 찾는다, 라고 하는 것도 마찬가지로, 지불은 물론 PayPay에 의한 전자 화폐입니다.

PayPay 프리마의 카테고리 구분은 조금 특수하고, 원래 패션 관계를 메인으로 시작된 프리마이기 때문에 '브랜드별' 구성을 채용하고 있습니다.

물론 진공관 관련 브랜드는 표시되지 않기 때문에 검색만으로 찾는 방법은 없습니다. 무엇보다 다른 프리마 사이트도 비슷하기 때문에, 그것으로 망설이는 일은 없을 것입니다.

구입한 경우 모두 배송비가 포함이어서 다른 수수료도 들지 않기 때문에 구입 대금만으로 알기 쉽고 편의점 수령도 지정할 수 있는 등 다른 사이트와 다른 장점도 있습니다.

출품의 경우

야후 옥션과 같다고 해도 옥션이 아니라 프리마이기 때문에, 가격은 셀러가 결정하는 정액 출품, 배송료는 셀러 부담(배송비 포함으로 표시), 정해진 발송 방법만으로 되어 있어, 그것이 좋든 나쁘든 출품 내용에 영향을 미치고 있습니다.

특히 문제가 되는 것은 발송 방법으로, 야후네코팩이나 유패킷 배송판의 이용뿐이기 때문에 집하하러 오지 않고 셀러가 편의점이나 영업소까지 반입하지 않으면 안 되기 때문에 앰프 본체나 대형 트랜스 등의 중량물에는 힘이드는 발송 방법이 되고 있습니다.

즉 구매자와는 관계가 없지만, 판매자는 진공관이나 CR류 등의 소형·경량 상품이라면 이용 가치가 있다고 말할 수 있습니다.

그냥 한 번에 출품 등록하면 야후 옥션과 페이 페이 프리마에 모두 출품되는 건 편합니다 .사진도 야후 옥션과 같고 데이터는 1200 × 1200 pixel(표시는 572 × 572 pixel)까지 유지되어 10매까지 업로드 할 수 있습니다.

출품 수수료는 당초 야후 옥션과 같았지만 2021년 1월부터 5%로 인하되었습니다. 수수료는 자주 바뀌니 확인해주세요.

저자 : 스즈키 타츠오 (鈴木 達夫)

1962년 기나가와현 요코하마시 출생.

어릴 때부터 전자 공작에 열중해, 예상대로 초등학생 때 아마추어 무선을 시작해, 중학생 때 오디오에 빠져, 용돈이 한정되어 있기 때문에 가능한 한 앰프나 스피커는 자체 제작으로 서서히 갖추는 것이 당연했다. 이후 진공관 앰프는 수십 대 만들기는 했지만 취미가 많아 다른 일에 열중하던 시절도 있고, 계속 진공관에 몸담았던 진짜 베테랑에게 실례여서 본인은 베테랑이 아니라고 우기고 있다.

저자 HP: 본말 전도 진공관 앰프

https://honmatsu-amp.net

채색의 관구앰프

역　자　진 영 호

발행일　2023년 8월 30일

발행처　신일서적(주)

서울 영등포구 도림로 310-1 신일빌딩 5층

전 화 02) 843~3281, 843~3861

팩 스 02) 841~8119

발행자　오 상 환

편　집　이 은 숙

등록일　2013년 4월 18일. 제2013-000039호

홈페이지　www.shinilbooks.com

e-mail　shinil@shinilbooks.com

정　가　38,000원

ISBN　979-11-91489-45-3　93560

역자와의 협약하에 인지는 생략합니다.

네온 = 궁극의 방전관